AF592023

TRAITÉ

DE

MAGNÉTISME TERRESTRE,

PAR

E. MASCART,

MEMBRE DE L'INSTITUT,
PROFESSEUR AU COLLÈGE DE FRANCE,
DIRECTEUR DU BUREAU CENTRAL MÉTÉOROLOGIQUE.

PARIS,
GAUTHIER-VILLARS, IMPRIMEUR-LIBRAIRE
DE L'ÉCOLE POLYTECHNIQUE, DU BUREAU DES LONGITUDES,
Quai des Grands-Augustins, 55.

1900

TRAITÉ

DE

MAGNÉTISME

TERRESTRE.

PARIS. — GAUTHIER-VILLARS, IMPRIMEUR-LIBRAIRE
27274 Quai des Grands-Augustins, 55.

TRAITÉ

DE

MAGNÉTISME

TERRESTRE,

PAR

E. MASCART,

MEMBRE DE L'INSTITUT,
PROFESSEUR AU COLLÈGE DE FRANCE,
DIRECTEUR DU BUREAU CENTRAL MÉTÉOROLOGIQUE.

PARIS,

GAUTHIER-VILLARS, IMPRIMEUR-LIBRAIRE

DE L'ÉCOLE POLYTECHNIQUE, DU BUREAU DES LONGITUDES,

Quai des Grands-Augustins, 55.

1900

PRÉFACE.

Lorsque le gouvernement eut décidé, en 1882, sur la proposition de l'amiral Cloué, ministre de la Marine, que la France prendrait part aux expéditions polaires internationales, la Commission formée par l'Académie des Sciences pour organiser la mission du Cap Horn me chargea de faire aux officiers de marine une série de conférences sur les instruments et les méthodes d'observation qui servent à l'étude du magnétisme terrestre. On m'a souvent alors demandé ces Conférences, qui avaient été tirées seulement à un petit nombre d'exemplaires, et j'ai eu depuis l'occasion de les compléter en traitant le même sujet soit au Collège de France, soit à l'École supérieure de Marine.

J'acquitte donc une dette très ancienne en publiant aujourd'hui cet Ouvrage. Les circonstances qui l'ont provoqué suffisent déjà pour en définir le caractère. Ayant surtout en vue de donner aux observateurs l'ensemble des connaissances nécessaires à l'intelligence des phénomènes et à l'usage des instruments, j'ai dû rappeler d'abord les principes généraux de la théorie et les principaux théorèmes auxquels on a recours, pour décrire ensuite, avec tous les détails pratiques, le mode d'installation des différents appareils et la manière de diriger les opérations.

Dans cet ordre d'idées, et avec l'intention de me limiter à un seul Volume, je ne pouvais entreprendre la discussion approfondie de l'immense accumulation de documents publiés, depuis plus de deux siècles, sur les observations recueillies à la surface du globe. La simple nomenclature de ces publications exigerait un travail considérable, mais je me suis efforcé d'en extraire les idées essentielles et les résultats les plus importants, pour montrer la variété des problèmes que soulève le magnétisme terrestre.

Après la Navigation, la plupart des Sciences y sont intéressées : l'Astronomie, par l'influence du Soleil et de la Lune; la Géologie, par les effets qui tiennent à la distribution des continents et des mers, à la nature des roches et aux déformations du sol anciennes ou récentes; la Physique, par les courants terrestres, l'électricité atmosphérique, les propriétés des gaz raréfiés, l'action des rayons solaires, les aurores polaires; la Météorologie, par les courants atmosphériques, le rôle des nuages et notamment des cirrus, les variations de pression, de température et d'humidité, etc.

La complication des phénomènes et l'ignorance où l'on est encore de leurs causes véritables sont peut-être un attrait particulier de cette étude.

Ce qui manque, c'est un ensemble plus complet d'observations continues, avec des méthodes qui en assurent l'exactitude, et surtout un réseau de stations permanentes sur une grande partie du globe où l'on ne possède jusqu'à présent que de rares observations isolées.

Il reste donc à faire de grands progrès pour que l'on soit en mesure de condenser, en une sorte de synthèse, l'état magnétique moyen du globe à une époque déterminée et les variations de toute nature. Si l'état actuel de nos connaissances paraît insuffisant, nous pouvons du moins indiquer à nos successeurs la tâche qui leur est réservée.

TRAITÉ
DE
MAGNÉTISME
TERRESTRE.

CHAPITRE I.

PRÉLIMINAIRES.

---

1. **Des aimants.** — Quand on plonge dans la limaille de fer certains échantillons d'oxyde de fer naturel, les grains de limaille se fixent sur plusieurs points et s'attachent entre eux de manière à former une sorte de chevelure. Ces minéraux sont des *aimants naturels;* on dit que la substance est *aimantée* et l'on donne le nom de *magnétisme* à l'ensemble des phénomènes qu'ils manifestent ou à la cause de ces phénomènes.

En frottant un barreau d'acier avec un aimant naturel, on lui communique les mêmes propriétés et le barreau devient un aimant *artificiel.* Dans ce cas, le phénomène est habituellement plus régulier : la limaille se concentre aux extrémités du barreau, que nous appellerons provisoirement les *pôles,* et de la même manière autour de chaque pôle. Remarquons aussi que, dans une chaîne de limaille, les grains sont attachés les uns aux autres et devenus des aimants, mais cette propriété disparaît dès qu'on les a séparés.

On est donc conduit à distinguer deux sortes d'aimants, les uns *temporaires,* dont le magnétisme disparaît quand on supprime la cause qui l'a produit; les autres *permanents,* qui conservent ensuite ces propriétés, au moins en partie. L'aimantation *résiduelle* est celle qui persiste sur un corps auquel on a communiqué une aimantation plus élevée.

Le fer doux ne prend guère qu'une aimantation temporaire. Les différentes variétés de fer, de fonte et d'acier conservent plus ou moins longtemps une fraction de l'aimantation qu'ils ont reçue; l'acier trempé est le corps qui convient le mieux pour produire des aimants permanents.

Le nickel et le cobalt sont aussi attirés par l'aimant, moins que le fer, et deviennent alors des aimants temporaires. En réalité tous les corps de la nature obéissent à l'action des aimants, mais à un degré beaucoup plus faible : les uns sont attirés, ce sont les corps *magnétiques;* les autres sont repoussés, comme le bismuth, ce sont les corps *diamagnétiques.*

2. **Actions magnétiques.** — Les deux extrémités ou pôles d'un aimant sont de natures différentes. Un aimant mobile autour d'un axe vertical se met en équilibre dans une certaine direction, à peu près du nord au sud, sous l'influence de la terre; l'équilibre est stable lorsqu'une extrémité déterminée pointe vers le nord. On appelle cette extrémité de l'aimant *pôle nord* et l'autre *pôle sud.*

Ces pôles agissent les uns sur les autres. Le pôle nord d'un aimant repousse le pôle nord d'un aimant mobile et attire le pôle sud. De même, les pôles sud de deux aimants se repoussent et un pôle sud attire un pôle nord.

Entre les quatre pôles N et S, N' et S' de deux aimants s'exercent ainsi quatre actions, deux répulsives entre les pôles de mêmes noms N et N', S et S', et deux attractives entre les pôles de noms contraires, N et S', N' et S, de sorte que l'effet résultant est, en général, une force et un couple.

Lorsque les aimants, comme des aiguilles, ont une grande longueur par rapport à leurs dimensions transversales, on peut faire agir isolément un pôle sur un autre; on peut même supposer que les centres d'action se réduisent à deux points, si la distance des pôles considérés reste très notable par rapport à ces mêmes dimensions transversales. Tel est le principe des expériences par lesquelles Coulomb a démontré que l'action réciproque de deux pôles est en raison inverse du carré de la distance qui les sépare.

L'expérience montre aussi que les actions F et F' exercées par deux pôles A et A' sur un autre pôle, pour la même distance, sont dans un rapport constant, quel que soit le troisième. Chaque pôle a donc une qualité propre; le rapport de F à F′ est, par définition, le rapport des *masses magnétiques* des deux pôles A et A′. Il en résulte que l'action réciproque de deux pôles est proportionnelle à la masse de chacun d'eux, c'est-à-dire au produit de leurs masses magnétiques.

Les masses ne sont ainsi définies que par leurs rapports. Si l'on désigne par m et m' les masses magnétiques de deux pôles, leur action mutuelle, à la distance r, pourra être exprimée par $k\frac{mm'}{r^2}$, le coefficient k dépendant du choix des unités de masse et de force. Pour éliminer ce coefficient, on convient de prendre comme unité de masse magnétique celle d'un pôle qui, agissant à l'unité de distance dans le vide (l'influence de l'air est d'ailleurs négligeable) sur une masse égale, produirait une force égale à l'unité. L'action de deux masses m et m' à la distance r serait alors $\frac{mm'}{r^2}$.

En outre, on donnera aux masses magnétiques des signes différents, par suite de l'opposition de leurs effets, le signe $+$ par exemple au magnétisme des pôles nord et le signe $-$ à celui des pôles sud. L'action réciproque est donc positive ou négative, répulsion ou attraction, suivant que les masses m et m' sont de même signe ou de signes contraires.

Ajoutons enfin que l'on emploie maintenant en Magnétisme le système de mesures absolues C.G.S., c'est-à-dire que l'on prend comme unités mécaniques le centimètre, la masse du gramme et la seconde sexagésimale de temps moyen.

L'unité de force, ou *dyne*, est alors la force nécessaire pour donner à la masse du gramme une accélération d'un centimètre; c'est environ le poids du milligramme.

3. Champ magnétique. — Le champ magnétique d'un système quelconque est l'espace dans lequel l'action de ce système sur un aimant est appréciable. Si l'on suppose en un point P une masse magnétique positive m, elle éprouvera une action proportionnelle à m, c'est-à-dire de la forme mF, dans une direction déterminée. Le facteur F représente l'*intensité du champ* produit par le système au point P (on l'appellera souvent, pour abréger, le *champ du système*), et sa direction est celle de la force que subirait la masse m; c'est l'action que le système exercerait en P sur l'unité de masse magnétique.

Le champ que la masse m, située en O, produit au point P, à la distance $OP = r$, est égal à $\frac{m}{r^2}$, dirigé suivant la droite OP si la masse m est positive, et en sens contraire si elle est négative.

Pour un système quelconque de masses, le champ total est la résultante des champs dus aux différentes masses.

Le champ est *uniforme* dans une certaine étendue lorsqu'il a en chaque point la même valeur et la même direction. Dès que la direction du champ est constante, il en résulte aussi, comme on le verra plus loin, que son intensité est constante et que, par suite, il est uniforme.

L'orientation que prennent les aimants mobiles montre que le voisinage de la Terre est un champ magnétique. Ce champ est uniforme dans une étendue considérable par rapport aux dimensions des aimants dont on fait usage, car une aiguille aimantée mobile autour de son centre de gravité s'y maintient en équilibre dans des directions parallèles.

L'expérience montre aussi que l'action du champ terrestre sur un aimant est purement directrice et se réduit à un couple. Il en résulte que les deux masses magnétiques qui constituent les pôles d'un aimant sont égales et de signes contraires, leur somme algébrique étant nulle.

En effet, quelle que soit la distribution des masses élémentaires qui forment le pôle positif, l'action d'un champ uniforme F sur ce pôle est appliquée au centre de gravité de ces masses dont le total est m, et égale à mF. Sur le pôle négatif, dont la masse totale est $-m'$, l'action du champ est $-m'$F et dirigée en sens contraire. Puisque le système de ces forces se réduit à un couple, il en résulte $m = m'$.

4. **Moments magnétiques.** — La distance l de ces deux centres de gravité est la *longueur magnétique* de l'aimant; sa direction, comptée du pôle négatif au pôle positif, est l'*axe magnétique;* le produit $ml = M$ de la masse de l'un des pôles par la longueur magnétique est le *moment magnétique* de l'aimant.

Le moment magnétique doit être considéré comme un vecteur parallèle à l'axe magnétique et peut se représenter par une droite de longueur déterminée; c'est la longueur d'un aimant de même moment magnétique dont les pôles auraient l'unité de masse.

Dans un champ magnétique F, incliné de l'angle α sur la direction de l'axe magnétique de l'aimant, le moment du couple, ou simplement *le couple,* produit par les deux forces $+mF$ et $-mF$ est $mF.l\sin\alpha = MF\sin\alpha$.

L'axe de ce couple est perpendiculaire au plan FM du champ et de l'aimant; l'axe magnétique tend à se mettre parallèle au champ. On peut appeler le produit MF *couple directeur* du champ sur l'aimant.

Dans un champ uniforme, les moments magnétiques d'un système d'aimants liés entre eux se composent comme les forces; le système équivaut ainsi à un aimant unique dont le moment est la résultante des moments de tous les aimants particuliers qui constituent le système.

Considérons le cas de deux aimants. Puisque l'action du champ sur chacun d'eux est un couple, on peut les transporter parallèlement à eux-mêmes de manière que les pôles négatifs soient superposés, ce qui donne un système de deux aimants OA et OA' (*fig.* 1). La masse du pôle commun O est égale à -2; les masses $+1$ des

Fig. 1.

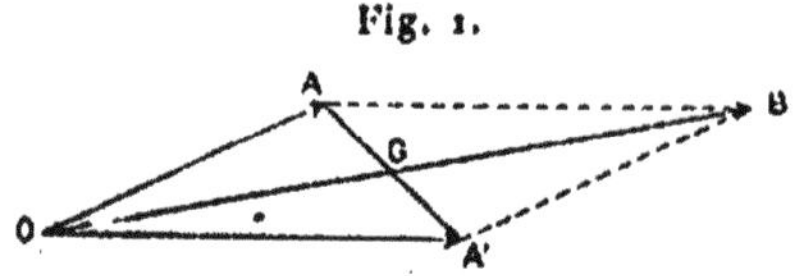

pôles A et A' ont leur centre de gravité au milieu C de la distance AA', où on mettra la masse $+2$.

Le moment de l'aimant résultant est $2OC$; il est donc égal et parallèle à la diagonale OB du parallélogramme construit sur les moments OA et OA'. La règle s'étendra de proche en proche à un nombre quelconque d'aimants.

La projection du moment résultant sur une droite quelconque est la somme des projections des différents moments sur la même droite; il en résulte que l'axe magnétique d'un système d'aimants est la droite sur laquelle la somme des projections de leurs moments est maximum.

Un système d'aimants est dit *astatique* lorsque le moment résultant est nul. Cette circonstance se produit, en particulier, dans le cas de deux aimants, lorsque leurs moments OA et OA′ sont égaux et directement opposés. Les moments étant égaux, si les axes magnétiques font un angle très voisin de 180°, la résultante est très faible et perpendiculaire à la direction commune des deux aimants; un système *quasi astatique* tend donc à se mettre perpendiculaire au champ.

5. **Aimantation.** — Quand on brise une aiguille aimantée, chacun des fragments est encore un aimant complet, avec des pôles égaux et de signes contraires, et le phénomène se reproduit indéfiniment, aussi loin que l'on pousse la division mécanique.

Il est donc impossible d'obtenir, comme on le fait en électricité, une masse magnétique isolée qui ne soit pas associée à une masse égale et de signe contraire.

L'apparition du magnétisme de part et d'autre de la face de rupture ne peut pas être le résultat de l'opération mécanique, puisqu'il ne se produirait rien d'analogue sur la même aiguille non aimantée. On doit admettre que chaque particule de l'aimant est par elle-même un aimant complet avec ses deux pôles et son moment magnétique.

Par suite de leur liaison, les pôles de ces différentes particules situés en regard sont de signes contraires et l'action d'un champ extérieur est proportionnelle à leur somme algébrique. On conçoit ainsi que le magnétisme apparent soit très faible dans la région moyenne d'un aimant, quoique les particules de cette région puissent avoir un moment magnétique relativement élevé.

Ces considérations conduisent à l'idée de Lord Kelvin sur la constitution des aimants. Chaque élément de volume est *polarisé* et forme un aimant complet; c'est l'aimant que l'on obtiendrait s'il était possible de séparer cet élément du milieu qui l'entoure sans altérer ses propriétés. L'*intensité d'aimantation*, ou simplement l'*aimantation* A, en chaque point, est le moment magnétique par unité de volume; c'est le quotient $A = \frac{dM}{dv}$ que l'on obtient en divisant le moment magnétique dM de l'élément de volume dv par le volume lui-même.

Dans un aimant, l'aimantation en chaque point est encore un

vecteur, c'est-à-dire une grandeur finie, de direction déterminée. Le moment magnétique total est la projection maximum des moments élémentaires sur une droite, qui est l'axe magnétique.

Si l'aimantation A fait l'angle α avec l'axe magnétique résultant, le moment magnétique total M_1 est

$$M_1 = \int dM \cos\alpha = \int A\,dv \cos\alpha.$$

L'aimantation moyenne A_m de l'aimant considéré est le quotient du moment magnétique par le volume total, c'est-à-dire

$$A_m = \frac{M_1}{v} = \frac{1}{v}\int A\,dv \cos\alpha.$$

Le cas le plus simple est celui où l'aimantation d'un corps aurait en tous les points la même grandeur et la même direction; l'aimantation est dite *uniforme*. Le facteur A est alors constant et l'angle α nul; dans ce cas, le moment magnétique résultant est le produit de l'aimantation par le volume total.

6. **Aimantation induite.** — Lorsqu'un corps magnétique est placé dans le champ d'un système extérieur, comme un des grains de limaille de fer qui forment une chevelure auprès des pôles d'un aimant, ce corps prend lui-même une aimantation propre, dont l'intensité croît avec le champ extérieur. C'est une aimantation par influence ou *induite*.

En chaque point de l'aimant ainsi formé, le champ se compose de deux parties : l'une est due aux actions extérieures; l'autre, plus ou moins directement opposée à la première, est un champ antagoniste qui provient du magnétisme déjà produit dans le corps considéré. Si la structure du corps est isotrope, c'est-à-dire s'il jouit des mêmes propriétés dans toutes les directions, l'aimantation induite est parallèle au champ résultant F et peut se représenter par $A = kF$, le facteur k étant appelé *coefficient d'aimantation* ou *susceptibilité magnétique*.

Quand il s'agit de fer doux et que le champ est faible, le coefficient k est à peu près constant; l'aimantation n'est que temporaire et disparaît quand le champ s'annule.

Pour les champs plus intenses, et surtout dans le cas de l'acier, l'aimantation conserve une partie résiduelle qui ne peut être annulée que par un champ extérieur de sens contraire au premier.

Considérons le cas plus simple d'une aiguille cylindrique très longue par rapport à ses dimensions transversales et placée dans un champ uniforme parallèle à sa longueur.

Le champ antagoniste, qui provient de l'aimantation acquise, est très faible dans la région moyenne de l'aiguille et peut être négligé, de sorte que, pour cette région au moins, l'aimantation ne dépend que du champ extérieur.

Lorsque le champ F croît d'une manière continue, l'aimantation est d'abord croissante et tend vers un maximum; elle serait représentée en fonction du champ par une courbe telle que OX (*fig.* 2). Pour un champ OP, l'aimantation serait PM. Si l'on s'arrête à cette valeur et que le champ diminue ensuite jusqu'à

Fig. 2.

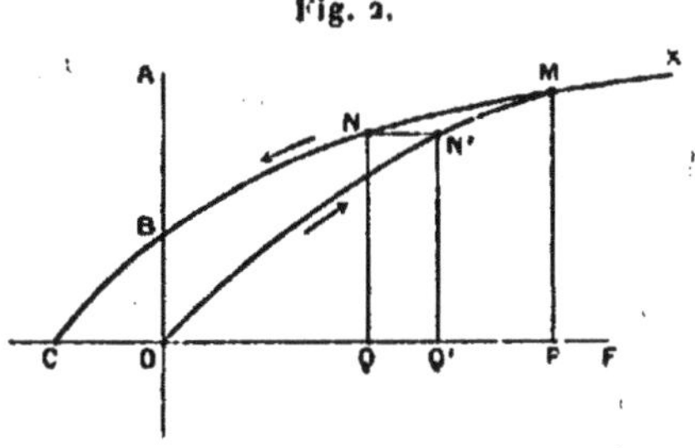

s'annuler, la courbe d'aimantation MB n'a plus la même forme, elle reste au-dessus de la première. Pour le champ OQ, l'aimantation conserve la valeur QN, qu'elle avait acquise déjà pour un champ plus élevé OQ' dans la période ascendante. En d'autres termes, l'aimantation actuelle correspond à une valeur antérieure du champ, elle est *en retard* sur le champ; M. Ewing a donné à ce phénomène le nom d'*hystérésis* magnétique.

En particulier, quand le champ s'annule, il reste encore une aimantation résiduelle OB, très notable dans l'acier, beaucoup plus faible dans le fer. C'est le phénomène que l'on traduit en disant que le corps possède une *force coercitive*.

Pour annuler l'aimantation, il serait nécessaire de donner au champ, en sens contraire, une certaine valeur OC, que l'on peut appeler *champ coercitif*.

Les courbes d'aimantation se transforment beaucoup suivant les conditions de l'expérience, la manière dont varie le champ, la température et les actions physiques que subit le corps éprouvé, telles que vibrations, torsion, traction, etc.

Supposons que le corps reste dans le même état physique et que le champ varie périodiquement, d'une valeur + OP (*fig.* 3) à une valeur égale — OP′ de sens contraire, et que ces oscillations

Fig. 3.

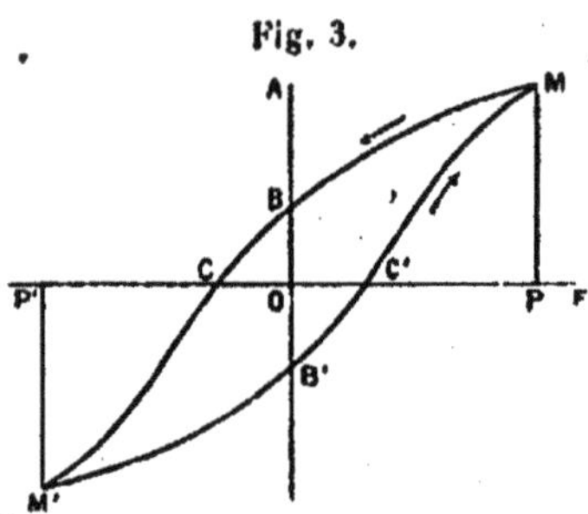

régulières durent depuis assez longtemps pour qu'un régime définitif soit établi.

Dans ce cas, la courbe d'aimantation est symétrique par rapport à l'origine, la branche M′B′M qui correspond aux champs croissants étant toujours au-dessous de la branche MBM′ relative aux champs décroissants. La courbe entière représente le *cycle* d'aimantation pour une période; chacune de ces opérations correspond à une dépense d'énergie proportionnelle à l'aire de la courbe et qui se traduit par un échauffement du corps.

Pour les milieux peu magnétiques dans des champs quelconques et pour le fer dans des champs très faibles, tel que le champ terrestre, on peut négliger les phénomènes d'hystérésis et considérer le coefficient d'aimantation k comme une constante. L'aimantation produite par l'ensemble de deux champs est alors la superposition de celles qui correspondent à chacun d'eux, et l'action d'un champ équivaut à celles de ses composantes rectangulaires.

Dans les milieux homogènes cristallisés, les propriétés au point de vue du magnétisme sont symétriques par rapport à trois plans rectangulaires, et il y a lieu de considérer trois coefficients inégaux d'aimantation k_1, k_2, k_3, respectivement parallèles aux normales à ces plans de symétrie.

7. Aimants permanents. — Lorsqu'un barreau d'acier a reçu ainsi une aimantation résiduelle, par un procédé quelconque, cette aimantation n'est pas définitive; le moindre choc suffit pour l'affaiblir, et elle ne devient à peu près stable que si l'on fait subir à l'aimant plusieurs chocs en le laissant tomber par exemple d'une hauteur d'un mètre sur le plancher. Même après ces opérations, l'aimantation se modifie encore avec le temps.

Les variations de température exercent une influence plus fâcheuse, qui se traduit de deux manières différentes.

Si la température reste modérée, entre 0° et 50° par exemple, le moment magnétique éprouve une variation temporaire et reprend la même valeur à la température primitive. En désignant par M_0 le moment magnétique à 0°, le moment M à la température t peut se représenter d'une manière suffisante par la formule

$$M = M_0(1 - at).$$

Le coefficient a varie de 0,0002 à 0,0009 suivant la nature de l'acier, son degré de trempe et les dimensions de l'aimant; il doit être déterminé dans chaque cas particulier.

Pour des températures plus élevées, le magnétisme subit un affaiblissement définitif et ne reprend plus qu'une valeur moindre aux températures ordinaires. La perte est très sensible à partir de 100°; toute trace d'aimantation disparaît au rouge vif et le fer lui-même n'est plus attirable par un aimant, de sorte qu'il cesse alors d'être magnétique.

8. Champ terrestre. — L'axe magnétique d'une aiguille aimantée, mobile autour de son centre de gravité, se mettrait en équilibre dans la direction du champ terrestre. Cette direction est généralement inclinée sur l'horizon et, dans nos régions, le pôle nord se place vers le bas.

Le *méridien magnétique* d'un lieu est le plan vertical qui passe par la direction du champ. L'angle de ce plan avec le méridien géographique est la *déclinaison* D, orientale ou occidentale, suivant que la projection du pôle nord se trouve à l'Est ou à l'Ouest du méridien géographique.

L'*inclinaison* I est l'angle que fait la direction du champ avec l'horizon; on la considère comme positive ou négative suivant que le pôle nord de l'aiguille considérée se met au-dessous ou au-dessus du plan horizontal qui passe par son milieu.

Soit T l'intensité du champ terrestre ; sa composante horizontale est $H = T \cos I$ et sa composante verticale $Z = T \sin I$, ce qui donne

$$\operatorname{tang} I = \frac{Z}{H}, \qquad \cot I = \frac{H}{Z}.$$

Dans un plan vertical qui fait l'angle α avec le méridien magnétique, le champ apparent a la même composante verticale Z et la composante horizontale est $H \cos\alpha$. L'inclinaison apparente I_α du champ est alors donnée par la relation

$$\cot I_\alpha = \frac{H \cos\alpha}{Z} = \cot I . \cos\alpha.$$

Dans le plan vertical perpendiculaire au premier, dont l'azimut magnétique est $\beta = 90° - \alpha$, l'inclinaison I_β serait de même

$$\cot I_\beta = \frac{H \sin\alpha}{Z} = \cot I . \sin\alpha ;$$

il en résulte

$$\cot^2 I_\alpha + \cot^2 I_\beta = \cot^2 I.$$

Les éléments du magnétisme terrestre (intensité, déclinaison et inclinaison) varient d'un point à l'autre de la surface du globe et d'une façon assez irrégulière. Toutefois, comme première approximation, leurs relations peuvent se traduire simplement.

Le méridien magnétique d'un lieu coupe la terre suivant la circonférence d'un grand cercle; tous les points de cette circonférence ont sensiblement le même méridien magnétique, c'est-à-dire que tous les champs correspondants sont dans un même plan.

Les différents méridiens magnétiques se coupent à peu près suivant une même droite, qui est l'axe magnétique du globe ; ses points d'intersection avec la surface sont appelés *pôles magnétiques*, dans un sens différent de la signification adoptée pour les pôles des aimants. On peut alors concevoir un *équateur magnétique* et une série de *parallèles*, respectivement perpendiculaires à l'axe magnétique.

Dans ce cas, le champ terrestre, au même ordre d'approximation, est symétrique par rapport à l'axe magnétique et symétrique, au signe près, par rapport au plan de l'équateur.

En tous les points d'un parallèle magnétique, l'inclinaison et le champ total T ont la même valeur. L'inclinaison est nulle et la composante horizontale a une valeur maximum H_e sur l'équateur magnétique.

On peut encore aller plus loin. En un point de latitude magnétique λ, les composantes horizontale et verticale se représentent assez exactement par les formules

$$H = H_e \cos\lambda, \qquad Z = 2 H_e \sin\lambda;$$

d'où

$$\operatorname{tang} I = \frac{Z}{H} = 2 \operatorname{tang}\lambda,$$

$$T^2 = Z^2 + H^2 = H_e^2 (4 \sin^2\lambda + \cos^2\lambda) = H_e^2 (3 \sin^2\lambda + 1).$$

Aux pôles, la composante horizontale est nulle et le champ est double de sa valeur à l'équateur.

En un même lieu, les éléments du magnétisme terrestre se modifient assez rapidement. Dans leur marche moyenne, on trouve d'abord une *variation diurne* qui se transforme avec les saisons, puis des variations de plus longue période dans le cours de l'année, enfin une variation dite *séculaire* entre les moyennes des années successives. En dehors de ces changements réguliers, on constate souvent des modifications brusques, de durées très inégales, qui paraissent d'abord tout à fait accidentelles : ce sont les *perturbations* ou orages magnétiques. L'étude de ces différentes variations constitue l'un des problèmes les plus importants du Magnétisme terrestre.

CHAPITRE II.

POTENTIEL.

9. Définition et propriétés. — Lorsqu'un système est constitué de manière qu'entre les différents points s'exercent des actions réciproques, suivant les droites qui les joignent deux à deux, et dont l'intensité dépend uniquement de leur distance, il existe ce qu'on appelle une *fonction des forces,* qui ne dépend que des positions relatives des différentes masses agissantes.

L'état du système peut être défini par une fonction unique des coordonnées de chaque point, que l'on appelle *le potentiel.* Cette fonction est particulièrement simple dans le cas où les actions suivent la loi de Newton, comme pour l'attraction universelle, les phénomènes électrostatiques ou magnétiques.

Supposons qu'une masse m soit située en un point fixe A dont les coordonnées rectangulaires sont a, b et c. Au point $P(x, y, z)$ situé à la distance r du premier, le champ F de la masse m est $\frac{m}{r^2}$; il est dirigé suivant la droite AP et ses composantes rectangulaires sont respectivement

$$\frac{m}{r^2}\frac{x-a}{r}, \qquad \frac{m}{r^2}\frac{y-b}{r}, \qquad \frac{m}{r^2}\frac{z-c}{r}.$$

La dérivée partielle par rapport à la variable x de l'équation

$$r^2 = (x-a)^2 + (y-b)^2 + (z-c)^2$$

donne

$$\frac{\partial r}{\partial x} = \frac{x-a}{r}.$$

Comme la quantité m est supposée invariable, la composante du champ parallèle à l'axe des x peut s'écrire

$$\frac{m}{r^2}\frac{x-a}{r}=\frac{m}{r^2}\frac{\partial r}{\partial x}=-m\frac{\partial}{\partial x}\left(\frac{1}{r}\right)=-\frac{\partial}{\partial x}\left(\frac{m}{r}\right).$$

C'est la dérivée partielle, prise en sens contraire, de la fonction $\frac{m}{r}$, qui est le potentiel de la masse m à la distance r.

Si le système agissant comprend une série de masses $m+m'+\ldots$ situées aux distances respectives r, r', ... du point P, la composante X, parallèle à l'axe des x, du champ résultant F est la somme algébrique des composantes relatives aux différentes masses, chacune d'elles étant prise avec son signe, par suite égale et de signe contraire à la somme algébrique des dérivées partielles de leurs potentiels, c'est-à-dire la dérivée de la somme de leurs potentiels $\frac{m}{r}+\frac{m'}{r'}+\ldots$. Cette dernière somme est le potentiel V du système au point P. En répétant le même raisonnement pour les autres composantes Y et Z, on a donc

$$X=-\frac{\partial V}{\partial x},\qquad Y=-\frac{\partial V}{\partial y},\qquad Z=-\frac{\partial V}{\partial z},$$

$$F^2=X^2+Y^2+Z^2=\left(\frac{\partial V}{\partial x}\right)^2+\left(\frac{\partial V}{\partial y}\right)^2+\left(\frac{\partial V}{\partial z}\right)^2.$$

La quantité V est une fonction des coordonnées x, y, z. Une *surface de niveau* est définie par la condition que le potentiel ait la même valeur en tous les points, c'est-à-dire que la fonction V soit une constante.

Le champ magnétique en un point P est perpendiculaire à la

Fig. 4.

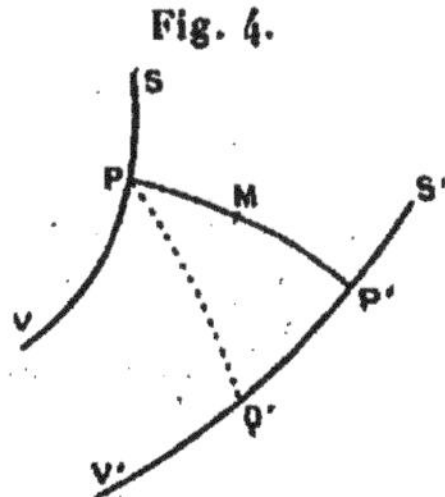

surface de niveau S correspondante (*fig.* 4). En effet, si l'on mène par ce point trois axes rectangulaires dont l'un soit normal à la surface S, les dérivées premières par rapport aux axes situés dans le plan tangent sont nulles, et il ne reste que la dérivée par rapport à la normale n, ce qui donne

$$F = -\frac{\partial V}{\partial n}.$$

Le champ est donc normal à la surface S et le signe — indique qu'il est dirigé vers les points où le potentiel diminue.

10. Lignes de force. — Menons une ligne PP′ dont la tangente en chaque point soit parallèle à la direction correspondante du champ. C'est une *ligne de force;* elle est normale à toutes les surfaces de niveau qu'elle rencontre.

Si l'on représente par ds un élément de cette courbe au point M, le champ correspondant est

$$F = -\frac{\partial V}{\partial s},$$

Supposons maintenant que, sans que le système se modifie, une masse magnétique m chemine du point P, en suivant la ligne de force, pour aboutir au point P′ sur la surface de niveau S′ où le potentiel est V′. Le travail que subit cette masse dans le champ est

$$\mathfrak{G} = \int_P^{P'} mF\,ds = -m\int_P^{P'} \frac{\partial V}{\partial s}\,ds = m(V - V').$$

Ce travail est le produit de la masse m par la *chute* de potentiel entre les points P et P′.

Si la masse considérée vient ensuite de P′ et Q′ en restant sur la surface S′, le travail correspondant est nul, puisque le chemin est à chaque instant perpendiculaire à la direction du champ.

Le travail reste le même lorsque la masse suit un chemin quelconque PQ′. En effet, s'il était plus faible, on récolterait un certain travail par le chemin PP′Q′, on en dépenserait moins en ramenant la même masse de Q′ en P, et la répétition du même cycle fournirait une solution du mouvement perpétuel. S'il était plus grand, il suffirait de produire le mouvement sur le cycle en sens contraire pour faire encore une économie de travail.

Le travail que subit une masse m qui se déplace entre deux surfaces de niveau ne dépend donc que de la chute de potentiel, quel que soit le chemin parcouru. En particulier, le travail final est nul quand la masse revient à sa position primitive.

11. Flux de force. — Sur une surface quelconque S (*fig.* 5) située dans le champ, considérons un élément dS et soit θ l'angle

Fig. 5.

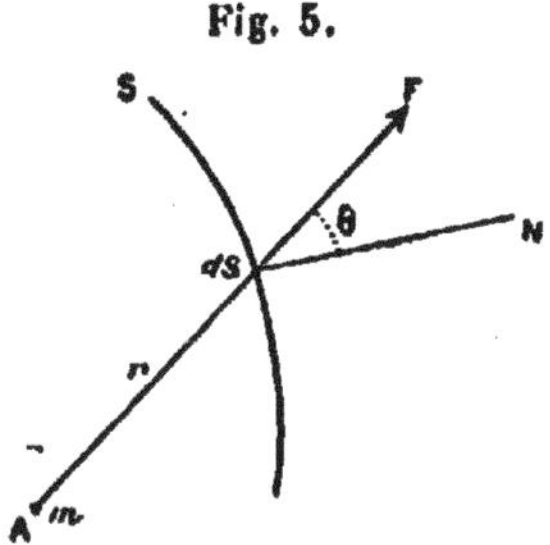

que fait avec la normale N la direction correspondante du champ F. Le *flux de force* au travers de l'élément dS est

$$dS.F\cos\theta = F\,dS\cos\theta;$$

c'est le produit de l'élément dS par la composante normale du champ $F\cos\theta$, ou le produit du champ par la projection de l'élément dS sur un plan perpendiculaire au champ. Ce flux de force est comparable au débit d'un liquide qui traverserait la surface S avec une vitesse F dans la direction du champ.

Supposons que le champ F provienne d'une masse unique m située au point A, à la distance r de l'élément dS; appelons $d\omega$ l'angle du cône ayant pour sommet le point A dont les génératrices suivent le contour de l'élément dS, c'est-à-dire la surface découpée par ce cône sur une sphère d'unité de rayon ayant pour centre le point A, ou l'*angle apparent* de l'élément vu du point A. On a alors

$$F = \frac{m}{r^2}, \qquad dS.\cos\theta = r^2.d\omega,$$

$$F\,dS\cos\theta = m\,d\omega.$$

Le flux de force émis par la masse m dans un élément de surface est donc simplement le produit de cette masse par l'angle apparent de l'élément considéré.

Si S est une surface fermée, entièrement convexe, qui entoure la masse m, le flux de force total au travers de cette surface est le produit de m par la somme des angles $d\omega$, c'est-à-dire 4π. Ce flux total est donc $4\pi m$, quelle que soit la forme de la surface.

Si la masse m est à l'extérieur d'une surface convexe S (*fig.* 6), on considère comme positifs les flux de force qui sortent de la

Fig. 6.

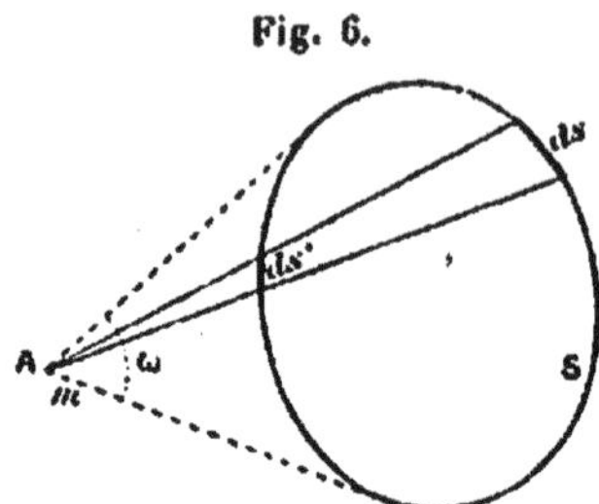

surface et comme négatifs ceux qui entrent, la composante normale $F \cos\theta$ étant dirigée vers l'extérieur de la surface dans le premier cas et vers l'intérieur dans le second.

Un cône $d\omega$ mené par le point A découpe sur la surface des éléments correspondants dS et dS', pour lesquels les flux $m\,d\omega$ sont égaux et de signes contraires, et leur somme est nulle.

Le même raisonnement, étendu à toute la surface, montre que le flux total est nul. Désignant par ω l'angle apparent de la surface S, la masse m émet le flux $m\omega$ qui entre dans la partie antérieure de cette surface et sort par la partie postérieure.

Il est facile de voir que si la surface a une forme quelconque, telle qu'un cône élémentaire la rencontre plusieurs fois, les flux correspondant aux intersections s'annuleront deux à deux. Le flux total est toujours $4\pi m$ pour une masse intérieure et nul pour une masse extérieure.

Supposons maintenant que les masses d'un système soient formées de deux parties, les unes m_1, m_2, ... situées dans la surface S, les autres m'_1, m'_2, ... à l'extérieur.

La composante normale du champ résultant sur l'élément dS est la somme algébrique des composantes normales relatives à toutes les masses considérées; le flux qui traverse cet élément est donc la somme des flux relatifs aux différentes masses et le flux total de force qui sort de la surface est la somme des flux correspondant aux masses isolées. Comme les flux relatifs aux masses extérieures sont nuls, il en résulte que le flux total qui sort de la surface est la somme des flux relatifs aux masses extérieures, ou

$$4\pi(m_1 + m_2 + \ldots) = 4\pi\Sigma m.$$

Ce flux total est lui-même nul si les masses intérieures sont les unes positives et les autres négatives en quantités égales, leur somme algébrique étant nulle ; ce serait le cas d'un aimant.

Un *tube de force* est un canal limité par des lignes de force.

Considérons une portion de tube de force très étroit, limitée par des sections droites s et s' (*fig.* 7), où les valeurs du champ soient F et F'. Comme aucun flux ne correspond aux surfaces latérales, le flux de force qui entre dans cet élément de volume est Fs, celui qui sort $F's'$; et la différence $F's' - Fs$ est égale au produit de 4π par la somme des masses intérieures. Cette somme est

Fig. 7.

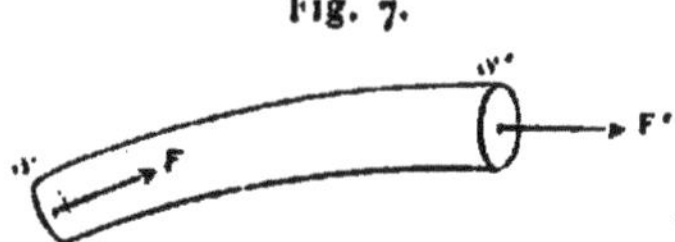

nulle si le tube de force se trouve en dehors des masses agissantes. Le flux de force *se conserve* alors dans toute la longueur du tube, comme le débit d'un liquide dans une conduite étanche.

12. Aimant dans un champ. — Pour un système magnétique de dimensions finies, le potentiel et le champ deviennent sensiblement nuls à une grande distance par rapport aux dimensions du système. Si l'on suppose qu'une masse m soit amenée depuis un point très éloigné, où le potentiel est nul, jusqu'au point P de potentiel V, cette opération exige, comme on l'a vu (10), une dépense de travail mV. Quand il s'agit d'un aimant, la masse $+m$ est toujours associée à une autre masse $-m$, qui occupera après cette opération un point P' de potentiel V' et le travail correspondant est $-m$V'. Le travail nécessaire pour amener l'aimant dans la position finale est donc $m(V - V')$; c'est l'*énergie potentielle* de l'aimant dans le champ, ou le travail qu'il pourrait produire en retournant à une grande distance.

Pour un aimant complet, l'énergie est

$$W = \Sigma m(V - V') = -\Sigma m(V' - V).$$

Si le champ F est uniforme, h étant la distance des masses $\pm m$ et α l'angle de leur moment magnétique avec la direction du champ, on a

$$F = \frac{V' - V}{h \cos\alpha}$$

et, par suite,

$$W = -\Sigma m h F \cos\alpha = -F \Sigma m h \cos\alpha.$$

L'expression $\Sigma m h \cos\alpha$ est la somme des projections des moments magnétiques de tous les aimants élémentaires sur la direction du champ, c'est-à-dire la projection du moment magnétique résultant M. Désignant par θ l'angle de l'axe magnétique de l'aimant avec la direction du champ, il en résulte

$$W = -MF \cos\theta.$$

Cette énergie est négative lorsque l'angle θ est compris entre $-90°$ et $+90°$, c'est-à-dire que l'aimant a déjà effectué un travail en venant occuper cette position.

Elle est minimum et égale à $-FM$ si l'aimant est dans la direction *naturelle*, l'axe magnétique étant parallèle au champ, nulle pour une direction perpendiculaire, dans la position *transverse*, et maximum $+FM$ quand il est dans la position *inverse*, la direction de l'axe magnétique étant opposée à celle du champ.

Le travail nécessaire pour amener l'aimant de la position naturelle à la position inverse est $2FM$.

Supposons que l'aimant M, mobile autour d'un axe vertical dans un champ dont la composante perpendiculaire à l'axe est H, soit d'abord dévié de sa position d'équilibre et abandonné ensuite; il exécutera une série d'oscillations, de part et d'autre. Pour une déviation θ, la vitesse angulaire est $u = \frac{d\theta}{dt}$, l'accélération $\frac{d^2\theta}{dt^2}$ et le couple du champ, qui agit en sens contraire, est $HM \sin\theta$. En appelant K le moment d'inertie du système, l'équation du mouvement est donc, si l'on néglige les résistances,

$$K \frac{d^2\theta}{dt^2} + MH \sin\theta = 0.$$

Intégrant après avoir multiplié par $dt = \frac{d\theta}{dt}dt$, il vient

$$\frac{K}{2}\left(\frac{d\theta}{dt}\right)^2 = MH\cos\theta + C.$$

Comme la vitesse est nulle lorsque l'angle d'écart est maximum, ou atteint son élongation α, on a $C + MH\cos\alpha = 0$, et la vitesse maximum u_0, au passage par la position d'équilibre, est

$$\frac{K}{2}u_0^2 = MH(1 - \cos\alpha) = 2MH\sin^2\frac{\alpha}{2}.$$

Les oscillations suivent la même loi que pour le pendule géodésique. Si les écarts θ restent très petits, on peut remplacer le sinus par l'angle et la première équation devient

$$K\frac{d^2\theta}{dt^2} + MH\theta = 0.$$

En choisissant l'origine des temps au moment du passage par la position d'équilibre, il en résulte

$$\theta = \alpha\sin\omega t,$$

avec la condition

$$\omega^2 = \frac{MH}{K}.$$

Les oscillations restent *isochrones*, quelle que soit l'élongation ou l'amplitude des écarts, et la période est

$$T = \frac{2\pi}{\omega} = 2\pi\sqrt{\frac{K}{MH}}.$$

13. Problème de la sphère. — Pour faire une première application de ces propriétés, supposons qu'une sphère formée de couches homogènes concentriques agisse suivant la loi de Newton, c'est-à-dire que l'action de chacune des masses qui la constituent soit en raison inverse du carré de la distance.

En un point extérieur P, le champ F est dirigé, par raison de symétrie, suivant le rayon OP mené du centre de la sphère, et il ne dépend que la distance $OP = R$. Le flux de force qui traverse la surface de la sphère concentrique de rayon R est $F.4\pi R^2$.

D'autre part, si m est la masse totale de la sphère agissante, ce flux est égal à $4\pi m$, ce qui donne

$$4\pi m = 4\pi F R^2, \qquad F = \frac{m}{R^2}.$$

Le champ extérieur est donc le même que si toute la masse m était réunie au centre de la sphère; c'est le théorème de Newton.

Considérons maintenant un point intérieur à la distance r du centre. Par symétrie, le champ F_i est encore normal, avec une valeur constante, à la surface du noyau de rayon r, dont la masse est m_i; le flux de force qui traverse cette surface est $F_i 4\pi r^2$ ou $4\pi m_i$, d'où résulte

$$F_i = \frac{m_i}{r^2}.$$

Le champ intérieur a la même valeur que si toute la masse du noyau correspondant était réunie au centre, l'action des masses situées dans la couche extérieure étant nulle.

Si la sphère est homogène, de rayon a, et que la densité soit ρ (masse de l'unité de volume), la masse totale est

$$m = \frac{4}{3}\pi a^3 \rho.$$

Pour un point extérieur, le champ est

$$F = \frac{4}{3}\frac{\pi a^3 \rho}{R^2} = \frac{4}{3}\pi\rho . \frac{a^3}{R^2};$$

il se réduit à $\frac{4}{3}\pi\rho a$ sur la surface, où $R = a$.

Pour un point intérieur, la masse de noyau est

$$m_i = \frac{4}{3}\pi r^3 \rho,$$

et le champ

$$F_i = \frac{4}{3}\frac{\pi r^3 \rho}{r^2} = \frac{4}{3}\pi\rho . r;$$

il est simplement proportionnel à la distance au centre.

Si la sphère est formée de couches concentriques homogènes et que ρ désigne la densité moyenne du noyau, le champ intérieur est proportionnel à la quantité ρr. Au lieu de décroître régulièrement à partir de la surface, il peut augmenter d'abord pour diminuer ensuite et s'annuler finalement au centre, suivant la loi de variation de la densité ρ.

Dans l'intérieur de la Terre, par exemple, la gravité varie d'une manière assez complexe, indépendamment de l'inégalité de distribution des roches qui la constituent, car la densité moyenne est voisine de 5,5, tandis que celle des couches superficielles est inférieure à 2,5.

14. Théorème de Poisson. — Dans un système quelconque de masses agissantes, considérons l'élément de volume $dx\,dy\,dz$ défini par deux points P et P' dont les coordonnées sont x, y, z et $x+dx$, $y+dy$, $z+dz$. Les composantes du champ au point P étant X, Y, Z, elles prendront au point P' les valeurs

$$X+\frac{\partial X}{\partial x}dx, \qquad Y+\frac{\partial Y}{\partial y}dy, \qquad Z+\frac{\partial Z}{\partial z}dz.$$

Sur la base $dy\,dz$ menée par le point P, le flux de force qui entre dans cet élément de volume est $X\,dy\,dz$; le flux qui sort par la face opposée est $\left(X+\frac{\partial X}{\partial x}dx\right)dy\,dz$, et leur différence $\frac{\partial X}{\partial x}dx\,dy\,dz$. En appliquant le même raisonnement aux autres composantes, on voit que le flux total qui sort de cet élément est $\left(\frac{\partial X}{\partial x}+\frac{\partial Y}{\partial y}+\frac{\partial Z}{\partial z}\right)dx\,dy\,dz$.

D'autre part, si ρ désigne la densité moyenne des masses agissantes situées dans l'élément de volume, la masse totale est $\rho\,dx\,dy\,dz$ et le flux de force $4\pi\rho\,dx\,dy\,dz$. L'égalité de ces deux expressions donne

$$(1) \qquad \frac{\partial X}{\partial x}+\frac{\partial Y}{\partial y}+\frac{\partial Z}{\partial z}=4\pi\rho.$$

Si la densité ρ est nulle, c'est-à-dire si le point P se trouve en dehors des masses agissantes, la somme des dérivées partielles des composantes est aussi nulle, et l'on a

$$(2) \qquad \frac{\partial X}{\partial x}+\frac{\partial Y}{\partial y}+\frac{\partial Z}{\partial z}=0.$$

C'est l'équation *de continuité*. Pour toute fonction analogue au champ, c'est-à-dire tout vecteur qui satisfait à cette condition, le flux correspondant qui sort d'une surface quelconque est nul. On dit que le flux *se conserve*.

Si l'on exprime les composantes X, Y, Z en fonction du potentiel V, l'équation (1) devient

$$4\pi\rho = -\left(\frac{\partial^2 V}{\partial x^2} + \frac{\partial^2 V}{\partial y^2} + \frac{\partial^2 V}{\partial z^2}\right),$$

ou, en représentant par ΔV la somme des trois dérivées secondes partielles de la fonction V par rapport aux coordonnées,

$$\Delta V + 4\pi\rho = 0. \tag{3}$$

Quand on est en dehors des masses agissantes, $\rho = 0$ et il reste $\Delta V = 0$. Le théorème a été d'abord énoncé sous cette forme par Laplace; on doit à Poisson l'expression plus générale qui tient compte de la densité du milieu actif au point considéré.

15. Induction électrostatique. — Nous aurons recours aux phénomènes électriques pour démontrer quelques autres propriétés du potentiel.

Lorsque l'équilibre électrostatique est établi, le champ électrique doit être nul à l'intérieur de chaque conducteur, sans quoi il s'y produirait une nouvelle électrisation, qui est contraire à l'hypothèse de l'équilibre. Les composantes X, Y et Z du champ sont alors nulles et, par suite, le potentiel V a une valeur constante dans chacun des conducteurs.

Les dérivées secondes du potentiel étant aussi nulles, il en résulte $\rho = 0$. La charge électrique est donc nulle à l'intérieur de chaque conducteur, qu'il soit électrisé directement ou par induction, et l'électricité est uniquement distribuée sur la surface.

Considérons un système quelconque $m + m' + m'' + \ldots = \Sigma m$ de masses électriques fixes, distribuées d'une manière arbitraire, et supposons que ce système soit entouré complètement par un conducteur dont les surfaces interne et externe sont S et S' (*fig.* 8). En un point P situé dans ce conducteur, le champ est nul; le flux de force qui traverse une surface arbitraire Σ comprise dans le conducteur est donc nul.

Comme ce flux est égal au produit de 4π par la masse totale intérieure, cette masse est nulle; or, elle se compose des masses

Fig. 8.

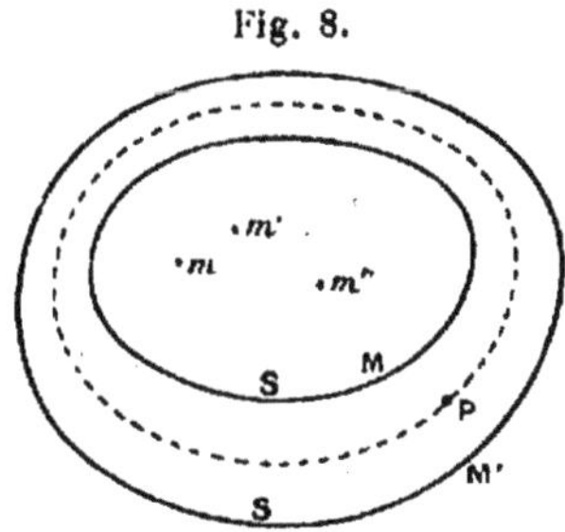

primitives Σm et d'une masse M induite sur la surface S, ce qui donne $M + \Sigma m = 0$.

Supposons maintenant qu'il existe à la surface extérieure une charge quelconque M', et que le système soit soustrait à toute action étrangère.

On trouvera un état d'équilibre en supposant :

1° Que la masse M' est distribuée comme elle le serait sur un conducteur plein, auquel cas son potentiel intérieur est constant et son champ nul;

2° Que la distribution de la couche M est telle que le potentiel des masses M et Σm, à l'extérieur de la surface S, soit nul.

C'est ce qui a lieu, car, pour des masses données, l'état d'équilibre n'existe que pour un seul mode de distribution.

On voit ainsi, et c'est le seul résultat qui nous intéresse actuellement, que le champ d'un système Σm, à l'extérieur d'une surface S qui l'entoure, est égal et de signe contraire à celui d'une masse $M = -\Sigma m$ distribuée suivant une loi convenable sur cette surface. Ce champ est donc égal à celui d'une couche superficielle $+\Sigma m$ distribuée suivant la même loi.

En particulier, si le système considéré est magnétique, la masse totale Σm est nulle. Son action extérieure à la surface S est égale à celle d'une couche superficielle de masse totale nulle, c'est-à-dire formée de deux portions de signes contraires.

Si le magnétisme terrestre, par exemple, est dû à des masses intérieures, le champ magnétique observé à la surface équivaut à celui que produirait une couche superficielle de masse totale nulle.

16. Cas d'une masse unique. — Considérons une masse unique m située au point O (*fig.* 9). Son potentiel en P, à la distance r, est $\frac{m}{r}$ et le champ $\frac{m}{r^2}$.

Les lignes de force sont des droites émanant du point O. Désignons par α l'angle que fait la droite MP avec un axe fixe Ox.

Fig. 9.

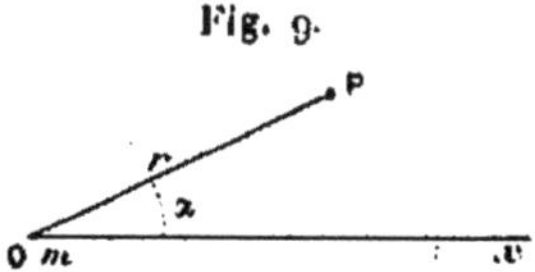

Dans le cône circulaire de demi-angle au sommet α, dont l'angle solide est $2\pi(1 - \cos\alpha)$, le flux de force émis par la masse m a pour expression

$$\Phi = 2\pi m(1 - \cos\alpha).$$

Si l'on donne au second membre une série de valeurs qui soient représentées par les nombres entiers successifs 1, 2, 3, ..., N, l'ordre de la ligne de force correspondante sera 1, 2, ..., N. L'angle α relatif à la ligne de force d'ordre N est donc

$$1 - \cos\alpha = \frac{N}{2\pi m}, \qquad \cos\alpha = 1 - \frac{N}{4\pi m}.$$

17. Couple de deux masses. — Deux masses égales et de signes contraires $\pm m$, séparées par la distance $CC' = 2a$ (*fig.* 10), représentent un aimant réduit à ses deux pôles, dont le moment magnétique est $M = 2ma$.

Fig. 10.

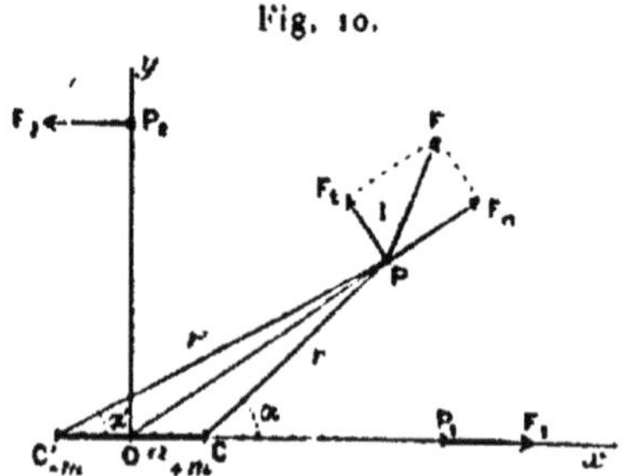

En un point P, situé aux distances respectives r et r' de ces masses, le potentiel est

$$V = \frac{m}{r} - \frac{m}{r'} = m\left(\frac{1}{r} - \frac{1}{r'}\right) = m\,\frac{r'-r}{rr'}.$$

Le flux de force $4\pi m$ émané de la masse $+m$ est comme absorbé par la masse $-m$, et toutes les lignes de force vont du point C au point C'.

Désignant par α et α' les angles des rayons vecteurs r et r' avec l'axe magnétique Ox du système, la ligne de force d'ordre N a pour équation

$$N = 2\pi m(1 - \cos\alpha) - 2\pi m(1 - \cos\alpha') = 2\pi m(\cos\alpha' - \cos\alpha).$$

Comme l'angle α' est nul pour les points voisins de $+m$, si θ désigne l'angle que fait au point C avec l'axe des x la ligne de force d'ordre N, on a

$$N = 2\pi m(\cos\alpha' - \cos\alpha) = 2\pi m(1 - \cos\theta),$$

$$\cos\alpha' - \cos\alpha = 1 - \cos\theta = \frac{N}{2\pi m}.$$

Soient x et y les coordonnées rectangulaires du point P dans le plan méridien PCC', en prenant pour origine le milieu O de la droit CC'.

Les composantes X et Y du champ sont

$$X = \frac{m}{r^2}\cdot\frac{x-a}{r} - \frac{m}{r'^2}\cdot\frac{x+a}{r'}, \quad Y = \frac{m}{r^2}\cdot\frac{y}{r} - \frac{m}{r'^2}\cdot\frac{y}{r'};$$

$$X = m\left\{\frac{x-a}{[y^2+(x-a)^2]^{\frac{3}{2}}} - \frac{x+a}{[y^2+(x+a)^2]^{\frac{3}{2}}}\right\},$$

$$Y = my\left\{\frac{1}{[y^2+(x-a)^2]^{\frac{3}{2}}} - \frac{1}{[y^2+(x+a)^2]^{\frac{3}{2}}}\right\}.$$

La composante Y est nulle sur l'axe des x et sur l'axe transversal y, aux points P_1 et P_2; les valeurs correspondantes du champ sont dites *principales*.

Pour le point P_1, le champ F_1 est parallèle à la direction positive de l'axe des x et a pour valeur

$$F_1 = X = m\left[\frac{1}{(x-a)^2} - \frac{1}{(x+a)^2}\right] = 2ma\,\frac{2x}{(x^2-a^2)^2} = M\,\frac{2x}{(x^2-a^2)^2}.$$

Au point P_2, le champ a une direction contraire

$$F_2 = -X = \frac{2ma}{(y^2+a^2)^{\frac{3}{2}}} = \frac{M}{(y^2+a^2)^{\frac{3}{2}}}.$$

Il est utile de développer ces expressions en fonction des coordonnées x ou y, qui représentent dans chaque cas la distance R au point O; on obtient ainsi

$$F_1 = \frac{2M}{R^3}\left(1 + 2\frac{a^2}{R^2} + 3\frac{a^4}{R^4} + \ldots\right),$$
$$F_2 = \frac{M}{R^3}\left(1 - \frac{3}{2}\frac{a^2}{R^2} + \frac{3.5}{2^3}\frac{a^4}{R^4} + \ldots\right).$$

A une grande distance par rapport à la longueur magnétique $2a$ de l'aimant, ces valeurs principales sont simplement en raison inverse de R^3 et satisfont à la relation $F_1 = 2F_2$.

Si la longueur magnétique $2a$ reste inconnue, comme dans le cas des aimants, on peut écrire

$$F_1 = \frac{2M}{R^3}\left(1 + \frac{A_1}{R^2} + \frac{B_1}{R^4} + \ldots\right),$$
$$F_2 = \frac{M}{R^3}\left(1 + \frac{A_2}{R^2} + \frac{B_2}{R^4} + \ldots\right);$$

les coefficients A_1, B_1, ..., A_2, B_2, ... seront alors déterminés par des expériences faites à différentes distances.

18. Aimant très court. — Le problème se simplifie lorsque la distance $2a$ des masses $\pm m$ devient infiniment petite.

Les angles α et α', ainsi que les distances r et r', ont des valeurs très peu différentes. La différence $r' - r$ est la projection $2a\cos\alpha$ de la longueur $CC' = 2a$ sur ce rayon vecteur, lequel est sensiblement égal à r et l'on remplacera le produit rr' par r^2. Il en résulte

$$V = m\,\frac{2a\cos\alpha}{r^2} = \frac{M\cos\alpha}{r^2}.$$

Ce potentiel est proportionnel à la projection $M \cos\alpha$ du moment magnétique sur le rayon vecteur du point P et en raison inverse du carré de la distance.

Remarquons aussi que la projection du moment M sur le rayon vecteur est la somme des projections sur la même droite de ses trois composantes rectangulaires. Il en résulte que l'action d'un aimant sur un point éloigné peut être remplacée par celles des trois composantes rectangulaires de son moment magnétique.

Au lieu des composantes X et Y, il est plus utile de considérer les composantes F_n et F_t, la première suivant le rayon vecteur OP, l'autre dans une direction perpendiculaire, c'est-à-dire les composantes *normale* et *tangentielle* à la circonférence de rayon $OP = r$ ayant pour centre le point O. En appelant λ l'angle $\frac{\pi}{2} - \alpha$ du rayon vecteur OP avec la transversale OP_2, c'est-à-dire avec le plan équateur de l'aimant C'C, on a alors

$$F_n = -\frac{\partial V}{\partial r} = \frac{2M\cos\alpha}{r^3} = \frac{2M}{r^3}\sin\lambda,$$

$$F_t = -\frac{\partial V}{r\,d\alpha} = -\frac{1}{r}\frac{\partial V}{\partial\alpha} = \frac{M\sin\alpha}{r^3} = \frac{M}{r^3}\cos\lambda;$$

$$F^2 = F_n^2 + F_t^2 = \left(\frac{M}{r^3}\right)^2(3\cos^2\alpha + 1) = \left(\frac{M}{r^3}\right)^2(3\sin^2\lambda + 1).$$

Le rapport $\frac{F_n}{F_t}$ est la tangente de l'angle I que fait le champ résultant avec la tangente à la circonférence considérée, ce qui donne

$$\frac{F_n}{F_t} = \operatorname{tang} I = 2\cot\alpha = 2\operatorname{tang}\lambda.$$

C'est la relation approchée (8) que donnent les observations du champ terrestre. La Terre se comporte donc à peu près comme un aimant infiniment petit situé au centre et dirigé suivant l'axe magnétique du globe.

Les composantes parallèles aux x, y deviennent

$$X = F_n\cos\alpha - F_t\sin\alpha = \frac{M}{r^3}(3\cos^2\alpha - 1) = \frac{M}{r^3}(3\sin^2\lambda - 1),$$

$$Y = F_n\sin\alpha + F_t\cos\alpha = \frac{3}{2}\frac{M}{r^3}\sin 2\alpha \qquad = \frac{3}{2}\frac{M}{r^3}\sin 2\lambda.$$

Le champ est perpendiculaire à l'axe pour la condition

$$3\cos^2\alpha = 1, \qquad \tang^2\alpha = 2, \qquad \alpha = 54°44'.$$

On peut encore remplacer le champ par deux autres composantes, l'une X' parallèle à l'axe, l'autre Y' symétrique de la première par rapport au rayon vecteur r. On a alors

$$(Y' + X')\cos\alpha = F_n = \frac{2M}{r^3}\cos\alpha, \qquad (Y' - X')\sin\alpha = F_t = \frac{M}{r^3}\sin\alpha;$$

$$Y' = \frac{3}{2}\frac{M}{r^3}, \qquad X' = \frac{1}{2}\frac{M}{r^3}.$$

Ces composantes X' et Y' sont donc indépendantes de l'angle α.

La calotte découpée sur la sphère de rayon r par un cône circulaire dont le demi-angle au sommet est α a pour expression

$$S = 2\pi r^2(1 - \cos\alpha),$$

la zone relative à l'angle $d\alpha$,

$$dS = 2\pi r^2 \sin\alpha\, d\alpha,$$

et le flux de force émis dans cette zone

$$F_n dS = \frac{2M\cos\alpha}{r^3}\, 2\pi r^2 \sin\alpha\, d\alpha = \frac{2M\pi}{r}\, 2\sin\alpha\cos\alpha\, d\alpha = \frac{2M\pi}{r}\, d.\sin^2\alpha.$$

La ligne de force d'ordre N a donc pour équation

$$\frac{N}{2\pi} = M\frac{\sin^2\alpha}{r} = M\frac{\cos^2\lambda}{r}.$$

Toutes ces lignes de force sont des courbes fermées, en forme d'ovales, tangentes au point O à l'axe des x et symétriques par rapport à l'axe des y.

Soient T (*fig.* 11) le point où la tangente à la circonférence passant par le point P rencontre l'axe des x, et S l'intersection de cet axe avec la direction du champ résultant. Les triangles OPS et SPT donnent

$$\frac{PS}{OS} = \frac{\sin\alpha}{\cos I}, \qquad \frac{PS}{ST} = \frac{\cos\alpha}{\sin I},$$

d'où

$$\frac{OS}{ST} = \frac{\cot\alpha}{\tang I} = \frac{\tang\lambda}{\tang I},$$

et, d'après la relation $\tan I = 2 \tan\lambda$,

$$ST = 2.OS, \qquad OT = 3.OS.$$

On a aussi

$$r = OT.\cos\alpha = 3.OS.\cos\alpha = \frac{OQ}{\cos\alpha},$$

ou

$$\cos^2\alpha = \frac{1}{3}\frac{OQ}{OS} = \frac{OQ}{OT}.$$

Fig. 11.

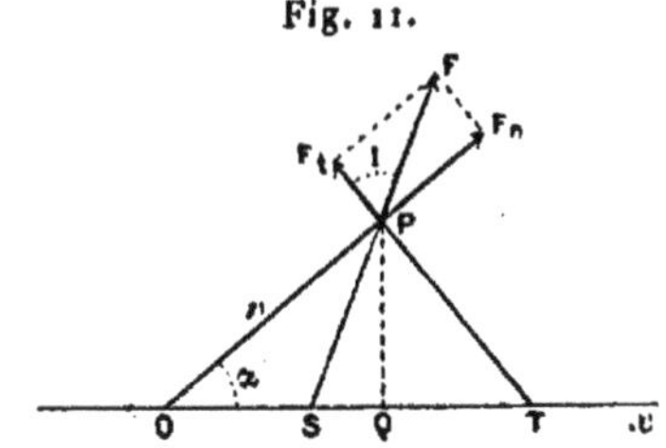

Le champ et ses composantes peuvent alors s'exprimer en fonction des longueurs ainsi déterminées, car on a, en posant $H_e = \frac{M}{r^3}$,

$$F^2 = H_e^2(3\cos^2\alpha + 1) = H_e^2\left(\frac{OQ}{OS} + 1\right) = H_e^2.3\,\frac{OQ + OS}{OT},$$

$$F_n^2 = H_e^2\,4\cos^2\alpha \qquad = H_e^2\,4\,\frac{OQ}{OT},$$

$$F_t^2 = H_e^2\sin^2\alpha \qquad = H_e^2\left(1 - \frac{OQ}{OT}\right) = H_e^2\,\frac{QT}{OT}.$$

Ces relations géométriques sont dues à Gauss.

CHAPITRE III.

AIMANTATION ET INDUCTION MAGNÉTIQUE.

---

19. Solénoïdes magnétiques. — Dans un milieu aimanté d'une manière quelconque, la direction et l'intensité de l'aimantation varient évidemment d'une manière continue.

Une *ligne d'aimantation* est tangente en chaque point à la direction correspondante de l'aimantation.

Un *tube d'aimantation* est une sorte de canal limité par des lignes d'aimantation; ce tube est un *solénoïde* lorsque sa section est très petite.

Soient s la section, dl la longueur et A l'aimantation d'un élément de solénoïde; le moment magnétique $As.dl$ est le même que si les deux faces terminales avaient des quantités de magnétisme $m = As$ égales et de signes contraires, c'est-à-dire une densité superficielle $\pm\sigma = A$.

Le solénoïde est *uniforme* lorsque le produit As est constant dans toute sa longueur, c'est-à-dire que l'aimantation est en raison inverse de la section. Si l'on découpe ainsi en éléments un solénoïde uniforme, les surfaces de contact de deux éléments successifs ont des charges magnétiques égales et contraires, de sorte que leur action extérieure est nulle.

Un corps aimanté est toujours décomposable en tubes d'aimantation ou en solénoïdes.

Si tous ces solénoïdes sont uniformes, l'action extérieure de chacun d'eux se réduit à celle des masses $\pm As$ situées aux extrémités sur la surface du corps. Soient dS l'élément de surface découpée par le solénoïde et θ l'angle de l'aimantation A avec la normale comptée vers l'extérieur. On a alors $s = dS.\cos\theta$ et, par suite, $As = dS.A\cos\theta$; la masse magnétique relative à ce solénoïde forme donc sur l'élément dS une couche dont la densité moyenne est $\sigma = A\cos\theta$, c'est-à-dire égale à la projection normale de l'aimantation.

Ainsi le champ magnétique extérieur d'un milieu formé de solénoïdes uniformes est le même que celui d'une couche magnétique distribuée à la surface du corps et dont la densité en chaque point est égale à la projection normale de l'aimantation, cette densité étant positive ou négative, suivant que l'aimantation est dirigée vers l'extérieur ou l'intérieur de la surface.

Lorsque les solénoïdes ne sont pas uniformes, le champ extérieur équivaut encore à celui d'une couche superficielle (15), mais la densité n'est plus donnée en général par la composante normale de l'aimantation et il faut tenir compte de certaines masses distribuées à l'intérieur du corps.

L'aimantation étant quelconque, le potentiel d'un élément de volume $dx\,dy\,dz$ suivant une direction déterminée est proportionnel à la projection de son moment magnétique sur cette direction (18), ou à la somme des projections des trois composantes rectangulaires de ce moment. On peut donc remplacer l'aimantation elle-même par ses composantes rectangulaires A, B, C, et le corps aimanté par trois séries de solénoïdes rectilignes respectivement parallèles aux axes de coordonnées.

Soient $P(y, z, x)$ et $P'(y, z, x + dx)$ les points situés sur les faces d'entrée ou de sortie d'un élément cylindre à section droite parallèle à l'axe des x, A et $A + \frac{\partial A}{\partial x}dx$ les valeurs correspondantes de l'aimantation parallèle à cet axe.

L'élément se comporte d'abord comme s'il existait sur la face d'entrée une couche magnétique $-A\,dy\,dz$, et sur la face de sortie une couche différente $+\left(A + \frac{\partial A}{\partial x}dx\right)dy\,dz$; comme la somme des quantités de magnétisme dans l'élément de volume doit être nulle, il faut admettre en même temps qu'il existe à l'intérieur une quantité de magnétisme $-\frac{\partial A}{\partial x}dx\,dy\,dz$, c'est-à-dire une densité cubique égale à $-\frac{\partial A}{\partial x}$.

Ce raisonnement équivaut à imaginer que la composante A, au lieu de varier d'une manière continue, conserve la valeur A dans une partie de la longueur dx et la valeur $A + \frac{\partial A}{\partial x} dx$ dans l'autre partie. Sur les faces en regard de ces deux fragments du volume $dx\,dy\,dz$ se trouve ainsi une couche magnétique correspondant à la différence des aimantations, c'est-à-dire

$$dy\,dz\left[A - \left(A + \frac{\partial A}{\partial x}\right) dx\right] = -\frac{\partial A}{\partial x}\,dx\,dy\,dz.$$

Le même raisonnement, appliqué aux autres composantes, montre finalement qu'un milieu aimanté se comporte comme s'il avait sur la surface une densité σ égale à la projection normale de l'aimantation et, dans l'intérieur, une densité cubique

$$\rho = -\left(\frac{\partial A}{\partial x} + \frac{\partial B}{\partial y} + \frac{\partial C}{\partial z}\right),$$

égale et de signe contraire à la somme des dérivées partielles des composantes de l'aimantation par rapport aux coordonnées correspondantes.

Les quantités σ et ρ ainsi définies permettent de déterminer le champ magnétique en un point quelconque.

20. Aimantation uniforme. — Lorsque l'aimantation est constante en grandeur et en direction dans toute l'étendue du corps, elle est dite *uniforme*. Dans ce cas, la densité cubique ρ est nulle et il ne reste que la couche superficielle.

On peut imaginer que cette couche est formée par un milieu homogène, de densité $\pm\rho$, compris entre la surface S du corps et une surface S' infiniment voisine, la densité ρ étant positive ou négative suivant que la surface S' est à l'extérieur ou à l'intérieur du corps. En appelant A l'aimantation et h l'épaisseur normale de la couche sur l'élément dS, la quantité du milieu actif correspondant est représentée par l'une ou l'autre des expressions équivalentes $\rho . h\,dS$ et $A \cos\theta . dS$; il en résulte

$$h = \frac{A}{\rho}\cos\theta.$$

Ainsi l'épaisseur h est la projection sur la normale d'une épaisseur constante $h_0 = \frac{A}{\rho}$, c'est-à-dire que la distance des surfaces S et S′ est constante suivant une direction parallèle à l'aimantation ; ces surfaces sont donc identiques.

D'autre part, $dS\cos\theta$ est la projection de l'élément dS sur un plan perpendiculaire à l'aimantation. La masse totale de chacune des couches est donc

$$A\int dS\cos\theta;$$

c'est le produit de l'aimantation par la projection $\int dS\cos\theta$ de la surface sur un plan normal à l'aimantation.

Supposons encore que deux milieux actifs, de densités égales et contraires $+\rho$ et $-\rho$, soient superposés d'abord dans la surface S ; leur action est nulle. Le milieu positif est ensuite détaché de l'autre et glisse d'une quantité h_0 parallèlement à une direction déterminée ; il déborde d'un côté où il forme une couche positive de densité $+\rho$; du côté opposé il laisse libre une couche égale de densité $-\rho$. Ce sont des *couches de glissement ;* elles produisent le même effet qu'une aimantation uniforme $A=\rho h_0$ parallèle à la direction du glissement.

Considérons, par exemple, le cas d'une *sphère* de rayon a, ayant l'aimantation uniforme A. Son moment magnétique

$$M=A\frac{4}{3}\pi a^3$$

est aussi le produit de la longueur magnétique l par la masse de chaque couche, laquelle est $A.\pi a^2$; il en résulte

$$l=\frac{4}{3}a.$$

La distance des pôles est donc les $\frac{2}{3}$ du diamètre ; chaque pôle se trouve aux $\frac{2}{3}$ du rayon à partir du centre.

Le champ magnétique est égal à celui de deux sphères homogènes, de densités $\pm\rho$, dont les centres sont à la distance h_0 et les masses totales $\pm m=\frac{4}{3}\pi a^3.\rho$.

L'action extérieure d'une sphère homogène étant la même que si toute la masse était réunie au centre (13), ces deux sphères se comportent comme un aimant infiniment petit, de masse m et de longueur magnétique h_0, dont le moment est

$$M=mh_0=\frac{4}{3}\pi a^3\rho h_0=a^3\frac{4}{3}\pi A.$$

Ainsi le champ extérieur d'une sphère aimantée uniformément est le même que celui d'un aimant infiniment petit situé au centre et parallèle à l'aimantation.

On peut donc aussi représenter le champ terrestre en supposant que la Terre est uniformément aimantée dans une direction parallèle à la ligne des pôles.

En prenant $H_e = 0,33$ pour la composante horizontale à l'équateur magnétique, on aurait

$$H_e = \frac{M}{a^3} = \frac{4}{3}\pi A,$$

$$A = \frac{3}{4\pi} H_e = 0,079.$$

Pour le champ intérieur, nous remplacerons encore les couches superficielles par les deux sphères.

Au point P (*fig.* 12), dont les distances aux centres C et C′ de ces sphères sont r et r', l'action f de la sphère positive est dirigée

Fig. 12.

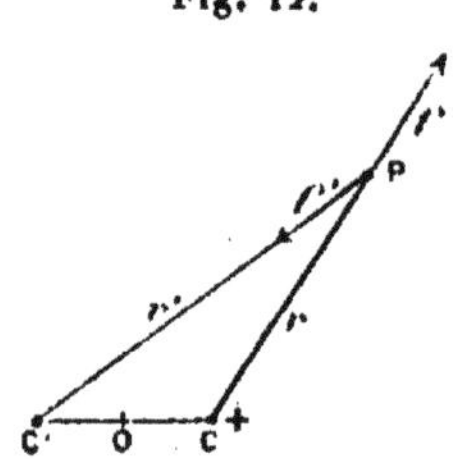

suivant CP et égale à $\frac{4}{3}\pi\rho r$, c'est-à-dire proportionnelle au rayon r; l'action f' de la sphère négative est dirigée suivant PC′ et proportionnelle au rayon r'. Leur résultante est parallèle au troisième côté $CC' = h_0$ du triangle CPC′ et proportionnelle à sa longueur par le même facteur $\frac{4}{3}\pi\rho$.

Le champ intérieur φ de l'ensemble des deux spheres, ou des couches superficielles équivalentes, ou d'une sphère aimantée uniformément, est donc uniforme, de direction opposée à celle de l'aimantation; il a pour expression

$$\varphi = -\frac{4}{3}\pi\rho h_0 = -\frac{4}{3}\pi A,$$

et le moment magnétique, en fonction de ce champ, devient

$$M = -a^3\varphi.$$

Une propriété analogue s'applique aux *ellipsoïdes*. Si A, B, C sont les composantes, parallèles aux axes, de l'aimantation uniforme dans un ellipsoïde, chacune d'elles produit un champ uniforme de direction opposée. Le champ résultant est encore uniforme et a pour composantes — LA, — MB, — NC, les coefficients L, M et N étant en général des fonctions elliptiques [1] des rapports des axes a, b, c de l'ellipsoïde.

Ces coefficients s'expriment plus simplement lorsque l'ellipsoïde est de révolution.

Pour un ellipsoïde planétaire, dont l'axe équatorial est a et l'axe polaire $a' = a\sqrt{1-e^2}$, les coefficients principaux sont

$$M = N = \frac{2\pi}{e^2}\frac{a'}{a}\left(\frac{\text{arc}\sin e}{e} - \frac{a'}{a}\right),$$

$$L = \frac{4\pi}{e^2}\left(1 - \frac{a'}{a}\cdot\frac{\text{arc}\sin e}{e}\right).$$

Pour un ovoïde de révolution autour de l'axe a, l'axe équatorial étant $b = a\sqrt{1-e^2}$, on a, en représentant par le symbole $\mathcal{L}$ les logarithmes népériens,

$$M = N = \frac{2\pi}{e^2}\left(1 - \frac{b^2}{a^2}\mathcal{L}\frac{1+e}{1-e}\right).$$

$$L = \frac{4\pi}{e^2}\cdot\frac{b^2}{a^2}\left(\frac{1}{2e}\mathcal{L}\frac{1+e}{1-e} - 1\right).$$

Dans le cas d'un ellipsoïde très allongé, en forme d'aiguille, ou d'un cylindre circulaire très long par rapport à son diamètre, l'excentricité e est très voisine de l'unité et ces formules se réduisent à

$$M = N = 2\pi,$$

$$L = 4\pi\frac{b^2}{a^2}\left(\mathcal{L}\frac{2a}{b} - 1\right).$$

Si α, β, γ sont les cosinus directeurs de l'aimantation I_a, par

---

(1) *Voir* MASCART, *Leçons sur l'Électricité et le Magnétisme*, 2e édit., t. I, p. 84; 1896.

rapport aux axes, et λ, μ, ν les cosinus directeurs du champ intérieur $\varphi = -\sqrt{L^2A^2 + M^2B^2 + N^2C^2}$, on a

$$\frac{\alpha}{A} = \frac{\beta}{B} = \frac{\gamma}{C} = \frac{1}{I_a},$$

$$\frac{\lambda}{LA} = \frac{\mu}{MB} = \frac{\nu}{NC} = \frac{1}{\varphi}.$$

Dans ce cas, le champ intérieur n'est plus directement opposé à l'aimantation primitive; l'angle θ de ces deux directions est

$$\cos\theta = \alpha\gamma + \beta\mu + \gamma\nu = \frac{LA^2 + MB^2 + NC^2}{I_a \varphi}.$$

21. Feuillets magnétiques. — Supposons que dans un milieu, limité par deux surfaces infiniment voisines, l'aimantation A soit en chaque point normale à ces surfaces. Le système équivaut à deux couches magnétiques, de densités $\pm\sigma = A$, l'une positive sur la face où l'aimantation est dirigée vers l'extérieur et l'autre négative sur la face opposée; c'est un *feuillet magnétique*.

Soit dS un élément de surface et h l'épaisseur du feuillet correspondant. Le moment magnétique du volume $h\,dS$ est $Ah\,dS$. Au point P, situé à la distance r sur une droite qui fait l'angle α avec la normale à dS comptée dans le sens de l'aimantation, le potentiel dV produit par ce volume est (18)

$$dV = Ah\,\frac{dS\cos\alpha}{r^2}.$$

Le produit $Ah = U$ est la *puissance magnétique* du feuillet sur l'élément dS considéré. D'autre part, $dS\cos\alpha$ est la projection de l'élément dS sur un plan perpendiculaire au rayon vecteur r, et $\frac{dS\cos\alpha}{r^2}$ représente l'angle apparent $d\omega$ de cet élément vu du point P. On peut donc écrire

$$dV = U\,d\omega,$$

et le potentiel en P du feuillet est donné par l'intégrale suivante étendue à toute la surface S :

$$V = \int U\,d\omega.$$

Le feuillet est *uniforme* lorsque la quantité U est constante sur toute la surface du feuillet; on a alors

$$V = U\int d\omega = U\omega,$$

ω désignant l'angle apparent du feuillet.

Cet angle ω doit être considéré comme positif ou négatif suivant le signe de la face qui est vue du point P (*fig.* 13). Si une portion positive est vue sous le même angle qu'une autre portion

Fig. 13.

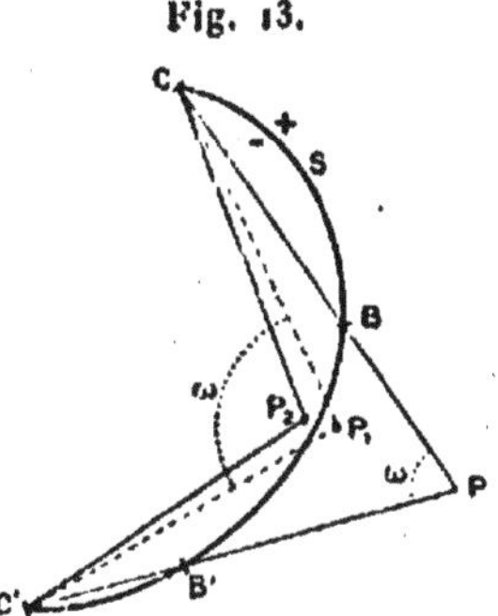

négative, leurs potentiels s'annulent. La surface S étant limitée par le contour CC' par exemple, les portions CB et C'B' n'interviennent pas pour le potentiel en P; ce potentiel est défini par l'angle apparent de la partie BB' ou du contour CC'.

Sur l'unité de masse qui suit un chemin quelconque en dehors du feuillet, entre deux points P et P', où les angles apparents définis plus haut sont ω et ω', le travail du champ est

$$V - V' = U(\omega - \omega');$$

ce travail est toujours nul pour un chemin fermé.

Entre deux points P_1 et P_2 infiniment voisins, situés de part et d'autre de la surface S, le potentiel varie brusquement d'une quantité finie. L'angle relatif au point P_1 étant ω_1, l'angle sous lequel du point P_2 on voit la face négative est, à un infiniment petit près, égal à $4\pi - \omega_1$, et l'on a

$$V_1 = U\omega_1, \qquad V_2 = -U(4\pi - \omega_1); \qquad V_1 - V_2 = 4\pi U.$$

Quand on fait cheminer l'unité de masse, à partir du point P_1, par un chemin fermé qui traverse le feuillet, la fonction $U\omega$ diminue de la quantité $4\pi U$ qui représente le travail correspondant.

Le travail total du champ magnétique devant être nul, il a dû se produire dans l'épaisseur du feuillet, entre les surfaces, un travail $-4\pi U = -4\pi A h$, lequel correspond à une force magnétique normale aux surfaces, égale à $4\pi A$ et de direction opposée à l'aimantation.

Pour un point intérieur, si l'on prend l'axe des x dans le sens de l'aimantation, les composantes du champ magnétique sont donc

$$X = -U\frac{\partial\omega}{\partial x} - 4\pi A, \qquad Y = -U\frac{\partial\omega}{\partial y}, \qquad Z = -U\frac{\partial\omega}{\partial z}.$$

En d'autres termes, quand on traverse une couche agissante de densité σ, on doit ajouter au champ défini par le potentiel $U\omega$ une composante normale égale à $4\pi\sigma$, c'est-à-dire $-4\pi A$ ou $+4\pi A$, dans le cas du feuillet, suivant que l'on traverse la face négative ou la face positive.

Remarquons encore que, si le feuillet est fermé, son potentiel extérieur est nul. Pour un point intérieur, l'angle apparent est $\pm 4\pi$, suivant que la face vue est positive ou négative; le potentiel intérieur est donc constant et égal à $\pm 4\pi U$. Dans les deux cas, le champ magnétique est nul.

Les solénoïdes et les feuillets magnétiques ainsi définis ne sont que des conceptions mathématiques, mais on peut toujours décomposer un aimant fini en solénoïdes ou en feuillets. L'aimant est dit *solénoïdal* ou *lamellaire* lorsque les éléments qui le constituent, solénoïdes ou feuillets, sont homogènes.

22. Induction magnétique. — Supposons que dans un corps aimanté on creuse une fente infiniment étroite, sans altérer la constitution du milieu.

Cette opération fait apparaître, sur les surfaces de coupure, des couches magnétiques dont la densité en chaque point est égale à la composante normale de l'aimantation.

Le champ efficace, dans l'intérieur de la fente, se composera donc du champ F produit par le magnétisme primitif et d'un champ nouveau F′ qui provient de ces couches superficielles.

Si la fente est parallèle aux lignes d'aimantation, la densité magnétique sur les surfaces de section est nulle, puisque l'aimantation est tangente à ces surfaces et le champ F n'est pas modifié.

Si la fente est perpendiculaire aux lignes d'aimantation, les surfaces ont des densités, positive et négative, représentées par l'aimantation elle-même I_a, et le champ qu'elles produisent est $F' = 4\pi I_a$ parallèle à l'aimantation.

Désignant par X, Y, Z les composantes rectangulaires du champ primitif, par A, B, C les composantes de l'aimantation, les composantes X_1, Y_1, Z_1 du champ résultant F_1 sont alors

$$X_1 = X + 4\pi A,$$
$$Y_1 = Y + 4\pi B,$$
$$Z_1 = Z + 4\pi C.$$

Le champ F_1 ainsi défini s'appelle *induction magnétique;* en dehors des milieux aimantés, l'induction se confond avec le champ magnétique.

Considérons une surface géométrique S (*fig.* 14) tracée au travers d'un milieu aimanté.

Fig. 14.

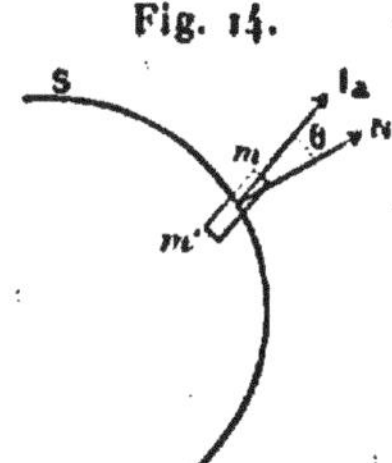

Le flux d'induction qui sort d'un élément dS est le produit de sa surface par la composante normale de l'induction F_1, c'est-à-dire par la somme des projections normales des composantes F et F'. Le flux d'induction est donc la somme des flux correspondants des champs F et F' pour chaque élément dS et, par suite, pour la surface totale S.

Certains éléments magnétiques de volume sont coupés par la surface S. Prenons l'un de ces éléments sous la forme d'un petit cylindre de longueur h parallèle à l'aimantation I_a et de section s, lequel découpe un élément de surface dS. En appelant θ l'angle de l'aimantation avec la surface, cet élément de volume équivaut à deux masses magnétiques, l'une $m = sI_a = I_a dS \cos\theta$ à l'extérieur, et l'autre $m' = -sI_a = -I_a dS \cos\theta$ à l'intérieur.

Si l'on suppose la surface S fermée, le flux des forces F est égal au produit de 4π par la somme totale des masses intérieures. Or cette somme est nulle pour tous les éléments magnétiques entièrement compris dans la surface, et il ne reste à considérer que les masses m' relatives aux éléments coupés. Le flux de force est donc égal à

$$4\pi\Sigma m' = -4\pi\int I_a dS \cos\theta.$$

D'autre part, le flux relatif au champ $F' = 4\pi I_a$ a une valeur égale et contraire $4\pi\int I_a dS \cos\theta$. La somme de ces deux flux est donc nulle.

Ainsi le flux d'induction qui émane d'une surface quelconque fermée est nul, c'est-à-dire que la somme des flux d'induction qui entrent dans la surface est égale à la somme des flux qui en émergent. C'est la même propriété que pour les flux de force dans une surface qui ne comprend aucune masse agissante.

On peut aussi concevoir des *lignes d'induction* et des *tubes d'induction*. Pour ces tubes, le flux d'induction se conserve toujours, quelle que soit la nature des milieux qu'ils traversent.

Dans l'épaisseur d'un feuillet magnétique, par exemple, l'induction s'obtiendra en ajoutant au champ magnétique la composante normale $4\pi A$ parallèle à l'aimantation. On détruit ainsi le terme $-4\pi A$ que l'on avait dû introduire à la traversée de l'une des couches. L'induction d'un feuillet, pour tous les points extérieurs ou intérieurs, s'obtiendra donc par la même fonction $U\omega$. Cette fonction n'est plus un potentiel, à proprement parler, puisqu'elle varie de $\pm 4\pi U$ quand on suit un chemin fermé qui traverse le feuillet.

Dans les milieux magnétiques isotropes, si l'on fait abstraction des phénomènes d'hystérésis, l'aimantation induite en chaque point est parallèle au champ total F et son intensité kF.

L'induction F_1 est aussi parallèle au champ et a pour valeur

$$F_1 = F + 4\pi kF = F(1 + 4\pi k) = \mu F.$$

Le facteur $\mu = 1 + 4\pi k$, qui représente le rapport de l'induction au champ, est la *perméabilité magnétique* du milieu.

Pour des champs faibles, les coefficients k et μ sont des constantes; dans le cas plus général, on devra considérer ces coefficients comme des fonctions du champ.

Supposons maintenant que deux milieux isotropes soient séparés par une surface S. D'un côté de l'élément dS le champ F fait l'angle θ avec la normale à la surface comptée dans une direction déterminée et la perméabilité est μ; du côté opposé, les mêmes quantités sont F', θ' et μ'.

Si l'on considère le tube d'induction limité au contour de l'élément dS, le flux d'induction est $\mu F\, dS \cos\theta$ dans le premier milieu et $\mu' F' dS \cos\theta'$ dans le second. Ces deux flux étant égaux, il en résulte

$$\mu F \cos\theta = \mu' F' \cos\theta'.$$

En d'autres termes, le produit de la perméabilité par la composante normale du champ est le même dans les deux milieux contigus. Il existe alors sur la surface de séparation une couche magnétique superficielle, due à la différence des aimantations des deux milieux, qui modifie la grandeur et la direction du champ quand on passe d'un milieu à l'autre.

Par raison de symétrie, l'action de cette couche est normale à la surface, de sorte que les composantes tangentielles du champ conservent la même valeur de part et d'autre, ce qui donne

$$F \sin\theta = F' \sin\theta'$$

et, en divisant les deux équations membre à membre,

$$\frac{\operatorname{tang}\theta}{\mu} = \frac{\operatorname{tang}\theta'}{\mu'}.$$

Au passage d'un milieu dans un autre, le champ et l'induction magnétique éprouvent donc un changement brusque de direction, analogue à la réfraction de la lumière, mais suivant une loi différente. Les tangentes des angles d'incidence θ et de réfraction θ' sont proportionnelles aux valeurs correspondantes des perméabilités, tandis qu'en Optique le sinus de ces angles sont proportionnelles aux vitesses de propagation respectives.

23. Aimantation de la sphère. — Lorsqu'un corps magnétique est soumis à l'action d'un champ F dû à des corps extérieurs, l'aimantation en chaque point est définie par la résultante du champ F et du champ φ qui produit l'aimantation induite.

Si le champ extérieur F est uniforme et que le champ φ soit aussi uniforme et parallèle au premier, le champ résultant est $F + \varphi$ et l'aimantation $k(F + \varphi)$. C'est ce qui a lieu, en particulier, pour une *sphère homogène*.

Supposons, en effet, que, dans le champ uniforme F, la sphère prenne une aimantation uniforme A parallèle au champ. L'action intérieure des couches induites (20) est $\varphi = -\frac{4}{3}\pi A$ dans une direction opposée à l'aimantation, c'est-à-dire au champ extérieur. Le champ résultant $F + \varphi = F - \frac{4}{3}\pi A$ est aussi uniforme et l'aimantation doit satisfaire à la condition

$$A = k(F + \varphi) = k\left(F - \frac{4}{3}\pi A\right);$$

il en résulte

$$A = \frac{k}{1 + \frac{4}{3}\pi k} F = \frac{3}{4\pi}\,\frac{\mu - 1}{\mu + 2} F = \frac{3}{4\pi} KF,$$

$$\varphi = -\frac{4}{3}\pi A = -KF,$$

K désignant la fraction $\frac{\mu - 1}{\mu + 2}$.

Le champ intérieur a pour expression

$$F + \varphi = \frac{A}{k} = \frac{3}{\mu + 2} F.$$

Le rayon de la sphère étant a, son moment magnétique est

$$M = \frac{4}{3}\pi a^3 . A = a^3 KF = -a^3\varphi.$$

Le champ extérieur est modifié par la présence de la sphère aimantée.

Considérons un point P situé à la distance r dans une direction qui fait l'angle α avec celle du champ. Les composantes normale et tangentielle du champ produit par la sphère sont

$$\varphi_n = \frac{2M\cos\alpha}{r^3} = 2K\frac{a^3}{r^3}F\cos\alpha = -2\frac{a^3}{r^3}\varphi\cos\alpha,$$

$$\varphi_t = \frac{M\sin\alpha}{r^3} = K\frac{a^3}{r^3}F\sin\alpha = -\frac{a^3}{r^3}\varphi\sin\alpha.$$

La composante tangentielle φ_t étant de signe contraire à celle du champ primitif, les composantes du champ résultant sont

$$F_n = F\cos\alpha + \frac{2M\cos\alpha}{r^3} = \left(1 + 2K\frac{a^3}{r^3}\right)F\cos\alpha,$$

$$F_t = F\sin\alpha - \frac{M\sin\alpha}{r^3} = \left(1 - K\frac{a^3}{r^3}\right)F\sin\alpha.$$

Sur la sphère elle-même, on fera $r = a$. La composante normale F_n est nulle à l'équateur, où le champ résultant est parallèle au champ primitif.

L'inclinaison α' du champ sur la normale est donnée par la relation, qui était évidente,

$$\operatorname{tang}\alpha' = \frac{F_t}{F_n} = \frac{1-K}{1+2K}\operatorname{tang}\alpha = \frac{\operatorname{tang}\alpha}{\mu}.$$

Dans la calotte de rayon r, correspondant au cône circulaire dont le demi-angle au sommet est θ, le flux de force est la somme des flux relatifs au champ primitif et à la sphère. L'équation de la ligne de force d'ordre N à l'extérieur est donc

$$N = F\pi r^2\sin^2\theta + 2\pi\frac{M}{r}\sin^2\theta = \pi\left(r^2 + 2K\frac{a^3}{r}\right)F\sin^2\theta.$$

Ces lignes de force sont parallèles au champ dans l'intérieur de la sphère; elles coupent la surface sous l'incidence α, en émergent sous l'angle α', et leur inclinaison θ sur la direction du champ varie ensuite avec la distance r.

24. Problème de Barlow. — La considération des couches de glissement permet encore de déterminer l'aimantation induite par un champ uniforme sur un milieu homogène limité par les surfaces S′ et S de deux sphères concentriques, dont les rayons sont a'

et a, l'épaisseur étant $a - a'$, à la condition d'admettre que la perméabilité μ du milieu est indépendante du champ.

Le champ d'aimantation étant F, soient φ' et φ les champs intérieurs des deux couches supposées sur les surfaces S' et S.

A l'extérieur de la surface S', la composante normale du champ produit par la couche correspondante est égale à $-2\varphi' \cos\alpha$. La condition d'équilibre sur cette surface est donc

$$(1) \qquad \begin{cases} (F + \varphi + \varphi')\cos\alpha = \mu(F + \varphi - 2\varphi')\cos\alpha, \\ (\mu - 1)F + (\mu - 1)\varphi = (2\mu + 1)\varphi'. \end{cases}$$

Sur la surface S, la composante normale du champ produit par la couche S' est

$$-2\left(\frac{a'}{a}\right)^3 \varphi' \cos\alpha = -2\beta\varphi' \cos\alpha,$$

en appelant β le rapport des cubes des rayons, et celle du champ produit par la couche S à l'extérieur est $-2\varphi \cos\alpha$. La seconde condition d'équilibre donne

$$(2) \qquad \begin{cases} \mu(F + \varphi - 2\beta\varphi') = F - 2\varphi - 2\beta\varphi', \\ (\mu - 1)F + (\mu + 2)\varphi = 2\beta(\mu - 1)\varphi'. \end{cases}$$

Les équations (1) et (2) déterminent les quantités φ et φ'; on en déduit

$$\frac{\varphi'}{3(\mu - 1)} = \frac{-\varphi}{(\mu - 1)[3 + 2(1 - \beta)(\mu - 1)]} = \frac{F}{9\mu + 2(1 - \beta)(\mu - 1)^2}.$$

Comme les valeurs de φ et φ' sont de signes contraires, il en est de même pour les couches correspondantes.

L'aimantation du milieu est variable d'un point à l'autre, et sa direction moyenne est parallèle au champ F.

Le champ reste uniforme dans la cavité, où il a pour valeur

$$F_i = F + \varphi + \varphi' = \frac{9\mu}{9\mu + 2(1 - \beta)(\mu - 1)^2} F = \frac{F}{1 + \dfrac{2(\mu - 1)^2}{9\mu}(1 - \beta)}.$$

En un point P extérieur, défini par r et α, les composantes normale et tangentielle des couches induites sont

$$\varphi_n = -\frac{2}{r^3}(a'^3\varphi' + a^3\varphi)\cos\alpha = -2\left(\frac{a}{r}\right)^3(\beta\varphi' + \varphi)\cos\alpha,$$

$$\varphi_t = -\frac{1}{r^3}(a'^3\varphi' + a^3\varphi)\sin\alpha = -\left(\frac{a}{r}\right)^3(\beta\varphi' + \varphi)\sin\alpha.$$

L'effet extérieur est donc le même que pour une sphère homogène de rayon a, à la condition de remplacer le facteur K par un autre facteur K', tel que

$$K' = -\frac{\beta\varphi' + \varphi}{F} = K\frac{1}{1 + \dfrac{\beta}{1-\beta}\,\dfrac{9\mu}{(2\mu+1)(\mu+2)}} = \frac{K}{1+\varepsilon}.$$

La quantité ε ne prend une valeur notable que si le rapport β est très voisin de l'unité ou la perméabilité μ très petite.

Dans le cas du *fer doux*, par exemple, la susceptibilité magnétique k dépasse 30 et la perméabilité $\mu = 1 + 4\pi k$ est voisine de 500. Le champ intérieur F_i dans la cavité se trouve réduit à la fraction $\dfrac{1}{1 + 111(1-\beta)}$.

En faisant $\beta = 0,5$ ou $a' = 0,794a$, auquel cas l'épaisseur du milieu est le cinquième du rayon, le champ F_i n'est plus que $\frac{1}{57}$ du champ F. Une enveloppe de fer d'épaisseur notable constitue donc une protection presque complète contre les actions magnétiques d'origine extérieure.

Avec la même valeur de μ, le terme de correction ε devient

$$\varepsilon = \frac{\beta}{1-\beta}\cdot\frac{1}{112}.$$

Tant que l'épaisseur du milieu est supérieure au cinquième du rayon, le champ extérieur de l'enveloppe sphérique ne diffère pas de un centième de celui que produirait une sphère pleine de même diamètre.

25. Ellipsoïde et corps symétriques. — Sur un *ellipsoïde* magnétique homogène, l'action d'un champ uniforme produit encore une aimantation uniforme.

En désignant par X, Y, Z les composantes du champ F parallèles aux axes, l'ellipsoïde prend trois aimantations uniformes, respectivement parallèles aux axes (20), qui seront encore

$$A = \frac{k}{1 + kL} X = lX,$$
$$B = \frac{k}{1 + kM} Y = mY,$$
$$C = \frac{k}{1 + kN} Z = nZ.$$

L'ellipsoïde s'aimante à la manière d'un milieu cristallisé soumis au champ total F, dont les coefficients d'aimantation principaux seraient l, m et n.

Dans tous les autres cas, l'aimantation induite n'est plus uniforme, elle est plus ou moins facile suivant les directions et variable d'un point à l'autre; mais on peut encore considérer trois aimantations *moyennes* rectangulaires et indépendantes, comme pour l'ellipsoïde.

Si la surface qui limite le corps est symétrique par rapport à trois plans rectangulaires, comme celle d'un parallélépipède rectangulaire, l'aimantation moyenne suivant une des directions principales ne dépend que de la composante du champ qui lui est parallèle, par raison de symétrie.

Les aimantations moyennes A, B, C, relatives aux trois directions principales, que l'on prendra pour axes de coordonnées, seront encore de la forme

$$A = lX, \qquad B = mY, \qquad C = nZ.$$

En appelant v le volume du corps, les composantes du moment magnétique total sont vA, vB et vC.

26. Action du champ. — Sur une *sphère* ou sur une couche sphérique l'action du champ est nulle, puisque l'aimantation induite lui est parallèle. Il n'en est pas de même pour un *ellipsoïde* ou un corps de forme quelconque.

Les couples qui tendent à faire tourner l'un de ces corps autour de l'axe des z, des x ou des y sont

$$C_z = v(AY - BX) = v(l - m)XY,$$
$$C_x = v(BZ - CY) = v(m - n)YZ,$$
$$C_y = v(CX - AZ) = v(n - l)ZX.$$

Désignons par α l'angle que fait avec l'axe des x la projection H du champ sur le plan des xy, on a

$$X = H\cos\alpha, \quad Y = H\sin\alpha \quad \text{et} \quad C_z = \nu(l-m)H^2\sin\alpha\cos\alpha.$$

L'équilibre est stable pour $\alpha = 0$ ou $\alpha = 90°$, suivant que la différence $l - m$ est positive ou négative. C'est donc la direction de plus grande aimantation moyenne qui tend à se mettre parallèle au champ extérieur.

Le corps se comporte comme s'il avait, suivant l'axe des x, une aimantation apparente $(l-m)H\cos\alpha$ proportionnelle à la projection du champ H sur cette direction principale.

Si le corps est libre autour de l'axe des z et exécute des oscillations de très faible amplitude, leur période est, en appelant K le moment d'inertie par rapport à cet axe,

$$T = 2\pi\sqrt{\frac{K}{\nu(l-m)H^2}} = \frac{2\pi}{H}\sqrt{\frac{K}{\nu(l-m)}}.$$

27. Cas des aimants. — L'*acier* se comporte comme le fer et s'aimante aussi par induction, mais cette aimantation est plus faible. Il en est de même pour un *barreau aimanté;* toutefois, comme il existe déjà dans le milieu une force antagoniste démagnétisante (6), on conçoit que l'aimantation induite se produise moins facilement dans le sens même de l'aimantation primitive que dans une direction opposée. Le coefficient d'aimantation moyenne relatif à cette droite devra donc prendre deux valeurs différentes l ou l', suivant que la composante X du champ sera de même sens que l'aimantation primitive ou de sens opposé.

L'aimantation induite intervient alors dans le couple que produit l'action du champ sur l'aimant.

Considérons, par exemple, un barreau aimanté à section rectangulaire, mobile autour d'une droite parallèle à l'une de ses dimensions transversales, que nous prendrons pour axe des z, l'axe des x étant compté suivant la longueur du barreau. Le champ et l'aimantation induite parallèles à l'axe des z ne produisent pas de couple. D'autre part, l'axe magnétique du barreau n'est pas exactement parallèle à sa longueur.

Soient

ε l'angle que fait avec l'axe des x la projection de l'axe magnétique sur le plan xy;

H la projection du champ sur le même plan;

α l'angle de cette projection avec l'axe des x;

A l'aimantation moyenne du barreau;

$M = v A$ son moment magnétique.

Comme l'écart ε de l'axe magnétique est très petit, si l'aimantation est à peu près régulière, il ne modifie pas d'une manière sensible les aimantations induites.

Le couple C_z qui agit sur l'aimant est, en posant $\lambda = \frac{lH}{A}$, $\mu = \frac{mH}{A}$, $\varphi = \frac{l-m}{A} H = \lambda - \mu$,

$$\begin{aligned} C_z &= MH \sin(\alpha - \varepsilon) + v(l - m) H^2 \sin\alpha \cos\alpha \\ &= MH[\sin(\alpha - \varepsilon) + \varphi \sin\alpha \cos\alpha]. \end{aligned}$$

L'équilibre correspond à la condition

$$\sin(\alpha - \varepsilon) + \varphi \sin\alpha \cos\alpha = 0.$$

L'angle ε étant supposé très petit, il en est de même pour l'angle α et cette condition se réduit à

$$\alpha(1 + \varphi) - \varepsilon = 0.$$

L'axe magnétique du barreau ne se met donc pas en équilibre dans la direction du champ H, comme nous l'avons dit d'abord d'une manière approximative (8), car on aurait alors $\alpha = \varepsilon$.

Si l'on retourne le barreau sur lui-même de 180°, l'angle ε change de signe et l'équilibre a lieu pour une autre déviation α', qui donne

$$\alpha'(1 + \varphi) + \varepsilon = 0,$$

d'où

$$\alpha + \alpha' = 0.$$

Ainsi, et c'est là une conclusion importante, lorsque l'axe magnétique fait un angle très petit avec l'axe de figure, la direction moyenne du barreau, pour ces deux observations, est parallèle à la composante efficace H, c'est-à-dire au méridien du champ par rapport à l'axe de rotation.

Remarquons encore que la direction du barreau, dans les expériences, s'évalue par une ligne de repère qui fait un angle inconnu Δ avec son axe géométrique. Les déviations de la ligne de repère par rapport au méridien sont donc $\alpha + \Delta$ dans le premier cas, et $\alpha' - \Delta$ dans le second; leur moyenne est encore nulle, puisqu'elle est la même que celle des angles α et α'.

Enfin, si le barreau fait un angle δ avec sa direction d'équilibre, le couple C_s s'obtiendra en remplaçant α par $\alpha + \delta$, ce qui donne

$$C_s = \text{MH}\left[\sin(\alpha - \iota)\cos\delta + \frac{\varphi}{2}\sin 2\alpha\cos 2\delta\right] + \text{MH}\left[\cos(\alpha - \iota)\sin\delta + \frac{\varphi}{2}\cos 2\alpha\sin 2\delta\right].$$

Lorsque l'écart δ est lui-même très petit, il reste alors, en négligeant les termes du second ordre et tenant compte de la condition d'équilibre,

$$C_s = \text{MH}(1 + \varphi)\delta.$$

Ce couple est proportionnel à l'angle d'écart; il est le même que si le moment magnétique primitif M du barreau était multiplié par l'expression

$$1 + \varphi = 1 + \frac{l - m}{\text{A}}\text{H}.$$

Le terme correctif φ est proportionnel au champ et en raison inverse de l'aimantation A. Ce terme est de l'ordre des millièmes dans les expériences avec le champ terrestre; pour en diminuer l'importance, il y a donc tout intérêt à employer des barreaux fortement aimantés.

CHAPITRE IV.

ÉLECTROMAGNÉTISME.

28. Champ magnétique des courants. — Avant d'aller plus loin, il paraît nécessaire de rappeler les principales propriétés des courants, en ce qui touche le Magnétisme.

On sait, par la découverte d'Œrstedt, qu'un courant électrique agit sur une aiguille aimantée et tend à lui donner en chaque point une direction déterminée. Le voisinage d'un courant est donc un champ magnétique.

Pour en connaître la distribution, on remarquera d'abord que la direction du champ change de signe avec le sens du courant, de sorte que si l'on suppose superposés deux courants linéaires égaux et de sens contraires, leur champ magnétique est nul.

Les courants électriques continus suivent toujours des circuits fermés constitués par des conducteurs; dans le cas de courants discontinus ou alternatifs, une partie du circuit peut renfermer des diélectriques qui jouent le même rôle.

Considérons un courant *linéaire* C (*fig.* 15), c'est-à-dire transmis par un conducteur de dimensions transversales très petites,

Fig. 15.

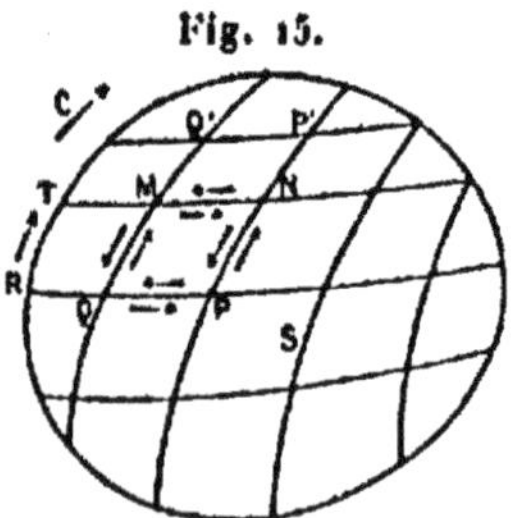

et menons une surface quelconque S limitée au contour du courant, dont le sens est indiqué par la flèche. Divisant cette surface en quadrilatères par deux systèmes de lignes arbitraires, supposons que tous ces éléments, tels que MNPQ, soient entourés par le même courant C, de telle sorte qu'un observateur suivant le courant de chacun d'eux ait toujours à sa droite le même côté de la surface S. Toutes les lignes communes, telles que MN, seront parcourues par deux courants égaux et de sens contraires, dont l'un appartient au circuit MNPQ et l'autre au circuit adjacent MQ'P'N; les champs magnétiques correspondants sont nuls et il ne reste que le champ produit par les courants qui suivent les côtés RT appartenant au contour.

Le champ magnétique d'un courant est donc identique au champ produit par une série de courants fermés de même valeur C, dont les circuits adjacents couvrent une surface quelconque S limitée au contour primitif.

Imaginons maintenant qu'un cylindre de section S très petite soit entouré par une série de courants fermés, perpendiculaires aux génératrices et à la même distance très petite. Cet ensemble constitue ce qu'Ampère appelle un *solénoïde électromagnétique*.

On ne peut pas réaliser un tel solénoïde puisque chacun des courants devrait être entretenu par une source distincte; pour obtenir le même résultat, il suffit d'enrouler un fil conducteur en hélice sur un cylindre, de l'extrémité A à l'extrémité B, en ramenant ensuite le fil au point de départ A le long d'une génératrice; de là les deux fils aboutissent, par le même chemin, à une source qui produit un courant C allant de A en B par l'hélice.

Il suffit maintenant d'admettre, ce qui est confirmé par l'expérience, que l'action d'un courant, à une distance très grande par rapport à ses dimensions, est la même que celle de ses projections rectangulaires. Chacune des spires équivaut ainsi à deux courants, l'un rectiligne parallèle aux génératrices, l'autre suivant le contour de la section. L'ensemble des courants rectilignes provenant de toutes les spires constitue un courant rectiligne égal et de sens contraire au courant de retour, et il ne reste à considérer que les courants de contour qui constituent un solénoïde rectiligne.

L'expérience montre que l'action magnétique d'un tel solénoïde, de très petite section, équivaut à deux masses égales $\pm m$ distribuées sur les faces terminales, l'une positive en A, à gauche de l'observateur qui suivrait le chemin des courants circulaires, l'autre négative en B, à droite de l'observateur; ce sont les *pôles* du solénoïde.

Pour vérifier cette propriété capitale, on peut employer un solénoïde de très grande longueur, afin de n'avoir à considérer que l'action de l'un des pôles (*fig.* 16). Au point P, situé sur l'axe du cylindre et à une distance r du pôle A, le champ magnétique F est dirigé suivant l'axe et égal à $\frac{m}{r^2}$.

Fig. 16.

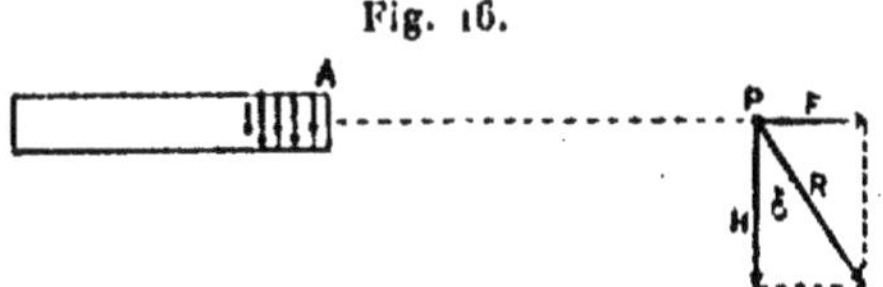

Supposons que le solénoïde soit perpendiculaire au méridien magnétique. La composante horizontale du champ terrestre au point P étant H, le champ résultant R fait avec le méridien un angle δ donné par la relation

$$\operatorname{tang}\delta = \frac{F}{H} = \frac{1}{r^2} \cdot \frac{m}{H}.$$

Une petite aiguille aimantée placée au point P et mobile autour d'un axe vertical, servant ainsi de *déclinomètre*, se dirigera suivant la résultante R; elle éprouvera une déviation δ dont la tangente est en raison inverse du carré de la distance r. C'est un résultat que confirme l'observation; on en déduit

$$m = H r^2 \operatorname{tang}\delta.$$

Il est évident que cette masse m est proportionnelle au courant C, c'est-à-dire au débit d'électricité mesuré par des procédés électriques, à la section S du solénoïde et au nombre n des spires par unité de longueur, c'est-à-dire en raison inverse de l'intervalle $h = \frac{1}{n}$ des spires.

En effet, on peut d'abord remplacer chacune des spires par deux spires superposées parcourues séparément par des courants $\frac{C}{2}$, sans que le champ magnétique soit modifié. Ces deux solénoïdes auront des actions égales, moitié moindres que celle du solénoïde primitif, et les masses équivalentes des extrémités seront $\frac{m}{2}$, c'est-à-dire proportionnelles au courant correspondant.

D'autre part, admettons que les spires du second solénoïde, au lieu d'être superposées à celles du premier, soient intercalées dans les intervalles et parcourues également par le courant $\frac{C}{2}$. Rien n'est changé au résultat puisque deux spires contiguës forment encore le courant C. Mais, si on les considère comme faisant partie d'un même solénoïde, de courant $\frac{C}{2}$ et d'intervalle moitié moindre, la masse m est proportionnelle au courant $\frac{C}{2}$; comme elle n'a pas changé, elle doit être aussi proportionnelle au nouveau nombre $2n$ de spires par unité de longueur.

Enfin, découpons la section S en une série d'éléments contigus qui formeront les bases de solénoïdes enroulés dans le même sens que le premier, par exemple une série de petits carrés, si la surface S est un carré. Les actions de tous les courants intermédiaires s'annulent et il ne reste que les courants de surface; mais, si la section de chacun des solénoïdes élémentaires est la $p^{\text{ième}}$ partie de la surface S, leurs actions sont égales et les pôles correspondants égaux à $\frac{m}{p}$; il en résulte que la masse m est proportionnelle à la section S.

L'unité qui a servi de mesure au courant C étant quelconque, on peut donc écrire, en désignant par k un coefficient constant,

$$m = k\frac{\text{CS}}{h} = kn\text{CS}.$$

Finalement, on voit que le solénoïde électromagnétique équivaut à un solénoïde magnétique dans lequel l'aimantation serait

$$\text{A} = k\frac{\text{C}}{h} = nk\text{C}.$$

20. Équivalence des courants et des feuillets magnétiques. — Imaginons maintenant que l'on ajoute une spire à l'extrémité A du solénoïde. La masse magnétique m du pôle se trouvera reportée à la distance h; la spire ajoutée équivaut donc à deux couches magnétiques, l'une $-m$ située à droite du courant et qui compensera le pôle primitif, l'autre $+m$ à gauche du courant; elle équivaut à un feuillet magnétique de surface S et d'épaisseur h dont la face positive est à gauche du courant. La densité magnétique σ des faces est $\pm\frac{m}{S}$ et la puissance du feuillet

$$U = \sigma h = \frac{mh}{S} = k C.$$

Ainsi un courant très petit, ou *courant élémentaire*, équivaut au point de vue magnétique à un feuillet de même surface dont la puissance est proportionnelle à l'intensité du courant.

Il est facile de généraliser cette propriété. Le courant linéaire C suivant un circuit quelconque, menons une surface arbitraire S limitée au circuit, et remplaçons le courant primitif par une série de courants élémentaires sur cette surface. Chacun d'eux équivaut à un élément de feuillet dS dont la puissance est kC. Le courant équivaut donc à un feuillet magnétique de surface arbitraire S, limitée au circuit, dont la puissance magnétique est kC. La face positive du courant est celle de la surface S située à gauche d'un observateur qui suit le contour dans le sens du courant.

Cette propriété conduit naturellement à l'idée d'évaluer l'intensité du courant par la puissance magnétique $I = U = kC$ du feuillet équivalent; c'est la mesure *électromagnétique* des courants. Il est clair que les courants électriques ne sont pas physiquement linéaires, puisqu'ils se distribuent dans les conducteurs à la manière des liquides dans les conduites d'écoulement, mais ils sont, comme les filets liquides, une somme de courants à section infiniment petite; on appliquera la même propriété aux différents filets qui constituent le courant réel.

L'analogie des courants et des feuillets présente cependant une différence importante. Dans le cas des feuillets, le champ magnétique varie d'une manière brusque quand on traverse l'une des faces du feuillet pour entrer dans le milieu aimanté ou en sortir. Les lignes de force émanent de part et d'autre de la surface positive et sont absorbées par la surface négative, les unes directement, les autres après avoir suivi un trajet extérieur.

L'induction magnétique, au contraire, est continue. Elle est égale au champ en dehors du milieu aimanté; les lignes d'induction forment des circuits fermés qui ne sont pas interrompus à la traversée du feuillet, et le flux d'induction se conserve dans un tube d'induction.

Cette continuité se retrouve avec les courants, puisque la surface S du feuillet équivalent est arbitraire. La loi s'énoncera donc de la manière suivante :

Un système de courants fermés équivaut à un système magnétique; le champ des courants en un point est égal à l'induction du système magnétique équivalent.

30. **Travail magnétique des courants.** — Appelant encore ω l'angle apparent de la face positive du courant I vue du point P, les composantes du champ en ce point sont les dérivées partielles de la fonction $V = I\omega$, prises en signes contraires. Cette fonction V n'est pas un potentiel dans le sens habituel et on ne peut lui conserver cette dénomination que par analogie.

Si une masse magnétique m va du point P au point P', où l'angle apparent est ω', la chute de potentiel est $I(\omega - \omega')$ et le travail du courant sur cette masse est $W = mI(\omega - \omega')$.

Ce travail est nul quand on revient au point primitif P par un chemin fermé qui ne coupe pas la surface du courant, c'est-à-dire n'entoure pas l'une des branches du circuit.

Quand on traverse cette surface par un chemin fermé, l'angle ω' diminue d'une manière continue, sur la route, depuis ω jusqu'à $-(4\pi - \omega)$, de sorte que le travail subi par la masse m est

$$W = mI[\omega + (4\pi - \omega)] = m.4\pi I.$$

A chaque révolution semblable, et quelle que soit la route suivie, le travail du courant est $m4\pi I$; il faudrait dépenser le même travail, contre l'action du courant, pour faire parcourir à la masse m le même chemin en sens contraire.

Il en résulte que, si l'on pouvait isoler une masse magnétique m et la placer au voisinage d'un courant, cette masse serait entraînée de manière à tourner indéfiniment autour de l'une des branches et subirait à chaque révolution le travail $m4\pi I$.

Un pareil mouvement ne peut être réalisé avec un aimant et

un circuit rigides, puisque l'aimant emporte toujours deux masses magnétiques égales et contraires, sur lesquelles le travail total du courant serait nul.

Avec un fil d'acier très flexible, aimanté suivant sa longueur, le pôle positif s'enroulerait dans un sens et le pôle négatif en sens contraire autour du courant.

Si le courant a des parties liquides ou des organes glissants, il peut donner encore un mouvement continu à des aimants rigides, à la condition que les chemins des deux pôles présentent des caractères différents.

Remarquons que le produit $m\omega$ est le flux de force émis par la masse m dans la surface positive du courant. L'expression

$$W = mI(\omega - \omega') = I(m\omega - m\omega'),$$

montre que le travail sur la masse m est le produit du courant I par la diminution du flux de force émis par cette masse vers la face positive du courant, ou par l'accroissement du flux de force émis vers la face négative.

Comme le flux de force d'un système est la somme des flux relatifs à toutes les masses qui le constituent, cette relation peut être généralisée.

Le travail d'un courant sur un système magnétique est le produit du courant par l'accroissement du flux de force que le système émet vers la face négative du courant.

En appelant φ ce flux de force pour la première position du système, et φ' pour la seconde, on aura donc

$$W = I(\varphi' - \varphi).$$

31. Des bobines. — Si l'on fait passer un courant électrique I dans un fil enroulé un certain nombre de fois sur une surface S, de manière que les points d'entrée et de sortie du courant soient rapprochés, l'ensemble constitue une *bobine électromagnétique*.

Le système équivaut évidemment à une série de courants fermés, chacun d'eux à un feuillet magnétique, et le système entier à un aimant de structure plus ou moins complexe.

L'enroulement est *régulier* lorsque les courants fermés successifs sont situés dans des plans parallèles, de même intervalle

$h = \frac{1}{n}$; la bobine équivaut à une série de feuillets plans parallèles entre eux; une perpendiculaire commune, que nous appellerons l'*axe de la bobine*, rencontre n feuillets par unité de longueur.

On peut alors remplacer chacun des courants fermés par une infinité de courants élémentaires qui couvrent la surface du circuit correspondant. L'ensemble des courants élémentaires de même section s, provenant de ces différents circuits et dont les milieux sont situés sur une droite parallèle à l'axe de la bobine, constitue un solénoïde, lequel équivaut à un cylindre d'aimantation uniforme longitudinale $A = \frac{I}{h} = nI$.

La bobine entière équivaut donc à un milieu limité par la surface S et aimanté uniformément dans une direction parallèle à l'axe. En appelant v le volume compris dans cette surface, le moment magnétique de la bobine est

$$M = vA = vnI.$$

Sur l'élément dS, dont la normale extérieure fait l'angle θ avec l'aimantation, la densité de la courbe superficielle est

$$\sigma = A\cos\theta = nI\cos\theta.$$

A l'extérieur de la surface S, le champ est défini par le potentiel nIU des couches superficielles, en appelant U le potentiel d'une couche dont la densité en chaque point serait $\cos\theta$.

Dans l'intérieur de la surface S, le champ magnétique des courants est égal à l'induction du système magnétique correspondant; c'est la résultante du champ produit par les couches superficielles et de la quantité $4\pi A = 4\pi nI$ parallèle à l'aimantation. Si l'axe des x est parallèle à l'axe de la bobine, les composantes rectangulaires du champ sont

$$X = nI\left(4\pi - \frac{\partial U}{\partial x}\right), \qquad Y = -nI\frac{\partial U}{\partial y}, \qquad Z = -nI\frac{\partial U}{\partial z}.$$

Lorsque la surface S a un centre et un plan de symétrie perpendiculaire à l'axe, le potentiel U est nul au centre. En prenant ce point comme origine des coordonnées, on peut alors définir le champ électromagnétique de la bobine par le potentiel

$$V = -4\pi A x + n U I = -n I(4\pi x - U).$$

Supposons qu'à l'intérieur d'une bobine à enroulement uniforme on introduise un aimant M dans une position où son axe magnétique fait l'angle δ avec celui de la bobine. En appelant U et U' les valeurs de la fonction U aux points P et P' occupés par deux masses correspondantes $+m$ et $-m$ de l'aimant, le travail du courant sur l'aimant (12) pendant l'opération est

$$W = -n I[4\pi M \cos\delta + \Sigma m(U' - U)].$$

Ce travail représente aussi (30) le produit du courant I par le flux de force qu'émet l'aimant dans la face négative de la bobine.

32. Bobines cylindriques ou sphériques. — Pour une bobine *cylindrique* de section *circulaire* à enroulement régulier, l'angle θ est droit sur les faces latérales et égal à o ou π sur les faces terminales. Le potentiel U correspond donc à des couches de densités ± 1 sur ces faces terminales, et sa valeur aux différents points de l'axe peut se déterminer aisément.

Considérons d'abord une couche circulaire de rayon a et de densité égale à 1. Soit x la distance d'un point P de l'axe au

Fig. 17.

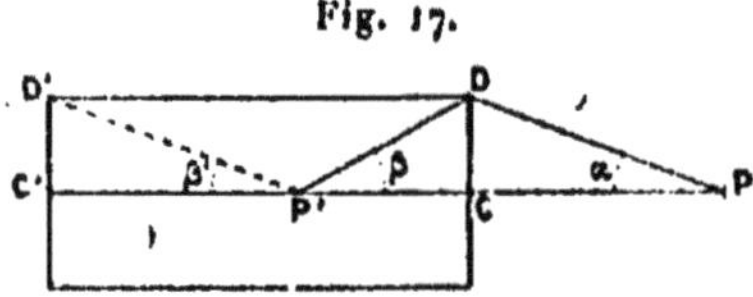

centre C du cercle (*fig.* 17). Le potentiel en P de la couronne $2\pi r\,dr$, de rayon r et de largeur dr, est

$$\frac{2\pi r\,dr}{\sqrt{r^2 + x^2}} = 2\pi d.\sqrt{r^2 + x^2},$$

le potentiel de la couche entière

$$2\pi \int_{r=0}^{r=a} d.\sqrt{r^2 + x^2} = 2\pi\left(\sqrt{a^2 + x^2} - x\right),$$

et le champ

$$-2\pi\frac{\partial}{\partial x}(\sqrt{a^2+x^2}-x)=2\pi\left(1-\frac{x}{\sqrt{a^2+x^2}}\right)=2\pi(1-\cos\alpha),$$

α désignant l'angle apparent DPC du rayon CD $= a$.

Supposons que D et D' soient les faces terminales positive et négative de la bobine. Si le point P est en dehors, α' désignant l'angle apparent du rayon C'D', le champ F au point P a pour expression

$$F=2\pi n I[1-\cos\alpha-(1-\cos\alpha')]=2\pi n I(\cos\alpha'-\cos\alpha).$$

Pour un point P' dans l'intérieur de la bobine, les actions des deux couches sont de même sens. En désignant par β et β' les angles apparents des rayons CD et C'D', le champ électromagnétique F' est alors

$$F'=4\pi n I-2\pi n I[1-\cos\beta+1-\cos\beta']=2\pi n I(\cos\beta'+\cos\beta).$$

C'est la même expression que la précédente, dans laquelle on aurait remplacé α par $\pi-\beta$. Les champs F et F' sont des cas particuliers d'une même fonction continue, car on peut considérer l'angle α comme variant de α à $\pi-\beta$ quand on va de P et P'.

Lorsque les angles β et β' sont inférieurs à 6°, leurs cosinus ne diffèrent pas de l'unité de plus de $\frac{1}{200}$; dans ce cas, la distance du point P' à l'une des surfaces terminales est dix fois le rayon.

Avec une bobine longue, le champ intérieur est donc sensiblement uniforme et égal à $4\pi n I$, à moins de $\frac{1}{200}$ près, dans toute la région moyenne où l'angle apparent du rayon des bases est inférieur à 6°.

On peut appliquer ces résultats à une bobine *cylindrique* de section quelconque S. Le champ intérieur est sensiblement uniforme dans une région moyenne définie par les mêmes conditions et égal à $4\pi I$. En appelant L la longueur de la bobine, son volume est SL et son moment magnétique

$$M=SLA=SLnI.$$

Si la bobine est enroulée sur une surface *sphérique*, suivant la même règle, elle équivaut à une sphère d'aimantation uniforme $A=nI$.

Le champ extérieur est le même que celui d'un aimant infiniment petit parallèle à l'aimantation, c'est-à-dire perpendiculaire aux plans des courants.

Le champ intérieur des couches superficielles est uniforme (20), égal à $\frac{4}{3}\pi A$ et de sens contraire à l'aimantation. Le champ électromagnétique de la bobine, ou l'induction du système magnétique équivalent, est alors uniforme et a pour valeur

$$F' = 4\pi A - \frac{4}{3}\pi A = \frac{8}{3}\pi A = \frac{8}{3}\pi n I.$$

33. **Électro-aimants.** — Un morceau de fer doux placé dans le champ d'un courant prend une aimantation induite (22). En chaque point, le champ efficace F est la résultante des champs qui sont dus au courant et au magnétisme acquis par le fer; l'aimantation $A = kF$ est parallèle au champ et l'induction magnétique est encore $F_1 = (1 + 4\pi k)F = \mu F$. Le fer doux devient alors un aimant temporaire, tant que dure le courant, ou un *électro-aimant*. Dans ce cas, l'aimantation peut atteindre une valeur beaucoup plus grande que pour les aimants permanents.

La conservation du flux d'induction permet alors d'établir une propriété très importante. Considérons dans le milieu général un tube d'induction à section très petite. Pour les parties où ce tube traverse le fer, le flux d'induction dans la section s est $\varphi = sF_1 = \mu sF$. Si dl est un élément de longueur du tube, on peut écrire

$$\varphi = \mu s F = \frac{F\,dl}{\frac{dl}{\mu s}} = \frac{F\,dl}{dr}.$$

Comme le flux φ conserve la même valeur dans toute l'étendue du tube d'induction, cette expression convient à tous les éléments, avec la seule différence que la perméabilité μ devient égale à l'unité pour ceux qui se trouvent en dehors du fer. Appliquant cette expression à l'ensemble des éléments qui constituent le tube total, lequel est fermé, il en résulte

$$\varphi = \frac{F\,dl}{dr} = \frac{F'\,dl'}{dr'} = \ldots = \frac{\int F\,dl}{\int dr} = \frac{1}{r}\int F\,dl.$$

La quantité $r = \int dr = \int \frac{dl}{\mu s}$ est la *réluctance magnétique* du tube d'induction considéré. Elle est indépendante de l'intensité du champ si le coefficient d'aimantation est constant; dans le cas contraire, on prendra pour la perméabilité μ la valeur qui convient en chaque point à l'aimantation.

Remarquons maintenant que $\int F\,dl$ représente le travail total du champ efficace sur l'unité de magnétisme le long d'une ligne d'induction. Comme le travail du champ produit par le magnétisme du fer est nul sur ce chemin fermé, il ne reste que le travail dû au courant, lequel est égal à $4\pi I$ pour chacune des spires traversées. Si le fer est placé dans une bobine renfermant N spires enroulées d'une manière quelconque, on a

$$\varphi = \frac{1}{r}\int F\,dl = \frac{1}{r}4\pi NI.$$

Considérons enfin l'ensemble de tous les tubes qui traversent la bobine. Le flux total d'induction Φ est la somme des flux relatifs aux différents tubes, ce qui donne

$$\Phi = 4\pi NI\left(\frac{1}{r} + \frac{1}{r'} + \ldots\right) = 4\pi NI\Sigma\frac{1}{r} = \frac{4\pi NI}{R}.$$

La quantité R définie par la relation $\frac{1}{R} = \sum\frac{1}{r}$, ou la réluctance magnétique du système, est comparable à la résistance des conducteurs pour les courants électriques. On appelle aussi *force magnétomotrice* la quantité $4\pi NI$, de sorte que la formule présente la plus grande analogie avec l'expression de la loi d'Ohm.

Remarquons encore que la valeur de r est en raison inverse de la perméabilité magnétique μ; elle peut être 400 ou 500 fois moindre dans le fer que dans l'air. Lorsque les tubes d'induction ont des parties situées dans l'air, la réluctance en est augmentée dans une grande proportion et l'aimantation du fer par le courant diminue de même.

L'aimantation est beaucoup plus grande quand on emploie des circuits magnétiques *fermés* ne contenant que du fer, par exemple des pièces de fer en anneau, autour desquels on enroule le fil qui doit être traversé par le courant.

Pour obtenir dans l'air des champs très intenses, on constitue le circuit magnétique par des pièces de fer formant un anneau presque fermé, interrompu seulement par un *entre-fer* de petite épaisseur e entre de larges surfaces S, de manière à diminuer beaucoup l'importance du terme correspondant $\frac{e}{S}$ de la réluctance. Tel est le principe des grands électro-aimants et des *dynamos*.

Enfin le courant se mesure habituellement en fonction de l'unité pratique, ou *ampère*, qui vaut un dixième d'unité absolue. Le flux total d'induction devient alors

$$\Phi = \frac{4\pi}{10} \cdot \frac{NI}{R}.$$

Le produit NI désigne le nombre d'*ampères-tours*, ou les ampères-tours excitateurs.

34. Application au champ terrestre. — Nous pouvons résumer maintenant les différentes manières de concevoir le magnétisme terrestre.

On a vu déjà que, dans une première approximation, le champ terrestre peut s'expliquer par les hypothèses suivantes :

1° Un aimant infiniment petit, suivant l'axe magnétique du globe, dont le pôle nord magnétique serait dirigé vers le sud géographique.

Appelant a le rayon de la Terre, H_e la composante horizontale sur l'équateur magnétique et Z_p la composante verticale au pôle, le moment de cet aimant central serait

$$M = a^3 H_e = \frac{1}{2} a^3 Z_p.$$

2° Une aimantation uniforme A suivant la même direction, qui donnerait

$$M = a^3 \frac{4}{3} \pi A,$$

$$A = \frac{3}{4\pi} H_e = \frac{3}{8\pi} Z_p.$$

3° Deux couches magnétiques superficielles, correspondant à cette aimantation uniforme, dont la densité en chaque point est

$$\sigma = A \cos\theta.$$

Les propriétés des bobines sphériques à enroulement régulier permettent d'y ajouter :

4° Une série de courants circulaires égaux, se propageant de l'Est à l'Ouest magnétiques dans la couche superficielle, suivant des parallèles dont les plans sont équidistants, et dont l'intensité I satisfait à la relation $nI = A$.

D'autre part, quelle que soit la forme du champ terrestre, s'il est dû à des causes intérieures, aimants ou courants, il équivaut à celui que produiraient deux couches magnétiques superficielles, de masse totale nulle, distribuées suivant une loi convenable (15).

Or, on démontre aisément [1] que l'action d'un système magnétique, en dehors d'une surface S qui le renferme, ou celle des deux couches superficielles équivalentes, équivaut aussi à celle d'un ensemble de courants distribués sur cette surface.

Le magnétisme terrestre s'expliquera donc par l'une des deux hypothèses :

5° Une couche superficielle de masse totale nulle, analogue, sauf des variations de détail, à celle que produirait une aimantation uniforme;

6° Un ensemble de courants superficiels dont le sens général est dirigé de l'Est à l'Ouest.

Si le magnétisme terrestre est uniquement dû à des causes intérieures ou s'il existe en même temps des causes entièrement extérieures, le champ au voisinage de la surface est représenté par un potentiel.

Il n'y a plus de potentiel, à proprement parler, quand on suppose qu'une partie des courants électriques passe de l'atmosphère au sol en coupant la surface; nous y reviendrons plus loin.

Remarquons aussi que la direction générale, de l'Est à l'Ouest, des courants superficiels que l'on peut imaginer dans les couches pour expliquer le champ magnétique, doit être modifiée par la distribution inégale des continents et des mers. En tous cas, ces courants suivent le sens des régions successivement éclairées par le Soleil; il est donc naturel de supposer qu'ils sont de nature

---

[1] MASCART et JOUBERT, *Leçons sur l'Électricité et le Magnétisme*, t. I, 2ᵉ éd., p. 372 et 546; 1896.

thermoélectrique et produits par l'échauffement variable des couches à faible profondeur.

La même cause permettrait d'expliquer les variations diurnes, c'est-à-dire la différence qui existe entre la valeur actuelle d'un élément et sa valeur moyenne dans le cours de la journée.

Quant aux perturbations, d'allures plus irrégulières, on peut les attribuer soit à l'action directe des courants variables qui se produisent dans les hautes régions de l'atmosphère ou dans le sol, soit aussi aux courants induits temporaires que provoquent ces variations. Enfin des causes étrangères peuvent intervenir, telles que l'action directe du Soleil en tant que milieu aimanté ou siège de courants électriques.

Sans insister davantage, on voit les difficultés que présente l'étude du magnétisme terrestre et l'intérêt scientifique qui s'attache à cette question pour la Physique du globe.

35. Courants induits. — Les conducteurs s'échauffent par le passage des courants électriques. Si le courant I est uniforme, l'énergie calorifique W dégagée entre deux points A et B du circuit, pendant le temps t, a pour expression, d'après la loi de Joule,

$$W = I^2 R t,$$

où le facteur R désigne la résistance de la portion correspondante du circuit. Le courant I étant évalué en unités électromagnétiques, la résistance R se trouve définie par le travail W.

Lorsque le régime est permanent, les différents points du circuit sont maintenus à des potentiels électriques invariables et le courant se propage dans le sens des potentiels décroissants. Si l'on désigne par V_a et V_b les potentiels des points A et B, le courant I est proportionnel, d'après la loi d'Ohm, à la différence des potentiels $V_a - V_b$, ou *force électromotrice* entre les deux points, et en raison inverse de la résistance R qui les sépare. Appelant E la valeur de cette force électromotrice mesurée en unités électromagnétiques, on aura

$$I = \frac{E}{R}, \qquad E = IR, \qquad W = EIt.$$

La dernière expression signifie que la quantité d'électricité écoulée $Q = It$ a éprouvé la chute de potentiel E et que le travail correspondant s'est converti en chaleur ([1]).

Les mêmes relations s'appliquent à un circuit fermé de résistance totale R dans lequel des causes différentes, telles que les réactions chimiques dans les piles, les inégalités de température aux points de jonction des conducteurs qui constituent le circuit, ou d'autres actions, produisent soit une variation brusque de potentiel en un point, soit une série de variations brusques ou continues dont le total est E.

Dans le cas d'un régime permanent, si le courant n'est accompagné d'aucun travail extérieur, les causes qui l'entretiennent fournissent, pendant le temps dt, l'énergie $EI\,dt$ nécessaire pour élever de E le potentiel de la quantité d'électricité $dQ = I\,dt$. Cette énergie se transforme uniquement en chaleur, conformément à l'équation

$$EI\,dt = I^2R\,dt, \tag{1}$$

dans laquelle on retrouve les lois d'Ohm et de Joule.

Lorsque le régime est variable et que le courant produit un travail positif ou négatif, il paraît évident d'abord que l'énergie

---

([1]) Rappelons que la résistance d'un conducteur cylindrique est proportionnelle à sa longueur l, en raison inverse de sa section a, et peut s'écrire

$$R = \rho\,\frac{l}{a}.$$

Le facteur ρ est la *résistivité* de la substance, c'est-à-dire la résistance d'un conducteur d'unités de largeur et de section; l'inverse de ce facteur est la *conductivité*.

Si le conducteur n'est pas cylindrique, ou que le chemin suivi par le courant dans un milieu ne soit pas rectiligne, un tube de courant est limité par une surface à laquelle tous les courants du contour sont parallèles. Pour un régime permanent, si u est le courant par unité de section, ou sa densité, dans une portion dl du tube de section a, le courant est ua, la résistance $\rho\,\frac{dl}{a}$ et la force électromotrice correspondante $ua.\rho\,\frac{dl}{a} = \rho u\,dl$. Pour la longueur l du tube considéré, la force électromotrice totale est donc

$$E = \int \rho u\,dl.$$

La quantité ρu est la force électromotrice par unité de longueur, ou le champ électrostatique en unités électromagnétiques.

fournie par les sources est encore le produit $\mathrm{EI}\,dt$ de la quantité d'électricité par l'élévation de potentiel, ensuite que l'échauffement du circuit ne dépend que du courant lui-même et reste soumis à la loi de Joule, c'est-à-dire $\mathrm{I}^2\mathrm{R}\,dt$, mais ces deux quantités ne sont plus égales. En appelant $d\mathfrak{T}$ le travail accompli par le courant pendant le même intervalle, on doit écrire

$$(2)\qquad \left\{\begin{aligned} \mathrm{EI}\,dt &= \mathrm{I}^2\mathrm{R}\,dt + d\mathfrak{T},\\ \mathrm{IR} &= \mathrm{E} - \frac{1}{\mathrm{I}}\frac{d\mathfrak{T}}{dt}. \end{aligned}\right.$$

Si l'on désigne par I_0 le courant défini par la loi d'Ohm $\mathrm{RI}_0 = \mathrm{E}$, lequel correspond au régime permanent en l'absence de tout travail extérieur, et qu'on pose $\mathrm{I} = \mathrm{I}_0 + i$, il en résulte

$$\mathrm{R}\,i = -\frac{1}{\mathrm{I}}\frac{d\mathfrak{T}}{dt} = e.$$

La quantité e est une *force électromotrice d'induction* et i un *courant induit*. Ce courant i est de sens contraire au courant principal I, ou de même sens, suivant que le travail $d\mathfrak{T}$ est positif ou négatif. Dans les deux cas, il tend à faire obstacle au travail; c'est la *loi de Lenz*.

Pour étudier un cas simple, nous admettrons d'abord que la force électromotrice E est constante, comme celle de certaines piles à liquides, et que le mouvement d'un système magnétique, mobile en présence du circuit, est réglé de manière que le courant I reste uniforme dans ce nouvel état. Si le flux de force émis par le système dans la face négative du circuit varie de $d\varphi$ pendant le temps dt, le travail du courant est $d\mathfrak{T} = \mathrm{I}\,d\varphi$. Il n'y a pas d'autre dépense de travail à considérer, car on démontre que l'énergie potentielle, ou de position, des aimants et des courants est nulle. On aura alors

$$(3)\qquad \mathrm{R}\,i = e = -\frac{d\varphi}{dt}.$$

Cette équation montre que le courant reste uniforme lorsque la quantité $\frac{d\varphi}{dt}$ est constante, c'est-à-dire quand les variations du flux de force φ sont proportionnelles au temps.

La quantité $dq = i\,dt$ d'électricité induite pendant le temps dt donne la relation

$$Ri\,dt = R\,dq = -d\varphi.$$

La quantité q, ou la *décharge induite* entre deux positions du système magnétique pour lesquelles les flux de force sont φ_1 et φ_2, a donc pour expression

$$(4) \qquad Rq = \varphi_1 - \varphi_2.$$

Une remarque importante est que la force électromotrice primitive E n'apparaît pas dans l'expression (3) du courant induit. Même dans le cas où le circuit R ne renfermerait pas de force électromotrice, le déplacement d'un système magnétique dans le voisinage y ferait naître un courant temporaire dont le sens est de nature à s'opposer au mouvement du système.

Le courant induit, n'étant défini que par la variation du flux de force qui traverse le circuit, doit se produire de la même manière, quelle que soit l'origine de ce flux de force, par une sorte de transformation du milieu, qu'il provienne d'un système magnétique, ou du courant lui-même, ou de courants extérieurs.

Supposons donc qu'il existe, outre le système magnétique, un courant voisin I'. Soit LI le flux de force émis par le courant dans son propre circuit, MI' celui qui provient d'un courant voisin I', L étant le coefficient d'induction propre, ou de *self-induction*, du premier circuit, et M le coefficient d'*induction mutuelle* entre les deux circuits.

Le flux total de force dans le circuit est

$$\Phi = \varphi + LI + MI',$$

et l'équation générale du courant induit devient

$$(5) \qquad Ri = e = -\frac{d\Phi}{dt} = -\frac{d(\varphi + LI + MI')}{dt}.$$

S'il n'y a pas de système magnétique mobile ni de courant extérieur et que le premier circuit conserve une forme invariable, le coefficient L est constant et $dI = di$; par suite

$$Ri + L\frac{di}{dt} = 0.$$

Cette équation correspond à la période variable du courant primitif, c'est-à-dire aux *extra-courants* de fermeture ou d'ouverture du circuit, soit que la force électromotrice E ait été introduite ou supprimée, soit que la résistance passe de l'infini à R ou de R à l'infini.

Entre deux états 1 et 2, quelles que soient les causes de variations du flux, on a

$$(6) \qquad Rq = \Phi_1 - \Phi_2 = (\varphi + LI + MI')_1 - (\varphi + LI + MI')_2.$$

Si le système magnétique est seul mobile et part du repos pour arriver au repos, les courants I et I' ont dans les deux états, initial et final, les valeurs constantes I_0 et I'_0 définies par les forces électromotrices permanentes E_0 et E'_0 que renferment leurs circuits; il reste encore

$$Rq = \varphi_1 - \varphi_2.$$

La décharge induite dans chacun des circuits est alors la même que s'il était seul en présence du système magnétique.

Si le circuit du courant extérieur est seul mobile ou se déforme, en partant du repos pour arriver au repos, on a de même

$$Rq = (M_1 - M_2) I'_0.$$

Si le courant extérieur est seul variable, entre des valeurs constantes I'_1 et I'_2, en conservant sa forme et sa position, il vient

$$Rq = M(I'_1 - I'_2).$$

Enfin, si l'on déforme le premier circuit, entre deux états de repos et en l'absence de tout système magnétique, on a

$$Rq = (L_1 - L_2) I_0.$$

On peut encore interpréter d'une autre manière la propriété générale représentée par les équations (5) et (6).

Supposons que le circuit considéré se déplace ou se déforme. Dans cette opération, chacun des éléments *ds coupe* les lignes de force et son déplacement correspond à un certain flux de force coupé, de sorte que la variation totale $d\Phi$ est la somme des flux coupés par les différents éléments du contour, les uns positifs et les autres négatifs, suivant que le déplacement de chacun d'eux a pour effet d'augmenter ou de diminuer le flux total dans le circuit. La force électromotrice d'induction e est alors la somme des forces électromotrices élémentaires provoquées dans les divers éléments du circuit.

36. **Cas particuliers.** — 1° Considérons un cadre, par exemple circulaire, sur lequel on a entouré N tours de fil faisant partie d'un circuit de résistance totale R. Le cadre étant mobile autour d'un axe dans un champ uniforme, soit NS la projection maximum, sur un plan passant par l'axe, de la surface de toutes les spires, et X la composante du champ perpendiculaire à l'axe.

En supposant le circuit parcouru dans un sens déterminé, l'une des faces du cadre sera négative. Désignons par θ_1 et θ_2 les angles du champ X avec la normale à la face négative, pour deux positions différentes du cadre. La variation correspondante du flux de force, ou le flux de force coupé pendant le déplacement, est $NSX(\cos\theta_1 - \cos\theta_2)$; la décharge induite q a pour expression

$$qR = NSX(\cos\theta_1 - \cos\theta_2).$$

Cette décharge est nulle si l'axe de rotation est parallèle au champ, auquel cas la composante X est nulle.

Si le cadre tourne de 180°, $\cos\theta_2 = -\cos\theta_1$, ce qui donne

$$qR = 2NSX\cos\theta_1.$$

Un cadre vertical, d'abord perpendiculaire au méridien magnétique, qui tourne ainsi de 180° autour d'un axe vertical, reçoit une décharge induite q due à la composante horizontale H du champ terrestre :

$$Rq = 2NSH.$$

Le même cadre, d'abord horizontal, tournant ensuite de 180° autour d'un axe horizontal, n'est influencé que par la composante verticale Z et la décharge q' est

$$Rq' = 2NSZ.$$

Il en résulte

$$\frac{q'}{q} = \frac{Z}{H} = \operatorname{tang} I.$$

L'inclinaison magnétique I pourra ainsi se déterminer par le rapport des décharges induites q' et q, qui s'évaluent au moyen d'un galvanomètre par la méthode *balistique*.

On maintient le circuit du cadre en relation avec un galvanomètre; la bobine est orientée de manière que le champ moyen G qu'elle produirait sur l'aiguille, pour l'unité de courant, soit perpendiculaire au champ extérieur H'.

En appelant M et K le moment magnétique et le moment d'inertie de l'aiguille, la durée τ des oscillations simples qu'elle effectue sous l'influence du champ H' est (12)

$$\tau^2 = \pi^2 \frac{K}{MH'}.$$

Soit p la quantité d'électricité de la décharge induite qui s'est écoulée à l'époque t, l'intensité du courant est alors $i = \frac{dp}{dt}$. Si la durée de la décharge totale est assez courte par rapport à τ pour que l'aiguille n'ait pas eu le temps de subir un déplacement notable, le couple produit est GMi.

En appelant u la vitesse angulaire de l'aiguille, on a

$$K\frac{du}{dt} = GMi = GM\frac{dp}{dt},$$

et la vitesse angulaire u_0 acquise à la fin de la décharge est

$$Ku_0 = GM\int_0^q dp = GMq.$$

Cette impulsion initiale lance l'aiguille jusqu'à une distance angulaire α, limitée par le travail du champ extérieur H', qui agit en sens contraire, et l'on a (12)

$$Ku_0^2 = 4MH'\sin^2\frac{\alpha}{2}.$$

Si l'écart α est assez petit pour que l'on puisse remplacer le sinus par l'arc correspondant, il en résulte

$$Ku_0^2 = MH'\alpha^2,$$

$$q^2 = \frac{K^2u_0^2}{G^2M^2} = \frac{KH'}{G^2M}\alpha^2 = \frac{H'^2}{G^2}\frac{\tau^2}{\pi^2}\alpha^2,$$

$$q = \frac{H'}{G}\frac{\tau}{\pi}\alpha.$$

La décharge q est ainsi proportionnelle à l'angle d'impulsion α. Comme les oscillations s'amortissent à cause de diverses réactions, en particulier la résistance de l'air et les courants induits par le mouvement de l'aiguille elle-même, l'écart α_1 de première impulsion est trop petit. Si l'amortissement est faible, on peut admettre que la perte est la même dans chacune des oscillations, de sorte qu'elle a été répétée quatre fois pendant le temps que met l'aiguille à revenir à un nouvel écart α_2 du même côté que le premier, et l'on doit ajouter à l'angle α_1 le quart de la différence $\alpha_1 - \alpha_2$.

Une autre cause d'erreur tient à ce que l'aiguille du galvanomètre n'est presque jamais en repos absolu au début des observations. On note alors l'écart primitif α_0 des oscillations, et l'on produit la décharge au moment où l'aiguille passe par la position d'équilibre dans le sens où elle doit recevoir la nouvelle impulsion. L'effet dû à la décharge seule est finalement

$$\alpha = \alpha_1 + \frac{\alpha_1 - \alpha_2}{4} - \alpha_0.$$

On a ainsi, pour les deux décharges considérées,

$$\frac{q'}{q} = \frac{\alpha'}{\alpha} = \operatorname{tang} I.$$

Les impulsions n'intervenant ici que par leur rapport, on les observe par la méthode du miroir en notant simplement les nombres correspondants des divisions de l'échelle.

2° Imaginons encore que les régions supérieures de l'atmosphère ne participent que d'une manière incomplète à la rotation du globe, le frottement de l'air ne suffisant pas à les entraîner, et assimilons le magnétisme terrestre à un aimant central dont la direction est inclinée de l'angle δ sur l'axe géographique.

Soient : a le rayon de la Terre ; r la distance de la couche considérée au centre ; ω sa vitesse apparente, de l'Est à l'Ouest, dans le champ terrestre, et λ la latitude d'un point P dans le méridien qui fait l'angle ωt avec celui du pôle magnétique, que l'on prendra pour premier méridien.

La distance angulaire θ de ce point P au pôle magnétique est donnée par la relation

$$\cos\theta = \cos\delta \sin\lambda + \sin\delta \cos\lambda \cos\omega t.$$

En appelant H_e la composante horizontale du champ sur l'équateur magnétique, la composante verticale au point P est

$$Z = 2H_e \frac{a^3}{r^3} \cos\theta.$$

Pendant l'unité de temps, l'arc $r\,d\lambda$ du méridien coupe le flux de force magnétique

$$d\varphi = Z.\omega r \cos\lambda . r\,d\lambda = \omega Z r^2 \cos\lambda\, d\lambda.$$

Il en résulte, pour l'hémisphère Nord, où la composante Z est en général dirigée de haut en bas, une force électromotrice vers l'équateur dont la valeur est, par unité d'angle,

$$e = \omega Z r^2 \cos\lambda = 2\omega a^2 H_e \frac{a}{r} (\cos\delta \sin\lambda \cos\lambda + \sin\delta \cos^2\lambda \cos\omega t),$$

et du pôle à l'équateur, λ variant de o à 90°,

$$E = \int e\,d\lambda = \omega a^2 H_e \frac{a}{r} \left(\cos\delta + \frac{\pi}{2} \sin\delta \cos\omega t\right).$$

Comme l'angle δ est voisin de 12°, la force électromotrice E est toujours positive, maximum sur le premier méridien et minimum sur le méridien opposé.

A latitude égale, la force électromotrice e varie dans le même sens, mais elle peut devenir négative si l'angle θ dépasse 90°. Sur un méridien, elle passe par un maximum pour la condition

$$\operatorname{tang} 2\lambda \operatorname{tang} \delta \cos\omega t = 1.$$

La courbe des points correspondants entoure le pôle magnétique; elle coupe le premier méridien et le méridien opposé aux latitudes de $45° - \frac{\delta}{2}$ et $45° + \frac{\delta}{2}$; cette courbe s'éloigne donc très peu du parallèle de 45°.

Dans l'hémisphère Sud, où la composante Z change de signe, les forces électromotrices sont de sens contraire et dirigées encore du pôle vers l'équateur.

Les couches supérieures de l'atmosphère sont ainsi le siège de courants induits, surtout vers le parallèle de 45°, avec un maximum d'intensité sur le premier méridien; ces courants doivent se fermer en descendant au sol près de l'équateur, pour émerger ensuite aux latitudes élevées des deux hémisphères.

La valeur moyenne de la force électromotrice E, pour l'ensemble des méridiens, est

$$E_m = \omega a^2 \frac{a}{r} H_e \cos\delta.$$

On peut négliger la hauteur des couches par rapport au rayon terrestre, et remplacer $\cos\delta$ par l'unité, ce qui donne sensiblement $E_m = \omega a^2 H_e$.

L'hypothèse extrême est celle où les couches considérées seraient entièrement soustraites à la rotation du globe, auquel cas $\omega = \frac{2\pi}{86400}$. En faisant $H_e = 0,33$ et remarquant que la circonférence $2\pi a$ de la Terre est de 4.10^9 centimètres, il en résulte

$$E_m = \frac{(2\pi a)^2}{2\pi.86400} 0,33 = \frac{16.10^{18}}{2\pi.86400} 0,33 = 0,97.10^{13}.$$

L'unité pratique, ou *volt*, étant égale à 10^8 unités absolues C.G.S., cette force électromotrice est d'environ 10^5 volts.

Enfin, si l'on néglige la résistance du sol pour les courants de retour, et que la résistance du chemin suivi dans l'air par le courant total sur un hémisphère soit représentée par R en unités pratiques, ou en *ohms*, l'intensité de ce courant sera

$$I = \frac{E_m}{R} = \frac{10^5}{R} \text{ ampères.}$$

Comme la résistance des gaz diminue rapidement avec la pression, il est possible que la valeur de R soit relativement faible, de l'ordre d'un ohm, par exemple, auquel cas le courant induit total pourrait atteindre 100 000 ampères.

CHAPITRE V.

ÉTUDE DES AIMANTS.

37. Choix des aciers. — Dans les applications au magnétisme terrestre, on a besoin surtout de barreaux aimantés, à section carrée ou circulaire, et d'aimants en forme d'aiguilles en losange allongé pour les boussoles d'inclinaison.

Une première question est de choisir des aciers capables de conserver une aimantation permanente, ou résiduelle, qui soit très élevée; nous indiquerons quelques-uns des résultats obtenus par Mme Curie (¹) dans un travail remarquable sur ce sujet.

Le fer doux perd ses propriétés magnétiques à une température voisine de 750°. Les différentes variétés d'acier présentent le même caractère à une température moindre, qui ne descend pas au-dessous de 700°, suivant la proportion qu'ils contiennent de corps étrangers, tels que le carbone, le silicium, le bore, le tungstène, le molybdène, le chrome, le cuivre, etc. Sans que la transformation du métal se manifeste d'une manière brusque, les propriétés magnétiques reparaissent par refroidissement à une température un peu plus faible.

Pour les aciers durs, renfermant de 0,8 à 1,4 pour 100 de carbone, la température de trempe la plus favorable varie de 760° à 800°, suivant les cas, toujours supérieure à celle de transformation; la température de trempe correspond au rouge cerise clair. Il est même avantageux, avant de plonger le métal dans l'eau, de faire osciller sa température plusieurs fois entre des limites situées au-dessous et au-dessus du point de transformation. Avec des barreaux à section carrée, dont la longueur est vingt fois le côté,

(¹) Mme Curie, *Bulletin de la Société d'Encouragement*, janv. 1898.

on obtient ainsi des pièces capables de recevoir une aimantation moyenne qui dépasse 400 et peut même atteindre 480.

Les meilleurs aciers pour cet usage sont ceux qui, outre le carbone, renferment du chrome ou du tungstène dans la proportion de 2 à 3 pour 100; avec des barreaux de mêmes dimensions que précédemment, l'aimantation résiduelle arrive jusqu'à 560.

Avec des fils d'acier très minces, la force démagnétisante devient négligeable, et l'on a pu obtenir une aimantation de 780, soit environ 10 000 fois l'aimantation moyenne de la Terre.

L'aimantation maximum ainsi donnée à des barreaux d'acier n'est pas inaltérable; elle peut être modifiée par diverses causes, telles que les chocs, les vibrations, les variations de température, et diminue avec le temps.

On la rend plus stable par un recuit modéré, de 48 heures par exemple, à une température de 60 à 70°. Cette opération a généralement pour effet d'abaisser l'aimantation de quelques centièmes, mais elle l'augmente quelquefois.

De même une série de chocs, obtenus en laissant tomber le barreau sur un corps dur, produisent sur les aciers doux une diminution d'aimantation qui peut atteindre 25 pour 100, mais la perte est beaucoup plus faible, de 1,5 à 7 pour 100, avec les aciers de bonne qualité.

L'influence des chocs peut être annulée si l'on a d'abord diminué de $\frac{1}{10}$ l'aimantation primitive par un champ extérieur. Il arrive même, dans certains cas, après cette opération, que l'aimantation nouvelle augmente un peu pendant quelques jours, pour rester ensuite constante.

Enfin, nous avons appelé *champ coercitif* (6) celui que l'on doit faire agir sur un barreau, en sens contraire de l'aimantation, pour le ramener à l'état neutre apparent. Il est clair qu'un champ quelconque peut produire un effet analogue. Avec un acier de très bonne qualité, pour lequel le champ coercitif est de 80, l'aimantation ne subit une perte de $\frac{1}{10}$ que dans un champ de 20 unités, c'est-à-dire 100 fois aussi intense que le champ terrestre.

En résumé, pour mettre un aimant à l'abri de ces pertes accidentelles, il convient de le recuire, après la trempe, à 60° ou 70° pendant 48 heures, puis de l'aimanter à saturation et de réduire ensuite l'aimantation aux $\frac{9}{10}$; l'aimant peut alors subir des chocs énergiques et les variations de température ambiante sans modification sensible de son état. Toutefois, cette règle n'est pas absolue et l'on doit toujours se mettre à l'abri d'une altération imprévue du magnétisme.

38. **Procédés d'aimantation.** — D'une manière générale, on aimante un barreau d'acier en le soumettant à l'action d'un champ magnétique dont la direction moyenne est parallèle à sa longueur, et il est utile de répéter plusieurs fois l'opération, comme si l'effet pénétrait progressivement dans le métal. L'aimantation est plus ou moins régulière suivant le mode d'opération, que l'on doit s'attacher à rendre aussi symétrique que possible par rapport au plan médian du barreau.

Les courants électriques permettent de donner au champ une valeur à peu près arbitraire. Dans une bobine de N spires, par exemple, que parcourt le courant I, un barreau subit l'action de la force magnétomotrice $4\pi NI$ (33). Au lieu de laisser le système invariable pendant quelque temps, il est préférable de répéter l'expérience un certain nombre de fois, soit par la fermeture et l'ouverture alternatives du circuit, soit en faisant passer le barreau dans la bobine toujours dans le même sens. A chaque opération, l'aimantation augmente, mais de moins en moins, et ne tarde pas à atteindre la valeur maximum qui correspond aux conditions expérimentales.

La méthode la plus régulière consiste à faire usage d'un champ uniforme parallèle à la longueur du barreau; l'expérience montre alors qu'un champ de 700 unités est plus que suffisant pour produire, par une seule opération, le maximum d'aimantation que comporte le barreau, ou la saturation magnétique.

Pour obtenir un pareil champ dans la région moyenne d'une longue bobine cylindrique, à enroulement uniforme (32), il faut qu'on ait

$$4\pi n I = 700, \quad nI = \frac{700}{4\pi} = 56, \quad I = \frac{56}{n}.$$

Si la bobine est formée de 10 couches de fil, dont chacune contient 10 spires par centimètre, il en résulte $n = 100$ et

$$I = 0,56 \quad \text{ou} \quad 5,6 \text{ ampères.}$$

L'emploi des courants est relativement facile dans les Observatoires, mais peu pratique au cours des voyages, et l'on doit alors recourir aux anciennes méthodes avec des aimants déjà formés. Le seul voisinage des aimants, même au contact et sous une forme quelconque, ne produit qu'une aimantation résiduelle trop faible; on la multiplie par des frottements ou des *passes* successives.

Le procédé de *simple touche* consiste à frotter le barreau, parallèlement à sa longueur et toujours dans le même sens, de B en A, avec l'un des pôles d'un aimant, ou à passer le barreau sur l'un des pôles beaucoup plus intenses d'un électro-aimant; on répète ensuite l'opération plusieurs fois sur toutes les faces latérales, si le barreau est prismatique, ou sur les quatre arêtes à 90° pour un barreau à section circulaire; l'extrémité A acquiert un magnétisme de signe contraire à celui du pôle frottant et B un magnétisme opposé. L'aimantation ainsi acquise peut être suffisante, mais elle est rarement régulière; le magnétisme paraît plus concentré sur l'extrémité A qui se détache du pôle à chaque passe, et l'on ne peut guère rétablir la symétrie en frottant ensuite le barreau en sens contraire par un pôle de signe différent; il arrive même parfois que le barreau présente des points conséquents, c'est-à-dire que les deux extrémités, par exemple, sont de même signe et qu'un magnétisme de signe contraire apparaît sur une région intermédiaire.

Les *touches séparées* fournissent de meilleurs résultats. Tenant aux mains deux aimants à peu près identiques, on les pose par leurs pôles de noms contraires sur le milieu O du barreau (*fig.* 18) et l'on fait glisser de part et d'autre vers les extrémités A et B,

Fig. 18.

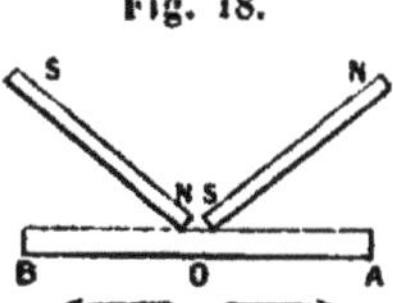

dont on les détache; on répète ensuite l'opération en débutant chaque fois par le milieu du barreau, comme l'indiquent les flèches. On donne ainsi le même nombre de passes aux différentes faces latérales. C'est, en définitive, la méthode de simple touche appliquée aux deux moitiés du barreau. La pratique a montré qu'il est avantageux d'incliner les aimants frottants d'environ 30° sur la direction du barreau.

Dans la méthode d. *double touche* (*fig.* 19), on emploie soit un aimant en fer à cheval, dont les pôles sont très rapprochés,

Fig. 19.

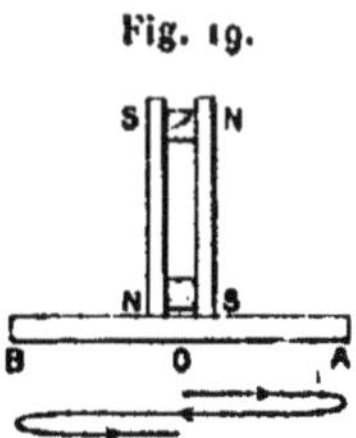

soit deux aimants rectilignes disposés parallèlement entre eux, les pôles différents en regard, en les maintenant à quelque distance par des cales en bois.

Plaçant ainsi deux pôles voisins N et S sur le milieu du barreau, on fait glisser l'ensemble vers l'extrémité A, puis de A en B, de B en A, etc., en revenant finalement de B en O, afin de réaliser une série de cycles complets; l'extrémité A devient pôle nord et B pôle sud. Les mêmes passes seront encore répétées sur les autres faces latérales. L'aimantation ainsi obtenue peut être très grande, mais elle risque de présenter moins de symétrie que par les touches séparées.

Dans tous les cas, on facilite encore l'opération en plaçant d'abord les extrémités A et B du barreau sur les pôles de deux aimants fixes, chacun de signe contraire à celui que l'on veut produire sur l'extrémité correspondante; ces aimants retiennent, pour ainsi dire, le magnétisme acquis dans chacune des passes successives, mais le bénéfice n'est pas assez grand pour que l'on ait souvent recours à une disposition aussi compliquée.

Quand il s'agit des barreaux destinés aux observations magnétiques, surtout pour les aiguilles d'inclinaison, il faut éviter le frottement direct des aimants qui pourrait enlever des parcelles métalliques et détruire la symétrie mécanique des pièces, si difficile à réaliser. L'aiguille est alors placée sur une planchette dans une cavité légèrement plus profonde que son épaisseur, et maintenue en place par une monture centrale en cuivre. Cette monture sert en même temps de butoir contre lequel on appuie d'abord les aimants, dans la méthode de touches séparées, et les aimants sont assez larges pour frotter de part et d'autre sur les bords de la cavité, de manière à ne venir jamais en contact avec l'aiguille.

39. **Moment magnétique. — Distance des pôles.** — Quelles que soient les méthodes employées, on ne peut déterminer par expérience que la forme du champ extérieur d'un aimant. Les propriétés du champ suffiraient pour définir la distribution des couches superficielles équivalentes aux masses magnétiques intérieures, mais il n'est pas possible d'en déduire la situation réelle de ces masses.

La seule grandeur qu'il importe de connaître est le moment magnétique M, c'est-à-dire le produit $M = 2mL$ de la masse m de chacun des pôles par leur distance $2L$. On peut la déterminer directement et même évaluer les masses $\pm m$ avec une grande approximation, ce qui donnerait la distance polaire

$$2L = \frac{M}{m}.$$

La mesure du moment magnétique se fait habituellement par deux expériences. La première fournit le couple directeur $P = MH$ de l'aimant soumis à la composante horizontale H du champ terrestre, c'est-à-dire le couple que subit l'aimant quand il est perpendiculaire au méridien.

D'autre part, le champ F de l'aimant en un point extérieur est proportionnel, toutes choses égales, à son moment magnétique et de la forme $F = AM$, le coefficient A étant défini par les dimensions de l'aimant et la position relative du point considéré. On peut alors, comme on l'a fait pour un solénoïde électromagnétique (28), comparer ce champ à la composante H et en déduire le quotient $Q = \frac{M}{H}$. Ces relations donnent

$$M^2 = PQ \quad \text{et} \quad H^2 = \frac{P}{Q}.$$

On connaît ainsi en même temps, par les deux expériences, le moment M et la composante H.

Avant d'examiner ces méthodes, nous chercherons d'abord à mesurer directement les quantités M et m.

1° Si l'aimant était réductible à ses deux pôles, éloignés de la distance $2a$ (17), le rayon vecteur r du pôle positif au point dont les coordonnées sont x et y, et son inclinaison α, donneraient

$$\cos\alpha = \frac{x-a}{r}, \qquad \sin\alpha = \frac{y}{r}.$$

Pour les quantités r' et α' relatives au pôle négatif, il suffit de changer le signe de a; par suite

$$\sin^2\alpha\cos\alpha = y^2\frac{x-a}{r^3} \quad \text{et} \quad \sin^2\alpha'\cos\alpha' = y^2\frac{x+a}{r'^3}.$$

La composante X du champ parallèle à l'axe est alors nulle pour la condition

$$(1) \qquad \sin^2\alpha\cos\alpha = \sin^2\alpha'\cos\alpha'.$$

On a encore

$$\cot\alpha = \frac{x-a}{y}, \qquad \cot\alpha' = \frac{x+a}{y};$$

$$(2) \qquad \cot\alpha + \cot\alpha' = 2\frac{x}{y}.$$

Si l'on détermine, par expérience, les coordonnées x et y du point où le champ de l'aimant est perpendiculaire à l'axe, les angles α et α' se déduiront des équations (1) et (2), et la distance $2a$ ou $2L$ des pôles sera donnée par la relation

$$\cot\alpha' - \cot\alpha = \frac{2a}{y} = \frac{2L}{y}.$$

Cette méthode, indiquée par M. Blakesley [1], ne donnerait que des résultats approximatifs parce que, aux distances assez voisines de l'aimant, les seules où l'expérience soit possible, les centres d'action des deux couches magnétiques ne correspondent pas exactement aux pôles.

2° M. Kohlrausch [2] calcule la distance des pôles par le terme de second ordre

$$p_1 = \frac{2L^2}{R^2} \quad \text{ou} \quad p_2 = -\frac{3}{2}\cdot\frac{L^2}{R^2},$$

dans l'expression des composantes principales F_1 et F_2 du champ

(1) BLAKESLEY, *Proc. of the Lond. Phys. Soc.*, p. 58; 1891.
(2) F. KOHLRAUSCH, *Wied. Ann.*, t. XXII, p. 411; 1894.

de l'aimant (17), déterminé comme on le verra plus loin; il a trouvé ainsi que, pour un barreau de dimensions $44^c \times 2^c,3 \times 1^c$, le rapport de la distance polaire $2L$ à la longueur de l'aimant variait de 0,81 à 0,86.

Le principe même de la méthode n'est pas encore exact. En effet, si l'on considère un aimant linéaire et rectiligne de longueur $2l$, à distribution symétrique, où la densité magnétique est λ à la distance x du centre, le moment magnétique des éléments symétriques $\pm\lambda\,dx$ est

$$dM = 2\lambda\,dx;$$

le moment total et la longueur polaire sont définis par

$$M = \int_0^l 2\lambda x\,dx = 2L\int_0^l \lambda\,dx.$$

Or, dans les termes de correction p_1 et p_2, on doit, en réalité, remplacer L^2 par l'expression

$$L'^2 = \frac{\int x^2\,dM}{\int dM} = \frac{\int \lambda x^3\,dx}{\int \lambda x\,dx}.$$

Quel que soit le mode de distribution, en dehors du cas de deux masses isolées, il est facile de voir que L' est toujours plus grand que L. Si λ est proportionnel à x, par exemple, on a

$$L'^2 = \frac{3}{5}l^2, \qquad L = \frac{2}{3}l, \qquad \frac{L'}{L} = \frac{3}{2}\sqrt{\frac{3}{5}} = 1,1619;$$

l'erreur commise est presque le sixième de la distance polaire.

3° On peut arriver à des résultats beaucoup plus corrects par les méthodes d'induction.

On place d'abord l'aimant M à l'intérieur d'une bobine cylindrique assez longue, et suivant une direction parallèle à l'axe; le flux de force émis par l'aimant dans la surface de la bobine est $4\pi nM$. Si la bobine fait partie d'un circuit de résistance totale R, renfermant un galvanomètre balistique, et qu'on enlève l'aimant, la décharge induite q est

$$qR = 4\pi nM.$$

Si le même galvanomètre était ensuite utilisé pour mesurer la décharge q_0 induite dans un circuit de résistance R_0, sous l'action du champ terrestre horizontal H (36), par un cadre de surface totale S tournant de 180°, on aurait

$$q_0 R_0 = 2SH.$$

En appelant α et α_0 les angles d'impulsion, corrigés de l'amortissement, qui correspondent aux décharges q et q_0, ces deux expériences détermineraient le quotient

$$Q = \frac{M}{H} = \frac{2S}{4\pi n}\cdot\frac{Rq}{R_0 q_0} = \frac{S}{2\pi n}\cdot\frac{R}{R_0}\,\frac{\alpha}{\alpha_0}.$$

Supposons maintenant qu'on enroule sur le milieu de l'aimant une petite bobine de n' spires. Le flux d'induction magnétique φ, qui traverse cette bobine, est égal au flux de force extérieure émanant de l'une des moitiés de l'aimant; c'est le flux total $4\pi m$ de l'un des pôles, diminué du flux φ' qui passe directement du pôle positif au pôle négatif par l'intérieur de l'aimant.

Quand on enlève la bobine, la décharge induite q' dans un circuit de résistance R' est

$$R'q' = n'\varphi = n'(4\pi m - \varphi').$$

Pour déterminer cette quantité φ', d'ailleurs très petite par rapport au terme principal $4\pi m$, on répète l'expérience en plaçant la bobine contre l'aimant, dans son plan équatorial; le flux φ' conserve sensiblement la même valeur et, quand on enlève la bobine, la décharge induite q'' est de sens contraire. Il en résulte

$$R'q'' = n'\varphi',$$
$$R'(q' + q'') = n' 4\pi m.$$

Si le même galvanomètre a servi pour toutes les expériences, les angles d'impulsion relatifs aux décharges q' et q'' étant respectivement α' et α'', on en déduit

$$\frac{M}{m} = 2L = \frac{n'}{n}\,\frac{Rq}{R'(q'+q'')} = \frac{n'}{n}\,\frac{R}{R'}\,\frac{\alpha}{\alpha'+\alpha''}.$$

Dans tous les cas, les résistances du circuit seront réglées de façon que les décharges soient de même ordre afin que les angles d'impulsion restent directement comparables.

Avec un barreau à section circulaire de $19^c,9$ de longueur et de $0^c,4$ de diamètre, aimanté de diverses manières, j'ai trouvé ainsi que le rapport de la distance $2L$ des pôles à la longueur du barreau variait de 0,69 à 0,88; les pôles se rapprochent des extrémités à mesure qu'on affaiblit l'aimantation du barreau par une série de chocs successifs.

Les expériences de Mme Curie ont donné des nombres variant de 0,72 à 0,84 et, plus souvent, voisins de 0,80 avec des barreaux à section carrée, de 20^c de longueur et 1^c de côté, aimantés à saturation. On ne peut donc indiquer aucune règle générale à ce sujet, chaque aimant ayant une constitution particulière.

40. Couple directeur. — Oscillations. — Le couple directeur MH d'un aimant dans le champ terrestre se détermine habituellement par la méthode des oscillations.

Supposons que le barreau soit mobile autour d'un axe vertical et que son axe magnétique, étant horizontal, fasse l'angle θ avec le méridien; le couple qui tend à le ramener dans la position d'équilibre, en ne tenant compte d'abord que de l'aimantation rigide, est $MH \sin\theta$.

Abandonné à lui-même, le barreau exécute une série d'oscillations, de part et d'autre de sa position d'équilibre, suivant la même loi que celle du pendule géodésique (12). En appelant τ la demi-période, ou la durée d'une oscillation simple de très petite amplitude, n le nombre des oscillations par seconde, et K le moment d'inertie du système mobile, on a

$$(3) \qquad \tau = \pi\sqrt{\frac{K}{HM}}, \qquad HM = \frac{\pi^2 K}{\tau^2} = n^2\pi^2 K.$$

L'expérience ne peut pas être réalisée dans ces conditions théoriques, parce que les oscillations s'amortissent toujours, plus ou moins lentement, par suite de diverses réactions, en particulier la résistance de l'air et les courants induits par le mouvement même de l'aiguille dans les conducteurs voisins.

Comme on doit observer plusieurs centaines d'oscillations pour déterminer leur période avec exactitude, par comparaison avec un chronomètre, il faut que les écarts soit très notables, et l'on ne peut plus leur appliquer la formule simple. Il en résulte deux espèces de corrections, l'une pour ramener la durée des oscillations à celle des petites amplitudes, l'autre relative à la modification de période que peut causer le fait même de l'amortissement.

Faisant d'abord abstraction des résistances, le couple est en général proportionnel au sinus de l'écart; dans ce cas, la durée t d'une oscillation simple s'exprime en fonction de l'écart maximum α par la formule connue

$$t = \tau\left(1 + \frac{1}{2^2}\sin^2\frac{\alpha}{2} + \frac{1.3^2}{2^2.4^2}\sin^4\frac{\alpha}{2} + \ldots\right) = \tau(1+\beta).$$

On a calculé des Tables [1] de la série $1+\beta$ afin de simplifier les réductions; les valeurs suivantes permettront facilement d'en déduire celles qui conviennent aux angles intermédiaires :

TABLE DE RÉDUCTION DES OSCILLATIONS PENDULAIRES AUX ANGLES INFINIMENT PETITS.

Écarts.	$1+\beta$.	Écarts.	$1+\beta$.
2°	1,0001	22°	1,0093
4	1,0003	24	1,0111
6	1,0007	26	1,0130
8	1,0011	28	1,0151
10	1,0019	30	1,0174
12	1,0027	32	1,0199
14	1,0037	34	1,0225
16	1,0049	36	1,0252
18	1,0062	38	1,0283
20	1,0077	40	1,0313

Pour préciser les pointés, on note les époques de passage de l'appareil à un repère correspondant au voisinage de la position d'équilibre, où la vitesse est maximum, et l'on a soin de n'observer que les passages dans un même sens.

Comme l'amplitude diminue d'une manière continue, on détermine l'écart α_0 relatif au passage d'ordre zéro, à l'époque t_0, et l'amplitude α_1 relative au $m^{\text{ième}}$ passage suivant à l'époque t_1.

On prend alors, pour tout l'intervalle, la même valeur moyenne $\frac{\alpha_0+\alpha_1}{2} = \alpha$ de l'écart, et l'on divise par le nombre correspon-

(1) DARONDEAU et CHEVALIER, *Voyage de la « Bonite ». Observations magnétiques*, t. II, p. 9; 1846.

dant $1+\beta$ la durée moyenne $\frac{t_1-t_0}{m}$ des oscillations. On fait de même pour les observations suivantes aux époques t_2, t_3, ... séparées par le même nombre m d'oscillations, en notant les écarts correspondants α_2, α_3, ...

Pour montrer combien cette méthode est exacte, nous prendrons comme exemple l'observation d'une boussole d'intensité horizontale faite à Pondichéry le 7 juin 1837 par Darondeau et Chevalier, où l'on avait pointé 1400 oscillations par séries de 50; nous donnerons seulement les lectures relatives aux centaines.

Nombre des passages.	Durée de 100 oscillations.	Écart moyen.	Durée réduite.	Moy.
100	369^s,3	31°,5	362^s,33	
200	366,0	25,0	361,66	362,01
300	364,7	19,5	362,04	
400	363,3	15,5	361,64	
500	363,0	12,5	361,94	361,74
600	362,3	9,75	361,65	
700	362,0	7,75	361,70	
800	362,0	6,0	361,75	361,90
900	362,4	4,5	362,26	
1000	362,0	3,75	361,89	
1100	362,0	3,25	361,93	362,02
1200	362,3	2,75	362,23	
1300	362,0	2,25	361,96	362,12
1400	362,3	1,75	362,27	
Moy...	363,257		361,94	

La durée d'une oscillation infiniment petite est donc

$$\tau = 3^s,6194.$$

Ce Tableau donne lieu à plusieurs remarques.

Si l'on groupe les séries trois par trois, sauf les deux dernières, les moyennes partielles varient sans marche régulière. Les écarts peuvent ainsi aller jusqu'à 35° de part et d'autre et fournir d'excellentes observations.

Enfin, la moyenne des sept premières séries est 361^s,85 et celle des sept suivantes 362^s,04; le dernier chiffre de la moyenne générale n'est donc pas sûr et la durée τ serait déterminée à $\frac{1}{3000}$ près environ de sa valeur.

On doit ajouter toutefois que la durée totale des observations a été d'environ une heure et demie. La composante horizontale a pu varier dans cet intervalle de quantités supérieures aux différences accusées par les groupes de lectures.

Comme l'intervalle des passages est évalué par un compteur ou un chronomètre, il est encore nécessaire de connaître la marche de l'instrument par rapport au temps moyen.

Les réductions d'amplitude méritent une attention spéciale. Jusqu'au 800ᵉ passage, le rapport d'un écart moyen au suivant varie, sans aucune règle, de 1,24 à 1,29 et la moyenne est 1,267; les amplitudes varient donc sensiblement en progression géométrique, dont la raison est $0,9953 = 1 - 0,0047$.

Cette loi de variation des amplitudes prouve que les réactions sont, à chaque instant, proportionnelles à la vitesse du mobile. Il en est ainsi pour la plupart des phénomènes physiques, au moins toutes les fois que l'amortissement est faible, comme dans le cas actuel, et nous devons étudier le problème de plus près.

41. **Amortissement.** — Pour un écart θ, la vitesse angulaire est $u = \frac{d\theta}{dt}$; dans l'hypothèse précédente, la réaction est de la forme Cu, et l'équation générale du mouvement (12) devient

$$K\frac{d^2\theta}{dt^2} + C\frac{d\theta}{dt} + HM\sin\theta = 0.$$

Si l'on se borne aux écarts très petits, en remplaçant $\sin\theta$ par l'angle θ, et qu'on prenne pour origine du temps une époque de passage par la position d'équilibre, l'intégrale de cette équation est de la forme

$$\theta = a\,e^{-\lambda t}\sin\omega t.$$

En excluant le cas du mouvement apériodique, où ω est imaginaire, les valeurs des constantes λ et ω sont

$$\lambda = \frac{C}{2K}, \qquad \omega^2 = \frac{MH}{K} - \lambda^2.$$

Les oscillations restent isochrones, puisque les passages ont lieu aux époques définies par la condition $\omega t = n\pi$.

La période T et la durée τ d'une oscillation simple sont

$$T = \frac{2\pi}{\omega}, \qquad \tau = \frac{T}{2} = \frac{\pi}{\omega}.$$

La vitesse angulaire

$$u = \frac{d\theta}{dt} = a e^{-\lambda t}(\omega \cos\omega t - \lambda \sin\omega t)$$

peut s'écrire

$$u = a\omega e^{-\lambda t} \frac{\cos(\omega t + \varphi)}{\cos\varphi},$$

en appelant φ un angle auxiliaire défini par la condition

$$\operatorname{tang}\varphi = \frac{\lambda}{\omega} = \frac{\lambda T}{2\pi}.$$

La vitesse initiale est $u_0 = a\omega$; abstraction faite du signe, elle devient au $n^{\text{ième}}$ passage, pour $\omega t = n\pi$,

$$u_n = u_0 e^{-\lambda\frac{n\pi}{\omega}} = u_0 e^{-n\lambda\tau}.$$

Les *élongations*, ou les plus grands écarts, ont lieu quand la vitesse est nulle, c'est-à-dire pour

$$\omega t_p + \varphi = (2p+1)\frac{\pi}{2} = (2p+1)\frac{\omega\tau}{2},$$

$$t_p = (2p+1)\frac{\tau}{2} - \frac{\varphi}{\omega}.$$

La différence des époques de deux élongations successives, qui correspondent aux valeurs p et $p+1$, est

$$t_{p+1} - t_p = \tau.$$

L'élongation α_p d'ordre p s'obtiendra en remplaçant t par t_p dans la valeur de θ. Au signe près, cette élongation est

$$\alpha_p = a\cos\varphi\, e^{-\lambda t_p} = a\cos\varphi\, e^{\lambda\left(\frac{\varphi}{\omega} - \frac{\tau}{2}\right)} . e^{-p\lambda\tau}.$$

On voit par là que :

1° Les vitesses aux différents passages varient comme les termes d'une progression géométrique dont la raison est $e^{-\lambda\tau}$;

2° Les élongations sont aussi isochrones, avec la même période que celle des passages, quoique les deux phénomènes ne soient pas exactement intermédiaires;

3° Les élongations varient également en progression géométrique avec la même raison $e^{-\lambda\tau}$.

La quantité $\lambda\tau$, qui définit la loi de décroissance, est le *décrément logarithmique* des oscillations.

La première élongation

$$x_0 = a\cos\varphi\, e^{\frac{\lambda\varphi}{\omega}}.e^{-\frac{\lambda\tau}{2}} = u_0\,\frac{\cos\varphi}{\omega}\, e^{\frac{\lambda\varphi}{\omega}}.e^{-\frac{\lambda\tau}{2}}$$

est proportionnelle à la vitesse initiale u_0; il en est de même pour chacune des élongations suivantes par rapport à la vitesse relative au passage qui précède.

Enfin, si l'on pose

$$\omega_0^2 = \frac{\text{MH}}{\text{K}} = \left(\frac{2\pi}{\text{T}_0}\right)^2,$$

la quantité T_0 représente la période qu'auraient les oscillations sans amortissement. On a alors

$$\omega_0^2 = \omega^2 + \lambda^2 = \omega^2\left(1 + \frac{\lambda^2\tau^2}{\pi^2}\right),$$

$$\frac{\omega_0}{\omega} = \frac{\text{T}}{\text{T}_0} = 1 + \frac{\lambda^2\tau^2}{2\pi^2}.$$

La période réelle des oscillations est donc plus grande que si l'amortissement n'existait pas, mais la différence de ces périodes est le plus souvent négligeable.

En effet, si le décrément $\lambda\tau$ est très petit, on peut écrire $e^{-\lambda\tau} = 1 - \lambda\tau$. Dans l'exemple cité plus haut, le décrément logarithmique est inférieur à $\frac{1}{200}$, car on aurait

$$\lambda\tau = 0,0047.$$

Si l'on suppose même que ce décrément prenne la valeur très exagérée de $\frac{1}{20}$, il en résulte

$$\frac{\lambda^2\tau^2}{\pi^2} = \frac{1}{400\pi^2},$$

$$\frac{\text{T}}{\text{T}_0} = 1 + \frac{1}{800\pi^2} = 1,000127.$$

L'erreur relative dépasse à peine $\frac{1}{10000}$. A moins d'un amortissement considérable, auquel cas la mesure exacte de la période ne serait pas pratique, le couple directeur MH se déterminera donc simplement par l'équation (3) où la durée τ n'a subi d'autre correction que celle de l'amplitude.

Lorsque l'amortissement est ainsi très petit, on peut, aux termes du second ordre près, remplacer par l'unité chacun des facteurs $\cos\varphi$ et $e^{\frac{\lambda\varphi}{\omega}}$. La première élongation devient alors

$$a_0 = a\,e^{-\frac{\lambda\tau}{2}} = a\left(1 - \frac{\lambda\tau}{2}\right).$$

L'écart a, qui se conserverait pour un amortissement nul, n'est ainsi diminué à chaque oscillation que d'une fraction égale à la moitié du décrément logarithmique.

42. Appareils de torsion. — Supposons qu'un fil métallique à section circulaire soit attaché à un point fixe et porte un poids; c'est un *unifilaire*. Si on le tord à sa partie inférieure d'un certain angle et qu'on l'abandonne ensuite à lui-même, il exécute une série d'oscillations de part et d'autre de sa position d'équilibre. Les expériences de Coulomb ont montré que, dans des limites très étendues, la période de ces oscillations est indépendante de l'amplitude; il en résulte que le couple qui tend à ramener le fil tordu à l'équilibre est proportionnel à l'angle d'écart.

Toutefois, cette conclusion n'est pas absolument rigoureuse, surtout pour les métaux mous, comme l'argent. En réalité, un métal tordu ne revient pas à sa position d'équilibre quand on le laisse lentement se détordre; il conserve une torsion résiduelle, qui diminue progressivement. Dans le cycle d'une oscillation complète, le couple varie à la manière de l'aimantation dans un champ magnétique oscillant, de sorte qu'il a deux valeurs différentes pour un même écart, suivant que cet écart est en voie de croissance ou de diminution (¹).

On ne peut, dans la pratique, admettre la proportionnalité exacte que pour des métaux présentant une grande raideur, comme les fils d'acier ou de bronze dur.

(¹) H. Bouasse, *Ann. de la Faculté des Sc. de Toulouse*, t. XII; 1898.

Les fils de quartz employés par M. Boys ([1]) sont encore plus parfaits; la torsion résiduelle ne dépasse pas 0,00005 de la torsion primitive et diminue ensuite d'un tiers en quatre minutes.

Quoi qu'il en soit, le couple de torsion C pour l'unité d'angle, ou le *coefficient de torsion* du fil, est proportionnel à la quatrième puissance de son diamètre, en raison inverse de sa longueur, et ne dépend pas sensiblement de la charge.

Pour déterminer ce couple C, on suspend au fil un corps de moment d'inertie connu K, et l'on mesure la durée τ des oscillations simples comme précédemment. Le couple relatif à l'écart θ étant $C\theta$, on en déduit

$$\tau = \pi\sqrt{\frac{K}{C}}, \qquad C = \frac{\pi^2 K}{\tau^2} = n^2\pi^2 K.$$

Si l'on ajoute à l'équipage porté par le fil un aimant horizontal M, sans modifier la charge totale, pour être assuré que le coefficient de torsion ne change pas, le fil étant fixé par le haut à un tambour qui permette de lui donner une torsion connue, on peut régler cette torsion de manière que l'aimant occupe par rapport à la direction du champ l'une des positions principales : naturelle, transversale ou inverse.

En considérant le problème général, soient θ la torsion du tambour et δ la déviation que prend l'aimant, dans une position oblique; la condition d'équilibre est

$$(4) \qquad C(\theta - \delta) = HM \sin\delta.$$

Pour connaître l'angle δ, il faut amener d'abord l'aimant au voisinage du méridien, par une torsion convenable du fil, et vérifier qu'en lui substituant un barreau en cuivre de même poids, l'équilibre ne change pas; on arrive à ce résultat par une série de tâtonnements.

Si cette condition n'est pas réalisée rigoureusement, désignons par δ_0 la déviation très petite du barreau dans la première expérience, ce qui correspond à une torsion θ_0 donnée à la partie supérieure du fil; on a alors

$$C(\theta_0 - \delta_0) = HM \sin\delta_0.$$

([1]) C.-V. Boys, *Phil. Mag.*, 1887, 1894 et 1895.

Une nouvelle torsion θ, qui produit la déviation δ, donne

$$C(\theta + \theta_0 - \delta - \delta_0) = HM \sin(\delta + \delta_0),$$

et, par soustraction membre à membre,

$$C(\theta - \delta) = HM[\sin(\delta + \delta_0) - \sin\delta_0].$$

Avec une torsion θ' en sens contraire, correspondant à la déviation δ', on aurait, de même,

$$C(\theta' - \delta') = HM[\sin(\delta' - \delta_0) + \sin\delta_0]$$

et, par addition,

$$\begin{aligned} C(\theta + \theta' - \delta - \delta') &= HM[\sin(\delta + \delta_0) + \sin(\delta' - \delta_0)] \\ &= 2HM \sin\frac{\delta + \delta'}{2} \cos\left(\frac{\delta - \delta'}{2} + \delta_0\right). \end{aligned}$$

Si l'expérience est réglée de façon que les angles δ et δ' soient très voisins, auquel cas δ_0 est aussi très petit, on peut écrire

$$C\left(\frac{\theta + \theta'}{2} - \frac{\delta + \delta'}{2}\right) = HM \sin\frac{\delta + \delta'}{2},$$

c'est-à-dire qu'il suffira de porter dans l'équation (4) la moyenne des torsions et la moyenne des déviations.

Lorsque l'aimant occupe sensiblement la position transversale, la formule devient

$$C(\theta - \delta) = HM.$$

On peut encore utiliser l'appareil par la méthode des oscillations. Suivant que le barreau occupe la position naturelle ou inverse, le couple directeur est $C + HM$ ou $C - HM$. En appelant n et n' les nombres par seconde d'oscillations de petite amplitude relatives aux deux cas, on aura

$$\pi^2 K = \frac{C + HM}{n^2} = \frac{C - HM}{n'^2} = \frac{2C}{n^2 + n'^2} = \frac{2HM}{n^2 - n'^2},$$

$$HM = C\frac{n^2 - n'^2}{n^2 + n'^2} = \frac{n^2 - n'^2}{2}\pi^2 K.$$

Pour une position oblique, le couple correspondant à une déviation très petite x, à partir de l'équilibre, est

$$\begin{aligned} & C(\theta - \delta - x) - HM \sin(\delta + x) \\ & \quad = C(\theta - \delta) - HM \sin\delta - (C + HM \cos\delta)x. \end{aligned}$$

En tenant compte de la condition d'équilibre (4), ce couple est encore proportionnel au déplacement x et les oscillations sont isochrones. Elles ne dépendent plus de l'aimant lorsqu'il occupe la position transversale; le nombre m correspondant d'oscillations doit alors satisfaire à la condition

$$m^2 = \frac{n^2 + n'^2}{2}.$$

Dans les appareils *bifilaires*, l'équipage mobile est soutenu par deux fils d'égale longueur, fixés en haut à deux points distants de $2a$ sur la même horizontale, et portant l'équipage par deux autres points distants de $2b$; abandonné à lui-même, le système se met en équilibre lorsque les deux fils sont dans le même plan vertical. Pour une torsion θ, les fils s'inclinent davantage sur la verticale; en appelant h la distance des lignes d'attache $2a$ et $2b$, m la masse de l'équipage et g la gravité évaluée en centimètres, le couple qui tend à ramener l'équipage vers la position d'équilibre est égal à $mg\dfrac{ab}{h}\sin\theta$.

Si les longueurs $2a$ et $2b$ sont très petites par rapport à la longueur l des fils, on peut remplacer la distance variable h par l et le couple devient

$$mg\frac{ab}{l}\sin\theta = C'\sin\theta.$$

Ce couple est proportionnel au sinus de la déviation, comme pour le pendule et pour l'action d'un champ uniforme sur un aimant; les oscillations sont donc pendulaires. Le *coefficient de torsion* C' du bifilaire est cette fois proportionnel à la charge, aux deux distances des points d'attache et en raison inverse de la longueur des fils.

Si la rigidité des fils eux-mêmes n'est pas négligeable, chacun d'eux donne un couple $C\theta$, de sorte que le couple total est

$$C'\sin\theta + 2C\theta = C'\left(1 + 2\frac{C}{C'}\frac{\theta}{\sin\theta}\right)\sin\theta.$$

Comme la torsion ne peut pas dépasser 90° et que le rapport des coefficients C et C′ est très petit, on peut considérer comme constants les termes compris dans la parenthèse, et le système obéit encore à la loi du sinus.

On détermine quelquefois le coefficient C′ par la longueur l et les distances $2a$ et $2b$, mais la mesure de ces distances ne peut être faite avec toute l'exactitude nécessaire que si elles ne sont pas très petites, ce qui exige un appareil de dimensions exagérées. Il est presque toujours plus commode d'évaluer le coefficient total de torsion par les oscillations d'un équipage dont on connaît le moment d'inertie.

La suspension est formée habituellement par un seul fil dont les deux bouts sont fixés à une monture supérieure, la distance $2a$ étant réglée par deux poulies ou par les encoches de deux pièces taillées en forme de V; ce fil passe à la partie inférieure sur une poulie folle ou deux crochets.

Lorsque l'équipage porte un aimant M, on déterminera encore la position d'équilibre en vérifiant que la substitution d'un barreau de cuivre de même poids ne modifie pas la direction du système. La déviation δ produite par une torsion θ donne

$$C' \sin(\theta - \delta) = HM \sin\delta. \tag{5}$$

Si l'erreur de réglage est δ_0, comme dans le cas précédent, on l'éliminera en observant les déviations δ et δ' de sens contraires correspondant aux torsions θ et θ'. On a alors

$$\begin{aligned} C' \sin(\theta_0 - \delta_0) &= HM \sin\delta_0, \\ C' \sin(\theta + \theta_0 - \delta - \delta_0) &= HM \sin(\delta + \delta_0), \\ C' \sin(\theta' - \theta_0 - \delta' + \delta_0) &= HM \sin(\delta' + \delta_0); \end{aligned}$$

d'où l'on déduit

$$\begin{aligned} C' \sin\left(\frac{\theta + \theta'}{2} - \frac{\delta + \delta'}{2}\right) \cos\left(\frac{\theta - \theta'}{2} - \frac{\delta - \delta'}{2} + \theta_0 - \delta_0\right) \\ = HM \sin\frac{\delta + \delta'}{2} \cos\left(\frac{\delta - \delta'}{2} + \delta_0\right). \end{aligned}$$

Si l'erreur de réglage est très faible et les angles δ et δ' très voisins, la différence des torsions $\theta - \theta'$ est aussi très petite; il suffira donc de porter dans l'équation (5) la moyenne des torsions et la moyenne des déviations.

En faisant osciller l'appareil pour les positions directe et inverse du barreau aimanté, on aura aussi

$$HM = C'\frac{n^2 - n'^2}{n^2 + n'^2} = \frac{n^2 - n'^2}{2}\pi^2 K;$$

et, pour la position transverse,

$$m^2 = \frac{n^2 + n'^2}{2}.$$

43. **Moments d'inertie.** — Les méthodes qui précèdent permettent de déterminer facilement le rapport des moments magnétiques d'un barreau aimanté dans des conditions différentes, ou même le rapport des moments de deux barreaux.

La mesure du couple directeur HM par les oscillations exige que l'on connaisse le moment d'inertie d'un système mobile, c'est-à-dire le produit $m\rho^2$ de sa masse m, évaluée en grammes, par le rayon ρ de giration.

Nous rappellerons d'abord deux propriétés générales :

1° Pour un système quelconque, mobile autour d'un axe passant par son centre de gravité, le rayon de giration est l'inverse du rayon vecteur, parallèle à cet axe, d'un ellipsoïde défini par la forme du système; les rayons de giration *principaux* correspondent aux axes de cet ellipsoïde;

2° Si le centre de gravité est à une distance d de l'axe de rotation, et que ρ_0 soit le rayon de giration relatif à un axe parallèle passant par le centre de gravité, le rayon de giration ρ est donné par la relation

$$\rho^2 = \rho_0^2 + d^2.$$

Nous citerons quelques exemples de rayons de giration pour des corps homogènes de formes géométriques simples.

Pour un *parallélipipède rectangle,* dont les côtés sont $2a$, $2b$ et $2c$, le rayon de giration relatif à un axe parallèle au côté c est

$$\rho_c^2 = \frac{a^2 + b^2}{3}.$$

Les rayons de giration principaux sont parallèles aux arêtes et respectivement proportionnels aux diagonales des faces perpendiculaires à ces arêtes.

Dans le cas d'un barreau à *section carrée*, deux des côtés b et c étant égaux, l'ellipsoïde des rayons de giration est de révolution. Le rayon de giration est le même pour toutes les droites perpendiculaires à l'axe du barreau et passant par le centre.

Pour un *cylindre circulaire droit*, dont le rayon des bases est a, le rayon de giration ρ_1 relatif à l'axe est

$$\rho_1^2 = \frac{a^2}{2}.$$

Si $2l$ est la longueur du cylindre, le rayon de giration ρ_2 relatif à une perpendiculaire à l'axe est

$$\rho_2^2 = \frac{l^2}{3} + \frac{a^2}{4} = \frac{l^2}{3}\left(1 + \frac{3}{4}\frac{a^2}{l^2}\right).$$

L'ellipsoïde de giration est encore de révolution. Si l'on veut qu'il devienne sphérique, c'est-à-dire que le rayon de giration soit le même pour toutes les droites passant par le centre, il suffira d'égaler les rayons principaux ρ_1 et ρ_2, d'où la condition

$$\frac{a^2}{2} = \frac{l^2}{3} + \frac{a^2}{4} \quad \text{ou} \quad 4l^2 = 3a^2.$$

Le moment d'inertie, par rapport à l'axe, d'un *cylindre creux*, dont la section est la différence de deux cercles concentriques de rayon a et a', est la différence des moments des deux cylindres; il en résulte

$$\rho_1^2 = \frac{a^2 + a'^2}{2} = \left(\frac{a + a'}{2}\right)^2 \left[1 + \left(\frac{a - a'}{a + a'}\right)^2\right].$$

Si l'épaisseur $e = a - a'$ est assez petite pour que le carré du rapport $\frac{e}{a}$ soit négligeable devant l'unité, on peut écrire

$$\rho_1^2 = \left(\frac{2a - e}{2}\right)^2 = a^2\left(1 - \frac{e}{2a}\right)^2 = a^2\left(1 - \frac{e}{a}\right).$$

Autour d'une perpendiculaire à l'axe, on aurait aussi

$$\rho_2^2 = \frac{l^2}{3} + \frac{a^2 + a'^2}{4},$$

et la condition d'égalité de ces deux rayons de giration devient

$$4l^2 = 3(a^2 + a'^2).$$

Pour une *lame* d'épaisseur $2c$, à base de *losange*, ayant pour diagonales $2a$ et $2b$, les rayons principaux de giration sont

$$\rho_c^2 = \frac{a^2 + b^2}{6}, \qquad \rho_b^2 = \frac{c}{12b}(a^2 + 2c^2), \qquad \rho_a^2 = \frac{c}{12a}(b^2 + 2c^2).$$

Enfin, le rayon de giration d'une *sphère* de rayon a est

$$\rho^2 = \frac{2}{5}a^2,$$

et celui d'une *sphère creuse*, de rayons a et a',

$$\rho^2 = \frac{2}{5}\frac{a^5 - a'^5}{a^3 - a'^3}.$$

On évalue les moments d'inertie par comparaison avec des corps homogènes qui servent, pour ainsi dire, d'étalons et dont on peut connaître facilement les dimensions.

Le diamètre d'une *sphère* bien régulière, par exemple, peut se mesurer directement, mais il est plus simple de le déterminer par la masse totale et par la densité. Toutefois, cette forme n'est pas avantageuse, car il est toujours préférable de charger moins les appareils oscillants et de choisir des corps qui, pour le même poids, ont le plus grand rayon de giration.

Coulomb se servait d'un *cylindre plein* tournant autour de son axe. Pour éviter la nécessité d'un réglage absolu, on peut choisir les dimensions du cylindre telles que $4l^2 = 3a^2$, afin que l'ellipsoïde de giration soit sphérique.

Lord Kelvin recommande plutôt l'emploi d'un *cylindre creux* porté par un disque, sur lequel on a tracé une série de cercles concentriques qui permettent de centrer exactement le cylindre par rapport à l'axe de rotation.

Ces deux formes ont l'avantage de se prêter au travail du tour, les mesures sont faciles et le frottement de l'air pendant les oscillations est très faible. En outre, le défaut d'homogénéité du métal a peu d'importance dans un cylindre creux, puisque toute la masse est sensiblement à la même distance de l'axe.

Gauss faisait porter par l'équipage mobile une règle horizontale creusée, sur sa face supérieure, d'une série de petites cavités de part et d'autre à égale distance du centre.

Deux masses auxiliaires, *sphères* ou *cylindres*, peuvent être suspendues par des anses à droite et à gauche, dans des cavités de même ordre, afin que la règle reste horizontale. Les anses sont munies d'une pointe qui se pose dans la cavité, ou bien on place dans cette cavité une pointe sur laquelle l'anse appuie. Si m est la valeur de chaque masse auxiliaire et ρ son rayon de giration, m' la masse de l'anse et ρ' son rayon principal de giration, d la distance des points d'attache à l'axe, le moment d'inertie k, ajouté au système, est

$$k = 2(m\rho^2 + m'\rho'^2) + 2(m + m')d^2.$$

On voit que, si la distance d est un peu grande, l'influence du rayon de giration ρ' des étriers est relativement très faible.

Quand il s'agit des *aimants cylindriques*, à section circulaire ou rectangle, il est encore plus simple de calculer leur moment d'inertie par leurs dimensions. Le métal doit alors être bien homogène, car les variations de densité, d'un point à l'autre, suffiraient pour modifier le moment d'inertie, quand même le centre de gravité resterait au milieu. La seule mesure exacte à faire est la longueur du barreau, car la dimension transversale perpendiculaire à l'axe n'intervient que par un terme de correction. Si la longueur est de 20 centimètres par exemple, la mesure à $\frac{1}{10}$ de millimètre donnera le rayon de giration à $\frac{1}{2000}$ près.

44. Déterminations expérimentales. — La comparaison des moments d'inertie se fait toujours par une méthode d'oscillations. Deux cas sont à distinguer :

Si le couple directeur est indépendant de la charge, comme pour la suspension unifilaire ou l'action de la Terre sur un aimant, on détermine le nombre n_0 des oscillations (réduit aux écarts infiniment petits pour les aimants) pendant un temps déterminé, avec le système primitif dont le moment d'inertie est K_0, puis le nombre n relatif au moment d'inertie $K = K_0 + k$, après avoir ajouté un corps étalon. On a alors

$$n_0^2 K_0 = n^2(K_0 + k), \qquad K_0 = k\,\frac{n^2}{n_0^2 - n^2}.$$

Si le couple directeur est proportionnel à la charge, comme dans le bifilaire, p_0 et p étant les poids du système primitif et du corps additionnel, les équations deviennent

$$\frac{n_0^2 K_0}{p_0} = \frac{n^2(K_0 + k)}{p_0 + p}, \qquad K_0 = k \frac{n^2 p_0}{p_0(n_0^2 - n^2) + n_0^2 p}.$$

Ces deux lois sont des cas extrêmes que l'on n'est jamais sûr de réaliser dans la pratique; il est donc préférable d'opérer autant que possible avec une charge constante, condition à laquelle on satisfait avec les sphères de Gauss.

On fait alors deux expériences en plaçant les boules à deux distances différentes d et d', qui produisent des moments d'inertie additionnels k et k'; les nombres d'oscillations correspondants n et n' donnent

$$n^2(K_0 + k) = n'^2(K_0 + k'), \qquad K_0 = \frac{k'n'^2 - kn^2}{n^2 - n'^2}.$$

45. **Corrections diverses.** — Ces méthodes permettront de déterminer le coefficient de torsion d'un appareil unifilaire ou bifilaire et le couple directeur d'un aimant.

Dans l'étude des oscillations d'un aimant, nous avons admis d'abord que le fil de suspension n'a aucune rigidité, mais les aimants sont portés habituellement par un fil de soie composé de plusieurs brins et dont le coefficient de torsion c peut n'être pas négligeable.

Pour le déterminer, on tord le fil de 180° à la partie supérieure et l'on observe la déviation très petite ε éprouvée par l'aimant. En admettant, ce qui est suffisamment exact, que le couple correspondant est proportionnel à la torsion, il en résulte

$$HM \sin\varepsilon = c(\pi - \varepsilon),$$

ou sensiblement

$$\frac{c}{HM} = \frac{\sin\varepsilon}{\pi - \varepsilon} = \frac{\varepsilon}{\pi} = \gamma.$$

Le couple directeur efficace, dans le cas des oscillations du barreau, est donc

$$HM + c = HM(1 + \gamma).$$

En second lieu, le barreau est porté par un étrier. Pour déterminer le moment d'inertie k de l'étrier, on y place d'abord un aimant court, de forme géométrique, dont le moment d'inertie k_1 est de même ordre; on attache ensuite directement l'aimant au fil de suspension et on observe les nombres d'oscillations correspondants n et n_1, ce qui donne

$$n^2(k_1+k)=n_1^2 k_1, \qquad k=\frac{n_1^2-n^2}{n^2}k_1.$$

Lorsqu'une aiguille d'acier, disposée pour tourner sur pointe, a été réglée de manière à rester horizontale, elle ne garde plus cette position après avoir été aimantée; on doit alors la charger d'un petit contrepoids pour la maintenir horizontale. C'est précisément cette expérience qui a été l'origine de la découverte de l'inclinaison magnétique.

Porté par un fil dont la direction passerait au centre de gravité en l'absence de toute aimantation, un aimant s'incline également d'un angle α qu'il importe d'évaluer. En appelant p le poids du système, l la distance du centre de gravité au point d'attache du fil à l'étrier, Z la composante verticale du champ terrestre, la condition d'équilibre est

$$pl\sin\alpha=M(Z\cos\alpha+H\sin\alpha)=MH(\tang I\cos\alpha+\sin\alpha),$$

ou sensiblement

$$\sin\alpha=\frac{MH\tang I}{pl-MH}.$$

La rotation se fait alors autour d'une verticale dont la distance au centre de gravité est

$$d=l\sin\alpha=\frac{MH\tang I}{p-\frac{MH}{l}}.$$

Si A est l'aimantation du système, v son volume, D sa densité et ρ son rayon de giration principal, on a $p=v\mathrm{D}g$, $\mathrm{M}=v\mathrm{A}$ et

$$d=\frac{\tang I}{\frac{\mathrm{D}g}{\mathrm{AH}}-\frac{1}{l}};$$

l'erreur relative sur l'évaluation du moment d'inertie serait $\frac{d^2}{\rho^2}$.

Pour en avoir une idée, supposons $A = 200$, $v = 20^{c.c}$, $D = 8$, $\rho = 6^c$, $g = 981^c$, $l = 3^c$, $H = 0,2$ et $\operatorname{tg} I = 2,5$; il vient alors

$$d = 0^c,0132, \qquad \frac{d^2}{\rho^2} = 0,000005.$$

Dans ce cas, l'erreur est négligeable.

Enfin, on a vu (27) que l'aimantation induite par le champ terrestre intervient en partie, et que le couple magnétique directeur est réellement $MH(1 + \varphi)$.

En appelant K_0 le moment d'inertie du barreau, k celui de l'étrier, γ le terme de correction relatif à la torsion du fil et n le nombre d'oscillations réduites par seconde, on aura finalement

$$MH(1 + \varphi)(1 + \gamma) = n^2\pi^2 K = n^2\pi^2(K_0 + k);$$

il reste à déterminer le terme φ relatif à l'aimantation induite.

46. Aimantation induite par la Terre. — La correction d'aimantation induite n'est pas négligeable et présente les plus grandes difficultés dans la pratique.

Admettons, par exemple, ce qui n'est pas loin de la vérité, que les coefficients moyens d'aimantation induite, pour un barreau dont la longueur est dix à quinze fois le côté transversal, soient $l = 1,5$ et $m = 0,3$; prenant $H = 0,2$ et $A = 200$, on obtient

$$\lambda = 0,0015, \qquad \mu = 0,0003, \qquad \varphi = \lambda - \mu = 0,0012.$$

Diverses méthodes ont été proposées pour cette détermination :

1° Lamont (¹) fait agir sur son théodolite magnétique un barreau aimanté M vertical, installé sur l'équipage mobile de manière que l'un des pôles soit à peu près dans le plan horizontal de l'aiguille, l'action de l'autre pôle étant très faible. Si l'axe magnétique du barreau est parallèle à la composante verticale Z, le champ F horizontal produit sur l'aiguille est proportionnel à

$$M\left(1 + \frac{lZ}{A}\right) = M\left(1 + \frac{lH}{A}\cdot\frac{Z}{H}\right) = M(1 + \lambda \operatorname{tang} I).$$

Quand on renverse le barreau, l'aimantation induite est de sens

(¹) J. Lamont, *Handbuch des Erdmagnetismus*, p. 151 ; 1849.

contraire à l'aimantation primitive, et le coefficient moyen prend une valeur l', probablement plus grande, et, en tous cas, différente de l. Le champ est alors proportionnel à

$$M\left(1-\frac{l'Z}{A}\right)=M(1-\lambda'\operatorname{tang}I).$$

L'observation est faite par la méthode des sinus. L'aiguille est pointée d'abord en équilibre avec une lunette montée sur l'équipage; on installe ensuite le barreau dans un plan perpendiculaire à la direction de l'aiguille, et l'on tourne l'équipage d'un angle α tel que le pointé de la lunette se fasse au même repère. L'aiguille ayant ainsi tourné de l'angle α, le champ déviant est $H\sin\alpha$.

Si les angles α et α' correspondent aux positions directe et inverse du barreau, on a

$$\frac{1+\lambda\operatorname{tang}I}{\sin\alpha}=\frac{1-\lambda'\operatorname{tang}I}{\sin\alpha'}=\frac{2+(\lambda-\lambda')\operatorname{tang}I}{\sin\alpha+\sin\alpha'}=\frac{(\lambda+\lambda')\operatorname{tang}I}{\sin\alpha-\sin\alpha'}.$$

Comme le terme $(\lambda-\lambda')\operatorname{tang}I$ est négligeable devant 2, il en résulte

$$\frac{\lambda+\lambda'}{2}=\frac{1}{\operatorname{tang}I}\,\frac{\sin\alpha-\sin\alpha'}{\sin\alpha+\sin\alpha'}=\frac{1}{\operatorname{tang}I}\cdot\frac{\operatorname{tang}\frac{1}{2}(\alpha-\alpha')}{\operatorname{tang}\frac{1}{2}(\alpha+\alpha')}.$$

Pour éliminer les défauts de symétrie, on fait une série d'observations en retournant le barreau face pour face, puis bout pour bout, et plaçant alternativement le second pôle en haut ou en bas du plan de l'aiguille. Chacun des angles α et α' est alors la moyenne de quatre lectures.

Voici les moyennes des résultats, ramenés aux unités C.G.S. obtenus avec des barreaux de sections rectangulaires à divers degrés de trempe et d'aimantation; la composante horizontale était $H=0,1938$. Les nombres de la colonne L indiquent le rapport de la longueur à la plus grande largeur.

Dimensions des barreaux.			L.	$\frac{l+l'}{2A}$.	$\frac{\lambda+\lambda'}{2}$.
16,0	0,92	0,16	16,8	0,00534	0,00104
19,13	1,15	0,045	16,6	0,00595	0,00115
10,60	0,88	0,22	12,0	0,00864	0,00167
15,23	1,40	0,45	10,9	0,01315	0,00255
8,12	1,42	0,38	5,7	0,01310	0,00254
10,62	2,30	0,22	4,6	0,00873	0,00169

Quelques nombres de la dernière colonne paraissent bien élevés, soit que l'aimantation ait été trop faible, soit que l'aimantation inverse augmente beaucoup la moyenne. On n'a donc pas grande sécurité en prenant pour les oscillations la valeur moyenne empirique $\frac{\lambda + \lambda'}{2}$ comme terme de correction relatif à l'aimantation longitudinale; en outre, il faudrait encore connaître le rapport des coefficients l et m, puisque c'est leur différence qui intervient dans la correction finale.

2° La méthode de Joule ([1]) paraît d'abord plus satisfaisante. Deux barreaux à peu près identiques M_1 et M_2 sont montés parallèlement entre eux sur un même équipage et à une distance telle que le champ de chacun d'eux sur le milieu de l'autre soit sensiblement égal au champ terrestre. Pour la position d'équilibre, ces barreaux ne conservent que leur magnétisme rigide, mais on doit encore tenir compte de l'aimantation induite transversale dans les oscillations.

Les moments magnétiques efficaces seraient $M_1(1 + \lambda - \mu)$ et $M_2(1 + \lambda - \mu)$ pour les barreaux seuls et $(M_1 + M_2)(1 - \mu)$ pour le système des deux barreaux. Soient K le moment d'inertie du système total, K_1 et K_2 ceux qui correspondent aux barreaux observés isolément, n, n_1 et n_2 les nombres respectifs d'oscillations; on aura

$$\frac{n^2 K}{(M_1 + M_2)(1 - \mu)} = \frac{n_1^2 K_1}{M_1(1 + \lambda - \mu)} = \frac{n_2^2 K_2}{M_2(1 + \lambda - \mu)} = \frac{n_1^2 K_1 + n_2^2 K_2}{(M_1 + M_2)(1 + \lambda - \mu)},$$

$$1 + \lambda = \frac{n_1^2 K_1 + n_2^2 K_2}{n^2 K}.$$

L'expérience exige que l'on connaisse les rapports de trois moments d'inertie et ne donne encore que le terme λ relatif à l'aimantation longitudinale.

Il faudrait aussi, dans les deux cas, connaître le rapport $\frac{m}{l}$ ou $\frac{\mu}{\lambda}$ des deux aimantations induites. Avec des barreaux d'acier à section carrée dont la longueur était neuf fois le côté, j'ai trouvé ([2]) $\frac{1}{5}$ ou $\frac{1}{7}$, suivant que le métal était trempé ou non, mais ce rapport

([1]) JOULE, *Proc. of the Manch. Lit. and Phil. Soc.*, t. VI, p. 129; 1867.
([2]) E. MASCART, *Ann. de Ch. et de Phys.* [6], t. XVIII, p. 5; 1889.

diminue rapidement à mesure que le barreau devient plus allongé ; il devrait être déterminé pour chaque aimant et l'on ne peut le remplacer par une valeur moyenne approchée.

3° L'emploi des appareils de torsion paraît propre à fournir un procédé plus correct.

Par les oscillations du barreau seul, on obtient d'abord, abstraction faite de l'influence du fil,

$$\text{(6)}\qquad MH(1+\varphi) = \pi^2 K n^2.$$

On porte ensuite l'aimant par une suspension unifilaire ou bifilaire, dont le coefficient est C ou C', réglée de manière que l'axe magnétique soit dans le méridien. Puis on détermine la torsion ω qu'il faut donner à la partie supérieure de l'appareil pour dévier l'aimant d'un angle θ très voisin de 90°. Le barreau étant alors dans la position transverse, l'aimantation induite longitudinale est nulle et l'aimantation perpendiculaire ne produit pas de couple. La condition d'équilibre est donc

$$\text{(7)}\qquad MH\sin\theta = C(\omega-\theta) = C'\sin(\omega-\theta),$$

d'où l'on déduit

$$1+\varphi = \pi^2 K n^2 \frac{\sin\theta}{C(\omega-\theta)} = \pi^2 K n^2 \frac{\sin\theta}{C'\sin(\omega-\theta)}.$$

Outre le moment d'inertie K, la détermination de l'un des coefficients C ou C' exigera aussi la mesure d'un moment d'inertie et d'un nombre d'oscillations.

4° On peut encore combiner les deux méthodes (¹), de manière à éliminer les coefficients de torsion. Le barreau étant porté par un bifilaire, par exemple, et réglé dans le méridien, on le fait osciller, ce qui donne une équation

$$C' + MH(1+\varphi) = \pi^2 K' n'^2.$$

En tournant l'équipage de 180°, le barreau se trouve dans la position inverse et l'aimantation induite est de signe contraire à

(¹) E. MASCART, *Ann. du Bureau centr. météor.*, t. I, p. B. 134; 1890.

l'aimantation rigide. On obtient alors, par de nouvelles oscillations,

$$C' - MH(1 - \varphi') = \pi^2 K' n''^2.$$

On en déduit, par addition et soustraction,

$$(8) \qquad 2C' + MH(\varphi + \varphi') = \pi^2 K'(n'^2 + n''^2),$$

$$(9) \qquad MH(2 + \varphi - \varphi') = \pi^2 K'(n'^2 - n''^2).$$

La différence $\varphi - \varphi'$ étant négligeable devant 2, on a, par les équations (6) et (9),

$$1 + \varphi = \frac{K}{K'} \frac{2n^2}{n'^2 - n''^2}.$$

Les moments d'inertie K et K' sont égaux si le barreau est porté par le même étrier dans les deux expériences, et, dans le cas contraire, il est facile de connaître exactement leur rapport.

Les équations (7) et (8), combinées avec (9), donnent encore

$$2MH\left[\frac{\sin\theta}{\sin(\omega - \theta)} + \frac{\varphi + \varphi'}{2}\right] = \pi^2 K'(n'^2 + n''^2),$$

$$\frac{\varphi + \varphi'}{2} + \frac{\sin\theta}{\sin(\omega - \theta)} = \frac{n'^2 + n''^2}{n'^2 - n''^2}.$$

47. Méthodes directes. — Tous les procédés qui précèdent sont longs et les termes de correction s'obtiennent par la différence de quantités très voisines. Il serait évidemment préférable de diriger les expériences de manière à observer directement un effet proportionnel au terme que l'on veut évaluer. Nous proposerons les deux méthodes suivantes :

1° En plaçant, comme nous l'avons indiqué déjà (39, 3°), l'aimant M dans la région moyenne, et suivant l'axe, d'une longue bobine cylindrique, le flux de force émis par l'aimant dans le circuit de la bobine est $4\pi n M$; si même la bobine n'est pas assez longue pour que l'on puisse négliger l'action des bases et que l'aimant occupe chaque fois la même position, ce flux de force est proportionnel au moment magnétique (31) et de la forme pM.

L'axe de la bobine étant d'abord parallèle au méridien et le barreau dans la position directe, le flux de force émis par l'aimant est $pM(1 + \lambda)$; en même temps, si S est la surface totale de la bobine, le flux qui provient du champ terrestre est HS. Quand on tourne brusquement le système de 90°, pour rendre l'axe perpendiculaire au méridien, le flux de force devient pM; il a donc varié de $pM\lambda + HS$. La décharge induite q dans un circuit de résistance R est alors

$$Rq = pM\lambda + HS.$$

Dans cette situation, on enlève l'aimant; le flux de force varie de pM. En donnant au circuit une résistance R_1, telle que la nouvelle décharge q_1 reste comparable à la première, on aura

$$R_1 q_1 = pM.$$

Pour éliminer le terme HS, on pourrait former le circuit par deux bobines parallèles de même surface avec des enroulements contraires, de manière à constituer un circuit astatique. Le flux de force dû au champ terrestre serait alors nul et on placerait l'aimant dans une des bobines. En réalité, l'effet de la Terre est relativement très petit, et il est plus simple de l'éliminer par une expérience à blanc dans laquelle on fera tourner la bobine seule; la décharge q_0 correspondante est alors

$$Rq_0 = HS.$$

Les angles d'impulsion α, α_1 et α_0 d'un galvanomètre balistique, corrigés de l'amortissement, qui correspondent aux décharges q, q_1 et q_0, donnent

$$\lambda = \frac{R(q - q_0)}{R_1 q_1} = \frac{R}{R_1} \cdot \frac{\alpha - \alpha_0}{\alpha_1}.$$

L'expérience se ramène ainsi à la mesure de deux résistances et à l'observation des décharges dans le galvanomètre balistique. Toutefois, on n'obtient encore que l'aimantation longitudinale dans le sens direct.

On peut aussi déterminer le coefficient l' relatif à l'aimantation inverse; car, si l'on tourne l'appareil de 90°, à partir de la position transverse, pour amener l'aimant dans la direction inverse, la variation de flux est

$$-(pM\lambda' + HS);$$

la décharge q' correspondante, en sens opposé aux premières, est

$$Rq' = pM\lambda' + HS,$$

ce qui donne

$$\lambda' = \frac{R(q' - q_0)}{R_1 q_1} = \frac{R}{R_1} \cdot \frac{\alpha' - \alpha_0}{\alpha_1}.$$

Le rapport des deux coefficients est alors

$$\frac{l'}{l} = \frac{\lambda'}{\lambda} = \frac{\alpha' - \alpha_0}{\alpha - \alpha_0}.$$

2° Supposons qu'avec un courant dans des cadres de forme convenable, qui imitent les propriétés des bobines sphériques (32), on puisse produire un champ sensiblement uniforme $H' = hH$, perpendiculaire au méridien et de même ordre que le champ terrestre, de sorte que le rapport h soit voisin de l'unité.

L'aimant M étant porté dans cette région par une suspension bifilaire fixée au cadre galvanométrique, on l'amène dans la position transversale en donnant au bifilaire une torsion convenable θ; la condition d'équilibre est

$$(10) \qquad MH = C' \sin\theta.$$

Si l'on fait alors agir le champ H', dans le même sens que l'axe magnétique du barreau, il se produit une aimantation induite, l'action du champ terrestre est augmentée et le barreau se rapproche du méridien d'un angle δ.

Dans cette situation, les composantes longitudinale H_1 et transversale H_2 du champ résultant sur le barreau sont

$$H_1 = H' \cos\delta + H \sin\delta = H(h\cos\delta + \sin\delta),$$
$$H_2 = H \cos\delta - H' \sin\delta = H(\cos\delta - h \sin\delta),$$

et les composantes du moment magnétique

$$M_1 = M\left(1 + \frac{lH_1}{A}\right) = M[1 + \lambda(h\cos\delta + \sin\delta)],$$
$$M_2 = M\frac{mH_2}{A} = M\mu(\cos\delta - h\sin\delta).$$

Comme les quantités λ et μ sont très petites, ainsi que la déviation δ, on peut négliger les termes du second ordre et écrire

$$H_1 = H(h + \delta), \qquad H_2 = H(1 - h\delta),$$
$$M_1 = M(1 + \lambda h), \qquad M_2 = M\mu.$$

Le couple produit par le champ est alors

$$M_1H_2 - M_2H_1 = MH[(1 + \lambda h)(1 - h\delta) - \mu(h + \delta)]$$
$$= MH[1 + (\lambda - \mu)h - h\delta].$$

D'autre part, le couple de torsion est devenu $C' \sin(\theta + \delta)$, et la condition d'équilibre est

$$MH(1 + \varphi h - h\delta) = C' \sin(\theta + \delta) = C' \sin\theta + C' \cos\theta . \delta.$$

Remplaçant HM par sa valeur $C' \sin\theta$ déduite de l'équilibre primitif (10), il en résulte

$$\varphi h - h\delta = \cot\theta . \delta, \qquad \varphi = \left(1 + \frac{\cot\theta}{h}\right)\delta.$$

On aura donc directement la correction φ relative aux oscillations par la mesure de l'angle δ.

Le rapport h s'obtiendra en plaçant l'axe du cadre à peu près parallèle au méridien; les nombres d'oscillations n et n' d'une aiguille, sous l'influence des champs H et $H + H' = H(1 + h)$, donnent

$$\frac{1}{n^2} = \frac{1 + h}{n'^2} = \frac{h}{n'^2 - n^2}, \qquad h = \frac{n'^2}{n^2} - 1.$$

Un galvanomètre quelconque, intercalé dans le circuit, permettra de régler le courant de façon qu'il conserve la même valeur dans les deux expériences.

Il n'est pas nécessaire de connaître l'angle θ avec une grande approximation; le terme $\frac{\cot\theta}{h}$ est même très petit si l'angle θ est voisin de 90°, et il reste simplement $\varphi = \delta$.

On a supposé toutefois des conditions très difficiles à réaliser en toute rigueur, et il est nécessaire d'examiner l'influence des erreurs de réglage.

Soient α et ε les angles (*fig.* 20), supposés très petits, que fait l'axe magnétique du barreau M, dans sa position primitive, avec la normale au méridien et avec le champ auxiliaire H', l'erreur de réglage du barreau étant α et celle du champ auxiliaire $\alpha - \varepsilon$.

Aux termes du second ordre près, l'équation (10) reste exacte, l'angle θ désignant la torsion réelle du bifilaire.

Quand on fait passer le courant dans le cadre, les composantes du champ résultant sont

$$H_1 = H' \cos(\varepsilon + \delta) + H \sin(\alpha + \delta) = H(h + \alpha + \delta),$$
$$H_2 = H \cos(\alpha + \delta) - H' \sin(\varepsilon + \delta) = H[1 - h(\varepsilon + \delta)];$$

Fig. 20.

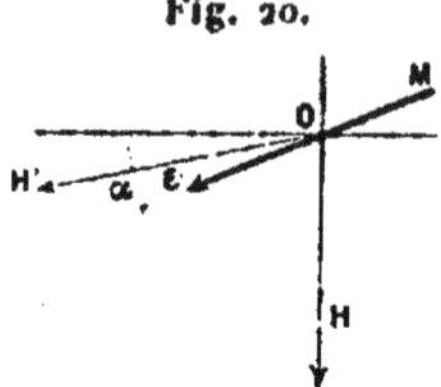

celles du moment magnétique

$$M_1 = M\left(1 + \frac{lH_1}{A}\right) = M[1 + \lambda(h + \alpha + \delta)] = M(1 + \lambda h),$$
$$M_2 = M\frac{mH_2}{A} = M\mu[1 - h(\varepsilon + \delta)] = M\mu,$$

et le couple correspondant

$$H_2 M_1 - H_1 M_2 = HM\{(1 + \lambda h)[1 - h(\varepsilon + \delta)] - \mu(h + \alpha + \delta)\}$$
$$= HM[1 + \varphi h - h(\varepsilon + \delta)].$$

On en déduit, par le même raisonnement,

$$\varphi h - h(\varepsilon + \delta) = \cot\theta . \delta, \qquad \varphi = \left(1 + \frac{\cot\theta}{h}\right)\delta + \varepsilon.$$

Si l'on renverse le courant, l'aimantation induite longitudinale est opposée au magnétisme rigide et la déviation δ' se produit en sens contraire. On a alors, en remplaçant δ par $-\delta'$ et changeant le signe de h,

$$\varphi' = \left(\frac{\cot\theta}{h} - 1\right)\delta' + \varepsilon,$$

$$\varphi' - \varphi = \frac{\cot\theta}{h}(\delta' - \delta) - (\delta + \delta').$$

L'angle ε disparaît dans la différence $\varphi' - \varphi$, mais ce défaut de réglage intervient pour la détermination de chacun des termes φ

et φ'. Comme leur valeur est de l'ordre des millièmes, il faut que l'angle ε soit au moins dix fois plus faible, c'est-à-dire inférieur à 1', qui vaut 0,0003.

La seule précaution importante est donc que le champ H' soit parallèle à l'axe magnétique du barreau quand ce dernier est amené en équilibre dans la position transverse.

Pour éviter l'emploi de cercles divisés à ce degré d'exactitude, on munit le cadre et l'étrier du barreau de miroirs verticaux dans lesquels on observe à la lunette l'image d'une échelle extérieure. On place d'abord l'axe du cadre et le barreau à peu près dans le méridien, et, par une suite de tâtonnements, on règle la position du cadre de manière que le passage du courant ne produise aucune déviation du barreau; leurs axes sont alors parallèles et l'on note, sur le réticule de la lunette, la différence m des divisions correspondantes de l'échelle dans les deux miroirs. Cette différence correspond à l'angle des miroirs.

On tourne ensuite le cadre de 90°; il suffit, pour cela, de monter sur le cadre deux miroirs à angle droit, ou un prisme argenté à faces rectangulaires, et de vérifier que la même division de l'échelle vue dans le second miroir forme encore, comme précédemment, son image sur le réticule de la lunette.

Une seconde échelle semblable, avec lunette de visée, est placée dans une direction perpendiculaire à la première. En donnant une torsion θ à la partie supérieure de la suspension bifilaire, on peut faire en sorte que le miroir mobile et le premier miroir fixe conservent les mêmes positions relatives, auquel cas les images chevauchent du même nombre m de divisions, ou déterminer l'angle ε qu'ils font entre eux. Cette seconde lunette donnera alors les déviations δ ou δ' produites par le champ auxiliaire H'.

48. **Résultats.** — L'importance des termes de correction λ et μ est d'autant moindre que les barreaux sont plus aimantés; d'autre part, le rapport $\frac{\mu}{\lambda}$ devient bientôt négligeable dès que la longueur de l'aimant dépasse quinze fois ses dimensions transversales.

M. Moureaux a utilisé ces deux méthodes pour étudier les aimants du grand théodolite magnétique employé à l'Observatoire du Parc Saint-Maur. Ces barreaux sont cylindriques, de 13^c de longueur et 0^c,4 de diamètre; le rapport de la longueur au diamètre est donc égal à 32,5 et l'on peut prévoir que le coefficient μ sera négligeable devant λ.

Sans entrer dans le détail des expériences, qui sont très concordantes, il suffira d'en indiquer les résultats :

Barreaux.	Aimantation A.	Décharges balistiques λ.	Boussole à doubles bobines $\varphi = \lambda - \mu$.
N° 1.......	237	0,0016	0,0015
N° 2.......	237	0,0016	0,0014
N° 3.......	260	0,0020	0,0020

La valeur de μ est insensible dans le dernier cas et ne dépasse pas 0,0002 pour le second barreau. Il est à remarquer encore que le terme de correction λ est plus grand pour le dernier barreau, bien qu'il soit mieux aimanté que les précédents.

L'aimantation induite n'interviendra, dans la mesure de la composante horizontale, que par le facteur $\sqrt{1+\varphi} = 1 + \frac{\varphi}{2}$, ce qui donne dans tous les cas une correction voisine de 0,001.

Avec des barreaux de 30 diamètres, on pourra donc se borner à déterminer λ par la méthode balistique, qui est très simple, et à faire $\varphi = \lambda$; l'erreur relative maximum qui puisse en résulter ne dépasse pas 0,0001.

49. Champ magnétique d'un aimant. — On a vu (18) que, pour un aimant très court, les composantes du champ F_n et F_t, normale et tangentielle à une circonférence de rayon R, sur le rayon que fait l'angle α avec l'axe magnétique, sont

$$F_n = 2\frac{M}{R^3}\cos\alpha, \qquad F_t = \frac{M}{R^3}\sin\alpha.$$

Si l'aimant a une longueur notable et qu'on puisse l'assimiler à deux masses $\pm m$ dont la distance est $2L$, le moment magnétique est $M = 2mL$. Au point dont les distances aux masses $+m$ et $-m$ sont r et r', le potentiel est $V = m\left(\frac{1}{r} - \frac{1}{r'}\right)$, et l'on a

$$F_n = -\frac{\partial V}{\partial R}, \qquad F_t = -\frac{1}{R}\frac{\partial V}{\partial \alpha}.$$

En posant $L = \lambda R$ et $z = \frac{2LR}{R^2 + L^2}\cos\alpha = \frac{2\lambda}{1+\lambda^2}\cos\alpha$, on en déduit aisément

$$F_n = \frac{2M\cos\alpha}{R^3(1+\lambda^2)^{\frac{3}{2}}}\left[1 - \frac{\lambda^2}{2} + \frac{3.5}{2.4}z^2\left(\frac{2}{3} - \frac{\lambda^2}{2}\right) + \frac{3.5.7.9}{2.4.6.8}z^4\left(\frac{3}{5} - \frac{\lambda^2}{2}\right) + \ldots\right],$$

$$F_t = \frac{M\sin\alpha}{R^3(1+\lambda^2)^{\frac{3}{2}}}\left[1 + \frac{3.5}{2.4}z^2 + \frac{3.5.7.9}{2.4.6.8}z^4 + \ldots\right].$$

Suivant la ligne des pôles, où $\alpha = 0$, la valeur de F_n représente la première composante principale F_1. On a d'ailleurs trouvé directement

$$F_1 = 2M\frac{R}{(R^2 - L^2)^2} = \frac{2M}{R^3(1-\lambda^2)^2} = 2M(1 + 2\lambda^2 + 3\lambda^4 + 4\lambda^6 + \ldots).$$

Sur l'équateur, où $\alpha = 90°$ et $z = 0$, la valeur de F_t devient la seconde composante principale

$$F_2 = \frac{M}{R^3(1+\lambda^2)^{\frac{3}{2}}} = \frac{M}{(R^2 + L^2)^{\frac{3}{2}}};$$

ce champ est en raison inverse du cube de la distance aux pôles.

On peut encore développer la variable auxiliaire z en fonction des puissances croissantes de λ, qui est en raison inverse de R, et développer, de même, l'expression $(1+\lambda^2)^{-\frac{3}{2}}$. Le produit des deux séries aura encore pour premier terme l'unité, et tous les autres renfermeront les puissances paires de $\frac{1}{R}$.

Si l'aimant a une constitution quelconque, à la condition qu'elle soit symétrique, on répétera le même calcul pour tous les aimants simples dont il est composé; on aura ainsi, en général,

$$F_n = \frac{2M\cos\alpha}{R^3}\left(1 + \frac{A_n}{R^2} + \frac{B_n}{R^4} + \ldots\right),$$

$$F_t = \frac{M\sin\alpha}{R^3}\left(1 + \frac{A_t}{R^2} + \frac{B_t}{R^4} + \ldots\right),$$

les coefficients A et B étant des fonctions de $\cos^2\alpha$.

80. Couple réciproque de deux aimants. — Supposons qu'un second aimant M' (*fig.* 21), situé dans un même plan avec le premier, ait son centre au point O' et que son axe magnétique fasse

Fig. 21.

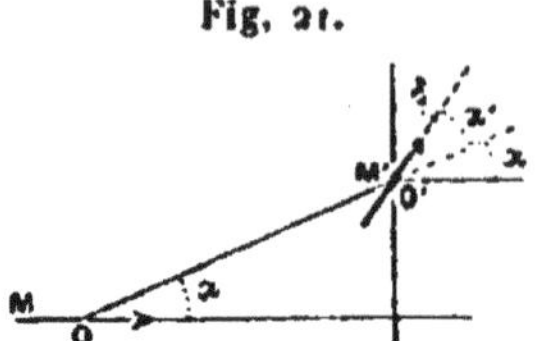

un angle α' avec la droite $OO' = R$. Si ce second aimant est très court, le couple produit par le premier est

$$M'(F_n \sin\alpha' - F_t \cos\alpha').$$

En appelant δ l'angle $90° - \alpha' - \alpha$ du barreau M' avec l'équateur du premier, le terme principal de ce couple est

$$D = \frac{MM'}{R^3}(2\cos\alpha\sin\alpha' - \sin\alpha\cos\alpha')$$

$$= \frac{MM'}{R^3}[(2\cos^2\alpha - \sin^2\alpha)\cos\delta - 3\cos\alpha\sin\alpha\sin\delta].$$

Si l'on veut tenir compte des longueurs magnétiques 2L et 2L' des deux aimants, le couple réciproque C pourra s'exprimer par un développement en série de la forme

$$C = D\left(1 + \frac{A}{R^2} + \frac{B}{R^4} + \ldots\right),$$

dans laquelle les coefficients A, B, ... sont des fonctions homogènes du 2e, 4e, ... degré en L et L' ne renfermant que des puissances paires de ces deux longueurs. En effet, si l'on change le signe de L ou de L', ce qui revient à renverser l'un des aimants, le couple C doit conserver la même valeur au signe près.

Ces coefficients peuvent être calculés, soit par l'action des composantes F_n et F_t sur les deux pôles de l'aimant M', soit par les quatre actions des pôles deux à deux.

Lamont (1) a poussé le calcul jusqu'aux termes du quatrième

(1) J. Lamont, *Handbuch des Magnetismus*, p. 281; 1867.

ordre pour les cas où le milieu O′ du second aimant occupe une des positions principales du premier, c'est-à-dire sur la ligne des pôles ou dans le plan de l'équateur, l'angle α étant égal à zéro ou à 90°. En appelant δ_1 et δ_2 les valeurs correspondantes de l'angle δ et posant $L = \lambda R$, $L' = \lambda' R$, les couples C_1 et C_2 relatifs à ces positions sont de signes contraires et ont pour expressions

$$C_1 = \frac{2MM'}{R^3}\cos\delta_1\big[1 + 2\lambda^2 - 3\lambda'^2(1 - 5\sin^2\delta_1) + 3\lambda^4$$
$$- 15\lambda^2\lambda'^2(1 - 5\sin^2\delta_1) + \tfrac{45}{8}\lambda'^4(1 - 14\sin^2\delta_1 + 21\sin^4\delta_1)\big],$$
$$C_2 = \frac{MM'}{R^3}\cos\delta_2\big[1 - \tfrac{3}{2}\lambda^2 + \tfrac{3}{2}\lambda'^2(4 - 15\sin^2\delta_2) + \tfrac{15}{8}\lambda^4$$
$$- \tfrac{15}{4}\lambda^2\lambda'^2(6 - 23\sin^2\delta_2) + 15\lambda'^4(1 - 42\sin^2\delta_2 - 21\sin^4\delta_2)\big].$$

On peut les mettre sous la forme

$$C_1 = \frac{2MM'}{R^3}\cos\delta_1(1 + p_1 + q_1),$$
$$C_2 = \frac{MM'}{R^3}\cos\delta_2(1 + p_2 + q_2),$$

les termes p et q étant respectivement en raison inverse de R^2 et de R^4, c'est-à-dire du second ou du quatrième ordre.

Kohlrausch (¹) a réalisé une sorte de magnétomètre compensé, dont l'idée avait été émise par Weber, qui permet de supprimer la correction p. Deux barreaux M_1 et M_2, parallèles et de sens contraires, agissant simultanément sur l'aimant M', sont placés aux distances R_1 et R_2, de manière que le point O′ soit sur la ligne des pôles du premier et dans le plan équatorial du second. Dans le couple $C_1 + C_2$ produit sur l'aimant M', la correction finale p renferme des termes constants et d'autres qui ont en facteur $\sin^2\delta$; si on les annule respectivement, on obtient deux conditions auxquelles doivent satisfaire les longueurs des trois barreaux, ainsi que le rapport des moments magnétiques M_1 et M_2 et celui des distances R_1 et R_2. A part les termes du quatrième ordre, on aura

$$C_1 + C_2 = \left(\frac{2M_1}{R_1^3} + \frac{M_2}{R_2^3}\right)M'\cos\delta.$$

(¹) R. Kohlrausch, *Pogg. Ann.*, t. CXLII, p. 547. — *Ann. de Ch. et de Phys.*, 4ᵉ sér., t. XXVIII, p. 559; 1873.

Toutefois, la compensation n'est qu'approximative et ne s'applique pas aux termes suivants. Il semble donc que cette méthode un peu compliquée ne présente pas d'avantages dans l'application qui en serait faite à l'étude du champ terrestre.

Revenant au cas de deux aimants, il est nécessaire d'examiner l'importance des termes de correction p et q. Nous supposerons d'abord que le second aimant est très petit par rapport à la distance R, auquel cas λ' est négligeable, et ces termes sont indépendants des angles δ.

Si la distance R est quatre fois la longueur 2L de l'aimant, ou $\lambda = \frac{1}{8}$, il en résulte

$$p_1 = 2\lambda^2 = 0,031\,250, \qquad q_1 = 3\,\lambda^4 = 0,000\,732;$$

$$-p_2 = \tfrac{3}{2}\lambda^2 = 0,023\,437, \qquad q_2 = \tfrac{15}{8}\lambda^4 = 0,000\,457.$$

Si les anglés δ sont très petits, les aimants étant presque perpendiculaires entre eux, on peut en négliger les sinus dans les termes de correction. En posant $x = \frac{L'}{L} = \frac{\lambda'}{\lambda}$, on a alors

$$p_1 = 2\,\lambda^2(1 - \tfrac{3}{2}x^2), \qquad q_1 = 3\lambda^4(1 - 5x^2 + \tfrac{15}{8}x^4);$$

$$-p_2 = \tfrac{3}{2}\lambda^2(1 - 4\,x^2), \qquad q_2 = \tfrac{15}{8}\lambda^4(1 - 12x^2 + 8x^4).$$

Pour que les termes du quatrième ordre soient nuls, il faut que le rapport x des longueurs magnétiques soit la racine positive, plus petite que l'unité, de l'une des équations

$$1 - 5x^2 + \tfrac{15}{8}x^4 = 0, \qquad x = \tfrac{1}{2,15} = 0,465;$$

$$1 - 12x^2 + 8\,x^4 = 0, \qquad x = \tfrac{1}{3,36} = 0,298.$$

En faisant $x = 0,5$, on a $p_2 = 0$; il vient alors

$$p_1 = \tfrac{5}{4}\lambda^2, \qquad q_1 = -\tfrac{51}{8.16}\lambda^4 = -0,255\,p_1^2;$$

$$p_2 = 0, \qquad q_2 = -\tfrac{45}{16}\lambda^4 = -1,8\,p_1^2.$$

La meilleure condition pour réduire le terme de quatrième ordre est donc d'opérer avec des aimants M et M' dont les longueurs soient dans le rapport de 2 à 1, et de placer le second dans la première position principale par rapport au premier.

En supposant à p_1 la valeur extrême 0,05 ou $\frac{1}{20}$, il en résulte

$$p_1 = 0,05, \qquad q_1 = -0,00064;$$
$$p_1 = 0, \qquad q_1 = -0,0045.$$

51. Déviation dans un champ. — Supposons que le petit aimant soit mobile autour d'un axe O′ vertical (*fig.* 22) dans le champ terrestre, le premier M étant dans le même plan horizontal, de manière que son axe passe par le point O′, et suivant

Fig. 22.

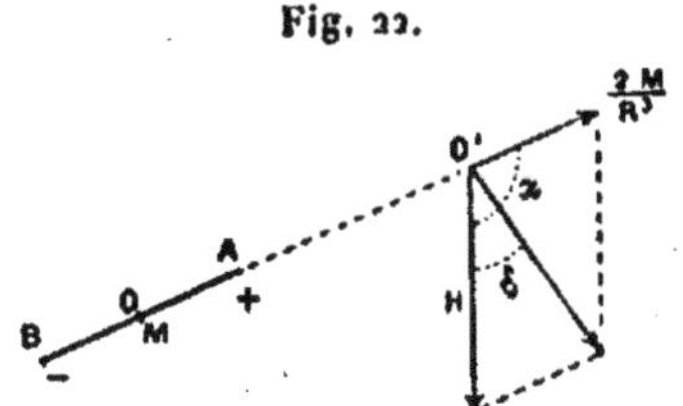

une direction qui fait l'angle α avec le méridien. Le petit aimant, qui sert de déclinomètre, est dévié d'un angle δ. A part les termes de correction, la condition d'équilibre est

$$\frac{\sin\delta}{\sin(\alpha-\delta)} = \frac{1}{H}\cdot\frac{2M}{R^3}.$$

Si le barreau déviant est perpendiculaire au méridien, le déclinomètre étant dans la première position principale, $\alpha = 90°$ et la déviation δ_1 devient

$$\tang\delta_1 = \frac{2M}{HR^3}.$$

Si l'angle $\alpha - \delta$ est de 90°, auquel cas le barreau déviant est perpendiculaire à la direction du champ résultant, c'est-à-dire au déclinomètre, la valeur δ'_1 de la déviation est la plus grande que puisse produire le barreau, pour la même distance, et l'on a

$$\sin\delta'_1 = \frac{2M}{HR^3}.$$

Il en résulte

$$\frac{2M}{H} = R^3\,\tang\delta_1 = R^3\sin\delta'_1 = R^3\,\frac{\sin\delta}{\sin(\alpha-\delta)}. \tag{11}$$

Le premier mode d'observation est la méthode des *tangentes*, le second celle des *sinus*.

Lorsque le centre du déclinomètre est placé dans la seconde position principale par rapport au barreau déviant, les déviations δ_2 et δ'_2, observées par les méthodes des tangentes et des sinus, donneront aussi

$$(12) \qquad \frac{M}{H} = R^3 \operatorname{tang} \delta_2 = R^3 \sin \delta'_2.$$

Remarquons d'abord que la distribution du magnétisme dans les aimants n'est pas toujours symétrique, et que la distance $R = OO'$ des centres des deux aimants n'est pas facile à mesurer.

Pour éliminer les défauts de symétrie et rendre les mesures plus commodes, on fait alors *quatre* expériences, en retournant le barreau M bout pour bout sur son étrier, puis en le plaçant de l'autre côté à la même distance.

Les déviations sont d'abord de signes contraires par le fait du retournement, et l'angle δ est donné par la moitié du déplacement total ; on prend la moyenne de deux angles ainsi obtenus pour δ_1 ou δ'_1. En second lieu, la valeur moyenne de la distance R se détermine par la distance des positions qu'occupe à droite et à gauche le centre du barreau déviant ; la position du centre est donnée par l'observation des deux extrémités. Les mesures se feront, par exemple, avec une lunette montée sur un chariot qui glisse le long d'une règle divisée.

52. Discussion de l'expérience. — L'importance de cette expérience, qui est utilisée pour déterminer le quotient $Q = \frac{M}{H}$, exige qu'on l'examine de plus près.

1° Le couple magnétique n'étant pas exactement en raison inverse du cube de la distance, il faut d'abord multiplier les premiers membres des équations (11) ou (12) par la série $1 + p + q$ correspondante. Comme il est facile de réduire à moins de 0,001 le terme q du quatrième ordre, on le néglige habituellement et l'on se borne à évaluer le terme p par deux expériences faites à des distances différentes R et R'; ce mode de détermination englobe, au moins en grande partie, la correction qui correspondrait au terme suivant.

Soient u la valeur de $\tang\delta$ ou de $\sin\delta$ relative à la distance R, suivant le mode d'observation, u' la valeur relative à R', p et p' les termes de correction correspondants, et posons $R = \rho R'$. Comme ces termes sont en raison inverse du carré de la distance, on a

$$pR^2 = p'R'^2$$

ou

$$p' = p\frac{R^2}{R'^2} = p\rho^2.$$

Les deux expériences donnent le rapport

$$r = \frac{R'^2 u'}{R^2 u} = \frac{1}{\rho^2}\frac{u'}{u} = \frac{1+p'}{1+p} = \frac{1+p\rho^2}{1+p},$$

d'où l'on déduit

$$p = \frac{1-r}{r-\rho^2}. \tag{13}$$

Toutes les mesures comportent des erreurs; pour simplifier la discussion, on peut reporter ces erreurs sur la valeur de u', les autres quantités R, R' et u étant supposées connues exactement. Les erreurs correspondantes sont alors

$$dr = \frac{1}{\rho^2 u}du',$$

$$dp = \frac{\rho^2-1}{(r-\rho^2)^2}dr = \frac{\rho^2-1}{\rho^2(r-\rho^2)^2}\frac{du'}{u},$$

ou, en remarquant que le rapport r est très voisin de l'unité,

$$dp = -\frac{1}{\rho^2(1-\rho^2)}\frac{du'}{u}.$$

Toutes choses égales, la moindre erreur correspond au maximum du produit $\rho^2(\rho^2-1)$, c'est-à-dire à la condition

$$5\rho^2 - 3 = 0, \quad \frac{1}{\rho} = \frac{R'}{R} = 1,29.$$

On a alors $\rho^3(\rho^2-1) = 0,186$ ou environ $\frac{1}{5}$, $\rho^2 = 0,465$ et, approximativement, $u = 2u'$; par suite,

$$dp = -5\frac{du'}{u} = -\frac{5}{2}\frac{du'}{u'}.$$

Ainsi, les meilleures conditions d'exactitude correspondent sensiblement au cas où les angles δ relatifs aux deux distances R et R' sont dans le rapport de 2 à 1.

Le terme p ne dépassant pas $\frac{1}{20}$, la variation dp représente l'erreur relative commise sur l'expression $1+p$ ou sur le quotient Q que l'on veut évaluer. Pour que cette erreur reste inférieure à $\frac{1}{1000}$, il faut qu'on ait, en valeurs absolues,

$$du' < \frac{2u'}{5000} = \frac{4u'}{10\,000}.$$

Si la déviation observée pour la première distance R est de 30°, l'autre sera de 15° ou 900', dont les $\frac{1}{10000}$ sont 0',36 ou 21'',6. Les erreurs de lectures devraient être moindres que 7'',2 si la première déviation était de 10°.

2° Avec la méthode des *tangentes*, la déviation δ intervient dans le terme p du second ordre; on a alors, pour la première position principale,

$$p = 2\lambda^2(1 - \tfrac{3}{2}x^2 + \tfrac{15}{2}x^2\sin^2\delta),$$

$$p' = 2\rho^2\lambda^2(1 - \tfrac{3}{2}x^2 + \tfrac{15}{2}x^2\sin^2\delta');$$

$$\frac{p'}{p\rho^2} = 1 - \frac{15}{2}\,\frac{x^2(\sin^2\delta - \sin^2\delta')}{1 - \frac{3}{2}x^2 + \frac{15}{2}x^2\sin^2\delta} = 1 - \varepsilon.$$

Si l'on admet que le rapport x des longueurs des barreaux soit encore égal à $\frac{1}{2}$, il en résulte

$$\varepsilon = 3\,\frac{\sin(\delta+\delta')\sin(\delta-\delta')}{1+3\sin^2\delta}.$$

L'équation (13) doit alors être remplacée par

$$p = \frac{1-r}{r-\rho^2(1-\varepsilon)},$$

et l'erreur δp qui correspond à cette correction est sensiblement

$$\frac{\delta p}{p} = \frac{\varepsilon\rho^2}{r-\rho^2} = \frac{\rho^2}{1-\rho^2}\,\varepsilon = \frac{3}{2}\,\varepsilon.$$

Si les angles observés sont 10° et 5°, on a $\frac{3}{2}\varepsilon = 0{,}0846$; en supposant $p = \frac{1}{20}$, l'erreur finale correspondante est $\delta p = 0{,}00423$.

Il est vrai que cette erreur est proportionnelle au carré des déviations et se réduirait au millième pour des angles moitié moindres, mais alors l'exactitude des mesures devrait être de 4".

La seconde position principale donnerait, de même,

$$-p = \tfrac{3}{2}\lambda^2 \quad (1 - 4x^2 + 15x^2 \sin^2\delta),$$
$$-p' = \tfrac{3}{2}\rho^2\lambda^2(1 - 4x^2 + 15x^2 \sin^2\delta');$$
$$\frac{p'}{p\rho^2} = 1 - 15\,\frac{x^2(\sin^2\delta - \sin^2\delta')}{1 - 4x^2 + 15x^2\sin^2\delta} = 1 - \varepsilon'.$$

En admettant encore $x = \frac{1}{2}$, on aurait

$$\varepsilon' = \frac{\sin^2\delta - \sin^2\delta'}{\sin^2\delta} = 1 - \frac{\sin^2\delta'}{\sin^2\delta} = \frac{3}{4}.$$

Dans ce cas, l'erreur relative qui en résulterait sur la valeur de p est énorme; si petite que soit cette correction, le mode de calcul n'est plus applicable.

3° D'une manière générale, si le terme du quatrième ordre n'est pas négligeable, et que la déviation n'intervienne pas, comme pour la méthode des *sinus*, on doit écrire

$$r = \frac{1 + p\rho^2 + q\rho^4}{1 + p + q},$$

ce qui donne

$$p + q = \frac{1 - r}{r - \rho^2} - q\rho^2\,\frac{1 - \rho^2}{r - \rho^2},$$

ou sensiblement

$$p + q = \frac{1 - r}{r - \rho^2} - q\rho^2 = p_0 - q\rho^2.$$

La valeur admise p_0 pour l'ensemble des corrections doit donc être diminuée de $q\rho^2$. On voit de suite combien la première position est préférable. Si l'on fait encore $p = 0{,}05$ et $\rho^2 = \frac{3}{5}$, avec des barreaux dont les longueurs sont dans le rapport de 2 à 1, l'erreur commise est alors

$$\delta p = -q\rho^2 = 0{,}00038.$$

Pour la seconde position, où p_0 est nul ou très petit, on aurait

$$\delta p = -q\rho^2 = 0{,}0027;$$

l'erreur atteindrait alors plusieurs millièmes.

4° Les barreaux prennent encore une aimantation induite sous l'influence du champ terrestre et de leur champ mutuel.

Sur le déclinomètre, qui est parallèle au champ résultant, l'aimantation induite est longitudinale et n'intervient pas dans la condition d'équilibre.

Pour calculer l'effet qui en résulte, nous supposerons les aimants très courts, de sorte que les couples sont simplement en raison inverse du cube de la distance.

Soient M le barreau déviant (*fig.* 23), M' le déclinomètre, α et α' les angles indiqués par la figure, δ la déviation du déclinomètre

Fig. 23.

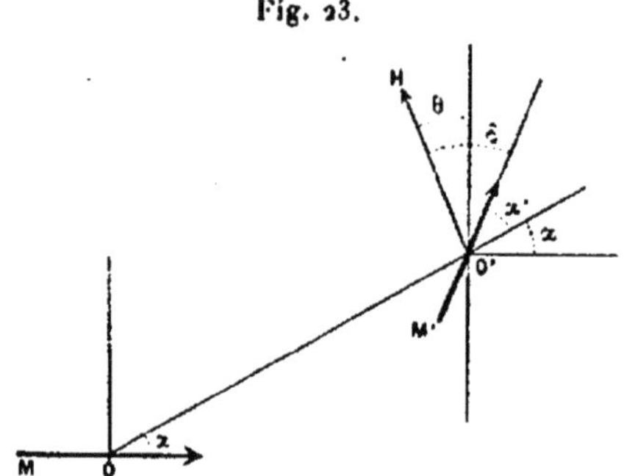

et $\theta = \delta + \alpha + \alpha' - 90°$ l'angle de la composante horizontale H avec la normale au barreau déviant.

En posant $M' = \mu M$, les composantes F'_n et F'_t, normale et tangentielle à la circonférence de rayon $R = OO'$, du champ F' produit au point O' par l'aimant M', sont

$$F'_n = \frac{2M'}{R^3}\cos\alpha' = \mu\frac{2M}{R^3}\cos\alpha',$$

$$F'_t = \frac{M'}{R^3}\sin\alpha' = \mu\frac{M}{R^3}\sin\alpha'.$$

Les aimantations induites, longitudinale A_1 et transversale A_2, sur le barreau M, sont sensiblement les mêmes que si le champ F' était uniforme, c'est-à-dire

$$A_1 = l\,(F'_n\cos\alpha + F'_t\sin\alpha - H\sin\theta),$$

$$A_2 = m(H\cos\theta + F'_n\sin\alpha - F'_t\cos\alpha);$$

les composantes du moment magnétique total

$$M_1 = M\left(1 + \frac{A_1}{A}\right), \qquad M_2 = M\frac{A_2}{A},$$

et l'équation finale d'équilibre du déclinomètre (50)

$$R^3 H \sin\delta = M_1(2\cos\alpha \sin\alpha' - \sin\alpha\cos\alpha') + M_2(2\sin\alpha\sin\alpha' - \cos\alpha\cos\alpha').$$

Dans la méthode des *tangentes,* le barreau M est perpendiculaire au méridien. Pour la première position principale, on a $\alpha = 0$, $\theta = 0$, $\alpha' = 90^\circ - \delta$ et, par suite,

$$R^3 H \sin\delta = 2M_1 \cos\delta - M_2 \sin\delta,$$

$$(14) \qquad R^3 H \operatorname{tang}\delta = 2M\left(1 + \frac{A_1}{A} - \frac{A_2}{2A}\operatorname{tang}\delta\right) = 2M(1 - \varepsilon).$$

L'appareil se comporte comme si le moment magnétique du barreau déviant était diminué de la fraction

$$\varepsilon = \frac{A_2}{2A}\operatorname{tang}\delta - \frac{A_1}{A}.$$

En négligeant ε dans l'équation d'équilibre (14), pour le calcul des termes de correction, on a

$$F'_n = \mu\frac{2M}{R^3}\sin\delta = \mu H \sin\delta \operatorname{tang}\delta,$$

$$F'_t = \mu\frac{M}{R^3}\cos\delta = \frac{\mu}{2} H \sin\delta;$$

$$A_1 = lF'_n = \mu l H \sin\delta \operatorname{tang}\delta,$$

$$A_2 = m(H - F'_t) = mH\left(1 - \frac{\mu}{2}\sin\delta\right);$$

$$\varepsilon = \frac{H}{A}\left[\frac{m}{2}\operatorname{tang}\delta - \left(\mu l + \frac{m\mu}{4}\right)\sin\delta\operatorname{tang}\delta\right].$$

Si les barreaux sont de même forme et également aimantés, leurs moments magnétiques sont proportionnels aux cubes des dimensions homologues. En supposant leurs longueurs dans le rapport de 2 à 1, on aura $\mu = \frac{1}{8}$, et le terme en $m\mu$ peut être négligé.

Admettons encore $A = 200$, $H = 0,2$, $l = 1,5$ et $m = 0,3$; il vient alors

$$\varepsilon = 0,001 \tan\delta(0,15 - 0,19 \sin\delta).$$

La correction est inférieure à 0,000 03, même quand la déviation varie de 15° à 30°.

Pour la seconde position principale, le barreau déviant est perpendiculaire à la droite OO′, ce qui donne $\alpha = 90°$, $\theta = 0$ et $\alpha' = -\delta$.

La condition d'équilibre devient

$$R^3 H \sin\delta = -(M_1 \cos\delta + 2 M_2 \sin\delta),$$

$$(15)\quad R^3 H \tan\delta = -M\left(1 + \frac{A_1}{A} + 2\frac{A_2}{A}\tan\delta\right) = -M(1 + \varepsilon').$$

On a alors

$$F'_n = \mu \frac{2M}{R^3}\cos\delta = -2\mu H \sin\delta,$$

$$F'_t = -\mu \frac{M}{R^3} \sin\delta = \mu H \sin\delta \tan\delta;$$

$$A_1 = l F'_t = \mu l H \sin\delta \tan\delta,$$

$$A_2 = m(H + F'_n) = m H(1 - 2\mu \sin\delta);$$

$$\varepsilon' = \frac{H}{A}\tan\delta[2m + \mu(l - 4m)\sin\delta] = \frac{H}{A}\tan\delta(2m + \mu l \sin\delta).$$

Avec les mêmes hypothèses, il en résulte

$$\varepsilon' = 0,001 \tan\delta(0,6 + 0,19 \sin\delta).$$

La correction est un peu plus grande, mais elle resterait inférieure à 0,000 18 pour une déviation de 15°. Dans les deux cas, il n'y a donc pas à tenir compte des aimantations induites.

Les mêmes formules s'appliqueraient à la méthode des *sinus*, mais il est plus simple de traiter la question directement.

Dans ce cas, en effet, le barreau déviant reste perpendiculaire au déclinomètre; le champ de l'aimant M′ est normal au barreau déviant et l'aimantation transversale ne produit pas de couple.

D'autre part, la composante longitudinale $H \sin\delta$ du champ terrestre est toujours de sens contraire au moment magnétique du barreau déviant, et l'on a

$$A_1 = -l H \sin\delta.$$

Suivant que l'on observe dans la première ou la seconde position principale, l'équation d'équilibre est

$$R^3 H \sin\delta_1 = 2M\left(1 + \frac{A_1}{A}\right) \quad \text{ou} \quad R^3 H \sin\delta_2 = M\left(1 + \frac{A_1}{A}\right).$$

Le moment magnétique paraît diminué de la fraction

$$\varepsilon = -\frac{A_1}{A} = l\frac{H}{A}\sin\delta.$$

Avec les données précédentes, en faisant $l = 2$ et $\delta = 30°$, on trouve $\varepsilon = 0,001$. L'erreur due à l'aimantation induite est proportionnelle au sinus de la déviation et n'est plus négligeable.

5° Enfin la torsion du fil de suspension peut aussi intervenir. Dans la méthode des *sinus*, la monture du fil est portée par l'équipage mobile de l'instrument, qui entraîne le barreau déviant, et ce fil se trouve toujours dans le même état, puisque le déclinomètre est ramené pour chaque observation au même repère également mobile.

Dans la méthode des *tangentes*, le barreau déviant reste immobile et le fil éprouve la torsion δ. Le couple qui tend à ramener le déclinomètre vers sa position d'équilibre est

$$M'H\sin\delta + c\delta = M'H\sin\delta\left(1 + \frac{c}{M'H}\frac{\delta}{\sin\delta}\right) = M'H(1+\gamma)\sin\delta.$$

En raison de la petitesse des déviations, c'est comme si la composante H était augmentée de la fraction constante γ, qu'on déterminera par expérience (45).

53. Correction de température. — Lorsqu'on fait usage d'un même barreau dans plusieurs expériences, on doit éliminer les variations réversibles qu'éprouve son moment magnétique par les changements de température (7), et aussi l'altération durable qui se produit avec le temps.

D'après les premières observations de Kupffer ([1]), la diminution du moment magnétique réversible est proportionnelle à l'accroissement de température.

([1]) A.-F. Kupffer, *Ann. de Ch. et de Phys.*, 2e sér., t. XXX, p. 113; 1825.

Pour déterminer le coefficient thermométrique, la méthode la plus simple consiste à observer les nombres n et n' d'oscillations réduites de l'aimant, dans le champ terrestre, à des températures différentes t et t'. En appelant a le coefficient relatif à la variation du moment magnétique et α le coefficient de dilatation du métal, on peut écrire

$$\frac{n^2}{n'^2} = \frac{M}{M'} = \frac{1 - at + 2\alpha t'}{1 - at' + 2\alpha t} = 1 + (a - 2\alpha)(t' - t).$$

Le rapport des durées correspondantes τ et τ' d'une oscillation simple serait alors

$$\frac{\tau'}{\tau} = \frac{n}{n'} = 1 + \left(\frac{a}{2} - \alpha\right)(t' - t) = 1 + \beta(t' - t).$$

Dans les observations faites lors du voyage de la *Recherche*, les valeurs de β, pour des aiguilles différentes, ont été

Aiguilles.	β.	Aiguilles.	β.
N° 1......	0,000 424	N° 3......	0,000 20
N° 2......	0,000 232	N° 13......	0,000 28
N° 3......	0,000 334	N° 14......	0,000 32
N° 7......	0,000 304	N° 20......	0,000 28

Le coefficient α de dilatation de l'acier est voisin de 0,000013 et n'influe pas beaucoup sur la valeur de β.

On ne peut guère profiter par cette méthode que des températures ambiantes; pour que leur différence soit notable, les expériences sont alors séparées par un si long intervalle qu'on doit tenir compte de l'altération durable ΔM du magnétisme et du changement qu'a éprouvé la composante horizontale.

Toutes ces quantités étant très petites, les variations relatives des différents facteurs de l'équation primitive $n^2\pi^2 K = HM$ donnent

$$2\frac{\Delta n}{n} = \frac{\Delta H}{H} + \frac{\Delta M}{M} - a(t' - t).$$

La variation ΔH peut être connue par un appareil spécial, mais l'altération ΔM du magnétisme ne peut être déterminée que si l'on répète en même temps l'expérience à la température primitive t.

Une seconde méthode, employée par Kupffer, consiste à observer les oscillations d'une aiguille à température constante, sous laquelle on place, dans une direction parallèle au méridien, un barreau aimanté plongé dans l'eau, de manière qu'on puisse le porter facilement à différentes températures.

Appelant F et F′ les champs moyens du barreau sur l'aiguille aux températures t et t', n_0 le nombre des oscillations de l'aiguille soumise au seul champ terrestre, n et n' ceux qui correspondent à la présence du barreau, on a

$$\frac{n_0^2}{H} = \frac{n^2}{H+F} = \frac{n'^2}{H+F'} = \frac{n^2-n_0^2}{F} = \frac{n^2-n'^2}{F-F'}.$$

Comme les champs F et F′ sont proportionnels aux moments magnétiques correspondants, il en résulte

$$a(t'-t) = \frac{F-F'}{F} = \frac{n^2-n'^2}{n^2-n_0^2} = \frac{M-M'}{M}.$$

Dans ce cas, les observations peuvent se succéder assez rapidement pour qu'il n'y ait pas à tenir compte des variations du champ terrestre; on les éliminera d'ailleurs par des épreuves alternatives, à moins qu'il n'y ait en même temps des perturbations.

Si l'expérience montre qu'une variation linéaire ne représente pas assez exactement les phénomènes, on fera soit une Table des moments magnétiques, ou des quantités $n^2 - n_0^2$ qui leur sont proportionnelles, et des températures correspondantes, soit une traduction graphique des résultats en prenant ces quantités pour ordonnées et les températures comme abscisses. La discussion de la courbe des moments magnétiques en fonction de la température donnera la loi du phénomène.

Si l'on adopte, par exemple, une expression du second degré

$$M = M_0(1 - at - bt^2),$$

trois observations sont nécessaires pour déterminer les coefficients a et b. Dans la dernière méthode, par exemple, on aurait

$$\frac{n^2-n_0^2}{1-at-bt^2} = \frac{n'^2-n_0^2}{1-at'-bt'^2} = \frac{n''^2-n_0^2}{1-at''-bt''^2}.$$

Comme les nombres d'oscillations interviennent toujours par leurs différences, ou la différence des carrés, dans le calcul des coefficients, ces nombres doivent être déterminés avec une assez grande exactitude, ce qui rend les observations très longues.

L'expérience est plus rapide et plus exacte par les méthodes de déviations. Le barreau à étudier est placé à quelque distance d'un déclinomètre, suivant une direction perpendiculaire au méridien, dans la première ou la seconde position principale, et porté à des températures différentes.

La tangente de la déviation δ est proportionnelle au moment magnétique correspondant M; on élimine d'ailleurs les variations de déclinaison et les causes de dissymétrie en retournant le barreau bout pour bout à chaque observation, pour observer le double de l'angle δ. On a alors, en bornant le calcul à deux termes,

$$\frac{M}{M'} = \frac{\operatorname{tang}\delta}{\operatorname{tang}\delta'} = \frac{1 - at}{1 - at'} = 1 + a(t' - t),$$

$$a(t' - t) = \frac{\operatorname{tang}\delta - \operatorname{tang}\delta'}{\operatorname{tang}\delta'} = \frac{\sin(\delta - \delta')}{\cos\delta \sin\delta'} = 2\,\frac{\delta - \delta'}{\sin 2\delta}.$$

Pour rendre plus facile la détermination des températures, le barreau est plongé dans l'eau, mais on le met d'abord dans un

Fig. 24.

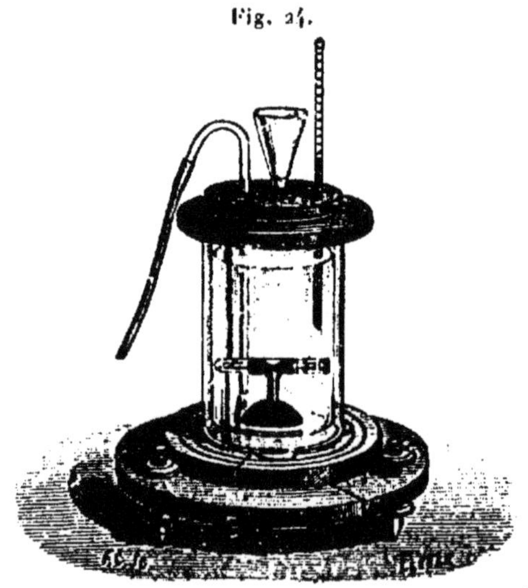

tube de verre afin que la surface ne soit pas altérée par le liquide. Nous employons au Parc Saint-Maur, pour cette expérience, deux vases de Bohême concentriques (*fig.* 24) dont le plus petit est soutenu par son rebord supérieur; il est rempli d'eau et fermé par un couvercle de liège. La couche d'air située entre les parois des deux vases amortit beaucoup les variations de température du liquide, et l'on rend cette température uniforme, soit par un agitateur, soit par une insufflation d'air. En fait, si l'on introduit dans ce vase de l'eau à 50°, il faut plus de dix heures pour que sa température descende à 20°, l'air extérieur étant à 15°. On doit donc admettre qu'à chaque instant la température du liquide ne diffère pas sensiblement de celle du barreau qu'il contient. L'appareil est porté par une plate-forme en bois, mobile autour d'un axe vertical, qui permet les opérations de retournement.

Pour plus de précision, on peut encore tenir compte des variations de la composante horizontale par la relation

$$\frac{M}{H \tan\delta} = \frac{M'}{H' \tan\delta'} = \frac{M''}{H'' \tan\delta''} \cdots = \text{const.}$$

Il suffit généralement de considérer les variations relatives des différents termes à partir d'une première observation, ce qui donne, pour la variation correspondante $t' - t$ de température,

$$\frac{\Delta H}{H} + \frac{\Delta\delta}{\cos\delta \sin\delta} = \frac{\Delta M}{M} = a(t' - t).$$

On aurait les mêmes résultats pour la seconde position principale, et la méthode des sinus donnerait

$$\frac{\Delta H}{H} + \cot\delta . \Delta\delta = \frac{\Delta M}{M}.$$

Lamont a obtenu, pour divers aimants, des coefficients thermométriques variant de 0,000 23 à 0,000 84, les valeurs extrêmes étant toujours très rares. Les nombres trouvés par M. Moureaux pour la plupart des barreaux de ses appareils magnétiques sont compris entre 0,0004 et 0,0005. Il arrive parfois que deux aimants, quoique tirés de la même barre d'acier et aimantés à saturation de la même manière, ont des moments magnétiques et des coefficients de température très différents.

Si l'on ne tient compte que de l'aimantation rigide, le moment magnétique d'un barreau devrait croître avec la température, par suite de la dilatation du métal, tandis que l'expérience indique le contraire. D'autre part, il paraît difficile de comprendre que le magnétisme rigide, une fois affaibli par l'échauffement du corps, puisse réparer ensuite ses pertes par l'abaissement de température, puisque toutes les causes intérieures tendent à l'affaiblir.

Le phénomène se conçoit mieux si l'on admet que l'aimantation induite inverse, due à l'action démagnétisante du barreau lui-même, augmente d'abord avec la température. Le coefficient d'aimantation k du métal et sa perméabilité magnétique μ suivraient la même marche. Dans cet ordre d'idées, le moment magnétique apparent M serait dû à la différence d'une aimantation rigide, indépendante des conditions de l'expérience, et d'une aimantation induite qui croît avec la température.

Les recherches directes de cette nature sur l'acier trempé seraient très difficiles et très peu d'expériences ont été faites, même sur le fer, au moins pour déterminer l'influence très petite des variations de la température ambiante.

Lamont (¹) a étudié, par exemple, l'aimantation à diverses températures d'un barreau de fer doux placé verticalement dans le champ terrestre. Le barreau est placé au voisinage d'un déclinomètre, de manière à faire agir l'un de ses pôles, comme on l'a indiqué précédemment (46, 1°), avec tous les retournements qui permettent d'éliminer les défauts de symétrie et l'aimantation permanente que pourrait posséder le barreau; pour rendre l'appareil symétrique, on utilise deux barreaux semblables, situés aux extrémités d'un même diamètre, leurs pôles de noms contraires étant dans le plan d'oscillations du déclinomètre.

Dans une série d'expériences, la température a varié de 5°, 5 à 32°, 2; le moment magnétique induit, d'après ces observations, croît bien avec la température, mais d'une fraction qui ne dépasse pas 0,000 063 3 par degré. Cette variation, en supposant qu'elle s'applique aussi aux barreaux aimantés, est tout à fait insuffisante pour expliquer l'influence réversible de la température sur la valeur du moment magnétique résultant.

On a cherché aussi à réaliser, par divers moyens, une *compensation mécanique* des effets de la température.

Imaginons, par exemple, que l'on constitue un système magné-

(¹) J. LAMONT, *Handbuch des Magnetismus*, p. 395; 1867.

tique avec deux aimants superposés M_1 et M_2 de sens contraires. Le moment magnétique du système, pour un accroissement de température t, devient

$$M_1(1-a_1t)-M_2(1-a_2t)=M_1-M_2+t(a_2M_2-a_1M_1).$$

Si les barreaux sont choisis de manière que leurs coefficients thermométriques satisfassent à la condition $a_2M_2=a_1M_1$, c'est-à-dire soient en raison des moments magnétiques correspondants, le moment du système sera indépendant de la température. La compensation paraît facile à réaliser, puisque les coefficients a peuvent varier de 0,0002 à 0,0008.

En désignant par p le rapport des coefficients a_2 et a_1, on aurait $M_1=pM_2$ et le moment magnétique du système serait $M_1-M_2=(p-1)M_2$. Toutefois, cette disposition affaiblit beaucoup le moment magnétique efficace, il n'est pas commode de régler les moments M_1 et M_2 dans un rapport déterminé et l'on n'est pas assuré que le voisinage permanent de deux aimants en sens contraires ne modifiera pas leur magnétisme avec le temps.

On a souvent besoin, dans les observations courantes, de déterminer la déviation d'un déclinomètre par un aimant. Pour n'avoir pas à tenir compte de la température, on peut imaginer encore que la position de l'étrier dans lequel on place l'aimant soit commandée par un couple de deux métaux à dilatations différentielles, combinés de manière qu'ils rapprochent l'aimant du déclinomètre lorsque la température s'élève, et l'en éloignent si elle s'abaisse. Cette disposition un peu compliquée permettrait encore d'obtenir des déviations indépendantes de la température.

Si ingénieux que soit le mode de compensation, il n'offre jamais qu'une sécurité médiocre; il est beaucoup plus sûr de déterminer les coefficients thermométriques et d'en tenir compte dans les observations.

54. **Influence du temps.** — Cette cause de variation ne paraît obéir à aucune loi générale. Si l'on admet, par exemple, qu'à température constante la perte de magnétisme $-dM$, pendant le temps dt, est à chaque instant proportionnelle à sa valeur actuelle M, on aura

$$-dM=\alpha M\,dt,\qquad M=M_0e^{-\alpha t},$$

et le moment magnétique varierait avec le temps comme une exponentielle. L'expression

$$M = M_0 + Ae^{-\alpha t},$$

correspondrait à la loi élémentaire

$$dM = -\alpha A e^{-\alpha t} dt = -\alpha(M - M_0) dt,$$

c'est-à-dire que la perte de magnétisme serait proportionnelle à l'excès $M - M_0$.

Le barreau continuerait toujours de s'affaiblir; le moment magnétique tendrait vers zéro, dans le premier cas, et vers une quantité définitive M_0 dans le second. Ce dernier résultat serait peut-être applicable à des aimants maintenus à température constante et soustraits à toute action magnétique extérieure, mais ce sont là des conditions irréalisables.

La variation est quelquefois très lente. Hansteen ([1]) cite, par exemple, un barreau dont le moment magnétique n'aurait diminué que de $\frac{1}{558}$ en vingt et un ans, de 1834 à 1855; c'est là un cas qui paraît bien exceptionnel.

Dans la pratique, si les observations ne sont pas trop éloignées, on peut admettre que la variation est proportionnelle au temps. Pour les aiguilles employées dans le voyage de la *Recherche*, l'accroissement relatif de la durée des oscillations, lequel correspond à la moitié de la variation du moment magnétique, a été :

Aiguilles.	VARIATIONS en 576 jours.	mensuelle.	annuelle.
N° 1.......	0,0214	0,00111	0,0132
N° 2.......	0,0355	0,00185	0,0222
N° 3.......	0,0117	0,00061	0,0072
N° 4.......	0,0042	0,00022	0,0025
	en 770 jours.		
N° 12.......	0,0332	0,00129	0,0158
N° 13.......	0,1025	0,00400	0,0486
N° 23.......	0,0939	0,00366	0,0445

En réalité le moment magnétique d'un barreau s'affaiblit d'abord rapidement, puis d'une manière plus lente et sans aucune règle apparente, avec une marche générale décroissante, mais en pré-

([1]) CH. HANSTEEN, *Bull. de l'Acad. de Bruxelles*, 2e sér., t. VI, p. 352; 1859.

sentant quelquefois des augmentations imprévues. On jugera du caprice de ces variations par l'exemple que cite Lamont d'un barreau observé d'une manière continue de 1847 à 1858 :

Années.	Perte annuelle.	Années.	Perte annuelle.
1847......	0,0174	1853......	0,0099
1848......	0,0169	1854......	0,0103
1849......	0,0103	1855......	0,0081
1850......	0,0091	1856......	0,0099
1851......	0,0113	1857......	0,0071
1852......	0,0079	1858......	0,0063

La perte a une tendance manifeste à diminuer, puisqu'elle est à la fin réduite au tiers de sa valeur primitive; mais il est inutile de chercher à relier ces variations par une formule quelconque.

On arrive ainsi à cette conséquence pratique, qu'on ne doit jamais accepter comme connu ou invariable le moment magnétique d'un aimant, et que les observations doivent être dirigées de façon à éliminer cette cause d'erreur.

55. **Loi des actions magnétiques.** — Les expériences de Coulomb (2), relatives à l'action réciproque de deux pôles magnétiques, ne comportent qu'une exactitude très limitée, parce que les pôles ne peuvent pas se réduire à deux points fixes quand les extrémités de deux aimants sont trop rapprochées, qu'en outre on connaît mal leur position exacte et qu'enfin il est impossible d'éliminer absolument l'influence des deux autres pôles.

Gauss ([1]) a montré que l'étude du champ des aimants permet de vérifier la loi fondamentale avec plus de rigueur.

Supposons, d'une manière générale, que l'action réciproque de deux masses magnétiques soit en raison inverse de la $n^{ième}$ puissance de la distance. Le champ magnétique de la masse m à la distance r est $\frac{m}{r^n}$ et son potentiel $\frac{1}{n-1}\cdot\frac{m}{r^{n-1}}$.

Pour un aimant très court, de masses $\pm m$ à la distance $2a$, le moment magnétique est $2am = M$. Au point P, dont les distances aux masses $+m$ et $-m$ sont r et r', le potentiel est

$$V = \frac{m}{n-1}\left(\frac{1}{r^{n-1}} - \frac{1}{r'^{n-1}}\right) = m\,\frac{r'-r}{r^n}.$$

([1]) Gauss, *Intensitas vis magneticæ ad mensuram absolutam revocata.* — *Comm. Soc. Reg. Göttingen*, t. VIII; 1841. — Gauss, *Werke*, t. V, p. 81.

En désignant par α l'angle que fait le rayon vecteur du point P avec l'axe magnétique du barreau, on a encore

$$r' - r = 2a\cos\alpha,$$

$$V = \frac{2am}{r^n}\cos\alpha = \frac{M}{r^n}\cos\alpha.$$

Les composantes normales et tangentielle du champ sont

$$F_n = -\frac{\partial V}{\partial r} = n\frac{M}{r^{n+1}}\cos\alpha,$$

$$F_t = -\frac{1}{r}\frac{\partial V}{\partial \alpha} = \frac{M}{r^{n+1}}\sin\alpha,$$

et les valeurs principales

$$F_1 = n\frac{M}{r^{n+1}}, \qquad F_2 = \frac{M}{r^{n+1}};$$

leur rapport est précisément l'indice n de la puissance qui définit la loi élémentaire.

Pour un aimant de longueur finie, on trouverait les mêmes expressions, à part des termes de correction développés suivant les puissances paires de l'inverse de la distance, et il en serait encore de même pour le couple réciproque de deux aimants.

Gauss a mesuré ainsi, par la méthode des tangentes, les déviations produites sur un déclinomètre par un barreau déviant situé alternativement dans les deux positions principales. La distance R des centres des barreaux a varié, pour treize expériences différentes, de $1^m,3$ à 4^m et les déviations de 2° 13′51″ à 4′36″.

Avec des écarts qui ne dépassent pas ± 10″ pour δ_1 et ± 6″ pour δ_2, toutes les observations sont représentées par les expressions

$$\tang\delta_1 = 0{,}086\,870\,R^{-3} - 0{,}002\,185\,R^{-5},$$

$$\tang\delta_2 = 0{,}043\,435\,R^{-3} + 0{,}002\,449\,R^{-5}.$$

Ces tangentes sont respectivement proportionnelles aux valeurs principales F_1 et F_2. Dans les deux cas, le terme le plus important est en raison inverse de la troisième puissance de la distance et le rapport des coefficients est exactement égal à 2. C'est une double vérification très précise de la loi élémentaire de Coulomb.

CHAPITRE VI.

DIRECTION DU CHAMP TERRESTRE.

56. **Des boussoles.** — La direction du champ terrestre se détermine habituellement par deux instruments distincts, les boussoles de déclinaison et d'inclinaison, qu'on appelle encore *déclinomètres* et *inclinomètres*.

La boussole de déclinaison est formée, en principe, d'un barreau aimanté mobile autour d'un axe vertical; l'axe magnétique du barreau se met en équilibre dans le méridien magnétique. Même en tenant compte des aimantations induites (27), la direction moyenne des plans verticaux qui passent par l'axe magnétique, quand on a retourné l'aimant de 180° sur lui-même, est parallèle au méridien; il en est ainsi encore pour la direction moyenne d'une ligne de repères tracée sur le barreau.

La boussole d'inclinaison se compose d'un aimant mobile autour d'un axe horizontal. Si le centre de gravité de l'aimant est situé sur l'axe de rotation, la direction moyenne de l'axe magnétique, ou celle d'une ligne de repères, après retournement de 180°, est encore parallèle à la composante du champ perpendiculaire à l'axe de rotation.

On emploie souvent, en particulier, pour les boussoles d'inclinaison, des *aiguilles* aimantées formées d'une lame en losange allongé, ce qui diminue beaucoup le moment d'inertie et rend les oscillations plus rapides.

Dans les boussoles ordinaires, l'aiguille repose, par une chape en agate, sur une pointe en acier verticale au milieu d'un cercle divisé. On peut alors enlever l'aiguille et la reposer sur sa chape après retournement face pour face; la direction moyenne des pointes indiquée par la division du cercle est parallèle au méridien magnétique. Ces appareils servent surtout, soit à conserver une direction du repère dans les opérations de topographie, soit même à déterminer d'une manière approximative le méridien géographique quand on connaît la déclinaison.

Si l'aiguille est équilibrée de manière à se maintenir horizontale dans une certaine région et qu'on la transporte à une latitude très différente, la variation de la composante verticale la fait incliner d'un côté ou de l'autre, parce que la distance du centre de gravité au point d'appui est trop faible; une petite charge ou un contrepoids mobile permet de rétablir l'horizontalité.

On a essayé quelquefois d'utiliser ces aiguilles sur pivot pour des observations exactes, mais il est presque impossible d'annuler le frottement de la chape; les positions successives d'équilibre, après qu'on a enlevé l'aiguille pour la reposer sur sa pointe, présentent trop d'écarts pour que leur direction moyenne soit déterminée avec une grande approximation.

57. Dimensions des barreaux. — Les anciens appareils, comme ceux de Gambey et de Gauss, avaient des aimants de grandes dimensions, dans la pensée d'augmenter le couple directeur et la précision des mesures. Lord Kelvin, au contraire, construit les boussoles marines avec des aimants très légers; il est facile de montrer que ce choix est préférable à tous les points de vue.

Considérons, en effet, deux barreaux semblables, cylindres ou aiguilles, d'égale aimantation. Soient p et p' leurs poids, M et M' les moments magnétiques, K et K' les moments d'inertie, ρ et ρ' les rayons de giration, l et l' deux longueurs homologues; on en déduit les relations

$$\frac{p'}{p} = \frac{M'}{M} = \frac{l'^3}{l^3}, \qquad \frac{K'}{K} = \frac{p'}{p}\cdot\frac{\rho'^2}{\rho^2} = \frac{l'^5}{l^5}.$$

Les durées t et t' d'oscillations dans un même champ sont proportionnelles aux dimensions des barreaux, car on a

$$\frac{t'^2}{t^2} = \frac{K'}{K}\cdot\frac{M}{M'} = \frac{l'^2}{l^2}, \qquad \frac{t'}{t} = \frac{l'}{l}.$$

Les oscillations rapides s'observent plus facilement, quand on veut en déterminer la durée, et s'amortissent plus vite, ce qui permet de mieux observer la position d'équilibre.

D'autre part, si le barreau est porté par un fil, le coefficient de torsion du fil est proportionnel au carré de sa section et, par suite, au carré du poids p du barreau qu'il est capable de porter. Pour une même aimantation, le rapport du coefficient de torsion au moment magnétique, ou au couple directeur magnétique, est donc proportionnel au poids, de sorte que l'influence relative de la torsion du fil croît avec les dimensions du barreau.

Lorsqu'il existe des frottements dans l'appareil, comme pour les aiguilles tournant sur pointe ou roulant sur plan par des tourillons, le couple de frottement peut être considéré comme proportionnel au poids, auquel cas il resterait dans un même rapport avec le couple directeur; toutefois, le rayon des tourillons doit encore augmenter avec les dimensions du barreau, et le couple de frottement croît alors plus vite que la charge.

Enfin, les causes d'erreur étrangères, telles que la présence de petites traces de fer au voisinage de l'instrument, acquièrent bientôt une influence exagérée lorsque le moment magnétique du barreau et la distance polaire deviennent trop grands.

L'avantage de réduire les aimants n'a d'autre limite que les difficultés de construction et l'exactitude possible des lectures.

Quand on a recours à la méthode de réflexion, l'aimant se place dans une monture qui porte un miroir mobile, dont le moment d'inertie intervient et doit être compensé par une valeur notable du moment magnétique.

Si l'on observe par une loupe ou un microscope des repères tracés sur l'aimant lui-même, comme les pointes d'une aiguille, la distance des repères doit être assez grande pour que le pointé comporte une exactitude suffisante.

Quant à la précision des cercles divisés, elle est définie par la nature du phénomène. Quelles que soient les précautions prises et l'habileté de l'observateur, on ne peut guère espérer que l'emploi des aimants, dans les mesures absolues, permette de déterminer la déclinaison et l'inclinaison à moins de 10″. Or, dans les instruments bien construits, les verniers permettent de faire facilement les lectures à 10″ près sur des cercles de 15^{cm} de diamètre. D'autre part, une lunette dont la longueur égale le diamètre du cercle comporte des pointés au moins aussi exacts que la lecture des verniers. Il suffirait donc, pour les observations magnétiques, d'employer des cercles divisés de 15cm de diamètre et des lunettes de même longueur; cependant, les lunettes sont souvent plus longues, afin de rendre les pointés plus rapides.

Par la même raison, les barreaux n'auraient pas plus de 15cm et cette longueur peut encore être réduite de moitié en améliorant le mode d'observation des repères.

Ajoutons encore, à titre de remarque générale, que les instruments ne doivent contenir aucune pièce en fer ni en métal magnétique. Le laiton n'offre pas assez de garanties, parce que le zinc introduit souvent des traces de fer dans cet alliage. Les parties métalliques sont en cuivre rouge, ou même en bronze, le cuivre étant trop mou, et il est nécessaire de s'assurer que les divers organes séparément sont sans action sur les aimants.

Enfin, l'observateur lui-même ne doit porter sur lui aucun objet en fer, tels que clefs, couteaux, boutons, clous de chaussures, garnitures de chapeaux, etc. Les précautions prises à ce point de vue sont rarement suffisantes.

58. **Déclinaison. — Théodolites magnétiques.** — Les déclinomètres sont construits à la façon des théodolites, pour permettre de déterminer en même temps le méridien géographique.

L'appareil comprend un cercle horizontal gradué, ou *cercle azimutal*, sur lequel un équipage muni de verniers tourne autour d'un axe vertical.

L'équipage porte un axe secondaire horizontal, autour duquel est mobile une lunette perpendiculaire à sa direction; on appelle *vertical* de la lunette le plan qu'elle décrit dans cette rotation. Il existe généralement un cercle vertical, dit *cercle des hauteurs*, pour déterminer l'angle que fait la lunette avec l'horizon.

Un fil de soie, ou un faisceau de fils, attaché à l'équipage, porte un étrier dans lequel on place l'aimant. La direction de la ligne des repères est amenée chaque fois, par une méthode variable avec le mode de construction, en coïncidence avec une perpendiculaire au second axe lorsque le barreau est en équilibre; c'est sa position normale. La direction moyenne de la ligne des repères, avant et après retournement du barreau, est parallèle au méridien magnétique et on lit la position correspondante des verniers sur le cercle azimutal. Connaissant, d'autre part, la position des verniers lorsque le second axe est perpendiculaire au méridien géographique, on en déduit la déclinaison.

L'appareil est porté par un trépied à vis calantes qui servent à mettre le premier axe vertical, au moyen d'un niveau. L'axe secondaire est commandé par une vis de rappel à ressort antagoniste qui permet de le rendre horizontal. Le réticule de la lunette peut être déplacé latéralement par deux vis aux extrémités du diamètre horizontal; on peut ainsi rendre l'axe optique de la lunette, défini par la droite qui joint le centre optique de l'objectif au croisement des fils du réticule, perpendiculaire au second axe. Enfin, la torsion des fils de suspension doit être nulle quand le barreau est dans sa position normale. Il est donc nécessaire de commencer par diverses opérations de réglage et de vérification.

59. Réglage. — 1° *Niveau.* — Le niveau à bulle d'air, qu'on utilise pour ces opérations, se compose d'un tube de verre courbé en cercle, rempli d'éther à l'exception d'une petite bulle d'air et fermé ensuite. Le tube étant en repos, sa convexité vers le haut, de manière que la bulle occupe la région moyenne, on grave un trait à chaque extrémité de la bulle et, en dehors de l'intervalle, une série de divisions équidistantes à droite et à gauche. Lorsque la bulle est ainsi au zéro, la tangente au milieu du tube est horizontale; c'est la *ligne de niveau*. Si la bulle s'arrête à la $n^{\text{ième}}$ division d'un côté ou de l'autre, la ligne de niveau est inclinée sur l'horizon d'un angle proportionnel à n.

Le tube de verre est monté dans un tube métallique T (*fig.* 25) échancré à la partie supérieure pour laisser visibles les déplacements de la bulle. Cette monture elle-même est attachée à une

Fig. 25.

réglette métallique B, qui est la *base* de l'instrument, par une petite lame flexible L, à l'une des extrémités, et par une vis de rappel R à ressort antagoniste à l'autre extrémité.

Proposons-nous, par exemple, de rendre la face inférieure de la base parallèle à la ligne de niveau. On pose le niveau sur une règle à peu près horizontale. Soient α l'angle de la ligne de niveau avec la base et δ l'angle de la règle avec l'horizon. Dans cet état, la ligne de niveau fait avec l'horizon l'angle $\alpha + \delta$ et la bulle s'arrête à la division $n = k(\alpha + \delta)$. Retournant l'appareil bout pour bout, l'angle de la ligne de niveau avec l'horizon devient $\alpha - \delta$ et la bulle indique la division $n' = k(\alpha - \delta)$; il en résulte

$$\frac{n + n'}{2} = k\alpha, \qquad \frac{n - n'}{2} = k\delta.$$

Pour rendre la ligne de niveau parallèle à la base, il suffit d'agir sur la vis de rappel de manière à produire l'angle α ou déplacer la bulle de $m = \frac{n + n'}{2}$ divisions. De même, si la règle est aussi commandée par une vis de rappel, on la rendra horizontale en l'inclinant de l'angle δ, qui correspond à un déplacement de la bulle de $m' = \frac{n - n'}{2}$ divisions.

Les deux opérations sont indépendantes. La règle étant nivelée, la bulle marquera le même nombre m de divisions du même côté dans les deux positions. Le niveau seul étant réglé, la bulle indiquera m' divisions de côté et d'autre après retournement.

2° *Trépied.* — Les vis calantes du trépied reposent sur des crapaudines. Il arrive quelquefois que les crapaudines n'ont qu'une petite cavité conique pour loger la pointe inférieure de la vis calante, mais il faut alors qu'elles occupent exactement les sommets du triangle des vis, condition incompatible avec la fixité des crapaudines.

La solution théorique (dite *point, fente* et *plan*) consiste à employer trois crapaudines différentes, l'une ayant une cavité conique, l'autre une échancrure rectiligne en biseau, dirigée vers le milieu du triangle, la troisième une plate-forme. L'une des vis calantes tourne ainsi sur place, la seconde glisse le long de la rainure et la troisième occupe sur le plan une position quelconque définie par les deux premières.

On arrive au même résultat avec trois crapaudines identiques à rainures rectilignes; ces crapaudines étant placées sur un support solide, et même fixées au besoin, de manière que les rainures soient dirigées vers le centre du triangle, les vis calantes d'un trépied y prendront une position bien stable.

3° *Axe primaire vertical.* — Un niveau porté par l'équipage servira pour rendre l'axe primaire vertical.

Le niveau N (*fig.* 26) étant amené d'abord dans la direction de deux vis calantes, A et B, considérons la projection L' de l'axe sur un plan vertical P parallèle au niveau. Soient α l'angle de la

Fig. 26.

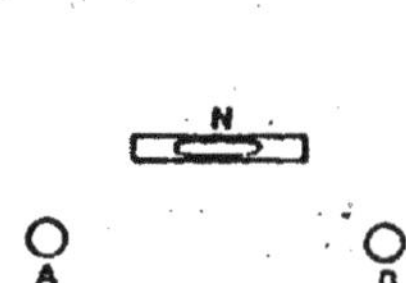

ligne de niveau avec la normale à cette projection et δ l'inclinaison de L' sur la verticale; la bulle indique n divisions correspondant à l'angle $\alpha + \delta$.

En tournant l'équipage de 180°, le niveau a été renversé; l'erreur est $\alpha - \delta$ et la lecture de niveau n'. Sans qu'il soit nécessaire de régler le niveau, on tourne lentement les vis A et B de quantités égales *en sens contraires*, de manière à faire tourner l'appareil autour d'une droite à peu près perpendiculaire au plan P, jusqu'à ce que la bulle se soit déplacée de $m' = \frac{n - n'}{2}$ divisions correspondant à l'angle δ. On s'assure ensuite que, dans les deux positions, la bulle indique la même division m. L'axe de rotation se trouve alors dans un plan vertical perpendiculaire à P.

On tourne l'équipage de 90° pour une seconde opération semblable, auquel cas le niveau est parallèle au rayon de la troisième vis C. Les deux lectures n_1 et n'_1, avant et après retournement de 180°, doivent satisfaire à la condition

$$m = \frac{n + n'}{2} = \frac{n_1 + n'_1}{2}.$$

Cette fois, on agit seulement sur la vis calante C, afin de ne pas détruire le premier réglage, de manière à déplacer la bulle de

$\frac{n_1 - n'_1}{2}$ divisions. L'axe de rotation est alors dans un plan vertical perpendiculaire au précédent; il est donc vertical. On constate d'ailleurs que le premier réglage n'a pas été troublé et on le corrige s'il y a lieu.

Finalement la bulle doit indiquer la même division m pour toutes les positions de l'équipage; la vis de rappel du niveau permet alors de le rendre perpendiculaire à l'axe. On commence très souvent par cette opération, ce qui rend les autres plus rapides.

4° *Lunette perpendiculaire au second axe.* — L'axe vertical étant réglé, on vise avec la lunette, dans la direction horizontale, un point éloigné qui sert de *mire*, et l'on note la position des verniers sur le cercle azimutal. On tourne l'équipage exactement de 180° et, tournant la lunette sur son axe, on vise le même point. L'image de la mire doit se faire encore sur le croisement des fils; si cette condition n'est pas remplie, on déplace la monture du réticule de la moitié de la distance à laquelle se trouve la nouvelle image. On vérifie, cette fois, que les deux visées, avant et après rotation de 180°, sont bien identiques.

Lorsque la lunette est excentrique sur l'équipage, elle se trouve pour l'une des observations à droite et, pour l'autre, à gauche de l'instrument par rapport à l'observateur, les deux positions étant écartées de la distance d. Si la distance D de la mire n'est pas assez grande, il y a alors une parallaxe $\varepsilon = \frac{d}{D}$ et la rotation de l'équipage correspondant à l'identité des pointés doit être $180° \pm \varepsilon$, suivant le sens dans lequel on a tourné l'équipage.

5° *Axe secondaire horizontal.* — L'axe secondaire est formé par des tourillons qui tournent dans des coussinets; une vis de rappel à ressort permet de modifier légèrement la hauteur de l'un des coussinets pour rendre cet axe perpendiculaire au premier, c'est-à-dire horizontal lorsque le premier est vertical. Différentes méthodes sont employées pour ce réglage.

Dans certains cas, comme pour la boussole de Gambey, l'axe est formé de deux parties symétriques, les tourillons reposent sur des coussinets en forme de V et l'on peut retourner l'axe bout pour bout, de manière à échanger les coussinets. Le réglage se fuit alors par un niveau dont la base est munie de deux pieds terminés en fourche qui peuvent se poser, soit sur les tourillons eux-mêmes, soit sur des surfaces cylindriques ayant même axe.

L'appareil étant dans une certaine position, avec l'axe principal réglé, les deux lectures de la bulle, avant et après retournement, donnent encore l'erreur du niveau et le défaut d'horizontalité de l'axe qu'on rectifie. On s'assure, d'ailleurs, que les surfaces d'appui sont bien centrées sur l'axe de rotation, en répétant la même épreuve après avoir donné à la lunette diverses inclinaisons. On pourra même vérifier si les tourillons sont d'égal diamètre en retournant l'axe bout pour bout sur ses coussinets; les indications du niveau ne doivent pas être modifiées.

Le plus souvent, l'axe secondaire ne peut pas être retourné et les tourillons ne sont plus disposés pour permettre l'emploi du niveau. Le réglage doit alors être fait par des procédés optiques.

Le premier est l'emploi du bain de mercure, en utilisant la lunette comme *nadirale*. Une petite lame de verre placée obliquement entre l'œil et l'oculaire permet d'éclairer le réticule et de viser son image par réflexion sur le mercure. S'il est possible, par une rotation de la lunette sur son axe, de faire coïncider cette image avec le réticule lui-même, la lunette est alors verticale et, par suite, l'axe horizontal. Dans le cas contraire, on agit sur l'un des tourillons de manière à produire la coïncidence.

Une seconde méthode plus simple consiste à pointer la lunette sur un fil à plomb. L'équipage étant fixé, l'image du fil ne doit pas quitter le croisement du réticule quand on vise le haut ou le bas. Cette manière d'opérer comporte une grande exactitude.

Supposons, en effet, que l'extrémité inférieure du fil soit dans le plan horizontal de la lunette et que la visée du point de suspension se fasse sous l'angle θ. Si l'on désigne par α l'angle de l'axe avec l'horizon, la lunette décrit un plan incliné du même angle sur le plan vertical et son déplacement horizontal δ, quand on vise alternativement les extrémités du fil, est

$$\sin\delta = \sin\alpha \tang\theta \qquad \text{ou} \qquad \delta = \alpha \tang\theta.$$

Pour une inclinaison de 30° seulement, on aurait $\tang\theta = 0{,}5774$. Comme la précision du pointé par la lunette dans les instruments est supérieure à celle de la lecture des cercles, le déplacement δ

de l'image permettra de corriger l'erreur α d'horizontalité avec toute l'exactitude nécessaire.

Enfin, on peut viser une étoile dont le mouvement est insensible dans l'intervalle de deux observations, par exemple l'étoile polaire ou une étoile voisine du pôle. La lunette étant pointée sur cette étoile, on tourne l'équipage de 180° exactement; dans cette nouvelle position, la rotation de la lunette autour de l'axe doit rencontrer la même étoile, sinon l'axe n'est pas horizontal.

Le réglage du second axe est une opération délicate à laquelle on procède rarement et qui doit être faite avec soin par le constructeur. Une petite erreur n'aurait pas grande influence en pratique et peut être éliminée facilement dans les observations.

6° *Torsion du fil.* — Il est bon de s'assurer d'abord que le couple de torsion c du fil est très petit par rapport au couple directeur magnétique MH; la monture qui porte le fil peut tourner sur un tambour divisé qui permet cette détermination (45).

On remplace ensuite l'aimant par un barreau de cuivre de poids égal, muni des mêmes repères, et l'on règle le fil de manière que cette substitution ne modifie pas la direction d'équilibre.

7° *Graduation.* — On peut contrôler aisément l'exactitude de division des cercles quand on a des doutes sur la graduation. Pour le cercle azimutal, on vérifie si la mesure d'un même angle, correspondant à deux mires éloignées, donne le même résultat par différentes régions du cercle. Pour le cercle des hauteurs, on visera un point élevé et son image dans un bain de mercure; la moyenne des lectures, correction faite de la parallaxe s'il y a lieu, doit toujours donner la même division, laquelle correspond à la visée horizontale.

60. **Méridien géographique.** — En lisant les verniers du cercle azimutal lorsque le plan vertical de la lunette est dans un azimut connu, on en déduit la position des verniers correspondant au cas où ce vertical est parallèle au méridien géographique.

La méthode la plus directe consiste à observer l'*étoile polaire*, dont le mouvement est très lent et dont les heures de passage au méridien sont fournies par l'*Annuaire du Bureau des Longitudes;* il suffit alors de connaître l'heure avec une approximation grossière. Il est préférable de viser l'étoile aux moments de sa plus grande digression, où son déplacement en azimut est insensible. Si B (*fig.* 27) est la position du pôle, A le zénith, c la distance AB du pôle au zénith, ou le complément de la latitude λ, et a le rayon de cercle décrit par l'étoile polaire, l'azimut A de plus

Fig. 27.

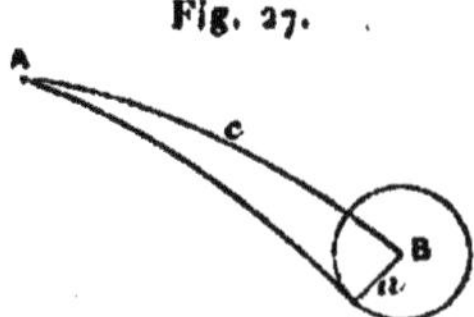

grande digression, au moment où le vertical de l'étoile est tangent au cercle polaire, est donné par

$$\sin A = \frac{\sin a}{\sin c} = \frac{\sin a}{\cos \lambda}.$$

Voici quelques valeurs de ces azimuts :

Latitude.	Azimuts.	Latitude.	Azimuts.
30°	1° 25′ 15″	50°	1° 54′ 50″
35	1 30 7	55	2 8 58
40	1 36 22	60	2 27 57
45	1 44 23	65	2 55 4

Une seconde méthode est celle des *hauteurs correspondantes*. La lunette étant fixée sous une inclinaison déterminée, on vise à l'Est une étoile qui passe sur le réticule. Tournant ensuite la lunette vers l'Ouest, on attend le second passage de la même étoile; la moyenne des positions des verniers relatives à ces deux observations correspond au méridien géographique.

On a recours le plus souvent, surtout en voyage, à l'observation du *Soleil*.

Supposons, d'une manière générale, qu'on vise un astre C (*fig.* 28). Soient A le zénith, B le pôle, c la distance zénithale du pôle ou la colatitude $90° - \lambda$, b le complément de la hauteur h de l'astre, a sa distance polaire ou $90° \pm$ la déclinaison Δ, suivant qu'il est d'un côté ou de l'autre de l'équateur. En posant

$$2p = a + b + c,$$

on a, dans le triangle ABC,

$$(1)\quad \begin{cases} \operatorname{tang}^2 \dfrac{A}{2} = \dfrac{\sin(p-b)\sin(p-c)}{\sin p \sin(p-a)}, \\[2ex] \operatorname{tang}^2 \dfrac{B}{2} = \dfrac{\sin(p-a)\sin(p-c)}{\sin p \sin(p-b)}; \end{cases}$$

$$(2)\quad \begin{cases} \operatorname{tang} \dfrac{1}{2}(A+C) = \cot \dfrac{B}{2} \dfrac{\cos \dfrac{a-c}{2}}{\cos \dfrac{a+c}{2}}, \\[3ex] \operatorname{tang} \dfrac{1}{2}(A-C) = \cot \dfrac{B}{2} \dfrac{\sin \dfrac{a-c}{2}}{\sin \dfrac{a+c}{2}}. \end{cases}$$

Si l'instrument possède un cercle de hauteurs, les équations (1) donnent : 1° l'azimut A et, par suite, le méridien géographique;

Fig. 28.

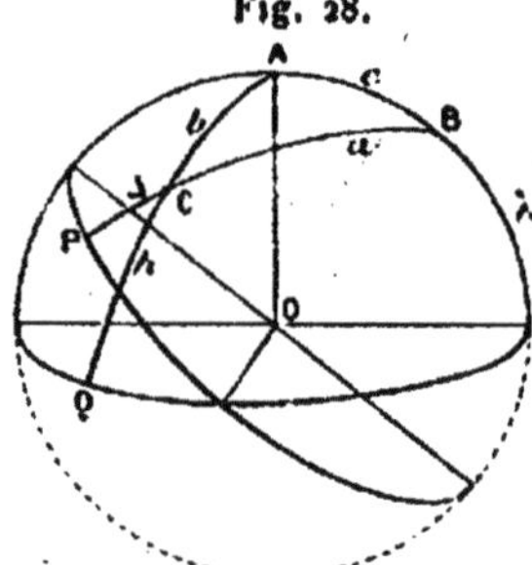

2° l'angle horaire B de l'astre, d'où l'on déduit l'heure de l'observation si l'on connaît la longitude de la station.

Si le cercle de hauteur n'existe pas, il faut avoir un bon chronomètre qui fasse connaître l'heure locale et, par suite, l'angle horaire B. Les équations (2) donnent alors l'azimut A par la demi-somme des angles A + C et A — C.

Les conditions les plus avantageuses sont celles où l'astre passe au *premier vertical*, l'azimut A étant voisin de 90°.

Pour l'observation du Soleil, le réticule est muni de deux fils verticaux et deux horizontaux, dont les distances correspondent au diamètre apparent, qui est d'environ 32'. La lunette étant d'abord pointée un peu en avant, par rapport à la marche du Soleil, on note le moment où l'image s'encadre dans le carré formé par l'intervalle commun des quatre fils.

Dans le cas du Soleil, la déclinaison Δ de l'astre n'est plus constante, mais le maximum de variation, qui a lieu aux équinoxes, ne dépasse pas 24′ par jour. Il suffit alors de connaître l'heure à un quart d'heure près, pour que l'erreur soit inférieure à 15″.

Enfin, la hauteur *h* doit être corrigée de la réfraction atmosphérique qui a pour effet de relever la position apparente de l'astre. La correction varie avec la température et la pression atmosphérique, mais la Table suivante, relative à la température de 10° et à la pression moyenne de 760mm, peut suffire dans tous les cas :

Hauteur apparente.	Réfraction.
70°	0′ 21″
60	0 34
50	0 49
40	1 9
30	1 41
20	2 39
10	5 20

On évitera l'observation de hauteurs moindres que 10°, parce que la correction de réfraction est alors très douteuse.

61. Théodolite de Gambey. — Dans cet appareil, de dimensions exagérées, toutes les pièces métalliques sont en cuivre rouge. L'équipage porte deux colonnes verticales CD et C′D′ (*fig.* 29) sur lesquelles s'appuie l'axe de la lunette. Dans l'intervalle se trouve une traverse au centre de laquelle est un petit cercle divisé ; un équipage mobile sur ce cercle porte un treuil H où est enroulé le paquet de fils de suspension, ce qui permet de détordre le système et d'amener l'aimant à une hauteur convenable.

Le barreau, qui n'a pas moins de 50cm de longueur, est garni, dans sa région moyenne, d'un manchon de cuivre terminé par deux tourillons qui se posent dans les branches de l'étrier. Le manchon est muni de butoirs qui permettent de placer l'aimant dans une position déterminée et de le retourner exactement de 180°. Aux extrémités du barreau sont des armatures en cuivre terminées par un anneau horizontal G sur lequel sont tendus deux fils croisés. La ligne des repères est constituée par la droite qui joint les deux croisées de fils.

Ajoutons que, pour éviter le trouble produit par les courants d'air, le fil est entouré d'une cage en verre et le barreau enfermé dans une boîte en bois M, munie de fenêtres pour l'observation.

Fig. 29.

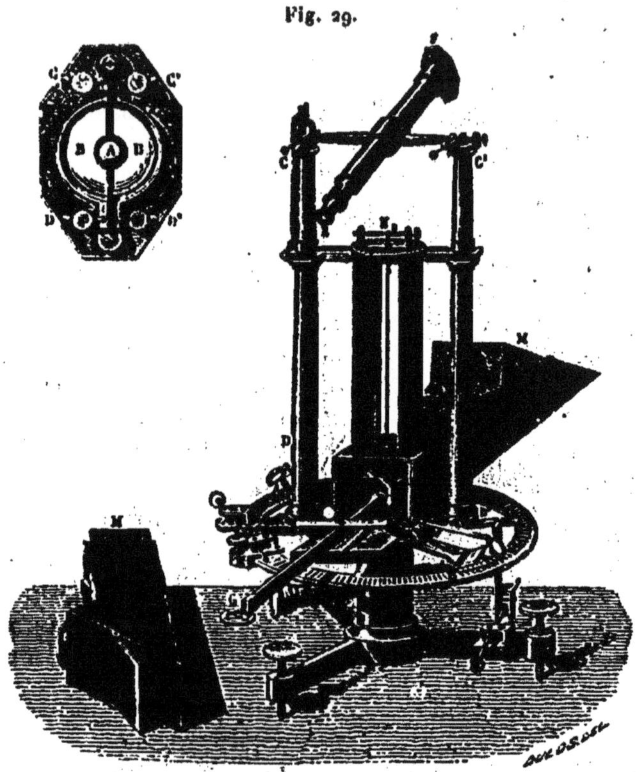

Cette boîte est formée de deux parties mobiles; en enlevant l'une d'elles, on peut installer le barreau et opérer les retournements.

Pour faire l'observation magnétique, on remplace la lunette par une sorte de microscope, monté de la même manière, qui permet de viser les repères. On peut encore, comme on le voit à la partie supérieure de la figure, placer devant l'objectif B de la lunette un verre supplémentaire A qui le transforme en microscope.

Cette observation n'exige pas qu'un réglage exact ait été fait, soit pour l'axe optique du microscope, soit pour l'axe secondaire du théodolite.

En effet, supposons d'une manière générale que AA′ (*fig.* 30) soit la direction des repères lorsque le barreau est en équilibre, OA la projection de l'axe optique du microscope qui vise l'un des repères et OB la projection du second axe. Quand on tourne le

Fig. 30.

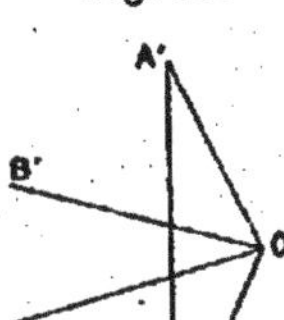

microscope pour viser l'autre repère A′, on doit en même temps faire tourner l'équipage de manière que les directions OA′ et OB′ soient symétriques des précédentes par rapport à la perpendiculaire à la ligne AA′; la position moyenne des verniers correspond donc au cas où la projection du second axe est elle-même perpendiculaire à la ligne des repères.

Faisant ainsi une observation sur chaque extrémité du barreau et deux autres semblables après retournement, la moyenne des quatre lectures des verniers (27) correspond au cas où le second axe est perpendiculaire au méridien magnétique, le vertical de la lunette étant parallèle à ce méridien.

Le grand inconvénient de cet appareil est que les oscillations du barreau sont très lentes et de longue durée. On les armortit partiellement en formant le fond de la boîte par une plaque en cuivre, où il se produit des courants d'induction qui tendent à s'opposer au mouvement, mais cette précaution est insuffisante. On arrête encore les oscillations en soulevant, par un bouton latéral monté sur une des boîtes, un petit levier qui arrive jusqu'au contact de l'aimant. Cette manœuvre doit être faite avec beaucoup de précaution pour ne pas provoquer des oscillations verticales. En tous cas, l'observation totale est très longue, et il peut se produire, dans l'intervalle, des variations de déclinaison qui compromettent l'exactitude du résultat.

Nous citerons comme exemple, et pour en déduire quelques remarques, une observation faite par Arago le 1er février 1836 à l'Observatoire de Paris (¹) :

Visées de la mire méridienne.

	Lecture des verniers. a.	b.
Lunette directe D......	196°54′45″	16°44′50″
	54 42	44 47
Lunette renversée R....	54 50	44 55
	54 57	45 4
Moyenne..... A =	196 54 48,5	16 44 54,0

Visées du barreau.

PREMIÈRE POSITION.

	Heure.	Microscope.	a.	b.
			Pôle N.	
	11h 35m	R	174°45′ 2″	35′ 8″
	11 40	D	45 27	35 33
			Pôle S.	
	11 50	R	23 48	13 53
	12 00	D	23 58	14 5
Moy...	11 46,5	B	174 34 34	354 24 40

Première déclinaison... A − B = 22°20′14″,5   22°20′14″.

BARREAU RETOURNÉ.

	Heure.	Microscope.	a.	b.
			Pôle N.	
	12h 20m	R	174°34′37″	354°24′43″
	12 30	D	35 7	25 13
			Pôle S.	
	12 35	R	33 30	23 34
	12 45	D	34 0	24 10
Moy...	12 33	B′	174 34 18,5	354 24 25

Deuxième déclinaison... A − B′ = 22°20′30″   22°20′29″.

Déclinaison.... $A - \frac{B + B'}{2}$ = 22°20′22″   22°20′21″,5.

(¹) A. Becquerel, *Traité d'Électricité et de Magnétisme*, t. VII, p. 16; 1840.

On pourrait d'abord n'utiliser qu'un vernier et réduire ainsi les lectures de moitié, car la différence $a - b$ des nombres lus de part et d'autre oscille entre 180°9′53″ et 180°9′56″, sauf le dernier cas où elle est 180°9′50″, ce qui prouve que le cercle est bien divisé, ou du moins que les divisions sont symétriques par rapport au centre.

Le renversement de la lunette est utile dans la visée de la mire méridienne, pour compenser le défaut relatif au réglage de l'axe optique, mais deux observations qui devraient être identiques montrent des différences qui atteignent 9″; on peut ainsi se rendre compte de la précision des pointés.

Pour les observations magnétiques, on n'a qu'une lecture relative à chaque position, ce qui ne donne aucune idée de l'exactitude avec laquelle se fait le pointé des repères. L'extrême concordance des deux valeurs finales ne prouve qu'une absence d'excentricité dans la graduation; elle est d'autant plus illusoire, au point de vue magnétique, que l'observation totale a duré plus d'une heure et à un moment de la journée où la variation diurne de déclinaison est la plus rapide.

Ici encore il était superflu de renverser le microscope, ce qui permettait de réduire au quart le nombre des lectures relatives à la visée des repères. Si l'on profite de cette circonstance pour évaluer la déclinaison par les observations qui correspondent aux deux positions du microscope, direct ou renversé, lesquelles forment, en réalité, deux séries distinctes, on trouve

Miscroscope	D.	Déclinaison...	22°20′10″,5	22°20′ 9″
»	R.	» ...	22°20′34″	22°20′34″,5

La différence, qui devrait être nulle, atteint 25″ ou près d'une demi-minute. Il est donc certain que la déclinaison moyenne n'était pas déterminée à moins de 20″, pour le long intervalle d'une heure dix minutes.

Il suffirait, sans doute, d'un quart d'heure pour l'observation complète si l'on se bornait à ne lire qu'un vernier en laissant le microscope dans une position déterminée.

Le seul moyen de connaître le degré d'exactitude du résultat final consiste à répéter l'expérience en tenant compte, s'il y a lieu, de la variation correspondant à chacune des lectures.

62. Théodolites de Brunner. — Les appareils de ces habiles constructeurs sont en bronze et leurs dimensions mieux appropriées aux expériences.

Dans un premier modèle (*fig.* 31), l'équipage porte d'un côté l'axe secondaire avec une lunette de hauteurs L mobile sur un cercle gradué, de l'autre la boîte B de l'aimant avec une colonne dans laquelle se trouve le fil de suspension. L'aimant et la lunette sont ainsi excentriques, à droite et à gauche de l'axe vertical.

Fig. 31.

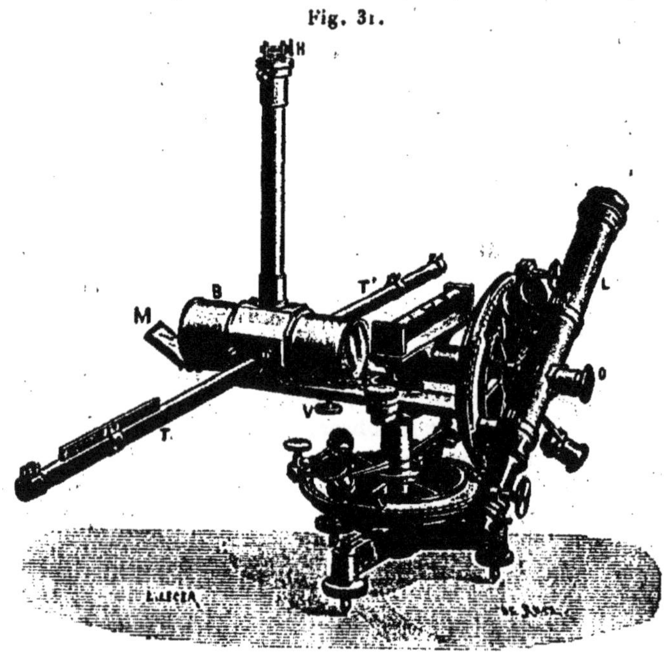

L'aimant est un *tube* en acier dont on fait un collimateur par un objectif à l'une des extrémités et une lame gravée d'un trait à l'autre extrémité; on l'éclaire par un miroir M.

L'axe secondaire est creux et transformé en lunette par un objectif et un oculaire à réticule O. On s'assure que l'axe optique est parallèle à l'axe de rotation en visant une mire extérieure et vérifiant que le pointé ne change pas quand on donne à l'axe une rotation de 180°.

Le fil de suspension s'enroule sur un treuil H, mobile sur un petit cercle divisé, et passe dans une encoche spéciale pour la maintenir dans l'axe de la colonne. La monture du treuil permet de détordre le fil et de déterminer l'erreur de torsion.

A la partie inférieure, le fil porte un petit anneau dans lequel passe une goupille horizontale fixée à la colonne. Cette disposition a d'abord pour effet d'empêcher une chute de l'aimant en cas de rupture du fil et d'éviter, lorsque l'appareil est démonté, que le fil ne prenne une torsion inconnue. A l'anneau on suspend l'étrier par un crochet.

Pour l'observation magnétique, on dirige l'équipage de manière que l'image du trait de l'aimant collimateur se fasse sur le réticule, ou au moins que les oscillations soient égales de part et d'autre; il faut pour cela que l'aimant soit presque immobile, résultat auquel on arrive en soulevant par la vis V un petit plan jusqu'au contact du barreau ([1]). On lit alors les verniers du cercle azimutal. On tourne ensuite l'aimant sur lui-même de 180° au moyen des butoirs de la monture et l'on fait une nouvelle observation. La moyenne des lectures correspond au cas où l'axe secondaire est parallèle au méridien magnétique.

Le modèle actuel est de construction plus simple. L'axe secondaire et la boîte B de l'aimant (*fig.* 32) sont encore excentriques, mais cette boîte est disposée de manière que l'aimant en équilibre soit parallèle au vertical de la lunette.

L'aimant est cylindrique et porte sur ses faces terminales une pastille en argent sur laquelle est tracé un trait; un microscope latéral M, monté sur l'axe secondaire, permet de viser alternativement ces deux repères à l'aide d'un réticule formé de trois fils verticaux parallèles.

Le cercle du treuil peut être déplacé latéralement par des vis de pression, afin d'obtenir que les repères du barreau soient vus nettement de part et d'autre sur le réticule; quand cette condition est remplie, le fil passe sensiblement par l'intersection de l'axe secondaire avec la ligne de visée.

L'étrier (*fig.* 33) est un tube évidé, à section rectangulaire.

([1]) Il est souvent commode d'amortir les oscillations par un aimant que l'on manœuvre à la main en l'éloignant de plus en plus.

L'aimant est traversé en son milieu par une goupille, de sorte qu'en le mettant en place, la goupille se loge dans deux encoches latérales O et O' de l'étrier, ce qui facilite le retournement.

Fig. 32.

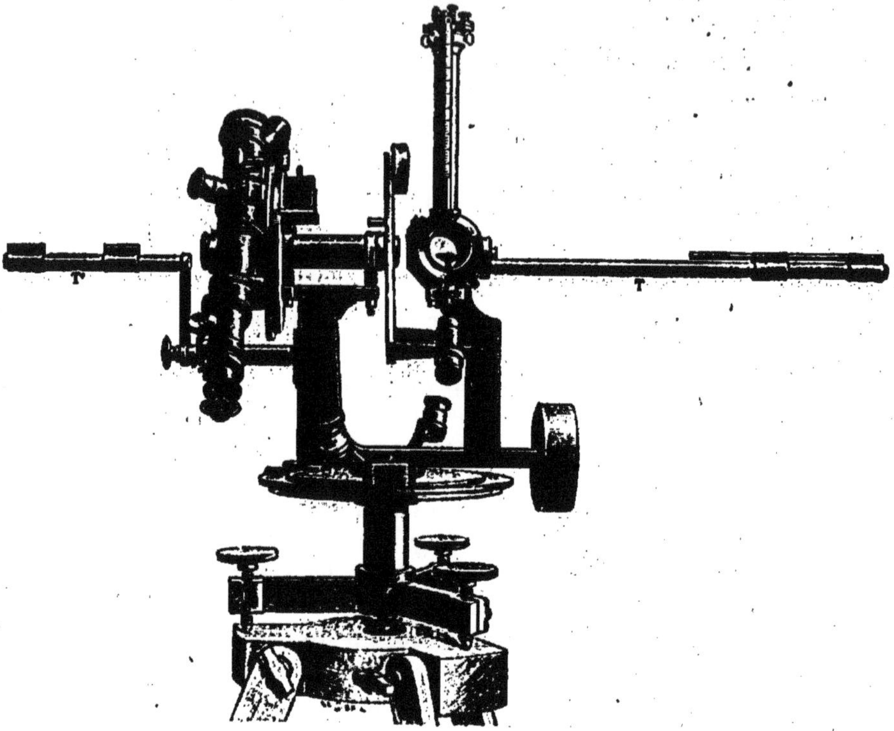

Un barreau de cuivre de même poids et même longueur peut

Fig. 33.

être substitué à l'aimant, pour annuler la torsion du fil.

La boîte de l'aimant est fermée aux deux bouts par des glaces mobiles, et un plan d'arrêt, commandé par une vis, peut être approché jusqu'au contact de l'aimant pour réduire l'amplitude des oscillations à un degré qui permette de pointer la position moyenne des repères.

Une fois le théodolite réglé, l'observation magnétique se réduit à pointer au microscope les repères Nord et Sud, puis à répéter les mêmes pointés après avoir retourné l'aimant sur lui-même. La moyenne des quatre lectures correspondantes, au vernier du cercle azimutal, donne la lecture relative au cas où le second axe serait perpendiculaire au méridien magnétique.

63. **Magnétomètre de Gauss.** — Dans cet appareil, qui a été surtout construit pour observer les variations de déclinaison et déterminer la composante horizontale, le barreau n'a pas moins de 60^{cm} de longueur et pèse plusieurs kilogrammes. On le suspend au plafond de la salle par un paquet de fils de cocon; le fil s'enroule sur un tambour à la partie supérieure et porte un cercle divisé auquel est suspendu par une alidade l'étrier du barreau. Ces dispositions mécaniques permettent de retourner l'aimant face pour face et de faire les réglages relatifs au fil de suspension.

Le barreau est muni à l'une des extrémités d'un miroir vertical perpendiculaire à sa longueur.

Dans la direction du barreau et à une distance qui n'est pas inférieure à 5^m ou 6^m, est installé une sorte de théodolite dont la lunette ne peut avoir qu'un mouvement très limité autour de l'axe horizontal. Une règle divisée, perpendiculaire à la lunette, est placée dans le plan vertical de l'objectif à une hauteur telle que l'on voie les divisions dans le miroir.

A l'aide d'un fil à plomb pendu devant le milieu de l'objectif, on détermine d'abord la division n_0 qui correspond à l'axe optique; il est clair, en effet, que sur un miroir perpendiculaire au plan vertical de l'axe optique, l'image de cette division n_0 se formerait sur le réticule.

La suspension étant réglée et les oscillations du barreau très réduites, on note la division n de l'échelle qui correspond à la position moyenne; on retourne ensuite le barreau face pour face et l'on note de même une autre division n'. Le déplacement moyen $\frac{n+n'}{2} - n_0$ donne l'angle α du méridien magnétique avec le vertical de la lunette. Si ε est la valeur d'une division et D la distance horizontale de l'échelle au miroir, on a

$$\tang 2\alpha = \frac{(n + n' - 2n_0)\varepsilon}{2D},$$

expression que l'on peut réduire à

$$\alpha = \frac{(n + n' - 2n_0)\varepsilon}{4D}.$$

L'angle δ, déterminé par les lectures des verniers du cercle azimutal, dont il faut tourner l'équipage pour viser une mire extérieure, donne l'azimut $\delta + \alpha$ du méridien magnétique par rapport au vertical de la mire.

L'observation d'une étoile ou du Soleil, au voisinage de l'horizon, permettrait au besoin, en connaissant l'heure de l'observation, de déterminer l'azimut géographique Δ de la mire et, par suite, la déclinaison $\Delta + \delta + \alpha$, les différents termes de cette somme étant pris avec des signes convenables.

64. **Déclinomètre de Kew.** — L'appareil de déclinaison dont on fait usage en Angleterre (*fig.* 34) comprend un cercle azimutal dont l'équipage porte d'un côté une lunette horizontale L, du côté opposé un miroir M *des passages,* mobile autour d'un axe horizontal, et au milieu la boîte B de l'aimant.

Des vis de rappel à ressort permettent les diverses opérations de réglage. On règle d'abord l'axe principal de l'instrument par un niveau. L'axe de rotation du miroir est rendu ensuite horizontal à l'aide d'un niveau à cheval sur ses extrémités. L'équipage qui porte cet axe est mobile sur un petit cercle horizontal, de manière qu'on puisse l'amener à être perpendiculaire à la lunette. Pour s'assurer que le miroir est parallèle à son axe, on y vise à la lunette par réflexion un objet assez élevé, puis on retourne l'axe bout pour bout et l'image de l'objet, avec une inclinaison convenable du miroir, doit encore se faire sur le réticule.

La lunette est nadirale. A cet effet, on dispose obliquement, entre les verres de l'oculaire, un miroir percé d'un trou central; une échancrure latérale dans le tube de l'oculaire permet d'éclairer le réticule par réflexion de lumière extérieure.

Si le plan vertical de l'axe optique est perpendiculaire au second axe, on peut tourner le miroir autour de cet axe de manière que l'image du réticule, obtenue par réflexion, vienne se former sur le réticule lui-même.

On mettrait encore l'un des fils du réticule vertical par l'observation d'un fil à plomb. Pour rendre l'axe optique horizontal,

Fig. 34.

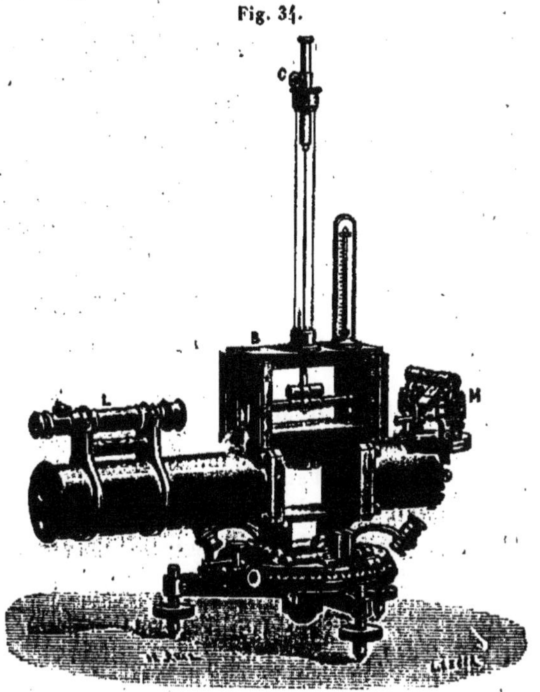

il faudrait connaître, par une opération de nivellement, une mire très éloignée située à la hauteur de l'instrument, mais cette rectification n'est pas nécessaire.

Le miroir des passages sert d'abord à observer l'azimut du Soleil, à une heure déterminée; on en déduit l'indication des verniers du centre azimutal correspondant au cas où l'axe optique de la lunette est dans le méridien géographique.

On met alors le barreau aimanté en place, avec les précautions habituelles relatives au fil de suspension. Ce barreau est un tube transformé en collimateur; on le pointe à la lunette, avant et après retournement de 180° dans sa monture. La différence moyenne de lecture correspondante des verniers, avec celle du méridien géographique, donne la déclinaison.

65. **Inclinaison.** — En principe, la boussole d'inclinaison se compose encore d'un cercle azimutal et l'aiguille aimantée est mobile autour de l'axe d'un cercle vertical porté par l'équipage du premier. A cet effet, l'aiguille est traversée par une tige cylindrique perpendiculaire à sa direction, dont les extrémités forment tourillons et roulent sur des plans d'agate situés dans un même plan horizontal. Une loupe ou microscope permet d'observer sur le cercle vertical l'inclinaison indiquée par les pointes de l'aiguille.

Pour que l'inclinaison apparente dans le plan d'oscillation soit fournie par une seule lecture, il faudrait réunir l'ensemble des conditions suivantes, qui ne sont pas réalisables :

1° Le zéro de la graduation sur le cercle vertical correspond au diamètre horizontal;

2° L'axe des tourillons, quand l'aiguille est en équilibre, coïncide avec l'axe du cercle vertical;

3° L'axe magnétique de l'aiguille est parallèle à l'axe de figure, c'est-à-dire à la ligne des pointes;

4° Le centre de gravité est sur l'axe des tourillons;

5° Le plan des agates est horizontal.

Supposons que la graduation est faite sur le cercle vertical, de 0° à 90°, à partir d'un diamètre à peu près horizontal.

On peut d'abord pendre un fil à plomb devant le cercle et vérifier si la direction du fil passe par les divisions 90°, haut et bas, ou à égales distances de ces divisions et du même côté; toutefois, ce contrôle est inutile.

Si les tourillons ne sont pas centrés, la lecture des deux pointes de l'aiguille donne des inclinaisons différentes, dont la moyenne est l'angle de la ligne des pointes avec le diamètre des zéros.

D'autre part, si le diamètre des zéros n'est pas horizontal, l'inclinaison lue est trop grande ou trop petite; en retournant l'équipage de 180°, l'inclinaison devient incorrecte de la même quantité en sens contraire. La moyenne des lectures pour les deux positions élimine donc en même temps les erreurs de graduation (1°) et de centrage (2°).

66. Corrections. — Les autres défauts de construction exigent un examen plus attentif.

Supposons que l'aiguille tourne dans un azimut où la composante du champ terrestre est F et l'inclinaison I (*fig.* 35). Soient

Fig. 35.

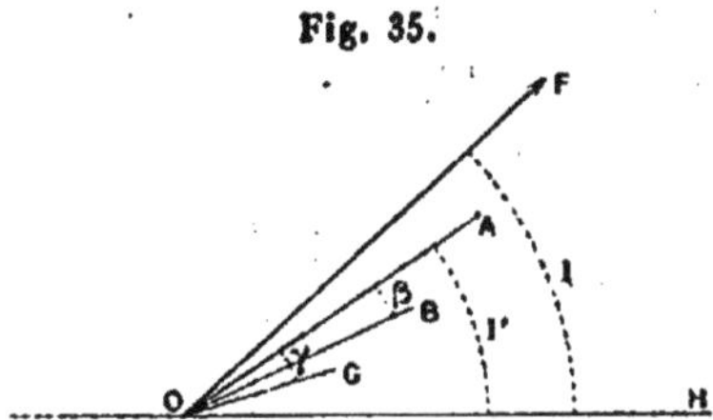

OA la direction de la ligne des pointes de l'aiguille, dont l'inclinaison est I′, OB la direction de l'axe magnétique, G le centre de gravité, à la distance $d = OG$ de l'axe, p le poids de l'aiguille, β et γ les angles BOA et GOA.

En appelant M_1 le moment magnétique, le couple produit par le champ est $FM_1 \sin(I - I' + \beta)$. D'autre part, le couple de sens contraire dû au poids de l'aiguille est $pd\cos(I' - \gamma)$ et la tendance au roulement, qui tient au défaut d'horizontalité des agates, donne encore un couple constant q.

L'équation d'équilibre est donc

$$q + pd\cos(I' - \gamma) = FM_1 \sin(I - I' + \beta).$$

En retournant l'aiguille face pour face, les angles β et γ changent de signe; l'inclinaison des pointes devient I″ et la condition d'équilibre

$$q + pd\cos(I'' + \gamma) = FM_1 \sin(I - I'' - \beta).$$

Si l'on pose $J = \frac{I' + I''}{2}$ et $j = \frac{I'' - I'}{2}$, la somme et la différence de ces équations donnent

$$q + pd\cos J \cos(j + \gamma) = FM_1 \sin(I - J)\cos(j + \beta),$$
$$pd \sin J \sin(j + \gamma) = FM_1 \cos(I - J)\sin(j + \beta).$$

La demi-différence j s'obtient par les lectures, quelle que soit l'origine de la graduation. Si cet angle est très petit, l'angle β et le produit $d \sin\gamma$ sont des grandeurs de même ordre. Dans ce cas, la première des équations précédentes se réduit à

$$q + pd \cos J = FM_1 \sin(I - J).$$

La rotation de l'équipage de 180° change le signe du couple de roulement q, puisque l'aiguille se penche du côté opposé par rapport au plan des agates. La moyenne J' des inclinaisons, après retournement de l'aiguille face pour face, donne alors

$$- q + pd \cos J' = FM_1 \sin(I - J').$$

Posant $I_1 = \frac{J + J'}{2}$ et $i_1 = \frac{J' - J}{2}$, on a, par addition,

$$pd \cos I_1 \cos i_1 = FM_1 \sin(I - I_1) \cos i_1.$$

Ici encore, on supposera les angles J et J' très voisins, sans quoi le plan des agates serait trop mal réglé; il en résulte

$$(3) \qquad pd \cos I_1 = FM_1 \sin(I - I_1).$$

Enfin, pour éliminer l'erreur relative au centre de gravité, on aimante l'aiguille en sens contraire, ce qui intervertit la position des pointes et le signe du couple pd. En appelant M_2 le nouveau moment magnétique et I_2 la moyenne des inclinaisons observées comme précédemment, il vient

$$(4) \qquad pd \cos I_2 = FM_2 \sin(I_2 - I).$$

La différence $I_2 - I_1$ des moyennes étant très petite, il en est de même pour les angles $I - I_1$ et $I_2 - I$; on peut donc écrire

$$\frac{I - I_1}{I_2 - I} = \frac{M_2}{M_1} \frac{\cos I_1}{\cos I_2} = 1 + \varepsilon,$$

et, en négligeant les quantités du second ordre en ε,

$$I = \frac{I_1 + I_2}{2 + \varepsilon} + \frac{\varepsilon}{2 + \varepsilon} I_2 = \frac{I_1 + I_2}{2} + \frac{\varepsilon}{2} \frac{I_2 - I_1}{2} = \frac{I_1 + I_2}{2} + \varepsilon'.$$

Si l'expérience donne $I_2 - I_1 = 10'$, il en résulte

$$\varepsilon' = \frac{\varepsilon}{2} \frac{I_2 - I_1}{2} = \varepsilon . 2',5.$$

Pour déterminer la quantité ε, on peut évaluer le rapport des moments magnétiques M_1 et M_2 par les oscillations de l'aiguille, mais cette précaution n'est pas nécessaire et il suffit de s'assurer ainsi que les aimantations sont comparables.

En effet, si ces moments diffèrent de $\frac{1}{10}$, le rapport des cosinus étant lui-même assez voisin de l'unité pour qu'il n'y ait pas lieu d'en tenir compte, le terme de correction ε' ne dépasserait pas $0', 25$ et serait négligeable.

Remarquons qu'en visant les deux pointes de l'aiguille pour chaque position et en retournant l'équipage de 180°, on a éliminé les erreurs de centrage et de graduation.

En suivant l'ordre des calculs, on devrait ainsi, pour une observation complète, faire les opérations suivantes :

Deux lectures pour une position de l'aiguille;
Deux lectures après retournement face pour face;
Quatre lectures semblables après rotation de l'équipage.
La moyenne de ces huit lectures donne l'angle I_1.
La moyenne de huit autres lectures, relatives à l'aimantation inverse, donnera, de même, l'angle I_2.
Finalement, l'inclinaison I s'obtiendra par la moyenne générale des *seize* lectures.

Toutefois, il est possible, comme on le fait souvent, de réduire de moitié le nombre des lectures. Remarquons, en effet, qu'en tournant l'équipage de 180°, l'aiguille est retournée face pour face, en même temps que le couple de roulement change de signe. Les inclinaisons I' et I'' de la ligne des pointes donnent alors

$$q + pd\cos(I' - \gamma) = FM_1 \sin(I - I' + \beta),$$
$$-q + pd\cos(I'' + \gamma) = FM_1 \sin(I - I'' - \beta).$$

Désignant par I_1 la moyenne des angles I' et I'' et remplaçant par l'unité les cosinus d'angles très petits, on a encore

$$pd\cos I_1 = FM_1 \sin(I - I_1).$$

Les mêmes observations relatives à l'aiguille aimantée en sens contraire donneraient aussi

$$pd\cos I_2 = FM_2 \sin(I_2 - I).$$

On retrouve ainsi des équations analogues à (3) et (4), tandis que la visée des deux pointes pour chacune des quatre positions de l'aiguille n'exige plus que *huit* lectures.

Pour que la moyenne des lectures représente l'inclinaison avec une grande exactitude, il faut que les variations relatives au retournement de l'aiguille, face pour face, et au renversement de l'aimantation ne dépassent pas 10′. Dans le cas contraire, aucun mode de correction ne peut inspirer de sécurité.

67. Modes d'observation. — On peut supposer que l'expérience est faite dans un plan vertical quelconque, par exemple, dans l'azimut magnétique α, ce qui donne l'angle I_α. On en déduit alors (8) l'inclinaison réelle I par la relation

$$\tang I = \tang I_\alpha \cos\alpha.$$

Il en résulte plusieurs manières d'opérer :

1° On peut d'abord observer dans le méridien magnétique, dont on évalue la direction par l'aiguille elle-même. En effet, l'inclinaison apparente I_α est égale à 90° lorsque l'angle α est droit, puisque l'aiguille n'est plus soumise qu'à la composante verticale. L'azimut qui convient se déterminera avec une exactitude suffisante par la moyenne des lectures au cercle azimutal pour lesquelles l'aiguille se tient verticale avant et après retournement face pour face.

Si le cosinus de l'angle α est égal à $1 - \varepsilon$, la variation correspondante δI_α de l'inclinaison observée est

$$\frac{\delta I_\alpha}{\sin I_\alpha \cos I_\alpha} = \varepsilon, \qquad \delta I_\alpha = \varepsilon \frac{\sin 2I}{2}.$$

La plus grande variation correspond au cas où l'inclinaison I est de 45°. Pour que la variation δI_α atteigne une minute, qui vaut 0,0003, il faut que l'on ait $\varepsilon > 0,0006$ et que, par suite, l'erreur commise sur l'azimut du méridien, dans le cas le plus défavorable, soit supérieure à 2°.

2° On observe encore dans deux azimuts, α et β, sensiblement à la même distance de part et d'autre du méridien, et faisant entre eux l'angle $2\delta = \alpha + \beta$. Les inclinaisons observées étant I_α et I_β, on prend la moyenne des valeurs de I données par les relations

$$\operatorname{tang} I = \operatorname{tang} I_\alpha \cos\alpha \quad \text{et} \quad \operatorname{tang} I = \operatorname{tang} I_\beta \cos\beta = \operatorname{tang} I_\beta \cos(2\delta - \alpha),$$

ou simplement

$$\operatorname{tang} I = \operatorname{tang} \frac{I_\alpha + I_\beta}{2} \cos\delta.$$

L'angle δ étant mesuré sur le cercle azimutal, les erreurs sur l'inclinaison I, correspondant à l'évaluation inexacte de l'angle α, sont de sens contraires dans les deux cas et se compensent partiellement.

Cette méthode est surtout avantageuse au voisinage de l'équateur où l'inclinaison est très petite, les dispositions mécaniques des boussoles ne permettant pas de l'observer directement.

3° Enfin, pour éviter toute orientation particulière de l'équipage, on observe le plus souvent dans deux azimuts rectangulaires α et $\beta = 90° - \alpha$, en utilisant la relation

$$\cot^2 I = \cot^2 I_\alpha + \cot^2 I_\beta.$$

Ajoutons encore que, pour chaque position, on ne se contente pas d'une seule lecture haut et bas. Les appareils sont toujours munis d'un levier qui permet de soulever l'axe de l'aiguille par un double étrier en forme de V, et de la reposer lentement sur les agates. On arrête ainsi les oscillations, on ramène l'axe au centre du cercle, et les différentes lectures donnent une idée plus claire de l'exactitude que comporte la moyenne des pointés.

Enfin, l'aiguille entière et surtout les tourillons sont nettoyés légèrement avec une peau de chamois. On a soin encore d'examiner les pointes à la loupe pour enlever les parcelles de limailles de fer qui y restent souvent attachées.

Dans tous les cas, on doit régler l'ordre de succession des lectures de manière à simplifier les opérations et toucher le moins possible à l'aiguille.

Considérons le cas général où l'on opère dans deux azimuts, équidistants du méridien ou rectangulaires. Les extrémités de l'aiguille se distinguent soit par une différence de coloration, soit par une *marque* sur la monture de l'axe; nous appellerons *face* de l'instrument celle qui est tournée du côté de l'observateur pendant l'opération des pointés. Les différents cas se désigneront ainsi par la position de la marque et l'orientation de la face. L'observateur doit avoir un cadre préparé d'avance pour y inscrire la suite des observations.

Si l'on fait huit lectures par azimut, pour chaque aimantation, le Tableau sera disposé de la manière suivante :

Première aimantation. — Marque en haut.

PREMIER AZIMUT α.

	Marque en avant.				Marque en arrière.			
	Face au SE. (1)		Face au NW. (2)		Face au SE. (7)		Face au NW. (8)	
	Haut.	Bas.	Haut.	Bas.	Haut.	Bas.	Haut.	Bas.
	⋮	⋮	⋮	⋮	⋮	⋮	⋮	⋮
Moy...				I_1.				

SECOND AZIMUT β.

	Marque en avant.				Marque en arrière.			
	Face au NE. (3)		Face au SW. (4)		Face au NE. (6)		Face au SW. (5)	
	Haut.	Bas.	Haut.	Bas.	Haut.	Bas.	Haut.	Bas.
	⋮	⋮	⋮	⋮	⋮	⋮	⋮	⋮
Moy...				J_1.				

Quand on a soin de faire succéder les lectures dans l'ordre indiqué par les différents numéros, l'aiguille n'est retournée qu'une fois, entre les observations (4) et (5).

Une série semblable, pour l'aimantation renversée, donnera des angles I_2 et J_2, d'où l'on déduit

$$I_\alpha = \frac{I_1 + I_2}{2}, \qquad I_\beta = \frac{J_1 + J_2}{2}.$$

Quand les lectures sont réduites de moitié, on ne touche à l'aiguille que pour changer son aimantation. Le Tableau des observations est alors plus simple :

Première aimantation. — Marque en haut.

	PREMIER AZIMUT α.				SECOND AZIMUT β.			
	Face au SE.		Face au NW.		Face au SW.		Face au NE.	
	(1)		(2)		(3)		(4)	
	Haut.	Bas.	Haut.	Bas.	Haut.	Bas.	Haut.	Bas.
	⋮	⋮	⋮	⋮	⋮	⋮	⋮	⋮
Moy...	I_1.				J_1.			

Deuxième aimantation. — Marque en bas.

	(8)		(7)		(6)		(5)	
	⋮	⋮	⋮	⋮	⋮	⋮	⋮	⋮
Moy...	I_2.				J_2.			

68. **Boussoles d'inclinaison.** — Les boussoles d'inclinaison en France ont été construites, à la fin du siècle dernier, sur les indi-

Fig. 36.

cations de Borda. Dans le modèle de Gambey (*fig.* 36), l'aiguille a 25^{cm} de longueur; ses pointes arrivent presque au contact et un peu en avant de l'anneau divisé qui forme le cercle vertical. On lit à la loupe, haut et bas, en évitant autant que possible les erreurs d'aberration, la division du cercle qui se trouve en face de chaque pointe. L'étrier est porté par un cadre mobile autour de l'une des extrémités du diamètre horizontal ; un levier situé à l'autre extrémité permet de soulever l'étrier et de l'abaisser lentement.

Nous citerons comme exemple une observation empruntée au voyage de la *Recherche* (1), où l'on a utilisé les trois méthodes.

INCLINAISON À BOSSEKOP.

Boussole....	Gambey n° 2.	*Heure du début*...	11ʰ0ᵐ matin.
Aiguille....	N° 2.	*Heure de la fin*...	1ʰ37ᵐ soir.
Date........	18 sept. 1838.	*Observateur*......	Lottin.
Lieu...	Bossekop.		

RECHERCHE DU MÉRIDIEN MAGNÉTIQUE.

Pointe haute de l'aiguille à 90°.

Face au N...	Lectures du cercle azimutal...	301°60′	301°59′
		57	
		60	
Face au S...	Id.	121°14′	121°23′
		30	
		25	

Plan perpendiculaire au méridien....	Face N...	301°41′
	Face S...	121 41
Méridien...	Face à l'Est (N — 90°)......	211°41′
	Face à l'Ouest (S — 90°).....	31 41

Plans perpendiculaires...	Premier azimut..	Face au NE (E + 45°)...	256°41′
		Face au SW (NE — 180°).	76 41
	Second azimut...	Face au NW (NE + 90°).	346 41
		Face au SE (NW — 180°).	166 41
Plans à 10° du méridien..	Premier azimut..	Face à l'E 10° S.........	201 41
		Face à l'W 10° N.......	21 41
	Second azimut...	Face à l'E 10° N........	221 41
		Face à l'W 10° S........	41 41

(1) *Voyage en Scandinavie, etc. sur la corvette* LA RECHERCHE; *Magnétisme*, t. III, p. 44.

1° OBSERVATION DANS LE MÉRIDIEN.

Première aimantation. Pointe bleue en haut.				Deuxième aimantation. Pointe bleue en bas.			
Face E. 211°41'.		Face W. 31°41'.		Face E. 211°41'.		Face W. 31°41'.	
Haut.	Bas.	Haut.	Bas.	Haut.	Bas.	Haut.	Bas.
76°20'	76°23'	76°33'	76°30'	76°10'	76°12'	76°58'	76°55'
16	20	33	30	12	14	58	57
20	23	34	32	13	15	57	55
19	21	35	34	14	12	58	56
21	24	35	33	"	"	"	"
21	24	35	33	"	"	"	"
76°20',0	76°22',5	76°34',2	76°32',0	76°11',7	76°13',7	76°57',5	76°55',7

Moy. $I_1 = 76°27',1$. $I_2 = 76°34',7$.

$$I = \frac{I_1 + I_2}{2} = 76°30',9.$$

Pour les autres méthodes, nous donnerons seulement les moyennes de cinq ou six lectures relatives à chaque position, au lieu de reproduire tous les pointés.

2° PLANS RECTANGULAIRES.

Première aimantation.

Premier azimut α.				Second azimut β			
Face au NE. 256°41'.		Face au SW. 76°41'.		Face au SE. 166°41'.		Face au NW. 346°41'.	
Haut.	Bas.	Haut.	Bas.	Haut.	Bas.	Haut.	Bas.
80° 8',4	80° 10',0	80°41',2	80°39',0	80°12',3	80°14',6	80°40',5	80°39',0
$I_1 = 80°24',6$.				$J_1 = 80°26',6$.			

Deuxième aimantation.

79°57',3	79°59',3	80°43',8	80°41',8	79°55',7	79°58',7	80°44',7	80°42',7
$I_2 = 80°20',6$.				$J_2 = 80°20',4$.			

$$I_\alpha = 80°22',6; \qquad I_\beta = 80°23',5;$$

$$\cot^2 I = \cot^2 I_\alpha + \cot^2 I_\beta; \qquad I = 76°31',3.$$

3° PLANS A 10° DU MÉRIDIEN.

Première aimantation.

Premier azimut, 10° à droite.				Second azimut 10° à gauche.			
Face à l'Est.		Face à l'Ouest.		Face à l'Est.		Face à l'Ouest.	
Haut.	Bas.	Haut.	Bas.	Haut.	Bas.	Haut.	Bas.
76°31',0	76°33',8	76°47',5	76°45',2	76°36',6	76°39',3	76°51',4	76°50',0

$I_1 = 76°39',4$. $J_1 = 76°44',3$.

Deuxième aimantation.

76°23',4	76°25',6	77°8',0	77°6',1	76°23',0	76°25',0	77°12',4	77°10',2

$I_2 = 76°45',8$. $J_2 = 76°47',7$.

$I_\alpha = 76°42',6$; $I_\beta = 76°46'$;

$\tan I = \tan \frac{I_\alpha + I_\beta}{2} \cos 10°$; $I = 76°32',3$.

Les trois résultats donnent $I = 76°31',3$ comme moyenne et l'écart des valeurs extrêmes n'atteint pas 2'. Les observations sont donc excellentes, mais leur durée totale de 2h30m est beaucoup trop grande, à cause des variations possibles de l'inclinaison dans cet intervalle. L'aiguille était elle-même très bonne, puisque la différence des moyennes relatives aux deux aimantations n'est pas supérieure à 6 ou 7 minutes. Toutefois, le retournement du cadre de 180° donne des différences qui dépassent 15 minutes, ce qui peut tenir à une inclinaison du plan des agates ou, plus simplement, à une erreur du zéro de la graduation.

Pour des observations qui ne comportent guère qu'une approximation de 20" ou 30", il n'est pas nécessaire d'employer des cercles aussi grands.

Dans les boussoles de Barrow (*fig.* 37), l'aiguille est beaucoup plus courte que le diamètre du cercle; on observe les pointes avec deux petits microscopes à réticule *l* montés sur une alidade aux extrémités d'un même diamètre; cette alidade est commandée par une vis de rappel et porte les verniers.

L'avantage de cette disposition est que l'aiguille peut être très éloignée du cercle et que les pointes ne risquent pas de s'émousser par un choc accidentel sur les parties métalliques.

Fig. 37.

MM. Brunner ont imaginé un autre mode de construction très ingénieux (*fig.* 38). L'aiguille, en forme de losange, a 13^{cm} de longueur. Le cercle vertical est mobile et porte aux extrémités d'un diamètre deux petits miroirs concaves dont les centres de courbure suivent la circonférence décrite par les pointes de l'aiguille. Quand ils sont amenés au voisinage de l'aiguille, on y voit à la loupe, dans le même plan, la pointe elle-même et son image renversée, qui oscillent en sens contraires. La vis de rappel du cercle, qui commande un disque en arrière de l'appareil, permet alors de les mettre exactement dans le prolongement l'une de l'autre, et la précision du pointé est augmentée, puisque la distance de la pointe au centre de courbure est moitié moindre que sa distance à l'image. La graduation du cercle est tracée sur le bord extérieur et l'angle de rotation se détermine par un vernier fixe. La moindre excentricité du cercle se verrait facilement par son écart au vernier qui est,

Fig. 38.

dans le même plan. Pour un déplacement de $\frac{1}{10}$ de millimètre, qui n'est pas admissible, l'erreur d'excentricité serait inférieure à 30″; un second vernier n'est donc pas nécessaire.

69. Méthodes d'induction. — W. Weber (¹) avait proposé de déterminer l'inclinaison, sans le secours d'une aiguille aimantée, par les décharges induites dans un cadre que l'on fait tourner de 180° autour de l'un de ses diamètres, à partir d'un plan vertical perpendiculaire au méridien, ou d'un plan horizontal (36).

Les angles d'impulsion correspondants α et α' d'un galvano-

(¹) W. Weber, *Pogg. Ann.*, t. XLIII, p. 493; 1838.

mètre balistique, corrigés de l'amortissement et du mouvement initial de l'aiguille, donnent alors

$$\frac{\alpha'}{\alpha} = \frac{Z}{H} = \tang I.$$

Les appareils construits d'abord pour appliquer cette méthode se composaient d'un grand cadre en bois entouré de fils, installé sur une monture permettant de lui donner alternativement les deux positions initiales, avec des butoirs qui limitent la rotation.

Abstraction faite des conditions de réglage, l'erreur d'inclinaison δI due aux erreurs de lecture $\delta\alpha$ et $\delta\alpha'$ est

$$\frac{2\,\delta I}{\sin 2I} = \frac{\delta\alpha}{\alpha} - \frac{\delta\alpha'}{\alpha'}.$$

Pour connaître l'inclinaison à 20″ près, ou 0,0001, dans le cas le plus défavorable où $I = 45°$, il faut que les erreurs relatives des angles d'impulsion soient inférieures à 0,0001. Il paraît bien difficile d'atteindre un tel degré d'exactitude.

On rendrait l'observation plus précise en introduisant des résistances dans le circuit de manière que les angles d'impulsion α et α' soient presque égaux, auquel cas les conditions d'amortissement sont identiques et peuvent être négligées. Désignant par R et R′ les résistances totales correspondantes, on aurait

$$\tang I = \frac{R'}{R}\,\frac{\alpha'}{\alpha}.$$

Une disposition plus avantageuse consiste à construire l'appareil comme une boussole d'inclinaison. L'équipage d'un cercle azimutal porte un anneau (*fig.* 39) mobile autour d'un axe horizontal. Sur cet anneau est montée la bobine B qui peut tourner autour d'un axe perpendiculaire au premier. Un appareil de ce genre peut être rendu transportable (¹).

Les courants induits s'observeront par diverses méthodes. On peut d'abord relier la bobine au galvanomètre par des fils souples et installer deux butoirs qui permettent de lui donner une rotation de 180° à partir d'un plan parallèle à l'axe horizontal.

(¹) LORD KELVIN, *Litt. and Phil. Soc. of Manchester;* p. 291; 1866-1867.

Un second procédé consiste à imprimer à la bobine une rotation continue en montant sur l'axe deux bagues reliées par des balais à un électrodynamomètre ou à un téléphone, qui traduiront

Fig. 39.

l'existence de courants alternatifs; ce procédé ne semble pas comporter une sensibilité suffisante.

Enfin, en remplaçant les bagues par un commutateur à deux balais, les courants induits seront redressés et donneront une déviation constante à l'aiguille du galvanomètre.

La décharge induite étant nulle pour tout mouvement du cadre lorsque l'axe de rotation est parallèle au champ, le problème consiste à trouver cette direction. Il faut d'abord déterminer le méridien magnétique.

Avec le système à butoirs, on met l'axe de la bobine vertical et l'on cherche l'azimut à partir duquel la rotation de 180° donne une impulsion nulle; cet azimut est parallèle au méridien. Comme les décharges induites sont alors égales et de signes contraires pour les deux moitiés du chemin, il faut que la durée du mouvement imprimé au système soit très petite par rapport à la période d'oscillation du galvanomètre.

Si la bobine reçoit un mouvement de rotation continu, on donne à l'axe une inclinaison constante et l'on cherche deux azimuts qui produisent le même courant; le méridien magnétique est bissecteur de ces azimuts.

Plaçant cette fois l'axe de rotation dans le méridien, on détermine l'inclinaison soit par la bissectrice des deux directions qui correspondent au même courant induit (¹), soit par celle d'induction nulle (²).

L'emploi d'un commutateur paraît plus avantageux parce que le courant croît avec la vitesse, mais le frottement des balais peut donner lieu à des variations de température qui risquent d'introduire des forces électromotrices étrangères au phénomène.

D'autre part, les décharges isolées, qui sont de sens contraires, peuvent être répétées à des époques correspondant aux oscillations de l'aiguille, de manière à augmenter l'écart à chaque opération; c'est la méthode de *multiplication*.

Soit q la décharge pour une demi-révolution. Si la bobine fait p tours par seconde, la valeur moyenne du courant redressé, à part tout effet de self-induction, est $i = 2pq$.

En appelant G la constante du galvanomètre, H' le champ qui agit sur l'aiguille, et supposant la déviation δ très petite, on a

$$Gi = H'\delta, \qquad \delta = \frac{G}{H'}2pq.$$

Supposons maintenant qu'après avoir donné à l'aiguille la vitesse u_0 par la décharge q, on attende le passage suivant à la position d'équilibre pour donner une impulsion en sens contraire, et qu'on répète ces opérations jusqu'à ce que l'élongation approche de sa valeur maximum.

En posant $r = e^{-\lambda\tau}$ (41), l'aiguille avait conservé, au premier retour, la vitesse $u_0 r$; par suite de la nouvelle impulsion, cette vitesse est devenue

$$u_1 = u_0 r + u_0 = u_0(1 + r).$$

(¹) H. WILD, *Bull. de l'Acad. des Sc. de Saint-Pétersb.*, t. XXVII, p. 320; 1881.
(²) E. MASCART, *Comptes rendus de l'Acad. des Sc.*, t. XCVII, p. 1191; 1883.

On aura de même, au second passage,

$$u_2 = u_1 r + u_0 = u_0(1 + r + r^2)$$

et, en général,

$$u_n = u_0(1 + r + \ldots + r^n) = u_0 \frac{1 - r^{n+1}}{1 - r}.$$

Pour un faible amortissement, on peut écrire $r = 1 - \lambda\tau$, et la vitesse limite est

$$u = \frac{u_0}{1 - r} = \frac{u_0}{\lambda\tau}.$$

La vitesse u_0 étant proportionnelle à q (36), l'élongation finale α est la même que si l'on remplace q par $\frac{q}{\lambda\tau}$, ce qui donne

$$\alpha = \frac{\pi}{\tau} \frac{G}{H'} \frac{q}{\lambda\tau}.$$

Le rapport des angles observés dans les deux cas est donc

$$\frac{\delta}{\alpha} = \frac{\tau}{\pi} 2p\lambda\tau.$$

Il n'est pas avantageux que les oscillations de l'aiguille soient très lentes, parce que la position d'équilibre manque de stabilité lorsque le champ directeur H' est trop faible. Si l'on fait $\tau = 3^s{,}14$ et $\lambda\tau = \frac{1}{200}$, conditions qui se rapprochent de l'exemple déjà cité, il en résulte

$$\frac{\delta}{\alpha} = \frac{2p}{200} = \frac{p}{100}.$$

Avec le mouvement continu, la bobine devrait faire 100 tours par seconde pour donner le même écart de l'aiguille que la méthode des impulsions isolées avec multiplication.

L'appareil indiqué par la *fig.* 39 permet de déterminer l'inclinaison à moins d'une minute. M. Wild estime qu'avec l'instrument plus perfectionné de l'Observatoire de Pawlowsk, l'erreur finale ne dépasse pas 0',1.

70. Précision des observations. — Joule avait remarqué déjà que les aiguilles longues donnent une inclinaison moindre que les aiguilles courtes, à cause de la flexion qu'elles subissent. Les écarts sont systématiques, d'après les observations de Greenwich sur des aiguilles de 9, 6 et 3 pouces, et peuvent atteindre 1'.

M. Schuster (1) a montré que ces différences sont parfaitement conformes à l'effet des déformations élastiques.

Lorsque l'aiguille est horizontale, la flexion des deux moitiés abaisse le centre de gravité, supposé d'abord ajusté sur l'axe, d'une quantité h. Quand l'aiguille s'incline, le centre de gravité décrit sensiblement une circonférence de diamètre h passant par l'axe; il reste perpendiculaire à l'aiguille et tend, dans tous les cas, à la ramener vers l'horizon.

Pour l'inclinaison I, le couple produit par le poids P de l'aiguille est $Ph \cos I . \sin I$; la diminution δI d'inclinaison est limitée par l'action du champ F et la condition d'équilibre est

$$FM.\delta I = Ph \sin I \cos I = \frac{Ph}{2} \sin 2I.$$

En appelant D la densité du métal et A l'aimantation, on a

$$\delta I = \frac{P}{M} \frac{h}{2F} \sin 2I = \frac{Dg}{A} \frac{h}{2F} \sin 2I.$$

L'erreur est proportionnelle à la quantité h et devient maximum pour $i = 45°$. La flexion h dépend de la forme de l'aiguille et des qualités élastiques du métal.

Nous supposerons l'aiguille symétrique, d'épaisseur constante ε, de longueur $2l$ et de largeur a au milieu. Les fibres situées dans le plan de symétrie restent *neutres*, mais elles se courbent; soit R le rayon de courbure à la distance x de l'axe. Les fibres supérieures s'allongent par la flexion, les autres se contractent et les couples des réactions élastiques ont le même signe de part et d'autre. Deux sections situées aux distances x et $x + dx$ s'inclinent inégalement et font entre elles un angle θ; l'arc de fibre neutre compris entre elles est $ds = R\theta$. Pour la fibre située au-dessus de la première à la distance z, l'arc correspondant est

$$ds(1 + \delta) = (R + z)\theta = R\theta\left(1 + \frac{z}{R}\right).$$

(1) A. Schuster, *Phil. Mag.*, 5e sér., t. XXXI, p. 275; 1891.

La dilatation δ par unité de longueur est donc égale à $\frac{z}{R}$. En appelant E le coefficient d'élasticité du métal, ou module d'Young, la tension relative à l'élément de section $\varepsilon\, dz$ est $E\varepsilon \frac{z}{R} dz$ et le couple correspondant $\frac{E\varepsilon}{R} z^2\, dz$.

Le couple élastique total de la section, dont nous désignerons la hauteur par $2u$, est donc

$$(5) \qquad \frac{E\varepsilon}{R}\int_{-u}^{+u} z^2 dz = \frac{2}{3}\,\frac{E\varepsilon}{R}\,u^3.$$

Cette réaction fait équilibre au couple fléchissant produit par la pointe, de longueur $l - x$.

Pour une aiguille en forme de losange, on a

$$\frac{2u}{l-x} = \frac{a}{l}.$$

Le poids de la pointe est $Dg\varepsilon u(l-x)$, son centre de gravité se trouve au tiers de la hauteur $(l-x)$ du triangle et le couple fléchissant est

$$(6) \qquad Dg\varepsilon u\,\frac{(l-x)^2}{3} = \frac{4}{3}\,Dg\varepsilon\,\frac{l^2}{a^2}\,u^3.$$

En égalant les expressions (5) et (6), il reste

$$\frac{1}{R} = 2\,\frac{Dg}{E}\,\frac{l^2}{a^2}.$$

La valeur de R est indépendante de x. La fibre neutre prend donc la forme d'un arc de circonférence dont l'équation, en raison de la petitesse des ordonnées, se réduit à

$$x^2 = 2Ry.$$

La distance h du centre de gravité à l'axe s'obtiendra à la manière ordinaire, ce qui donne

$$h = \frac{\int uy\,dx}{\int u\,dx} = \frac{1}{2R}\,\frac{\int (l-x)\,x^2\,dx}{\int (l-x)\,dx} = \frac{1}{2R}\,\frac{l^2}{6},$$

$$h = \frac{1}{6}\,\frac{Dg}{E}\,\frac{l^2}{a^2}.$$

On obtiendrait de même, pour un barreau de section constante,

$$h = \frac{3}{5} \frac{Dg}{E} \frac{l^4}{a^2}$$

et, pour une aiguille à courbe parabolique,

$$h = \frac{1}{7} \frac{Dg}{E} \frac{l^4}{a^2},$$

La meilleure forme est la dernière; certaines aiguilles en losange sont écourtées en triangle aux extrémités, ce qui les rapproche de la forme parabolique. Les aiguilles à section constante seraient plus défectueuses que les premières dans le rapport de 18 à 5.

Dans tous les cas, pour des aiguilles semblables, l'erreur est proportionnelle au carré de la longueur; c'est un nouvel argument en faveur des petits aimants (57).

Avec une aiguille en losange, l'écart d'inclinaison est

$$\delta I = \frac{1}{12} \frac{D^2 g^2}{EAF} \frac{l^4}{a^2} \sin 2I.$$

En faisant $D = 7,8$, $g = 981$, $F = 0,4$, $A = 200$ et, pour l'acier trempé, $E = 2.10^{12}$, il en résulte

$$\delta I = 3.10^{-8} \frac{l^4}{a^2} \sin 2I.$$

Dans les grandes aiguilles employées à Greenwich, on avait $l = 11^c,45$ et $a = 1^c,2$; il en résulte

$$\delta I = 0,363.10^{-4} \sin 2I = 1',25 \sin 2I.$$

Les aiguilles de Gambey sont encore plus longues. Pour celles de Brunner, on a $l = 6^c,5$ et $a = 1^c,2$; l'erreur est alors 9,61 fois moindre et se réduit à $0',13 \sin 2I$.

D'autre part, l'axe même de roulement fléchit sous le poids de l'aiguille; le centre de gravité s'abaisse encore pour ce motif, mais il reste sur la verticale de l'axe et ne produit pas de couple.

Enfin, une dernière cause d'erreur, non compensée par les opérations de retournement, peut tenir à ce que l'aiguille ne tourne pas autour d'un axe horizontal, soit que les tourillons n'aient pas le même diamètre, ou que les agates de roulement, tout en étant parallèles, ne se trouvent pas dans un même plan horizontal. Si l'axe de rotation est dans un azimut perpendiculaire au méridien et fait l'angle α avec l'horizon, les composantes du champ efficace sont H et Z $\cos\alpha$, et l'inclinaison apparente

$$\tang I' = \frac{Z}{H}\cos\alpha = \tang I \cos\alpha.$$

La diminution correspondante d'inclinaison

$$\frac{2\delta I}{\sin 2I} = (1-\cos\alpha) = 2\sin^2\frac{\alpha}{2} = \frac{\alpha^2}{2}$$

est encore maximum quand $I = 45°$. Pour qu'elle atteigne 1', il faudrait que

$$\alpha^2 = 4.0{,}0003, \qquad \alpha = 0.0346 \quad \text{ou} \quad 2°.$$

Il n'est pas admissible que les agates présentent un tel défaut de construction, mais les tourillons ont un si faible diamètre qu'il peut exister entre eux une différence notable.

En comparant les résultats fournis par de nombreuses aiguilles d'inclinaison qui étaient sans doute de même longueur, M. Wild a constaté des différences qui atteignent quelquefois 4'; il en conclut que l'emploi des aiguilles ne permet pas de déterminer la valeur absolue de l'inclinaison avec une erreur moindre que ± 1'. M. Moureaux a eu l'occasion d'étudier aussi beaucoup d'aiguilles excellentes, identiques de tout point et tirées de la même lame d'acier par le constructeur. Dans la plupart des cas, les différences d'inclinaison sont inférieures à 1', mais il arrive parfois qu'elles atteignent 3' ou même 4', sans qu'il soit possible d'en trouver d'autre explication probable que l'inégalité des tourillons.

Il semble donc que les aiguilles devraient être comparées, non pas à l'une d'entre elles prise comme étalon, mais plutôt à un appareil d'induction, et que chacune d'elles serait affectée d'une correction sensiblement constante.

CHAPITRE VII.

COMPOSANTE HORIZONTALE.

71. Mesures relatives. — On a souvent employé la méthode des oscillations pour comparer les valeurs H et H′ de la composante horizontale du champ terrestre, soit en un même lieu à des époques différentes, soit en deux stations différentes. Les nombres correspondants n et n' d'oscillations, réduites aux angles très petits, donnent alors

$$\frac{n'^2}{n^2} = \frac{H'M'}{HM}.$$

L'appareil construit par Gambey pour cet usage, sous le nom de *boussole d'intensité*, se compose d'une aiguille enfermée dans

Fig. 40.

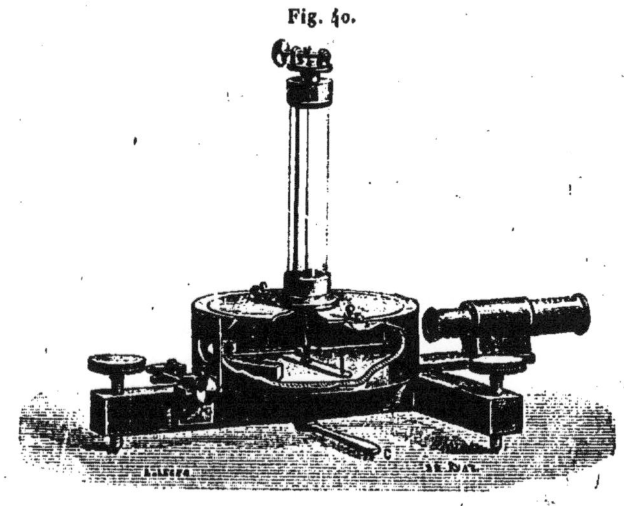

une cage en verre et portée par un long fil de soie (*fig.* 40). L'ensemble est installé sur un trépied en bois à vis calantes. On vise avec un microscope une pointe verticale que porte l'une des extrémités de l'aiguille et l'autre extrémité se meut devant un arc de cercle gradué pour évaluer l'amplitude des oscillations. Un levier inférieur C commande un bras muni de pointes qui permet d'écarter l'aiguille et de limiter l'amplitude initiale.

En réalité, l'expérience est assez complexe. Il faut d'abord s'assurer que le coefficient de torsion du fil est négligeable par rapport au couple directeur magnétique. En second lieu, le moment magnétique M devrait être remplacé (27) par

$$M\left(1+\frac{l-m}{A}H\right)=M(1+fH).$$

Toutefois, si la correction d'aimantation induite ne dépasse pas 0,001 et que les valeurs des composantes ne soient pas extrêmement différentes, on peut négliger cette cause d'erreur.

Ce qui est plus grave, c'est la conservation du moment magnétique lui-même. Avec des aiguilles d'aimantation très ancienne, on peut admettre que les variations sont réversibles et dues uniquement aux changements de température.

En appelant a le coefficient thermométrique, t et t' les températures des deux observations, on aura donc

$$\frac{n'^2}{n^2}=\frac{H'}{H}\,\frac{1-at'}{1-at}=\frac{H'}{H}[1-a(t'-t)].$$

Au cours des voyages, on n'est jamais assuré que l'aimantation d'une aiguille n'éprouvera pas des variations brusques, par suite d'une chute ou d'un accident quelconque. On se met à l'abri de cette cause d'erreur par l'emploi de plusieurs aiguilles. Trois aiguilles, par exemple, ayant été observées dans une première station A, on les observe de nouveau dans une seconde station A'. Si les trois résultats sont concordants, on doit admettre que les aiguilles n'ont pas été modifiées dans l'intervalle. Si les résultats diffèrent et que deux d'entre eux restent concordants, il est très probable que l'aimantation de la troisième aiguille seule a été altérée; le résultat correspondant est négligé, mais l'aiguille est observée de nouveau et pourra servir entre deux nouvelles stations A' et A''. Continuant ainsi de proche en proche, toutes les aiguilles peuvent avoir éprouvé des altérations jusqu'au retour, sans que l'opération ait été interrompue, pourvu qu'entre deux stations deux des aiguilles au moins restent concordantes.

Une dernière cause d'erreur qui ne s'élimine pas est celle qui proviendrait de l'affaiblissement continu du magnétisme avec le temps. Le seul palliatif est de revenir au point de départ et d'évaluer par de nouvelles observations la composante horizontale primitive, supposée invariable ou connue. La différence du résultat obtenu avec celui du départ correspond à la perte d'aimantation, et l'on fera sur toutes les observations intermédiaires une correction proportionnelle au temps.

72. Emploi des courants. — Si l'on dispose d'un galvanomètre étalon propre à déterminer un courant I en valeur absolue, on fera passer le même courant dans une *boussole des tangentes*. Cet instrument est composé d'un cadre circulaire vertical sur lequel on enroule N tours du fil. En désignant par a le rayon moyen des spires, le champ produit au centre par l'unité de courant, ou la constante galvanométrique G, a pour expression, à part une petite correction due à la largeur du cadre,

$$G = N\frac{2\pi a}{a^2} = N\frac{2\pi}{a}.$$

Si le cadre est parallèle au méridien magnétique et parcouru par le courant I, le champ résultant a pour composantes H et GI; il est incliné sur le méridien de l'angle δ donné par

$$\operatorname{tang}\delta = \frac{GI}{H}.$$

En mesurant la déviation δ qu'éprouve une petite aiguille à miroir située au centre du cadre, on en déduit

$$H = GI\cot\delta = N\frac{2\pi}{a}I\cot\delta. \tag{1}$$

L'expérience exige encore un réglage particulier. Si le cadre est porté par un cercle azimutal, on cherche d'abord l'orientation pour laquelle le passage d'un courant ne modifie pas la direction de l'aiguille; le plan du cadre est alors perpendiculaire au méridien et il suffit de tourner l'équipage de 90°.

Supposons que le cadre fasse l'angle ε avec le méridien. Quand le courant passe dans un certain sens, l'aiguille est déviée de l'angle δ'; en renversant le sens du courant, la déviation δ'' a lieu de l'autre côté. On déduit alors, des deux conditions d'équilibre

$$GI\cos(\delta' + \varepsilon) = H\sin\delta' \quad \text{et} \quad GI\cos(\delta'' - \varepsilon) = H\sin\delta'',$$

$$GI\cos\frac{\delta' + \delta''}{2}\cos\left(\varepsilon + \frac{\delta' - \delta''}{2}\right) = H\sin\frac{\delta' + \delta''}{2}\cos\frac{\delta' - \delta''}{2}.$$

Lorsque la différence des lectures $\delta' - \delta''$ est assez petite pour qu'on en puisse négliger le carré, l'angle ε est de même ordre; la déviation théorique δ est sensiblement égale à la moyenne des déviations observées δ' et δ'', ou à la moitié du déplacement total.

Kohlrausch ([1]) mesure le courant I à l'aide d'une bobine cylindrique à supension bifilaire, dont le coefficient C' est déterminé par la longueur des fils et la distance des points d'attache.

Désignant par S la surface totale de cette bobine, son moment magnétique est SI. Si l'axe est d'abord perpendiculaire au méridien, il éprouve une torsion α quand on y fait passer le courant et la condition d'équilibre est

$$(2) \qquad HSI\cos\alpha = C'\sin\alpha.$$

Les équations (1) et (2) donnent alors

$$H^2 = \frac{C'G}{S}\frac{\tan\alpha}{\tan\delta}.$$

Nous n'insisterons pas sur les corrections de réglage du bifilaire, ni sur la méthode même des courants, parce qu'elle exige un matériel tout spécial et qu'elle n'a été utilisée qu'à de rares exceptions dans les Observatoires magnétiques.

73. **Couples directeurs.** — La méthode la plus usitée consiste à déterminer le couple directeur $P = MH$ d'un aimant et le quotient $Q = \frac{M}{H}$ par comparaison du champ de l'aimant au champ terrestre, d'où l'on déduit $H^2 = \frac{P}{Q}$.

([1]) F. Kohlrausch, *Wied. Ann*, t. XVII, p. 737; 1882.

Le couple directeur s'obtient, en général, par l'étude des oscillations du barreau autour d'un axe vertical. On a alors, en tenant compte de l'aimantation induite et de la torsion du fil,

$$MH(1+fH)(1+\gamma)=n^2\pi^2K,$$

$$P=MH=\frac{n^2\pi^2K}{(1+fH)(1+\gamma)}.$$

Nous avons indiqué déjà (43 à 46) comment on évalue le moment d'inertie K, ainsi que les corrections γ et fH.

Les appareils de torsion, à suspension unifilaire métallique ou à suspension bifilaire (42), donneront aussi le couple directeur par la déviation δ qu'éprouve le barreau, d'abord dans le méridien, quand on tourne la monture de la suspension d'un angle θ, en utilisant l'une des relations

$$C(\theta-\delta)=HM\sin\delta,$$

$$C'\sin(\theta-\delta)=HM\sin\delta.$$

Les coefficients de torsion C et C′ se détermineront encore par les oscillations d'un système dont le moment d'inertie est connu, ce qui conduit à des expériences de même nature, et la suspension unifilaire ne présente pas beaucoup de sécurité. Il est vrai que le coefficient du bifilaire peut être calculé par les dimensions de l'appareil, mais il faut alors une installation trop importante.

Il est donc plus simple, et aussi exact, de suspendre le barreau à un fil de torsion très faible et d'observer ses oscillations naturelles dans le champ terrestre.

74. Méthode de Poisson. — C'est à Poisson ([1]) que l'on doit la première méthode pratique pour déterminer le rapport du champ magnétique d'un aimant au champ terrestre et en déduire la composante H en mesure absolue.

Une aiguille aimantée, oscillant d'abord sous la seule influence du champ terrestre, exécute m_0 oscillations, réduites aux angles infiniment petits, pendant un certain temps. Sur le prolongement de l'aiguille on met le barreau à étudier, dans la position directe, son milieu restant à la distance R du fil de suspension. Le champ

([1]) Poisson, *Connaissance des Temps pour* 1828, p. 113

moyen du barreau sur l'aiguille étant F, le nombre m d'oscillations pendant le même temps correspond au champ H + F et donne

$$\frac{m_0^2}{H} = \frac{m^2}{H+F} = \frac{m^2 - m_0^2}{F}.$$

En retournant le barreau dans la position inverse, le champ prend une valeur un peu différente F', à cause du défaut de symétrie de l'aimantation, et l'on a, par le nouveau nombre m',

$$\frac{m_0^2}{H} = \frac{m'^2}{H-F'} = \frac{m_0^2 - m'^2}{F'};$$

d'où la valeur moyenne

$$\frac{F+F'}{2H} = \frac{m^2 - m'^2}{2m_0^2}.$$

Les mêmes expériences répétées de l'autre côté de l'aiguille donneraient des résultats analogues; on en prend la moyenne totale et la valeur de R est fournie par la moitié de la distance du milieu du barreau dans les deux positions.

Pour avoir une idée de la précision, on admettra que le nombre m_0 est connu exactement et que toutes les erreurs expérimentales se reportent sur la valeur de m. Les variations correspondantes de F et de m sont alors

$$\frac{\delta F}{H} = \frac{2m\,\delta m}{m_0^2} = 2\frac{\delta m}{m}\frac{m^2}{m_0^2} = 2\frac{\delta m}{m}\left(1+\frac{F}{H}\right),$$

$$\frac{\delta F}{F} = 2\frac{\delta m}{m}\left(1+\frac{H}{F}\right).$$

Le champ F est toujours notablement inférieur à H, car la distance R doit être assez grande pour que ce champ puisse être exprimé utilement par un développement en série. Si l'on admet, par exemple, $H = 4F$, il en résulte

$$\frac{\delta F}{F} = 10\frac{\delta m}{m}.$$

Pour que l'erreur relative sur F soit inférieure à $\frac{1}{1000}$, il faut que l'erreur relative sur le nombre m ne dépasse pas $\frac{1}{10000}$, soit $0^s,36$ dans l'intervalle d'une heure.

Cette méthode ne semble pas avoir été employée et conduirait difficilement à des valeurs exactes.

D'ailleurs, abstraction faite de la torsion du fil, il faut encore faire intervenir les termes de correction relatifs à la distance et aux aimantations induites. En appelant A l'aimantation moyenne du barreau, le champ F a pour expression

$$F = \frac{2M}{R^3}(1+p)\left(1+\frac{lH}{A}\right),$$

et le rapport des couples directeurs dans les deux cas, en appelant f' la valeur du coefficient f relatif à l'aiguille, est

$$\begin{aligned}\frac{m^2}{m_0^2} &= \frac{(H+F)[1+f'(H+F)]}{H(1+f'H)}\\ &= \frac{H+F}{H}(1+f'F) = \frac{H+F}{H} + \frac{m^2}{m_0^2}f'F.\end{aligned}$$

Il en résulte

$$\frac{F}{H} = \frac{m^2-m_0^2}{m_0^2}\left(1-\frac{m^2}{m_0^2}f'H\right) = 2\frac{M}{HR^3}(1+p)\left(1+\frac{lH}{A}\right),$$

$$Q = \frac{M}{H} = \frac{R^3}{2(1+p)}\,\frac{m^2-m_0^2}{m_0^2}\left(1-\frac{m^2}{m_0^2}f'H - \frac{lH}{A}\right).$$

75. Méthode de Gauss. — La mesure des déviations produites sur un déclinomètre (51) a l'avantage de fournir directement une grandeur proportionnelle au champ du barreau.

La méthode des *tangentes* ne s'emploie guère que dans les installations permanentes. Le déclinomètre est muni d'un miroir dans lequel on observe à la lunette les divisions d'une échelle. Une règle graduée, perpendiculaire à la direction normale du déclinomètre, porte un chariot sur lequel le barreau déviant se place dans un étrier, normalement au méridien, de manière à utiliser la première position principale. On note la division observée de l'échelle, puis la division nouvelle quand on a retourné le barreau bout pour bout; l'angle total décrit par le déclinomètre entre ces deux observations est le double de la déviation. On répète les mêmes lectures en plaçant le chariot de l'autre côté du déclinomètre et sensiblement à la même distance.

On a vu (52) que, pour évaluer le terme p avec une approximation suffisante, il est bon que les longueurs du barreau déviant et du déclinomètre soient dans le rapport de 2 à 1 et les deux distances R′ et R auxquelles on opère dans le rapport 1,29 à 1, auquel cas l'une des déviations est sensiblement moitié moindre.

L'effet des aimantations induites (52, 4°) est négligeable, mais il faut tenir compte de la torsion du fil ; on en déduit

$$Q = \frac{M}{H} = \frac{R^3}{2}\frac{1+\gamma}{1+p}\tang\delta.$$

Le facteur $(1+\gamma)$ n'intervient pas dans le calcul de p, que l'on déterminera comme il a été dit plus haut (52, 2°).

A l'Observatoire du Parc Saint-Maur, la règle est mobile autour

Fig. 41.

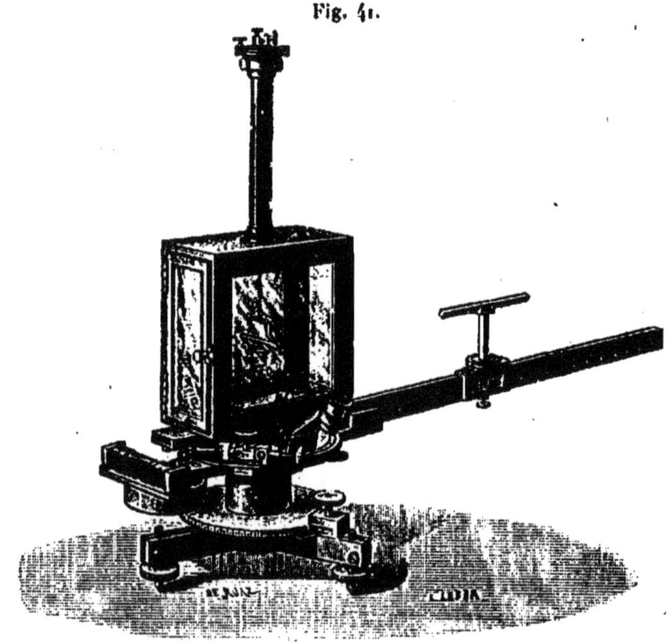

d'un axe vertical et sa direction est indiquée par un cercle azimutal sur lequel est monté le déclinomètre (*fig.* 41).

La distance de l'axe au zéro de la règle se dérmine par des lectures à droite et à gauche avec un chariot mobile sur une règle extérieure. Quant à la distance de l'échelle au miroir, il est facile de l'évaluer avec l'exactitude nécessaire.

76. Application aux théodolites. — On emploie habituellement la méthode des *sinus*, surtout avec les appareils portatifs.

Dans ce cas, la torsion du fil n'intervient plus, puisqu'il reste toujours dans le même état, mais il faut tenir compte de l'aimantation induite qui modifie d'abord (52, 4°) le moment magnétique.

En posant $\lambda = \frac{lH}{A}$, on a, par l'équation d'équilibre relative à la première position principale,

$$H \sin\delta = \frac{2M(1 - \lambda \sin\delta)}{R^3}(1 + p),$$

$$(3) \qquad Q = \frac{M}{H} = \frac{R^3 \sin\delta}{2(1+p)(1-\lambda \sin\delta)}.$$

L'aimantation induite peut modifier également le calcul de p.

En effet, les observations relatives aux deux distances donnent, avec les notations déjà définies (52, 1°),

$$r = \frac{R'^3 \sin\delta'}{R^3 \sin\delta} = \frac{1 + p\rho^2}{1 + p} \, \frac{1 - \lambda \sin\delta'}{1 - \lambda \sin\delta},$$

$$\frac{1 + p\rho^2}{1 + p} = r[1 - \lambda(\sin\delta - \sin\delta')] = r(1 - \varepsilon).$$

La variation de p relative à $\delta r = - r\varepsilon$ est

$$\delta p = \frac{\rho^2 - 1}{(r - \rho^2)^2}\,\delta r = r\,\frac{1 - \rho^2}{(r - \rho^2)^2}\,\varepsilon = \frac{1}{1 - \rho^2}\,\varepsilon.$$

L'équation (3) doit alors s'écrire, en appelant p_0 la valeur non corrigée $\frac{1 - r}{r - \rho^2}$,

$$Q = \frac{R^3 \sin\delta}{2(1 + p_0 + \delta p)(1 - \lambda \sin\delta)} = \frac{R^3 \sin\delta}{2(1 + p_0 + \delta p - \lambda \sin\delta)}.$$

Si l'on fait encore $\rho^2 = \frac{3}{5}$, il en résulte

$$\delta p = \frac{5}{2}\,\varepsilon = \frac{5}{2}\,\lambda(\sin\delta - \sin\delta'),$$

$$\delta p - \lambda \sin\delta = \frac{\lambda}{2}\,(3 \sin\delta - 5 \sin\delta').$$

Cette quantité, qui représente la correction totale, croît évidemment avec les déviations. En supposant $\delta = 30°$ et $\delta' = 15°$, elle devient

$$\delta p - \lambda \sin\delta = 0{,}103\lambda.$$

Pour $l = 2$, $H = 0{,}2$ et $A = 200$, on aurait $\lambda = 0{,}002$ et $\delta p - \lambda \sin\delta = 0{,}000\,21$. L'aimantation induite ne peut donc diminuer la valeur de Q de plus de $\frac{1}{5000}$ et, par suite, augmenter H que de $\frac{1}{10000}$, quantité inférieure aux erreurs d'observation.

Dans le déclinomètre de Kew, par exemple (*fig.* 42), on monte sur l'équipage une règle horizontale parallèle au second axe, avec un chariot et un étrier pour y placer l'aimant principal A dont on

Fig. 42.

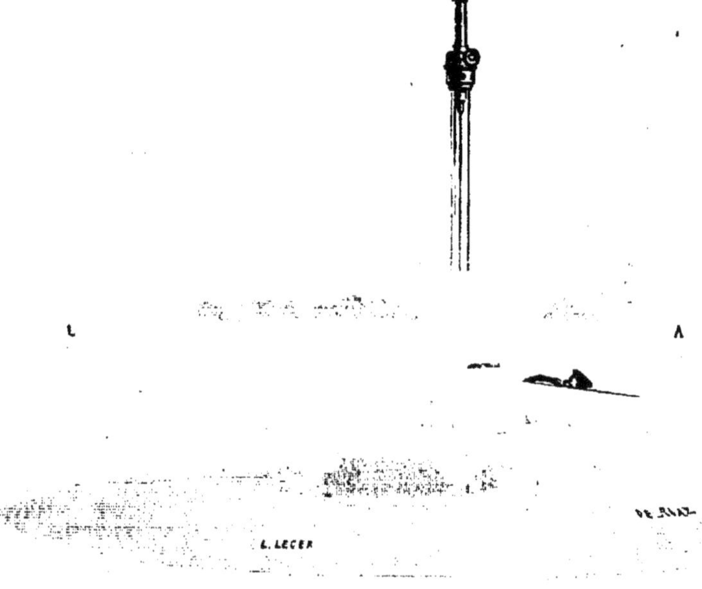

a d'abord observé les oscillations. On remplace ce barreau par un autre de dimensions moindres, maintenu dans le plan horizontal du premier, et dont la monture porte un miroir vertical. La lunette est installée plus bas et vise dans ce miroir l'image d'une échelle voisine E. On place alors le barreau déviant sur son étrier et l'on fait quatre lectures nouvelles en le retournant bout pour bout et répétant les mêmes observations du côté opposé; la moyenne des déviations correspond à la demi-distance R des deux positions de l'étrier. Des observations semblables sont faites à une autre distance R'.

Au lieu de mesurer les distances à chaque opération, il nous a paru préférable de les déterminer une fois pour toutes en fixant aux théodolites magnétiques des tiges latérales munies d'étriers dans lesquels on place le barreau déviant. Une goupille qui traverse le barreau en son milieu se loge dans une cavité de l'étrier, ce qui permet de le retourner facilement bout pour bout.

Pour le premier théodolite de Brunner (*fig.* 31) deux tiges semblables se placent avec des vis de serrage à droite et à gauche de la boîte de l'aimant, en T ou T'. On remplace le barreau collimateur par un aimant cylindrique garni sur ses faces terminales de petits disques en argent sur lesquels est tracé un trait de repère; l'objectif de la lunette de pointage est remplacé de manière à la transformer en microscope qui vise les repères.

Après avoir déterminé les oscillations de ce barreau, on lui substitue un barreau d'acier de longueur moitié moindre, garni de bouts en cuivre qui lui donnent la même longueur totale et portent les mêmes repères. Le microscope se pointe encore sur les repères et l'on observe la moyenne des déviations produites par le barreau déviant pour chaque distance, à gauche et à droite.

Ces distances ont été mesurées préalablement avec un microscope monté sur le chariot d'un comparateur rectiligne. L'aimant étant mis en place sur l'un des étriers, on pointe les deux bouts, puis les mêmes bouts après retournement, ce qui donne la position moyenne du milieu. La tige et l'aimant sont ensuite reportés de l'autre côté et l'on y fait les mêmes pointés au comparateur. La différence des deux positions du chariot est le double de la distance.

Dans l'autre théodolite (*fig.* 32), dont la construction ne présente pas la même symétrie, les deux tiges T et T' sont de formes différentes; elles se placent, de part et d'autre, à la même hauteur et portent des étriers semblables, situés respectivement à la même distance du barreau. L'observation des déviations se fait encore comme dans le cas précédent.

CHAPITRE VIII.

APPAREILS DE VARIATIONS.

77. Déclinaison. — Tout aimant mobile autour d'un axe vertical dont on observe les déplacements d'une manière continue, par rapport à un repère quelconque, suffit pour indiquer les variations de déclinaison ([1]).

La *boussole des variations* de Gambey, construite pour rendre ces observations très exactes, se compose d'un long barreau, de

Fig. 43.

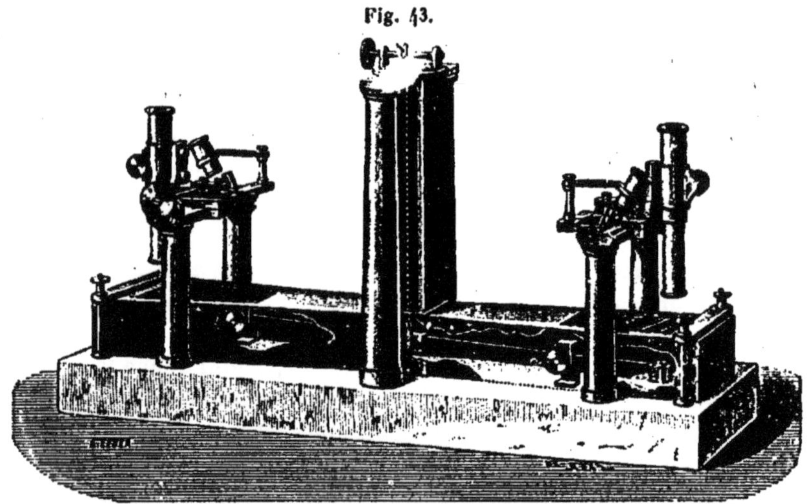

65^{cm} environ, suspendu par un paquet de fils et portant à ses extrémités des lames d'ivoire divisées que l'on observe avec des microscopes fixes (*fig.* 43).

([1]) Barlow employait une aiguille rendue quasi astatique par un aimant placé à poste fixe dans le voisinage. L'appareil est alors beaucoup plus sensible aux variations du champ terrestre, mais les résultats ne restent pas comparables entre eux à cause des modifications que peut éprouver le barreau correcteur.

Sur une plaque en marbre blanc sont installées deux colonnes de cuivre réunies à la partie supérieure par une traverse qui porte le treuil du fil, mobile sur un cercle divisé. Des colonnes plus courtes, près des extrémités du barreau, sont réunies par d'autres traverses sur lesquelles un chariot, commandé par une vis micrométrique, se déplace le long d'une échelle divisée en millimètres; ce chariot porte le microscope.

Une première opération consiste à déterminer la valeur angulaire des divisions tracées sur les plaques d'ivoire. Fixant le barreau par des arrêts, on mesure d'abord au microscope la distance d de chaque division; on remplace ensuite le barreau par une règle qui donne la distance $2D$ des traits formant leur image sur les réticules. Comme une minute est égale à 0,000 2909, la valeur de cet angle en minutes est

$$\varepsilon = \frac{1}{0{,}000\,2909}\frac{d}{D} = 3648\frac{d}{D}.$$

On évalue, comme d'habitude, la correction γ relative à la torsion des fils en remplaçant l'aimant par un barreau de cuivre.

L'appareil étant réglé, on observe le pointé qui sert de repère. Si le barreau tourne ensuite d'un nombre n de divisions donné par la moyenne des lectures des microscopes, le changement Δ de déclinaison, évalué en minutes, est

$$\Delta = (1+\gamma)\,n\varepsilon.$$

On peut ainsi connaître, par rapport à un repère arbitraire, les variations de déclinaison, soit d'heure en heure au cours de la journée, soit dans leur marche annuelle ou séculaire. La lecture n_0, correspondant à la déclinaison D_0 obtenue par détermination directe, donnera la valeur relative à chaque observation :

$$D = D_0 + (1+\gamma)(n - n_0)\varepsilon.$$

L'inconvénient principal de cette boussole tient à la lenteur et au faible amortissement des oscillations, même quand on prend la précaution de placer une plaque de cuivre dans le fond de la boîte, de sorte que le barreau obéit mal aux variations brusques. D'ailleurs, la lecture des deux microscopes est une complication superflue.

Le magnétomètre de Gauss se prête aux mêmes observations par la simple lecture des divisions de l'échelle vues dans la lunette; il a aussi l'inconvénient de la lenteur des oscillations.

On emploie aujourd'hui des barreaux beaucoup plus courts. En outre, pour rendre les indications indépendantes des déplacements accidentels que peuvent éprouver l'échelle et la lunette, on installe, au-dessous du miroir vertical que porte l'étrier de l'aimant, un autre miroir fixe dont on règle par des vis de rappel l'orientation et l'inclinaison, de manière que la lunette voie deux images voisines de l'échelle, l'une immobile qui provient du miroir fixe, et l'autre mobile avec l'aimant. L'angle des deux miroirs correspond à la différence de l'ordre des divisions des deux images qui se trouvent en même temps sur le fil du réticule.

Au Parc Saint-Maur, l'aimant du déclinomètre (*fig.* 44) est un barreau carré M de 5^{cm} de longueur; il est placé dans une boîte

Fig. 44.

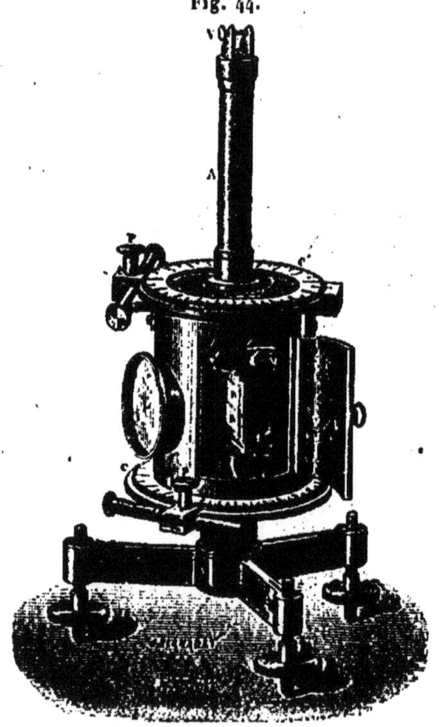

cylindrique en cuivre, mobile autour d'un axe vertical et munie d'un cercle divisé C, à vis de rappel et vernier; une colonne A qui porte le treuil du fil de suspension est montée sur la boîte et sa rotation est indiquée par un second cercle C'. L'étrier de l'aimant est en aluminium; il porte un miroir vertical R parallèle ou perpendiculaire à l'aimant, suivant la direction où est placée la lunette; le miroir fixe R' est monté sur le fond de la boîte; une fenêtre permet de voir les miroirs.

La fenêtre est fermée par une lentille convergente L. L'échelle (*fig.* 45) est une lame d'ivoire, très finement divisée, et on la place en avant de la lentille à une distance telle que la lumière émanée d'un point, traversant la lentille à l'aller et au retour, après réflexion sur l'un des miroirs, forme un faisceau émergent de rayons

Fig. 45.

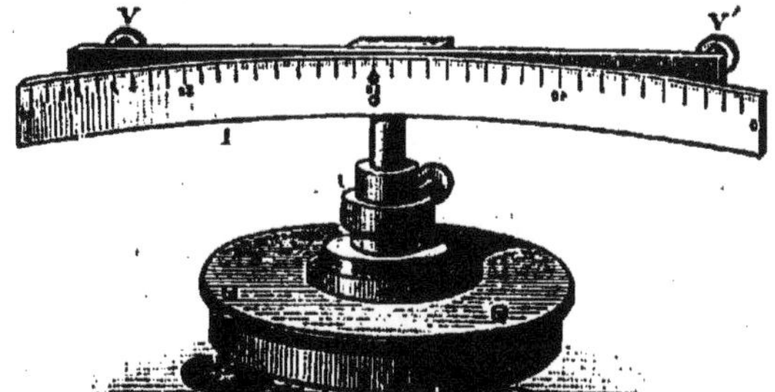

parallèles. La lunette d'observation est alors pointée sur l'infini et peut être à une distance quelconque. La lame d'ivoire est montée sur une pièce en cuivre; des vis V et V', placées au voisinage des extrémités, permettent de donner à l'échelle une courbure telle que toutes les divisions fassent nettement leur image dans le plan du réticule.

La position d'équilibre du fil ayant été réglée par un barreau de cuivre, remplacé ensuite par l'aimant, on procède d'abord aux épreuves de graduation.

Si l'image mobile se déplace de n divisions et que ε soit l'angle qui correspond à l'une d'elles, la variation δD de déclinaison est

$$\delta D = n(1+\gamma)\varepsilon = A n.$$

Pour déterminer la constante A, on observe la position relative des images, puis on tourne la boîte d'un angle α. Les deux images se déplacent, à cause du mouvement qu'a éprouvé la lentille, mais le miroir mobile n'a tourné que de l'angle $\gamma\alpha$, de sorte que l'angle des deux miroirs est $(1-\gamma)\alpha$. Si le déplacement relatif des images est de m divisions, il en résulte

$$m\varepsilon = (1-\gamma)\alpha, \qquad \varepsilon = \frac{1-\gamma}{m}\alpha,$$

$$A = (1+\gamma)\varepsilon = \frac{1-\gamma^2}{m}\alpha.$$

L'angle α étant exprimé en minutes, cette valeur de A représente en minutes la valeur angulaire correspondant à chaque division de l'échelle.

Le coefficient γ est généralement très petit, de l'ordre des dix-millièmes, et négligeable dans le cas actuel. Pour l'évaluer, on tourne la colonne d'un angle θ, par exemple 90° ou 180°, et l'on note le nombre p de divisions dont a marché l'image mobile, ce qui donne

$$MH.p\varepsilon = c(\theta - p\varepsilon),$$

ou sensiblement

$$\gamma = \frac{c}{MH} = \frac{p\varepsilon}{\theta - p\varepsilon} = \frac{p\varepsilon}{\theta} = \frac{p}{m}\frac{\alpha}{\theta}.$$

Un procédé très rapide, mais qui exige quelque habileté, consiste à faire subir à l'aimant un tour complet par l'action d'un barreau aimanté extérieur manœuvré à la main, auquel cas l'angle θ est de 380°. On évite ainsi de toucher à l'appareil et de faire usage du cercle supérieur.

Chacune des opérations que l'on vient d'indiquer, pour les constantes A et γ, est d'ailleurs répétée dans les deux sens, afin d'augmenter l'exactitude des résultats.

78. Composante horizontale. — Les variations de la composante horizontale se déterminent à l'aide d'un aimant porté par une suspension bifilaire. L'appareil est exactement le même que pour la déclinaison, avec cette seule différence que la suspension est un fil double passant sur deux crochets de l'étrier et dont les brins à la partie supérieure entrent dans les creux d'une vis ayant deux parties taraudées en sens contraires pour en régler l'écartement.

On oriente d'abord le miroir fixe dans une direction très voisine de celle que doit prendre le miroir mobile quand l'aimant est perpendiculaire au méridien; on tourne ensuite le tambour et l'on achève le réglage de manière que les images des deux échelles coïncident. Appelant θ la torsion réelle du fil pour cette position, α l'angle que fait l'axe magnétique du barreau avec le méridien géographique et D la déclinaison, la condition d'équilibre est

$$(1) \qquad C' \sin\theta = HM \sin(\alpha + D).$$

Si tous les éléments varient à la fois de quantités très petites, on a alors, en remarquant que la rotation $\delta\alpha$ du barreau est égale à la variation $\delta\theta$ de l'angle de torsion,

$$\frac{\delta C'}{C'} + \cot\theta\,\delta\theta = \frac{\delta H}{H} + \frac{\delta M}{M} + \cot(\alpha + D)(\delta\alpha + \delta D).$$

Le dernier terme est du second ordre et négligeable, puisque la déviation primitive du barreau est très voisine de 90°. D'autre part, les changements qu'éprouvent le moment magnétique et le coefficient de torsion ne dépendent que de la variation $t - t_0$ de la température et le facteur $\cot\theta$ est une constante; si n est le nombre de divisions dont l'image mobile s'est déplacée pour l'angle $\delta\theta$, on peut donc écrire

$$(2) \qquad \frac{\delta H}{H} = A'n + B'(t - t_0).$$

Au lieu d'utiliser la suspension bifilaire, on peut dévier le barreau par un aimant extérieur. M. Kohlrausch (¹) propose d'employer quatre aimants parallèles, dont les milieux sont situés sur une même circonférence ayant pour centre le barreau mobile et aux extrémités de deux diamètres rectangulaires, afin d'obtenir un champ plus uniforme. Si le barreau dévié fait l'angle α avec le méridien géographique, l'angle $\alpha + D$ avec le méridien magnétique et l'angle θ avec le champ auxiliaire F, l'équation d'équilibre est

$$F \sin\theta = H \sin(\alpha + D).$$

(¹) F. Kohlrausch, *Wied. Ann.*, t. XV, p. 533; 1882.

On a ici $\delta\alpha + \delta\theta = 0$, et les variations donnent

$$\frac{\delta H}{H} = \cot\theta . \delta\theta + \frac{\delta F}{F} - \cot(\alpha + D)(\delta\alpha + \delta D);$$

le dernier terme est encore négligeable si la déviation primitive est voisine de 90°. Le moment magnétique M du barreau mobile n'intervient plus, mais les changements de température modifient le champ F, et on est ramené à la même équation (2).

Le coefficient A' se déterminera par les déviations que produit un même barreau sur le déclinomètre et sur le bifilaire. Ce barreau *déflecteur* est monté sur un petit cercle vertical (*fig.* 46) porté par un chariot qui glisse sur une règle horizontale; à l'extrémité de la règle se trouve un arc métallique qui peut s'appuyer sur

Fig. 46.

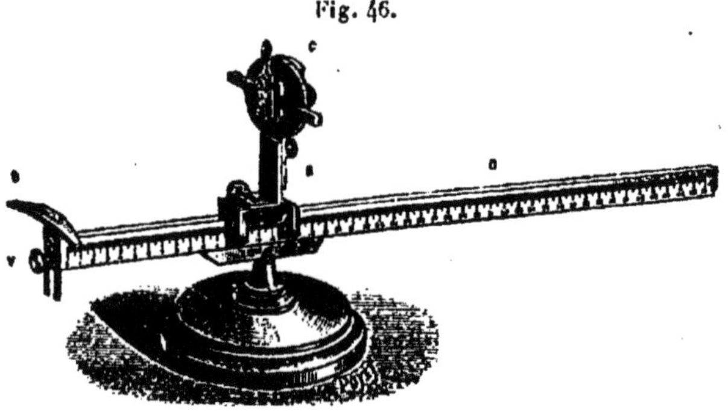

le rebord du cercle azimutal, de manière que le déflecteur se place successivement à la même distance des deux instruments.

Ce barreau étant d'abord horizontal, on l'installe près du déclinomètre, normalement au méridien magnétique et dans la seconde position principale. Si F est le champ du barreau sur l'aimant du déclinomètre et la déviation de m divisions, on a

$$\frac{F}{H} = Am.$$

Placé ensuite près du bifilaire, dans une direction parallèle au méridien, il produit une déviation de m' divisions, ce qui donne

$$\frac{F}{H} = A'm', \qquad A' = \frac{m}{m'}A.$$

Il est bon de faire deux épreuves, en plaçant le déflecteur de part et d'autre de chaque instrument, afin que la moyenne des résultats corresponde à une même distance aux barreaux.

Les produits des coefficients A' et B' par la valeur moyenne de H sont des constantes A_1 et B_1, de sorte qu'on a également

$$\delta H = A_1 n + B_1 (t - t_0).$$

Comme l'angle θ et, par suite, la constante A_1 varient avec la distance des fils, on peut modifier cette distance de manière qu'une division corresponde à une unité déterminée, par exemple $\delta H = 0,0001$, ce qui simplifiera ensuite les réductions.

On forme habituellement le bifilaire avec des fils de soie, mais ils éprouvent une altération continue, sans doute par les changements d'humidité. M. Moureaux préfère employer des fils métalliques dont le diamètre ne dépasse pas $\frac{3}{100}$ de millimètre. Au bout de quelques mois, après s'être d'abord modifiés lentement, ces fils conservent un état absolument invariable.

79. Composante verticale. — Pour la composante verticale, on utilise la balance de Lloyd ([1]). Un fléau de balance aimanté M (*fig.* 47), en forme de losange tronqué, porte un couteau transversal qui repose sur des plans d'agate. Des écrous mobiles sur une vis horizontale et une vis verticale que porte le fléau permettent de compenser le couple magnétique et de relever le centre de gravité de manière que la position d'équilibre soit horizontale et les oscillations très lentes. Le fléau porte un miroir horizontal à côté duquel se trouve un miroir fixe. Un prisme à réflexion totale, dont une des faces est convexe, permet de viser dans les deux miroirs, avec une lunette horizontale, les deux images d'une échelle. On règle la position relative de ces images par une vis qui commande le miroir fixe.

Si l'axe de rotation est parallèle au méridien, la composante verticale intervient seule dans la condition d'équilibre. En appelant α l'angle que fait l'axe magnétique avec l'horizon, p le poids du fléau, d la distance du centre de gravité à l'axe et θ l'angle de cette droite avec la verticale, cette condition d'équilibre et les

---

([1]) LLOYD, *Proc. of the R. Irish Acad.*; 1838-1839, p. 334.

variations correspondantes donnent

$$pd \sin\theta = ZM \cos\alpha,$$

$$\cot\theta\,\delta\alpha = \frac{\delta Z}{Z} + \frac{\delta M}{M} - \tang\alpha\,\delta\alpha.$$

Fig. 47.

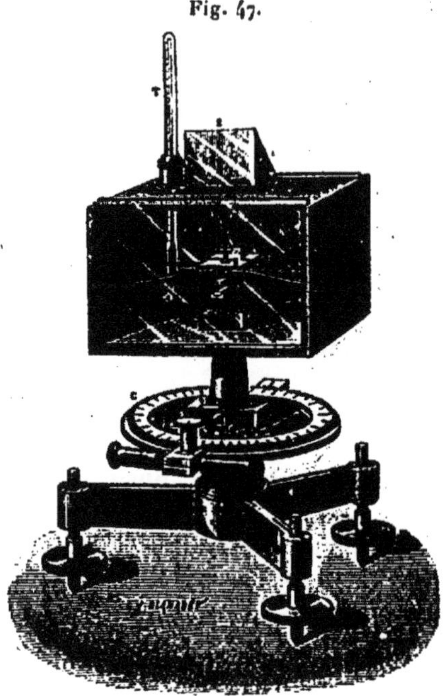

Le dernier terme est négligeable, puisque l'angle α est très petit; pour n divisions de l'échelle correspondant à l'inclinaison $\delta\alpha$ de l'appareil, on a aussi

$$\frac{\delta Z}{Z} = A''n + B''(t - t_0), \qquad \delta Z = A_2 n + B_1(t - t_0).$$

Une expression de même forme conviendrait au cas où l'oscillation se ferait dans le plan du méridien.

Le coefficient A_2 se détermine également par le barreau déflecteur, que l'on dispose verticalement dans le méridien; si le déplacement est de m'' divisions, on a

$$F = HAm' = A_1 m' = A_2 m'',$$

$$A_2 = HA \frac{m}{m''} = A_1 \frac{m'}{m''}.$$

On peut encore régler le centre de gravité de manière qu'une division corresponde à $\delta Z = 0,0001$.

Au Parc Saint-Maur, les trois appareils sont placés à la même distance d'un pilier central L (*fig.* 48, à droite), la balance et le déclinomètre sur une droite perpendiculaire au méridien, le bifilaire dans le méridien. On installe les échelles I sur le pilier de

Fig. 48.

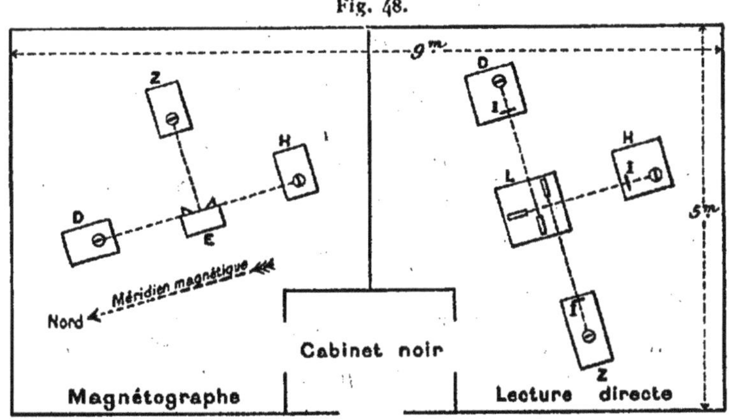

chaque instrument et le pilier central porte trois lunettes pour les viser séparément. Une petite lampe permet d'éclairer chacune des échelles au moment des observations.

80. Inclinaison et champ total. — On a quelquefois utilisé l'aiguille d'inclinaison pour cet usage en la munissant d'un couteau comme les balances, mais il est alors nécessaire que le centre de gravité se trouve exactement sur l'arête du couteau. Si cette condition était réalisée, ce qui est presque impossible mécaniquement, il suffirait d'observer avec un microscope les déplacements angulaires d'une des extrémités de l'aiguille.

On peut aussi monter sur l'aiguille un miroir et observer les variations d'inclinaison par la méthode précédente; cette construction plus compliquée rend moins facile encore le réglage d'équilibre. Sans qu'il soit nécessaire de recourir à un appareil spécial, les variations d'inclinaison et celles du champ total T se déduisent des indications de la balance et du bifilaire. Les relations

$$Z = H \tang I \qquad \text{et} \qquad T^2 = Z^2 + H^2$$

donnent, en effet,

$$\frac{2}{\sin 2I}\,\delta I = \frac{\delta Z}{Z} - \frac{\delta H}{H},$$

$$\frac{\delta T}{T} = \frac{Z\,\delta Z + H\,\delta H}{Z^2 + H^2} = \frac{\delta Z}{Z}\sin^2 I + \frac{\delta H}{H}\cos^2 I.$$

81. Corrections de température. — On supprime ces corrections d'une manière à peu près complète à l'Observatoire magnétique de Pawlowsk en plaçant les appareils de variations dans une enceinte à température constante. Les salles qui les contiennent sont entourées par un corridor circulaire; le tout est recouvert d'un monticule de terre et un calorifère à air chaud, convenablement réglé, y entretient la température invariable de 20°.

Cette solution, réalisée par M. Wild, est parfaite au point de vue scientifique, mais elle entraîne des frais d'installation et d'entretien qui ne paraissent pas absolument nécessaires.

On peut encore compenser les effets de température par des dispositions mécaniques. M. Liznar [1], par exemple, attache les brins supérieurs du bifilaire à deux tiges de zinc horizontales portées par une tige de verre commune. La différence des dilatations du zinc et du verre rapproche les points de suspension lorsque la température s'élève; un réglage de la longueur efficace des tiges de zinc permet de faire ainsi la correction totale de température.

La question du réglage enlève aux procédés de compensation la plus grande partie de leurs avantages et complique la construction. Il paraît plus simple de réduire autant que possible les corrections et de les déterminer directement.

Les appareils sont habituellement installés dans une cave et il n'est pas difficile de choisir des conditions telles que les variations diurnes de température y soient insensibles; on s'en assure par un thermomètre enregistreur.

---

[1] J. Liznar, *Zeitsch. f. Instrumentenkunde*, p. 13; Janv. 1888.

Les variations d'une saison à l'autre restent encore très faibles si la cave est assez profonde et munie de portes successives pour y accéder. Toutefois, dans une enceinte souterraine ainsi fermée, l'humidité qui se dégage des matériaux mêmes de construction ne tarde pas à devenir excessive et elle entraîne une foule d'inconvénients, tels que la buée sur les verres et l'oxydation des pièces métalliques. Il est donc nécessaire d'y établir une ventilation, au risque d'amener des changements lents de température.

Les instruments sont posés sur des dalles de pierre; on enferme chacun dans une cloche de verre munie d'une fenêtre fermée par une glace pour les observations, en plaçant sous la cloche des matières desséchantes, par exemple des morceaux de potasse. M. Moureaux a constaté qu'en mastiquant ces cloches au suif sur les dalles de pierre, l'humidité y pénètre encore, sans doute à cause de l'évaporation lente par la pierre elle-même; il est préférable de monter les instruments sur du marbre blanc ou des plaques métalliques, ou encore de couvrir la dalle par une couche de peinture ou de matière grasse.

Avec ces différentes précautions, la différence des températures de l'hiver à l'été ne dépasse guère 10°. On détermine les coefficients correspondants, B_1 et B_2, du bifilaire et de la balance par une expérience préalable dans laquelle on échauffe la cave artificiellement en y plaçant un foyer et laissant l'enceinte revenir ensuite lentement à sa température normale. Des appareils auxiliaires dans une autre salle permettent d'évaluer la partie des déplacements qui correspond aux variations du champ.

82. **Enregistreurs magnétiques.** — Au lieu de lire fréquemment les appareils de variations, on traduit leurs indications en courbes continues par la photographie.

Le magnétomètre enregistreur de Kew (*fig.* 49), dont l'usage est très répandu, permet en même temps les observations directes. Les instruments, basés sur les mêmes principes que les précédents, sont de construction un peu différente, avec des aimants plus longs, ce qui oblige à les écarter davantage pour éviter leur influence réciproque. Ils sont portés par trois piliers, à égale distance d'un pilier central, le déclinomètre A et le bifilaire B sur une parallèle au méridien, la balance C dans une direction perpendiculaire.

Pour la balance, l'arête du couteau est parallèle au méridien et le fléau porte un miroir vertical qui oscille à côté d'un miroir fixe également vertical.

Les appareils sont montés de façon que les normales aux miroirs A du déclinomètre et C de la balance aboutissent à un cinquième pilier qui porte deux lunettes d'observation, A′ et C′,

Fig. 49.

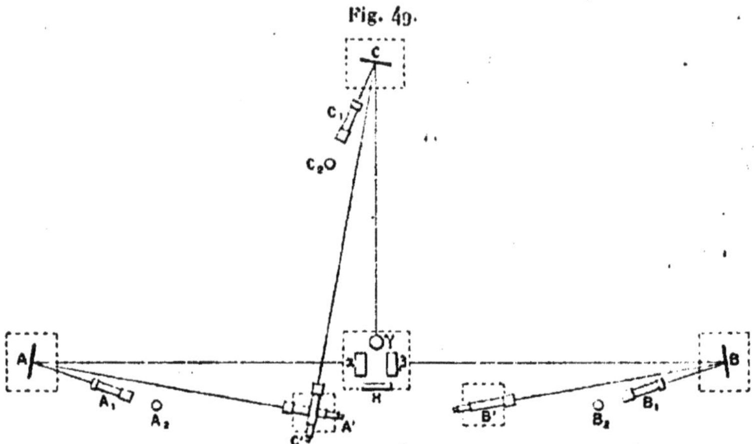

munies la première d'une échelle horizontale et la seconde d'une échelle verticale. Une autre lunette B′, montée sur un sixième pilier et munie d'une échelle horizontale, vise les miroirs B du bifilaire. La graduation des échelles se fait directement, pour le déclinomètre par la mesure de la distance, et par comparaison avec un barreau déflecteur pour les deux autres instruments.

L'enregistrement s'obtient par trois collimateurs A_1, B_1 et C_1, les deux premiers à fente verticale, le troisième à fente horizontale, dans des directions telles que les rayons réfléchis fassent nettement leur image sur des feuilles photographiques spéciales enroulées sur les cylindres α, β et γ, les deux premiers à axe horizontal et le troisième à axe vertical. Ces cylindres sont entraînés par un mouvement d'horlogerie H et font un tour en vingt-quatre heures. Devant chaque cylindre est un écran à fenêtre étroite parallèle à son axe, qui limite la longueur des images, fixe et mobile, admises sur le papier photographique.

Les fentes des collimateurs sont éclairées par des lampes à gaz

A_2, B_2 et C_2. L'horloge et les cylindres récepteurs sont couverts par une boîte munie de trois ouvertures et des tubes en bois vont du centre à chacun des instruments pour protéger les miroirs contre toute lumière étrangère à celle qu'ils doivent recevoir.

La trace des images fournies par les miroirs fixes produit sur le papier correspondant une ligne droite et celle des images mobiles une courbe; la largeur de ces lignes est limitée par celle de la fenêtre située devant chaque cylindre.

Enfin, pour indiquer l'heure avec plus de précision, le mouvement d'horlogerie masque ces fenêtres par des écrans pendant quelques instants toutes les deux heures; les tracés portent ainsi des interruptions correspondantes.

La graduation des épreuves s'obtient simplement par comparaison avec les lectures simultanées des lunettes; on connaît ainsi, pour le déplacement d'un millimètre des images mobiles, la valeur angulaire correspondante du déclinomètre et la variation des composantes.

Le prix d'un appareil aussi important et les dimensions de la salle qu'exige son installation entraînent de grands frais d'établissement; d'autre part, la nécessité d'entretenir trois lampes sans interruption et d'employer chaque jour trois feuilles de papier correspondent à une dépense journalière qu'il est utile de réduire, si l'on veut généraliser l'emploi de ces enregistreurs.

En outre, il nous a semblé préférable d'installer séparément la série des appareils à lecture directe et celle de l'enregistreur, afin de pouvoir substituer l'une à l'autre en cas d'accident.

Dans l'enregistreur magnétique du Parc Saint-Maur, dont l'arrangement a été combiné pour l'expédition française du Cap Horn, en 1882, on n'emploie qu'une seule source de lumière et les six images des trois instruments sont reçues sur la même feuille de papier photographique (*fig.* 50).

Cette feuille, comprise entre deux glaces, l'une transparente et l'autre couverte d'un vernis noir, est portée par un cadre E, que l'horloge fait descendre uniformément derrière une fenêtre étroite horizontale qui limite la hauteur des images.

Une petite lampe G à flamme très courte, de 2^{cm} au plus, est placée au centre d'une lanterne L munie de trois tubes latéraux dirigés vers les instruments. Dans chaque tube glisse une monture portant à l'intérieur une lentille et à l'extérieur un chapeau à coulisse sur lequel est une fente verticale.

La lumière est ainsi émise dans trois directions et les rayons reviennent vers la source, à la hauteur de la fenêtre. Pour ramener les images latérales sur le papier, les deux tiers extrêmes de la fenêtre sont couverts par des prismes à réflexion totale P.

Fig. 50.

Les trois instruments sont identiques à ceux qui servent pour la lecture directe des variations avec cette différence que leurs lentilles sont à plus long foyer. Le déclinomètre D (*fig.* 48, à gauche) et le bifilaire H sont situés sur une parallèle au méridien, leurs miroirs montés de manière à se trouver normaux à cette droite, et la balance Z dans une direction perpendiculaire.

Le tiers moyen du papier photographique (*fig.* 51) porte ainsi les traces fixes et mobiles *c* et *c'* des images de la balance; chacun des tiers latéraux reçoit les images semblables D et D', B et B' du déclinomètre ou du bifilaire.

Pour régler l'enregistreur, on commence par enlever les fentes et l'on modifie la position des lentilles de manière que l'image de

Fig. 51.

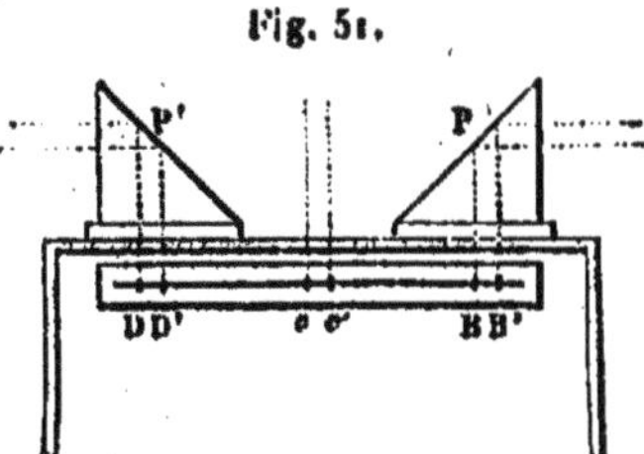

la flamme se produise sur chacun des instruments. On pose ensuite les fentes et on les enfonce plus ou moins dans les tubes, de façon que leurs images se produisent nettement sur le papier photographique.

Sur la face interne de la glace antérieure on a tracé vingt-cinq traits dont la distance correspond au mouvement du cadre pendant une heure; ces traits interceptent l'action de la lumière, de sorte que les droites et les courbes sont interrompues par des espaces blancs très étroits qui marquent les différentes heures. En outre, on a gravé sur la glace noire, en enlevant le vernis, un certain nombre de caractères indiquant la nature de chaque système de courbes et une inscription de date qu'il suffira ensuite de compléter à la main.

Quand on enlève le châssis, à l'heure convenue, on le remplace aussitôt par un autre que l'on remonte à la partie supérieure. Le châssis enlevé est retourné sur une boîte à fond noir et on l'expose quelques instants à la lumière d'une bougie pour impressionner les caractères ménagés sur la face opposée. Ces caractères s'impriment au travers du papier et apparaissent, en même temps que les courbes, quand on révèle ensuite l'épreuve.

Toutefois, le tracé des heures par ce procédé mécanique ne donne pas une précision suffisante, soit à cause de l'imperfection des traits, soit que le cadre n'ait pas été remplacé exactement à l'heure normale ou que le mouvement de déclic qui retient le cadre n'ait pas repris la même situation. Pour augmenter cette précision, on place auprès de chaque appareil une petite bobine, dans laquelle une horloge plus parfaite que celle de l'enregistreur envoie toutes les deux heures un courant de très courte durée. L'action du courant agite les aimants et leur imprime des oscillations, d'un caractère très particulier, qui s'amortissent rapidement. Ces oscillations se traduisent sur les courbes et ne peuvent être confondues avec les écarts dus aux variations ; leur début correspond à l'heure de la pendule régulatrice. L'époque exacte d'un phénomène peut ainsi être évaluée sur les épreuves à une minute près. En outre, la forme même de ces oscillations et leur arrêt à la position primitive permettraient de reconnaître si elles se produisent toujours de la même manière et si les instruments n'ont pas subi quelque altération accidentelle.

Il reste à graduer les instruments, c'est-à-dire à connaître la variation qui correspond au déplacement d'un millimètre entre l'image fixe et l'image mobile de chaque espèce. La méthode est exactement la même que pour les instruments à lecture directe. Faisant tourner d'un angle connu la boîte du déclinomètre, on laisse l'appareil dans cet état pendant quelques minutes; l'image fixe et l'image mobile se déplacent en même temps. On répète la même opération du côté opposé et la distance moyenne des deux espèces d'images correspond à l'angle de rotation.

Le déclinomètre une fois ramené à son état primitif, on fait agir ensuite le même barreau déflecteur successivement sur les trois instruments. Les rapports des trois déplacements des images mobiles donnent finalement la valeur du millimètre, en angle ou en fraction de composante, sur chacune des courbes.

CHAPITRE IX.

INSTRUMENTS DE VOYAGE.

83. **Remarques générales.** — L'étude de la distribution des éléments magnétiques dans une contrée et les explorations plus étendues à la surface du globe exigent que l'on puisse employer des appareils portatifs qui permettent de faire une installation rapide et de multiplier, autant que possible, les stations.

Dans la plupart des voyages dirigés par les officiers de la marine, on emportait un théodolite magnétique, une boussole d'inclinaison et une boussole d'intensité (71) pour déterminer les valeurs relatives de la composante horizontale. Les instruments de Gambey ou de Hansteen, par exemple, sont trop lourds pour se prêter facilement à ce genre d'explorations scientifiques.

Le déclinomètre de Kew (64) est déjà plus maniable; il donne la déclinaison ainsi que la composante horizontale H (76), et l'on observe en même temps une boussole d'inclinaison.

Le but des observations en voyage est d'ailleurs de fournir des documents pour la construction des Cartes magnétiques et il n'est pas nécessaire d'y apporter le degré d'exactitude que l'on recherche dans les Observatoires permanents.

L'instrument utilisé par Lamont dans une série de voyages célèbres est sans doute le premier qui ait rempli ces conditions de transport facile et d'opérations rapides.

De même, le théodolite de Brunner (*fig.* 32) a été construit dans des dimensions plus restreintes, avec des cercles dont les verniers donnent la demi-minute et des barreaux de 10^{cm} de longueur. Avec la boussole d'inclinaison, les deux instruments constituent un matériel facile à transporter; nous indiquerons plus loin une modification de ces appareils qui paraît réduire au minimum les difficultés de transport et d'installation.

D'autre part, on n'est pas maître, dans la plupart des cas, de choisir l'époque et l'heure de ces observations locales, puisqu'elles doivent être faites en plein air, loin de toute masse de fer qui pourrait agir sur les instruments. Si les éléments magnétiques n'étaient soumis qu'à des variations régulières, diurnes et annuelles, on pourrait connaître la marche de ces variations par les résultats d'une station permanente, située même à plus de 1000^{km} de distance, et corriger ainsi chaque observation de la variation correspondante, pour ramener toutes les mesures à la même heure et à la même époque.

Les perturbations échappent entièrement à ce mode de correction. Rien n'avertit un voyageur de l'état magnétique général au moment de ses observations et il peut arriver qu'elles correspondent à un trouble complet des éléments qu'il détermine. Si l'on veut que les données recueillies au cours d'un voyage conservent toute leur valeur, il faut donc apporter à chaque mesure la correction indiquée pour la même heure par un enregistreur de variations situé à quelque distance. Cette précaution est surtout nécessaire dans les contrées où la composante horizontale est très faible, parce que les perturbations temporaires y produisent des variations considérables sur les trois éléments; certaines explorations magnétiques perdent ainsi une grande partie de leur intérêt par l'absence des données de contrôle.

84. **Théodolite de Lamont.** — L'appareil de Lamont est disposé de manière à fournir les trois éléments. L'équipage mobile sur le cercle azimutal H (*fig.* 52) porte la monture de l'aimant et une lunette horizontale L, dont l'inclinaison peut être modifiée par une vis de rappel *p*. Le treuil du fil est à la partie supérieure d'une colonne en cuivre T; l'aimant *ab* se place dans un étrier auquel est suspendu un miroir vertical *m* perpendiculaire à sa direction. Pour réduire la largeur de la boîte, on y adapte latéralement deux tubes de verre dans lesquels se loge l'aimant; il suffit d'enlever un de ces tubes pour mettre le barreau en place dans son étrier et lui donner les retournements nécessaires.

La lunette est nadirale. A chaque observation, on tourne l'équipage jusqu'à ce que le réticule, éclairé latéralement, coïncide avec son image produite par réflexion sur le miroir.

Pour la *déclinaison*, on observe l'aimant dans une première position, puis après retournement. La moyenne des lectures sur le cercle azimutal correspond au cas où la normale au miroir, c'est-à-dire l'axe optique de la lunette, fait un certain angle ε avec le méridien magnétique. Cet angle est nul si la normale au miroir est parallèle aux fourches de l'étrier dans lesquelles se place l'aimant, mais il suffit de le déterminer une fois pour toutes par comparaison dans un observatoire.

La lecture relative au méridien géographique se détermine par la visée d'un repère éloigné, au voisinage de l'horizon, dont on a

Fig. 52. Fig. 53.

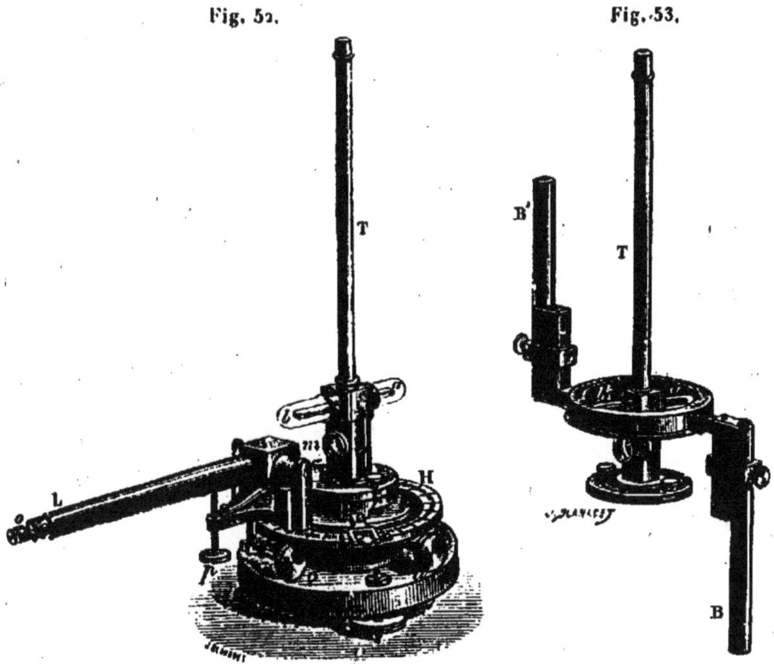

déterminé l'azimut. Cette détermination se fait en remplaçant l'aimant, soit par une monture spéciale munie d'un miroir des passages mobile autour d'un axe horizontal, soit par un équipage avec lunette et cercle de hauteurs, comme dans un théodolite ordinaire.

L'*inclinaison* s'obtient par l'aimantation induite sur des barreaux de fer [1]. A cet effet, on installe sur la monture de l'aimant un anneau (*fig.* 53) muni de deux oreilles dans lesquelles peuvent se placer verticalement, à droite et à gauche, des barreaux de fer identiques B et B', de manière que les pôles qui se forment aux extrémités soient à peu près dans le plan horizontal de l'aimant.

Les barreaux étant disposés en sens inverses, l'un en haut et l'autre en bas, leurs pôles de noms contraires produisent un champ horizontal qui dévie le déclinomètre; on tourne l'équipage d'un angle δ, jusqu'à ce qu'une nouvelle coïncidence s'établisse entre le réticule et son image.

Le magnétisme de chaque pôle est proportionnel à la composante verticale Z, ainsi que le champ produit sur le déclinomètre, et la condition d'équilibre est de la forme

$$CZ = H \sin \delta.$$

En réalité, on répète l'expérience en retournant chacun des barreaux face pour face, puis bout pour bout, ce qui fait quatre lectures, et en les disposant ensuite de manière qu'ils agissent par leurs pôles opposés, ce qui change le sens de la déviation. L'angle δ est ainsi donné par la moyenne de huit lectures et l'on a

$$\text{(1)} \qquad \tang I = \frac{Z}{H} = \frac{\sin \delta}{C} = A \sin \delta.$$

La constante A se détermine par comparaison dans un observatoire où l'on mesure la déviation δ_0 pour une inclinaison connue I_0, ce qui donne

$$A = \frac{\tang I_0}{\sin \delta_0}.$$

Comme l'aimantation induite n'est pas indépendante de la température, le résultat final est de la forme

$$\tang I = A[1 + a(t - t_0)] \sin \delta.$$

L'aimantation permanente que pourraient avoir les barreaux de fer doux s'élimine par les opérations de retournement, mais il peut rester quelques doutes sur le degré d'exactitude avec lequel ces barreaux conservent les mêmes coefficients d'aimantation.

---

[1] LLOYD, *Account of the Magn. Observ. of Dublin*; 1842.

D'autre part, les barreaux prennent aussi une aimantation transversale, proportionnelle à H; sur le déclinomètre, les composantes tangentielles du champ correspondant sont parallèles à l'aimant, mais les composantes normales lui sont perpendiculaires et tendent à diminuer la déviation dans tous les cas.

La condition d'équilibre est donc

$$CZ - C'H \sin\delta = H \sin\delta,$$
$$CZ = H(1 + C') \sin\delta.$$

On est ainsi conduit à la même équation (1), sauf que la constante A est un peu différente.

La même disposition permet d'évaluer la *composante* horizontale en remplaçant les barreaux par des aimants M et M', qui se placeront verticalement à une distance plus grande. Ces déflecteurs étant d'abord dans la position directe, pôle N en bas, on fait agir le pôle S de l'un et le pôle N de l'autre; la condition d'équilibre est encore de la forme

$$C(M + M') = H \sin\delta.$$

On retourne les aimants face pour face, puis on les fait agir par les mêmes pôles en les montant dans la position inverse, pôle N en haut, de manière à compenser l'aimantation induite. Les déviations sont alors en sens contraire et l'angle δ s'obtiendra finalement par la moyenne de huit lectures.

D'autre part, on observe les oscillations du système formé par l'ensemble des deux aimants M et M', disposés à la manière de Joule (46, 2°) dans une monture spéciale, ce qui donne

$$(M + M')H = \pi^2 K n^2,$$
$$H^2 \sin\delta = \pi^2 KC n^2 = B^2 n^2. \tag{2}$$

La constante B sera déterminée par comparaison. Dans le cas actuel, l'expérience est plus satisfaisante parce qu'on élimine les corrections de température, ainsi que la variation des moments magnétiques, et que l'influence de l'aimantation induite transversale est négligeable.

On peut aussi employer la méthode de Gauss à la manière ordinaire. On installe, à cet effet, sur la boîte du déclinomètre un anneau qui porte une règle horizontale perpendiculaire à l'axe optique de la lunette et débordant de chaque côté.

Après avoir observé les oscillations du barreau qui sert pour la déclinaison, on le remplace par un autre, qu'il est préférable de prendre plus court de moitié. Le barreau primitif est alors posé sur la règle, à une distance déterminée R, alternativement à droite et à gauche, avec retournement bout pour bout, et l'on prend la moyenne δ des quatre déviations observées. On a alors (76)

$$P = MH = n^2 \frac{\pi^2 K}{(1+fH)(1+\gamma)},$$

$$Q = \frac{M}{H} = \frac{R^3 \sin\delta}{2(1+p)}\left(1+\lambda \sin\delta\right);$$

$$H^2 \sin\delta = n^2 \frac{2\pi^2 K(1+p)(1-\lambda \sin\delta)}{R^3(1+fH)(1+\gamma)}.$$

On peut modifier la distance R, pour déterminer le terme de correction p, mais il est plus pratique d'opérer toujours dans les mêmes conditions et de considérer le facteur de n^2 dans la dernière équation, comme une constante B^2, à évaluer par comparaison, ce qui donne encore l'équation (2).

Il est vrai que deux des autres termes de correction renferment aussi la composante H, mais ils sont très petits, de l'ordre des millièmes, et leur variation peut être négligée si le champ ne prend pas des valeurs très différentes entre deux stations.

Comme contrôle, on observera la déviation δ' relative à une autre distance R' et à une valeur différente B'^2 de la constante. Les deux observations doivent satisfaire à la condition

$$\frac{\sin\delta'}{\sin\delta} = \frac{B'^2}{B^2}.$$

85. **Instruments de Brunner.** — M. d'Abbadie a fait construire par MM. Brunner une boussole d'inclinaison de dimensions très réduites et nous avons demandé à ces artistes un théodolite magnétique utilisant le même mode de lecture, avec les accessoires nécessaires pour déterminer la composante horizontale. Ce sont les instruments dont M. Moureaux fait un si excellent usage dans ses explorations magnétiques.

Le théodolite est représenté en demi-grandeur par la *fig.* 54. En comprenant la boîte de chêne qui le renferme, avec toutes les pièces accessoires, l'instrument ne pèse pas plus de 4^{kg}. Les cercles

Fig. 54.

ont 8^{cm} de diamètre; les verniers donnent directement la minute et permettent d'apprécier la demi-minute. Le barreau observé B est suspendu au milieu de l'équipage; ces barreaux ont $6^{cm},5$ de longueur, une section circulaire et leurs surfaces terminales sont polies en forme de miroir concave.

Le cercle des hauteurs est mobile avec la lunette et entraîne un index d'argent I, taillé en biseau, qui porte trois traits parallèles au cercle sur sa face extérieure et un seul trait sur sa face interne. Lorsque cet index est amené devant le barreau, au voisinage du rayon de courbure, le trait intérieur forme son image dans le plan des autres. Pour l'observation, on tourne l'équipage jusqu'à ce que, vue à la loupe M, cette image coïncide avec le trait central de l'autre face et on lit le vernier du cercle azimutal; on fait ensuite le même pointé sur l'autre extrémité, puis on tourne le barreau de 180° et l'on répète les deux opérations; la moyenne des lectures sur le cercle azimutal correspond au méridien magnétique.

L'appareil possède naturellement tous les moyens de réglage. Le treuil T du fil peut tourner sur un petit cercle gradué et des vis latérales permettent de centrer le fil afin que les images soient également nettes de part et d'autre. Une vis V permet de soulever lentement un plan d'arrêt E, pour réduire l'amplitude des oscillations dans l'intervalle des traits extrêmes de l'index. L'aimant est enfermé, pendant les observations, dans une cage cylindrique à pourtour métallique et faces latérales en verre, qui permettent la lecture du vernier sur le cercle des hauteurs. Le pourtour de cette cage, dont une moitié a été enlevée sur la figure, porte des fenêtres C pour la visée des repères d'équilibre.

Enfin, l'oculaire de la lunette L est couvert par un prisme à réflexion totale, de manière que la visée se fasse toujours horizontalement. On détermine à la manière ordinaire, par l'observation du Soleil, la position du vernier sur le cercle azimutal qui correspond au méridien géographique.

Une tige métallique, portant deux étriers qui correspondent aux distances R et R′, peut être montée sur l'équipage, à droite et à gauche de l'aimant.

Pour évaluer la composante horizontale, on observe d'abord les oscillations de l'aimant, puis on le remplace par un barreau de longueur moitié moindre, prolongé par des bouts de cuivre munis de miroirs concaves. Le barreau primitif se place sur les étriers, successivement aux deux distances, avec les retournements habituels, et l'on répète les mêmes observations en montant la tige de l'autre côté. Les déviations correspondantes, δ et δ', sont encore les moyennes des quatre lectures et l'on a

$$H = n\frac{B}{\sqrt{\sin\delta}} = n\frac{B'}{\sqrt{\sin\delta'}}.$$

Les distances R et R' ont été mesurées sur chaque appareil, de sorte que la comparaison des deux déviations permet de déterminer les termes de correction. Pratiquement, les coefficients B et B' résultent de mesures comparatives dans un observatoire et les deux opérations se servent de contrôle.

La boussole d'inclinaison (*fig.* 55) forme, avec sa boîte, un poids total inférieur à 2^{kg}. Les cerles sont de même diamètre que pour le

Fig. 55.

théodolite et l'aiguille n'a que 7^{cm} de longueur. L'observation se fait avec des miroirs concaves montés sur le cercle vertical, comme nous l'avons indiqué déjà (68).

Avec des appareils aussi légers, l'observateur n'a plus besoin d'aides, lesquels sont souvent une cause de gêne ou d'accidents. Les boîtes des deux instruments sont placées dans des étuis en cuir munis de courroies que l'on porte en bandoulière, l'un à droite et l'autre à gauche. On met le chronomètre dans une poche et l'on tient à la main le trépied nécessaire pour y poser les instruments. La charge totale, bien répartie, ne dépasse guère 10^{kg}.

Pour un observateur habile, l'ensemble des opérations, visée du Soleil, déclinaison, composante et inclinaison, n'exige pas plus d'une heure et demie. Trois heures suffisent quand on double toutes les mesures avec un second aimant.

86. **Boussole de Lloyd.** — On peut appliquer la méthode des barreaux déflecteurs (¹) à la boussole d'inclinaison pour déterminer en même temps la valeur du champ terrestre.

Les boussoles ont habituellement deux aiguilles A_1 et A_2 qui servent aux observations courantes. On y ajoute deux autres aiguilles A_3 et A_4 dont l'aimantation n'est jamais renversée; la première A_3 est bien équilibrée, la seconde A_4 est munie d'un contrepoids qui met le centre de gravité en dehors de l'axe et, autant que possible, sur la ligne de symétrie.

Supposons qu'on observe dans un azimut où la composante du champ est F et l'inclinaison I. La moyenne I_1 des lectures faites avec l'aiguille A_4, avant et après retournement de l'équipage, donne d'abord (66)

$$pd \cos I_1 = FM_4 \sin(I - I_1). \tag{3}$$

Cette aiguille est ensuite installée sur la monture des microscopes, comme on le voit dans la *fig.* 37 du cercle de Barlow (68), de manière à se trouver perpendiculaire au diamètre des visées.

L'aiguille A_3 mise en place donne alors, avec retournement, une inclinaison moyenne I', que nous supposerons plus grande que I. On renverse l'aiguille A_4 bout pour bout dans sa monture, et l'on obtient par l'aiguille A_3 une nouvelle inclinaison I'' altérée en sens contraire. La déviation moyenne est $\delta = \frac{I' - I''}{2}$.

Comme le champ moyen produit par A_4 sur A_3 est de la forme

(¹) Lloyd, *Admiralty manual of scient. enquiry*, 4ᵉ éd., p. 105; 1871.

CM_1, si l'on désigne par θ l'angle des axes magnétiques des deux aiguilles, lequel est voisin de 90°, la condition d'équilibre devient

$$(4) \qquad CM_1 \sin\theta = F \sin\delta,$$

ce qui donne, avec la première équation (3),

$$Cpd \sin\theta \cos I_1 = F^2 \sin(I - I_1) \sin\delta.$$

Les quatre premiers facteurs forment un produit constant B; on peut donc écrire

$$F^2 = B \frac{\cos I_1}{\sin(I - I_1) \sin\delta}.$$

L'inclinaison I est donnée par une des aiguilles A_1 ou A_2, que l'on soumet aux opérations ordinaires, et le coefficient B se détermine par une expérience de comparaison.

C'est, en définitive, la méthode des sinus, avec cette différence que le couple directeur FM_1 s'évalue par le changement d'inclinaison dû à la position du centre de gravité.

Les angles I' et I'' sont toujours très différents et la déviation δ est déterminée avec une grande exactitude. Il faut aussi que l'angle $I - I_1$ ne soit pas trop petit, c'est-à-dire que le défaut d'équilibre de l'aiguille A_1 soit très marqué.

87. Observations à la mer. — A part les circonstances très exceptionnelles de calme plat, on ne peut installer sur un navire d'instruments dans lesquels les aimants soient suspendus par un fil, ou dont l'axe roule sur des plans d'agate; les moindres mouvements du navire rendraient toute observation illusoire. Il est nécessaire de guider les oscillations des aimants autour d'un axe fixe et, en outre, de placer les instruments sur des supports qui conservent l'horizontalité, tels que flotteurs, suspension à la Cardan, toupies gyroscopiques, etc. Nous supposerons encore qu'il n'existe au voisinage de l'instrument aucune pièce importante de fer ou d'acier capable de troubler les observations.

Pour la déclinaison, les boussoles sont formées par des aiguilles montées sur pivot vertical. L'azimut de l'avant du navire est donné, soit par des relèvements de repères en vue des côtes, soit par l'observation d'un astre au sextant. On détermine ensuite par la boussole, avec retournement de l'aiguille sur sa chape au besoin, l'angle du méridien magnétique avec la direction de l'avant, ce qui donne la déclinaison. Dans les conditions les plus favorables, on ne peut guère espérer que ces observations soient exactes à moins d'un demi-degré.

Le cercle de Fox (*fig.* 56) est une boussole d'inclinaison combinée encore pour évaluer en même temps le champ terrestre ([1]).

Fig. 56.

L'axe de l'aiguille est terminé par des pivots très courts qui se logent de part et d'autre dans des chapes en rubis; ces chapes sont portées par une monture qui peut tourner d'un certain angle dans un sens ou dans l'autre, afin de modifier les points d'appui des pivots. Les oscillations sont alors moins libres; pour permettre à

([1]) Fox, *Report of the Roy. Cornwall Polyt. Soc.*; 1835. L'appareil primitif portait aussi une lunette latérale, pour l'observation du Soleil, et le méridien magnétique se déterminait par l'azimut où l'aiguille est verticale.

l'aiguille de prendre plus facilement sa position d'équilibre, on la fait vibrer en frottant une plaque striée C, de corne ou d'ivoire, sur une tige métallique que porte l'appareil.

L'une des chapes est mobile, ce qui permettrait d'enlever l'aiguille et de faire les opérations de retournement ou d'aimantation inverse, mais la manœuvre est longue et on l'évite en maintenant, autant que possible, l'aimantation invariable.

L'axe de l'aiguille porte une poulie de rayon r; un fil enroulé plusieurs fois sur cette poulie de part et d'autre porte aux deux bouts des crochets auxquels on peut suspendre des poids dont la différence est q.

Supposons encore que l'expérience est faite dans un azimut où la composante du champ terrestre est F et l'inclinaison I.

Si l'aiguille est bien construite, l'inclinaison moyenne I_1, avant et après retournement de l'équipage, est encore

$$pd\cos I_1 = FM\sin(I - I_1). \tag{5}$$

Les inclinaisons moyennes I' et I'' observées, suivant que la charge q porte d'un côté ou de l'autre, donnent

$$qr + pd\cos I' = FM\sin(I - I'),$$
$$qr - pd\cos I'' = FM\sin(I'' - I).$$

On en déduit, en posant $\delta = \dfrac{I'' - I'}{2}$ et $i = \dfrac{I' + I''}{2}$,

$$qr + pd\sin i\sin\delta = FM\sin\delta\cos(I - i), \tag{6}$$
$$pd\cos i = FM\sin(I - i). \tag{7}$$

Les équations (5) et (7) montrent déjà que les observations comportent une condition de contrôle $i = I_1$.

Lorsque l'ajustage de l'aiguille est très approché, l'angle $I - i$ est très petit et l'équation (6) donne

$$F\sin\delta = \frac{qr}{M} + \frac{pd}{M}\sin i\sin\delta = A + B\sin i\sin\delta.$$

A l'aide des constantes A et B, cette expression détermine le champ, et l'inclinaison sera fournie par la relation

$$\sin(I - i) = \frac{B\cos i\sin\delta}{A + B\sin i\sin\delta}.$$

Le coefficient B étant très petit, on a sensiblement

$$I = i + \frac{B}{A} \cos i \sin \delta,$$

et, pour deux lieux différents,

$$F \sin \delta = F' \sin \delta'.$$

Les constantes A et B s'obtiennent par comparaison avec des observations faites à terre en un point dont les éléments sont connus ou déterminés avec des appareils ordinaires. Il reste à faire une correction de température, au moins pour la valeur du champ, puisque ces coefficients sont tous deux en raison inverse du moment magnétique de l'aiguille.

La boussole de Fox s'installe à bord sur un plateau supporté par une triple suspension à la Cardan. Elle donne des résultats très satisfaisants par temps maniable, même avec un peu de roulis, pourvu que le bâtiment soit bien maintenu en route pendant la série des opérations.

On peut encore installer derrière l'appareil des aimants, portés par des montures spéciales K, qui servent de déflecteurs comme dans la boussole de Lloyd, et on les met alternativement de chaque côté de l'aiguille.

L'action de ces aimants déflecteurs, de moment M', équivaut à une charge du fil; on aurait alors

$$F \sin \delta = C \frac{M'}{M} + \frac{pd}{M} \sin i \sin \delta = A' + B \sin i \sin \delta.$$

Dans ces conditions, le coefficient A' pourrait être invariable si l'influence de la température affectait dans le même rapport l'aimantation de l'aiguille et celle du barreau déflecteur.

CHAPITRE X.

DES VARIATIONS.

CONSIDÉRATIONS GÉNÉRALES.

88. **Valeurs moyennes.** — Si l'on observe d'heure en heure les appareils de variations, ou si l'on dispose d'un enregistreur magnétique, les valeurs relatives aux repères ayant été déterminées, on a directement ou par l'examen des courbes les valeurs d'heure en heure pour chacun des éléments.

La *moyenne diurne* est la moyenne des résultats relatifs aux vingt-quatre heures de la journée civile de temps local ([1]); cette moyenne représente, par convention, l'observation normale de midi, abstraction faite du mode de variation.

La *moyenne mensuelle* est la moyenne des moyennes diurnes pour tous les jours du mois; elle correspond au 15 de chaque mois.

La *moyenne annuelle* s'obtiendra, de même, par les moyennes mensuelles des douze mois; elle correspond au milieu de l'année, ou au 1er juillet. Pour la rapporter au 1er janvier, on prendra la moyenne de deux années consécutives.

Les modifications continues du champ terrestre présentent des caractères différents. Les unes sont *régulières*, communes à tous

---

([1]) La moyenne diurne devrait être calculée de la manière suivante. En représentant par $A_0, A_1, \ldots, A_{24}$ les nombres qui correspondent aux différentes heures, la moyenne sera

$$A_m = \frac{1}{24}\left(\frac{A_0}{2} + A_1 + A_2 + \ldots + \frac{A_{24}}{2}\right),$$

de sorte que les nombres de minuit n'interviennent que par moitié dans chacune des deux journées. En général, l'observation de minuit est comptée au jour précédent, et l'on prend la moyenne de $A_1, A_2, \ldots, A_{24}$.

les éléments, et se reproduisent suivant certaines périodes qui correspondent à des causes cosmiques. D'autres changements, de plus grande amplitude, qui semblent d'abord se manifester d'une manière tout à fait accidentelle, paraissent cependant dans leur ensemble obéir à des retours périodiques; ce sont les *perturbations* ou *orages magnétiques*.

89. **Définition des variations.** — On appelle *variation séculaire* la différence des moyennes de deux années consécutives.

Si l'on considère, dans le cours d'une année, les moyennes hebdomadaires ou simplement mensuelles, on reconnaît qu'elles se modifient d'une manière continue. La *variation annuelle* peut être déterminée par la différence des moyennes partielles à la moyenne de l'année, mais ce mode de calcul laisse sur chaque valeur isolée une partie de la variation séculaire correspondante. Pour en faire le départ, on considère la variation séculaire comme produite d'une manière uniforme dans le cours de l'année; une valeur α, par exemple, positive ou négative, correspond à $\sigma = \frac{\alpha}{52}$ par semaine ou $\mu = \frac{\alpha}{12}$ par mois. Partant du milieu de l'année, on ajoute σ, 2σ, 3σ, ... aux moyennes des semaines antérieures successives et l'on retranche les mêmes quantités à celles des semaines qui suivent.

Comme la moyenne de l'année correspond au 1er juillet et celle du mois à la date du 15, la répartition de la variation annuelle sur les différents mois se fera d'une manière plus exacte en ajoutant $\frac{\mu}{2}$ à la moyenne de juin, $3\frac{\mu}{2}$ à celle de mai, $5\frac{\mu}{2}$ pour avril, etc., et retranchant les mêmes quantités aux moyennes de juillet, août, septembre, etc. La variation annuelle sera donnée par la différence de ces nouvelles valeurs à la moyenne de l'année.

On obtiendrait la *variation mensuelle* par la différence des moyennes diurnes à la moyenne du mois. Dans le cas actuel, il ne paraît pas nécessaire d'apporter à chaque valeur la correction très faible qui correspondrait à la variation séculaire, mais une autre cause d'erreur intervient parce que la moyenne diurne, pour un certain nombre de journées, peut être altérée par une perturbation. La variation sera mieux déterminée par les valeurs, à la même date, de plusieurs années consécutives.

Le mois civil est d'ailleurs une division arbitraire, qui ne correspond pas à un phénomène astronomique; il sera plus rationnel de rapporter les variations au mois lunaire ou encore à la période de rotation du Soleil autour de son axe.

La *variation diurne* est donnée par la différence des valeurs horaires à la moyenne de la journée. C'est dans ce cas surtout qu'il est nécessaire de comparer les résultats relatifs à un certain nombre de jours consécutifs, pour éliminer les accidents journaliers. On obtiendra ainsi la variation diurne *mensuelle*, en prenant la différence qui existe entre la moyenne des observations pour chaque heure et la moyenne du mois. De même la variation diurne est *semi-annuelle* ou *annuelle* quand on prend les moyennes relatives à l'une des saisons, hiver ou été, ou à l'année entière.

Enfin, on pourra chercher encore si la variation diurne a une marche définie quand on la rapporte aux heures lunaires, en la dégageant ou non de celle qui correspond aux heures solaires.

Une remarque importante est ici nécessaire. Il y a lieu de chercher si l'on doit, dans le calcul des moyennes horaires, tenir compte de toutes les observations ou éliminer celles qui correspondent aux jours troublés.

La question serait facile à résoudre si les perturbations présentaient un caractère bien défini, mais elles se manifestent à tous les degrés, sans qu'il soit possible de les distinguer nettement, surtout quand les observations sont discontinues et faites à heures fixes. Les courbes d'enregistreurs ont l'avantage d'indiquer la marche du phénomène sans interruption et de mettre en évidence les accidents intermédiaires, qui échappent souvent aux lectures d'heure en heure; là encore il n'est pas toujours facile de reconnaître quand le phénomène est réellement troublé.

Dans la discussion des observations organisées aux colonies par la Société Royale de Londres, Ed. Sabine élimine les perturbations par une méthode de triage ingénieux, mais qui renferme une grande part d'arbitraire :

1° On fait les moyennes horaires mensuelles de toutes les observations; 2° on compare chaque valeur isolée à la moyenne correspondante et l'on supprime toutes celles qui s'en écartent d'une quantité déterminée, différente d'une station à l'autre (par exemple 2′ pour la déclinaison ou $\frac{1}{1000}$ de chaque composante); 3° on fait de nouvelles moyennes avec celles qui restent et on les compare aux valeurs directes pour opérer une seconde élimination, etc. Après plusieurs triages successifs, il ne reste plus que des observations dont l'écart à la moyenne définitive est inférieur à la limite adoptée. Les observations conservées servent alors à déterminer la variation diurne solaire pour chaque mois.

Si les perturbations étaient absolument irrégulières, elles s'élimineraient naturellement dans les moyennes d'un grand nombre de jours; mais, si elles ont aussi une marche périodique dans leurs effets moyens et une prédominance à certaines heures, elles peuvent déformer la courbe normale de la variation diurne. C'est le motif qui paraît justifier le triage des observations. Il n'est pas démontré cependant que ce procédé artificiel n'altère pas la véritable nature des phénomènes. Nous y reviendrons plus loin.

90. **Formules empiriques.** — Le champ terrestre éprouve ainsi une série de modifications, les unes rapides et les autres plus lentes; on doit admettre que ces variations, au moins en négligeant les perturbations, ont un caractère périodique, comme pour tous les phénomènes naturels.

On se borne souvent à traduire les résultats par des procédés graphiques et à discuter les courbes qui les représentent.

Dans certains cas, la période principale de variation est connue *a priori;* c'est la durée de rotation de la Terre pour les variations diurnes, ou celle de son mouvement sur l'écliptique pour la variation annuelle. Il est alors naturel de traduire le phénomène par une expression à coefficients indéterminés dans laquelle entrera la période principale.

D'une manière plus générale, supposons qu'un phénomène soit une fonction inconnue $F(t)$, de la variable t, dont on connaît un certain nombre de valeurs isolées. On est conduit à développer cette fonction en série suivant les puissances croissantes ou décroissantes de la variable, ou encore suivant certaines fonctions arbitraires $f_1, f_2, \ldots$ qui paraissent mieux convenir à la nature des choses, de sorte qu'on aura

$$F(t) = A_1 f_1 + A_2 f_2 + \ldots.$$

Le nombre des coefficients inconnus $A_1, A_2, \ldots$ est illimité en principe, mais on a soin de choisir les fonctions f de manière que l'importance des termes successifs soit toujours décroissante.

Chaque observation donne, pour une valeur déterminée de t, la valeur $k = F(t)$ de la fonction principale et celles a, b, c, ... des fonctions successives f_1, f_2, f_3, ... Appelant x, y, z, ... les coefficients inconnus A_1, A_2, A_3, ... on pourra calculer ces coefficients par un nombre suffisant d'équations linéaires

$$ax + by + cz + \ldots - k = 0. \tag{1}$$

Lorsque le phénomène est lent, comme pour les variations séculaires dans un court intervalle, il suffira, en appelant t l'ordre de l'année, d'employer une formule parabolique

$$F(t) = a_0 + a_1(t - t_0) + a_2(t - t_0)^2,$$

et même de réduire cette expression aux deux premiers termes, auquel cas la variation est proportionnelle au temps.

91. Séries de Fourier. — Dans sa *Théorie analytique de la chaleur*, Fourier a démontré qu'une fonction quelconque $F(\theta)$ de la variable θ peut être représentée par l'une ou l'autre des séries trigonométriques suivantes prolongées indéfiniment :

$$\tag{2} \left\{ \begin{aligned} F(\theta) &= A_0 + A_1 \sin\theta + A_2 \sin 2\theta + \ldots + A_p \sin p\theta, \\ &= A_0 + B_1 \cos\theta + B_2 \cos 2\theta + \ldots + B_p \cos p\theta, \\ &= A_0 + C_1 \cos\theta + C_3 \cos 3\theta + \ldots + C_{2p+1} \cos(2p+1)\theta, \\ &= A_0 + G_1 \cos\theta + H_1 \sin\theta \quad + \ldots + G_p \cos p\theta + H_p \sin p\theta. \end{aligned} \right.$$

Sauf la constante A_0, tous les termes sont périodiques et les différentes périodes sont des sous-multiples de la période principale $\theta_1 = 2\pi$. Celle-ci est en réalité arbitraire, puisque l'on peut prendre comme variable auxiliaire θ une fonction quelconque de la variable réelle t. Les séries trigonométriques sont particulièrement avantageuses lorsque la fonction F que l'on veut traduire présente une marche d'allure périodique bien définie. Si la période principale est T, il convient alors de poser

$$\theta = \frac{2\pi}{T} t = \omega t.$$

Les équations (2) sont encore linéaires par rapport aux coefficients inconnus et se ramènent à la forme (1).

Pour la marche des éléments magnétiques, on aurait ainsi, outre les termes principaux diurnes ou annuels, des termes semi-diurnes, tiers-diurnes, etc., ou semi-annuels, tiers-annuels, etc.

Enfin il arrive parfois que le phénomène $F(t)$ comporte naturellement des périodes différentes $T_1, T_2, \ldots$ qu'il s'agit de mettre en évidence. Le développement en série est alors de la forme

$$(3)\quad F(t) = A_0 + G_1 \cos\omega_1 t + H_1 \sin\omega_1 t + \ldots + G_p \cos\omega_p t + H_p \sin\omega_p t;$$

Dans ce cas, les équations restent linéaires par rapport aux coefficients A_0, G, H, mais les facteurs $\omega_1 = \frac{2\pi}{T_1}$, $\omega_2 = \frac{2\pi}{T_2}$, ..., qui dépendent des périodes, interviennent par les sinus et cosinus des angles ωt. Ces facteurs seront beaucoup plus difficiles à déterminer si on ne les connaît pas *a priori*.

92. Calcul des séries. — Si les observations sont assez nombreuses pour permettre de tracer la courbe entière de $F(\theta)$, les coefficients des fonctions de Fourier pourront s'obtenir par des quadratures. On a, en effet, comme il est facile de le vérifier,

$$(4)\quad \begin{cases} A_0 = \dfrac{1}{2\pi}\displaystyle\int_0^{2\pi} F(\theta)\,d\theta, & A_p = \dfrac{2}{\pi}\displaystyle\int_0^{\pi} F(\theta)\sin p\theta\,d\theta, \\ B_p = \dfrac{2}{\pi}\displaystyle\int_0^{\pi} F(\theta)\cos p\theta\,d\theta, & C_{2p+1} = \dfrac{2}{\pi}\displaystyle\int_0^{\pi} F(\theta)\cos(2p+1)\theta\,d\theta, \\ G_p = \dfrac{1}{\pi}\displaystyle\int_0^{2\pi} F(\theta)\cos p\theta\,d\theta, & H_p = \dfrac{1}{\pi}\displaystyle\int_0^{2\pi} F(\theta)\sin p\theta\,d\theta. \end{cases}$$

Dans le cas général, les observations sont discontinues et chacune d'elles comporte une erreur expérimentale, de sorte qu'avec les valeurs exactes des coefficients les expressions (1) ne seraient pas rigoureusement nulles. On prend alors un nombre d'observations supérieur à celui des inconnues, ce qui donne une suite d'équations approchées

$$(5)\quad \begin{cases} ax + by + cz + \ldots - k = 0, \\ a'x + b'y + c'z + \ldots - k' = 0, \\ \ldots\ldots\ldots\ldots\ldots\ldots\ldots\ldots \end{cases}$$

Il s'agit de combiner ces équations pour obtenir des valeurs plus exactes des coefficients à déterminer.

Si l'on admet que les erreurs d'observation sont distribuées au hasard, sans écarts systématiques, les valeurs *les plus probables* des coefficients correspondent au cas où la somme des carrés de toutes ces expressions est minimum par rapport à chacune des inconnues; c'est la *méthode des moindres carrés*.

La condition que la somme

$$(ax+by+cz+\ldots-k)^2+(a'x+b'y+c'z+\ldots-k')^2+\ldots$$

soit minimum fournit alors, si l'on égale à zéro la dérivée par rapport à chacune des variables, des équations linéaires en nombre égal à celui des inconnues :

$$\begin{array}{l} a(ax+by+cz+\ldots-k)+a'(a'x+b'y+c'z+\ldots-k')+\ldots=0,\\ b(ax+by+cz+\ldots-k)+b'(a'x+b'y+c'z+\ldots-k')+\ldots=0,\\ c(ax+by+cz+\ldots-k)+c'(a'x+b'y+c'z+\ldots-k')+\ldots=0,\\ \ldots\ldots\ldots\ldots\ldots\ldots\ldots\ldots\ldots\ldots\ldots\ldots \end{array}$$

que l'on peut écrire

$$(6)\quad \left\{\begin{array}{l} x\Sigma a^2+y\Sigma ab+z\Sigma ac+\ldots-\Sigma ak=0,\\ x\Sigma ba+y\Sigma b^2+z\Sigma bc+\ldots-\Sigma bk=0,\\ x\Sigma ca+y\Sigma cb+z\Sigma c^2+\ldots-\Sigma ck=0,\\ \ldots\ldots\ldots\ldots\ldots\ldots\ldots\ldots \end{array}\right.$$

La solution de ces équations déterminera séparément toutes les inconnues $x, y, z, \ldots$.

Il est intéressant de remarquer l'analogie qui existe entre les formules (4) de Fourier et les calculs auxquels conduit la méthode des moindres carrés.

Dans les deux cas, en effet, on multiplie chacune des équations par le coefficient d'une inconnue et l'on en fait la somme ou l'intégrale. L'analogie est plus étroite encore lorsque les valeurs de l'angle θ relatives aux différentes observations sont équidistantes dans la circonférence. Si les observations sont assez nombreuses, tous les doubles produits s'annulent, au moins jusqu'aux termes d'un ordre élevé, et les équations (6) se réduisent à

$$x\Sigma a^2=\Sigma ak,$$
$$y\Sigma b^2=\Sigma bk,\quad \ldots.$$

On verra une application de cette propriété dans le problème de la compensation des compas.

La méthode des moindres carrés présente l'inconvénient que les inconnues restent mélangées dans les équations (6), et qu'en outre on doit recommencer une grande partie des calculs lorsque le contrôle avec l'observation montre qu'il est utile d'augmenter le nombre des termes.

La *méthode de Cauchy* n'a pas les mêmes défauts et semble conduire à des calculs plus simples. On écrit d'abord les p équations générales (5), en changeant les signes au besoin, de manière que tous les coefficients a, a', ... de l'inconnue x soient positifs, et l'on fait la somme de ces équations

$$x\Sigma a + y\Sigma b + z\Sigma c + \ldots - \Sigma k = 0. \tag{I}$$

On retranche ensuite cette expression de chacune des précédentes, en la multipliant par un facteur tel que le terme en x disparaisse, ce qui donne $p - 1$ équations

$$y\left(b - a\frac{\Sigma b}{\Sigma a}\right) + z\left(c - a\frac{\Sigma c}{\Sigma a}\right) + \ldots - \left(k - a\frac{\Sigma k}{\Sigma a}\right) = 0,$$
$$y\left(b' - a'\frac{\Sigma b}{\Sigma a}\right) + z\left(c' - a'\frac{\Sigma c}{\Sigma a}\right) + \ldots - \left(k' - a'\frac{\Sigma k}{\Sigma a}\right) = 0,$$
$$\ldots\ldots\ldots\ldots\ldots\ldots\ldots\ldots\ldots\ldots$$

On écrit encore ces dernières de manière que les nouveaux coefficients de y soient positifs,

$$(5)' \quad \left\{\begin{array}{l} b_1 y + c_1 z + \ldots - k_1 = 0, \\ b'_1 y + c'_1 z + \ldots - k'_1 = 0, \\ \ldots\ldots\ldots\ldots\ldots\ldots\ldots \end{array}\right.$$

et la somme a une inconnue de moins

$$y\Sigma b_1 + z\Sigma c_1 + \ldots - \Sigma k_1 = 0. \tag{II}$$

La même opération sur les équations (5)' et (II) donne

$$(5)'' \quad \left\{\begin{array}{l} z\left(c_1 - b_1\dfrac{\Sigma c_1}{\Sigma b_1}\right) + \ldots - \left(k_1 - b_1\dfrac{\Sigma k_1}{\Sigma b_1}\right) = 0, \\ z\left(c'_1 - b'_1\dfrac{\Sigma c_1}{\Sigma b_1}\right) + \ldots - \left(k'_1 - b'_1\dfrac{\Sigma k_1}{\Sigma b_1}\right) = 0, \\ \ldots\ldots\ldots\ldots\ldots\ldots\ldots\ldots\ldots\ldots ; \end{array}\right.$$

et, en corrigeant le signe des premiers termes,

$$zc_2 + \ldots - k_2 = 0,$$
$$zc'_2 + \ldots - k'_2 = 0,$$
$$\ldots\ldots\ldots\ldots\ldots;$$
$$\text{(III)} \qquad z\Sigma c_2 + \ldots - \Sigma k_2 = 0.$$

On arrive à une équation finale qui ne renferme plus qu'une inconnue; on substitue sa valeur dans l'équation précédente, ce qui en détermine une seconde, et ainsi de suite.

Dans le cas de trois inconnues, on aurait successivement z par (III), y par (II) et x par (I).

Il est à remarquer encore que les dénominateurs des équations finales Σa, Σb_1, Σc_2, ... sont positifs et aussi grands que possible, puisqu'on a eu soin d'ajouter chaque fois des termes de même signe pour l'inconnue à éliminer, de sorte que les coefficients se déterminent avec le maximum d'approximation.

Les valeurs successives de k_1, k'_1, ..., k_2, k'_2, ... représentent, au signe près, suivant le nombre des changements de signes que l'on a fait subir aux équations, les *résidus* successifs de chaque observation calculée par 1, 2, ... termes du développement; on continue l'opération jusqu'à ce que les résidus soient de l'ordre des erreurs probables.

S'il arrive, par exemple, qu'avec trois coefficients les résidus $k_2 - c_2 \frac{\Sigma k_2}{\Sigma c_2}$, $k'_2 - c'_2 \frac{\Sigma k_2}{\Sigma c_2}$, ... ne soient pas négligeables, on en conclut qu'il est nécessaire d'introduire dans les équations (5) un quatrième terme du. Tous les calculs précédents sont conservés et l'on y ajoutera Σd, $d - a\frac{\Sigma d}{\Sigma a}$, $d' - a'\frac{\Sigma d}{\Sigma a}$, ... ou $\pm d_1$, $\pm d'_1$, ...; puis Σd_1, $d_1 - b_1\frac{\Sigma d_1}{\Sigma b_1}$, $d'_1 - b'_1\frac{\Sigma d_1}{\Sigma b_1}$, ... ou $\pm d_2$, $\pm d'_2$, ... et la dernière équation, qui détermine l'inconnue u, devient

$$u\Sigma d_3 - \Sigma k_3 = 0.$$

93. **Détermination des périodes.** — Lorsque les périodes sont inconnues, les équations (3) ne se présentent plus sous la forme linéaire. On peut écrire alors

$$(7) \qquad F(t) = a_0 + a\sin(\omega t + \alpha) + a_1\sin(\omega_1 t + \alpha_1) + \ldots;$$

les époques de maxima et minima sont définies par la condition

$$o = a\omega \cos(\omega t + \alpha) + a_1\omega_1 \cos(\omega_1 t + \alpha_1) + \ldots.$$

Chaque terme périodique entraîne trois inconnues a_p, ω_p et α_p, de sorte que la détermination des coefficients d'une série à n périodes exige $3n + 1$ observations.

Aucune méthode simple ne permet de déterminer séparément les termes des différentes périodes. On doit alors opérer par approximations successives, à moins d'être guidé par quelque idée préconçue, en cherchant, par exemple, si la période de dix ou onze années, relative aux maxima des taches solaires, se traduit dans les variations séculaires du magnétisme terrestre.

S'il n'existe qu'une période, on peut traduire la fonction $F(t)$ par une courbe, prendre comme origine du temps l'époque correspondant à une certaine valeur $F(o)$, et considérer deux observations également éloignées de la première, à droite et à gauche, pour les époques $+\tau$ et $-\tau$. On aura alors

$$\begin{aligned} A &= F(o) &&= a_0 + a \sin\alpha, \\ B &= F(+\tau) &&= a_0 + a \sin(\alpha + \omega\tau), \\ C &= F(-\tau) &&= a_0 + a \sin(\alpha - \omega\tau). \end{aligned}$$

Ces équations peuvent être combinées de différentes manières. On en déduit, par exemple,

$$\begin{aligned} A - \frac{B + C}{2} &= 2a \sin\alpha \sin^2 \frac{\omega\tau}{2}, \\ B - C &= 2a \cos\alpha \sin\omega\tau, \end{aligned}$$

c'est-à-dire deux relations entre les trois inconnues a, α et ω.

Deux autres observations B' et C' correspondant à des époques différentes $+\tau'$ et $-\tau'$ donneront, de même,

$$\begin{aligned} A - \frac{B' + C'}{2} &= 2a \sin\alpha \sin^2 \frac{\omega\tau'}{2}, \\ B' - C' &= 2a \cos\alpha \sin\omega\tau', \end{aligned}$$

et, par suite,

$$\frac{2A - B' - C'}{2A - B - C} = \frac{\sin^2 \frac{\omega\tau'}{2}}{\sin^2 \frac{\omega\tau}{2}}, \qquad \frac{B' - C'}{B - C} = \frac{\sin\omega\tau'}{\sin\omega\tau}.$$

Comme le rapport de τ' à τ a été choisi arbitrairement, chacune de ces équations définit l'angle $\omega\tau$, ce qui implique une condition entre les nombres observés.

Pour $\tau' = 2\tau$, par exemple, il en résulte

$$\frac{2A - B' - C'}{2A - B - C} = 4\cos^2\frac{\omega\tau}{2},$$

$$\frac{B' - C'}{B - C} = 2\cos\omega\tau = 4\cos^2\frac{\omega\tau}{2} - 2,$$

et l'équation de condition est

$$\frac{B' - C'}{B - C} + 2 = \frac{2A - B' - C'}{2A - B - C}.$$

Dans le cas de plusieurs périodes, dont une est principale, on peut employer des procédés purement graphiques. La courbe $F(t)$ ayant une forme sinusoïdale plus ou moins régulière, on trace la sinusoïde qui s'en rapproche le mieux. Un maximum et un minimum consécutifs, F_1 et F_2, aux époques t_1 et t_2, donnent

$$a_0 = \frac{F_1 + F_2}{2}, \quad a = \frac{F_1 - F_2}{2}, \quad \omega = \frac{\pi}{t_2 - t_1}, \quad \alpha = -\omega\frac{t_1 + t_2}{2},$$

et la période est

$$T = 2(t_2 - t_1).$$

On traitera, de même, la fonction résiduelle

$$\varphi = F - a_0 - a\sin(\omega t + \alpha) = a_1\sin(\omega_1 t + \alpha_1),$$

pour obtenir la période suivante, et l'on continuera de proche en proche. Le phénomène sera finalement représenté par une sinusoïde principale, avec des ondulations de moindre période.

On peut encore améliorer cette opération par une méthode analytique en choisissant d'abord, sur l'aspect de la courbe graphique, une valeur approchée du facteur ω, qui correspond à la période principale T.

En posant $a_0 = x$, $a\cos\alpha = y$ et $a\sin\alpha = z$, l'expression (7), réduite aux premiers termes du second membre, fournit une suite d'équations linéaires

$$F = x + y\sin\omega t + z\cos\omega t,$$

par lesquelles on déterminera les valeurs les plus probables des inconnues x, y, z et, par suite, de l'angle α.

La comparaison des résultats du calcul avec l'observation donne alors une série de résidus δF que l'on doit attribuer, soit aux termes négligés, soit aux erreurs commises $\delta\omega$, δx, δy et δz sur les premières valeurs attribuées aux constantes.

En considérant ces erreurs comme des quantités petites du premier ordre, il en résulte une autre suite d'équations

$$\delta x + \sin\omega t . \delta y + \cos\omega t . \delta z + (y\cos\omega t - z\sin\omega t)\, t\,\delta\omega - \delta F = 0,$$

que l'on traitera par le même procédé, pour en déduire les inconnues δx, δy, δz et $\delta\omega$. On obtiendra ainsi des valeurs plus approchées $x + \delta x$, $y + \delta y$, $z + \delta z$ et $\omega + \delta\omega$, avec lesquelles il sera possible, au besoin, de faire une troisième approximation.

Le résidu final φ, c'est-à-dire l'excès de chaque observation sur les deux premiers termes de la série, donnera une nouvelle suite d'expressions

$$\varphi = a\sin(\omega_1 t + \alpha_1) = x_1 \sin\omega_1 t + y_1 \cos\omega_1 t,$$

qui permettront de construire la courbe relative au terme suivant et de choisir une valeur approchée pour le facteur ω_1 de période T_1. Les mêmes opérations détermineront ensuite les inconnues x_1, y_1 et ω_1, ou a_1, ω_1 et α_1.

Cette méthode fournit, au moins en théorie, le moyen de calculer successivement tous les termes d'une série quelconque de fonctions périodiques.

94. Documents magnétiques. — Les Chinois paraissent avoir connu, plusieurs siècles avant l'ère chrétienne [1], les propriétés principales des aimants et les boussoles à aiguille flottante ou suspendue par un fil, qu'ils utilisaient soit pour la navigation, soit pour orienter leurs édifices. Comme ils avaient aussi recours aux observations de l'étoile polaire, la différence des alignements obtenus par les deux méthodes ne leur aurait pas échappé si la

---

(1) Ed. Biot, *Comptes rendus de l'Académie des Sciences*, t. XIX, p. 822; 1844. — Th. Henri Martin, *La Foudre, l'Électricité et le Magnétisme chez les Anciens*, p. 71; Paris, 1866.

déclinaison n'eût été très petite, comme elle l'est encore aujourd'hui dans ces régions.

Il paraît certain aussi que les Arabes ont eu connaissance de la boussole flottante avant les Européens, à qui ils l'ont transmise probablement à l'époque des Croisades. D'après Gilbert, l'invention du compas fut apportée en Italie en 1260 par Paulus Venutus qui l'avait apprise des Chinois. Le montage de l'aiguille sur pivot aurait été imaginé vers le milieu du XIVe siècle.

Tant que les navires restèrent dans les parages de la Méditerranée, la déclinaison était alors assez faible pour que des observations grossières ne permissent pas de constater que l'aiguille ne se dirige pas exactement vers le nord géographique.

On ignore l'époque à laquelle il est fait la première mention de la déclinaison, mais les navigateurs d'Europe n'ont pas tardé sans doute à la connaître par l'usage qu'ils faisaient de la boussole.

Au cours de son premier voyage vers l'Amérique, Christophe Colomb reconnut, le 13 septembre 1492, à peu près par 28° de latitude et 31° de longitude à l'ouest de Paris, que les boussoles, dont la direction avait été jusque-là au N.-E., pointaient vers le N.-W., et cet écart augmenta les jours suivants (¹); la déclinaison magnétique ne conservait donc pas la même valeur pour toutes les longitudes. Dès lors il devint nécessaire, pour les progrès de la navigation, d'étudier plus complètement la manière dont cet élément se modifie sur le globe, surtout à la surface des mers.

La découverte des variations diurnes et des variations séculaires montra la nécessité d'observations continues, mais ce n'est guère que pendant le siècle actuel qu'elles furent poursuivies dans un esprit plus général de recherches scientifiques.

Parmi les voyages d'exploration, il suffira de rappeler l'expédition malheureuse de La Pérouse, en 1785, avec les frégates royales *l'Astrolabe* et *la Boussole*, celle de Dentrecasteaux (1791-1794) avec les frégates *la Recherche* et *l'Espérance*, les voyages autour du monde de Freycinet avec la corvette *Uranie* (1817-1820), de Duperrey sur la *Coquille* (1822-1825), ceux du major Sabine dans la baie de Baffin et dans la mer polaire, de Darondeau et Chevalier

(¹) A. HUMBOLDT, *Examen critique de l'histoire de la géographie du nouveau continent*, t. III, p. 29; 1837.

sur la *Bonite* (1836-1837), l'expédition de Gaimard dans le Nord avec la *Recherche* (1838-1840), les voyages de James Ross dans les régions du pôle Nord magnétique (1831) et dans les mers du Sud (1839-1843), l'expédition du *Challenger* (1873-1876), etc.

Un des premiers problèmes fut l'étude des variations diurnes et du rapport qui existe entre l'apparition des aurores polaires et la production de troubles magnétiques exceptionnels, dont la coïncidence a été constatée d'abord par les observations de Celsius à Upsal et de Canton en Angleterre.

Dans une lettre célèbre adressée en 1836 au duc de Sussex, président de la Société Royale de Londres, Humboldt [1] résume l'histoire du magnétisme terrestre et l'ensemble des efforts qu'il a faits, avec Arago et Kuppfer, pour développer ces recherches d'un si grand intérêt scientifique.

En discutant une série d'observations horaires ou semi-horaires, poursuivies à Berlin en 1806 et 1807, surtout à l'époque des solstices et des équinoxes, Humboldt confirma le fait déjà connu que la marche diurne de la déclinaison éprouve souvent, de préférence aux mêmes heures avant le lever du Soleil, des perturbations plus ou moins importantes, auxquelles il a donné le nom d'*orages magnétiques*.

Arago, de son côté, trouvait en 1818 que l'influence des aurores boréales se manifeste même dans les stations où elles ne sont pas visibles, que ces troubles précèdent souvent les aurores, comme l'avait déjà signalé Cotte à Montmorency en 1780, et permettraient de les annoncer; enfin, que leur action se produirait simultanément à Paris et à Kasan, c'est-à-dire en deux points dont la différence de longitude est supérieure à 47°.

De retour à Berlin, en 1827, Humboldt y construit un pavillon magnétique et obtient ensuite que l'Académie de Saint-Pétersbourg fasse créer des stations analogues à Pétersbourg, Kasan, Moscou, Barnaoul, Nertschinsk, Nicolayeff et Pékin.

En 1834, après un premier essai, les 20 et 21 mars, entre Gauss à Göttingue et Humboldt à Berlin, les observations furent suivies simultanément, toutes les cinq minutes, par Gauss à Göttingue

---

[1] A. Becquerel, *Traité expérimental de l'Électricité et du Magnétisme*, t. VII, p. 435; 1840.

et par Sartorius à Waltershausen en Bavière. Pour cette distance de 20 milles, les résultats furent d'une concordance absolue.

C'est alors que Gauss et Weber organisèrent l'Union magnétique allemande pour une étude simultanée du magnétisme terrestre. Les observations ont été poursuivies d'une manière plus ou moins complète, pendant les six années de 1836 à 1841, dans les stations de Dublin, Greenwich, Upsal, Stockholm, Saint-Pétersbourg, Copenhague, Breda, Bruxelles, Berlin, Göttingue, Marburg, Leipzig, Prague, Cracovie, Breslau, Kremsmunster, Heidelberg, Genève et Milan. Les conventions étaient les suivantes :

1° Déterminer la déclinaison et la composante horizontale deux fois chaque jour, à 8^h *a. m.* et 1^h *p. m.*, c'est-à-dire au voisinage du minimum et du maximum;

2° Faire des observations horaires six fois par an pendant vingt-quatre heures, aux jours *termes;*

3° Observer par cinq minutes à deux jours *supplémentaires.*

Les résultats de ces observations ont été discutés par Gauss et Weber dans une série de publications [1]. On a constaté ainsi que les troubles magnétiques se produisent au même instant sur toute l'Europe. Les courbes relatives aux variations de déclinaison et de composante horizontale pour les jours supplémentaires, par exemple celles du 26 au 27 février 1841, montrent un parallélisme presque absolu entre les nombres obtenus dans les diverses stations.

Sur la proposition de Lloyd et de Edw. Sabine, la Société Royale de Londres organisa des stations, dites *coloniales*, à Toronto (Canada), Hobartown (Van Diemen), Le Cap et Sainte-Hélène, munies d'appareils de variations pour les trois éléments. Les résultats de ces observations, qui ont été poursuivies d'heure en heure de 1841 à 1848, d'une manière un peu inégale, ont été publiés et discutés par Edw. Sabine dans une série de Volumes qui forment un véritable monument scientifique.

A la suite d'un voyage d'exploration dans les mers arctiques, Ch. Weyprecht, lieutenant de vaisseau de la marine autrichienne,

---

[1] C.-F. GAUSS und W. WEBER, *Resultate aus den Beobacht. des Magn Vereins, in Jahre* 1836, 1837, 1838, 1839, 1840, 1841; Leipzig.

fit un grand nombre de démarches pour obtenir le concours de différentes nations à une entreprise commune dont le but principal était d'organiser, pendant une année au moins, des observations magnétiques simultanées dans les régions polaires. Cette proposition, vivement recommandée par le Congrès météorologique international réuni à Rome en 1879, aboutit à la formation d'une *Commission polaire internationale* qui rédigea le programme général des travaux, afin de leur donner un caractère uniforme.

Des observatoires temporaires furent installés en 1882 et 1883 aux stations suivantes : pointe Barrow, baie de Lady-Franklin, fort Rae et Kinguafjord (golfe de Cumberland), au nord du continent américain; île de Jan-Mayen, cap Thordsen (Spitzberg), Nouvelle-Zemble; Godthaab (Groenland); Bossekop, Sodankyla, au nord de la Scandinavie; Dickson-Haven, embouchure de la Lena, au nord de la Sibérie; île de Georgie et cap Horn, dans les mers du Sud. Les observations ont été faites d'heure en heure aux appareils de variations, avec des lectures plus fréquentes à certains jours termes. La mission française du cap Horn était munie d'appareils enregistreurs.

Ces différentes expéditions ont donné lieu à des publications importantes. En y joignant les résultats fournis pour la même époque par les observatoires permanents, on obtient un ensemble très précieux de documents simultanés.

PHÉNOMÈNES RÉGULIERS.

95. Variations séculaires. — Après la découverte de l'Amérique, où la grande navigation prit un rapide développement, les observations de l'aiguille aimantée devinrent plus nombreuses et furent suivies d'une manière continue (¹).

L'Ouvrage publié par Borough (²) en 1581 forme une date im-

(¹) On trouvera beaucoup de renseignements historiques dans CHR. HANSTEEN, *Untersuchen über den Magnetismus der Erde;* Christiania, 1819. — P. BARLOW, *Encyclopædia Metropolitana*, mixed Sciences, t. I; London, 1845. — EDW. WALKER, *Terrestrial and cosmical Magnetism;* Cambridge, 1866.

(²) W. BOROUGH, *A discourse on the variation of the Cumpasse or Magneticall Needle;* London, 1581 et 1585. Reproduit par M. G. HELLMANN, *Neudrucke von Schriften und Karten über Meteor. und Erdmagn.*, n° 10; Berlin, 1898.

portante dans l'histoire du magnétisme terrestre. L'auteur y donne la description d'une méthode propre à déterminer exactement la déclinaison, qu'on a appelée longtemps la *variation*, et cite même des observations montrant que l'angle de l'aiguille avec le méridien varie avec la hauteur du Soleil, c'est-à-dire aux différentes heures de la journée.

Le Traité célèbre de Gilbert (¹), où l'on trouve la première idée que la Terre se comporte comme un aimant, ne contient pas beaucoup de documents sur les observations elles-mêmes.

Quelques années plus tard, la variation séculaire a été découverte par Gellibrand (²). Les observations de Borough à Limehouse, près de Londres, indiquaient une déclinaison de 11°18′ vers l'Est en 1580, tandis que Gunter n'avait trouvé que 6°15′ en 1622; Gellibrand n'obtenait plus que 4°5′ en 1634.

La plus longue série connue (³) est celle de Paris, qui remonte à 1541; la déclinaison était alors de 7° E. D'après les calculs de M. Schott (⁴) pour évaluer le terme principal, par la méthode d'approximation indiquée plus haut (93), l'écart maximum à l'Est aurait été de 9°3′ vers 1578; la déclinaison a ensuite diminué, pour s'annuler vers 1662, puis elle a marché à l'Ouest avec un maximum de 22°18′ vers 1812 et diminue constamment depuis cette époque. La période serait de 467 ans et la déclinaison, pour l'année d'ordre t, pourrait se représenter par

$$D = 6°,40 + 15°,90 \sin 2\pi \frac{t - 1695}{467}.$$

Cette expression est naturellement insuffisante. Les résidus ont une marche assez régulière dans laquelle M. Schott trouve une série d'ondes secondaires. Toutefois, depuis 1540 jusqu'en 1870, l'amplitude de ces ondes (différence des valeurs extrêmes) irait en diminuant de 2′,30 à 0′,94 et la période passerait de 92 à 40 ans; elles ne semblent donc pas correspondre à un terme réellement

(¹) G. GILBERTI, *De Magnete... et de magno magnete, tellure*; London, 1600.

(²) H. GELLIBRAND, *A discourse Mathematical on the Variation of the Magneticall Needle, together with its admirable diminution lately discovered*; London, 1635. — G. HELLMANN, *loc. cit.*, n° 9; 1897.

(³) *Voir* G. RAYET, *Ann. de l'Obs. de Paris* (Mém.), t. XIII, p. A*.1; 1876.

(⁴) CH.-A. SCHOTT., *U. S. Coast and Geod. Survey*; 1859 et suiv., passim.

périodique. D'ailleurs, l'aiguille se rapproche aujourd'hui de la position moyenne et la variation séculaire tend à diminuer, tandis qu'elle devrait être croissante.

Pour Londres, où les observations débutent en 1576, avec une déclinaison de 11°15'E, le maximum à l'Est a été de 11°20' environ vers 1580; la déclinaison était nulle en 1657 et le maximum à l'Ouest fut de 24°30' en 1818. Les valeurs relatives aux écarts extrêmes donneraient, pour le terme principal,

$$D = 6^\circ,61 + 17^\circ,89 \sin 2\pi \frac{t-1699}{476}.$$

M. Schott trouve aussi que la déclinaison à Christiania, comptée vers l'Ouest, se représenterait exactement par la formule

$$D = 5^\circ,99 - 13^\circ,53 \sin 2\pi \frac{t-1502,2}{420} - 0^\circ,53 \sin 2\pi \frac{t-1517,5}{82}.$$

Il en résulte un écart maximum de 7°,93 E en 1612 et un autre de 20°,02 W en 1822; la déclinaison a été nulle en 1530 et 1681 et devrait s'annuler de nouveau en 1950.

Le seul fait qu'il existe un terme constant dans ces expressions et que, par suite, la déclinaison moyenne n'est pas nulle, est en contradiction avec l'hypothèse d'une rotation régulière de l'axe magnétique autour de l'axe géographique.

Si l'on admet, toutefois, que le terme principal de variation correspond à quelque phénomène de cette nature, les résultats de Paris, Londres et Christiania s'accorderaient pour indiquer une période principale voisine de 450 ans et une période secondaire d'environ 80 ans.

Barlow ([1]) a traduit les observations de Londres, de Paris et de Copenhague, depuis 1658 jusqu'en 1818, en admettant que l'aiguille est dirigée vers le pôle magnétique P (*fig.* 57), lequel tournerait uniformément autour de l'axe du monde. En appelant u la colatitude de la station L, v celle du pôle magnétique et θ l'angle de leurs méridiens géographiques, la déclinaison D s'obtiendra par le triangle LNP dont on connaît deux côtés et l'angle compris θ; c'est le problème traité précédemment (60) pour la détermination

([1]) P. Barlow, *Encycl. Metrop.*, *loc. cit.*, p. 817; 1845.

du méridien géographique. Barlow suppose que le pôle se trouvait en 1818 sous la latitude Nord de 75° 2', la longitude 67° 41' W. de Greenwich, et que la rotation est de 4° 14' en 10 années; il en

Fig. 57.

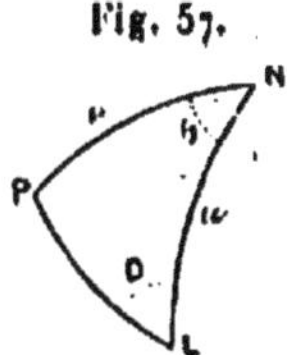

résulterait une période de 850 ans, notablement plus longue que les précédentes, mais la différence du calcul et de l'observation s'élève quelquefois jusqu'à 2°, par exemple en 1740.

Pour la plupart des autres stations, on doit se borner à une formule parabolique du second degré, ou même à une expression linéaire, et en limiter l'emploi à un petit nombre d'années; il nous suffira d'en citer quelques exemples (¹) :

Déclinaison.

VARIATION SÉCULAIRE MOYENNE POUR 1858-1890.

Édimbourg	−9',1	Cracovie, Prague	−6',6
Utrecht	−8,6	Vérone	−6,5
Greenwich, Kiel	−7,6	Pétersbourg	−6,0
Paris, Berlin, Pavie	−7,4	Dantzig	−5,7
Munich	−7,8	Odessa	−5,2
Lisbonne, Milan, Toulouse	−6,8	Moscou	−4,9

L'*inclinaison* a été découverte en 1576 par un constructeur anglais, Robert Norman (²). Ayant construit plusieurs aiguilles ajustées de manière à se maintenir parfaitement horizontales quand on les monte sur pivot avant l'aimantation, il trouva constamment qu'elles ne conservent plus le même équilibre après avoir été aimantées, et que la pointe s'incline toujours d'une certaine quantité. Pour déterminer l'angle maximum que ferait une aiguille

(¹) Consulter, pour plus de détails, la savante Introduction aux Cartes magnétiques publiée par M. Neumayer dans l'*Atlas physique de Berghaus*; 1892.

(²) R. Norman, *The newe attractive*; London, 1581. — G. Hellmann, *loc. cit.*, n° 10; 1898.

aimantée avec l'horizon, il construisit un instrument spécial, analogue aux boussoles actuelles, et trouva que l'inclinaison à Londres était alors de 71°50'. Les observations ultérieures ont montré que l'inclinaison allait d'abord en croissant; elle a passé par un maximum de 74°42' en 1723 et diminue depuis cette époque.

La série des observations de Londres comprend ainsi plus de trois siècles. Si la période de 450 ans trouvée pour la déclinaison avait un caractère général, l'inclinaison devrait diminuer à partir de 1723, et passer par un minimum vers 1950; la variation séculaire diminue, en effet, d'une manière continue.

Les documents de Paris ne remontent qu'à l'année 1671, où l'inclinaison était d'environ 75°; elle a été sans cesse en décroissant et se trouvait réduite à 64°57',5 au 1er janvier 1899. Pendant la première moitié du siècle, la variation séculaire était d'environ — 3',12; elle n'est plus que de — 1',4.

M. Rayet (*loc. cit.*) admet pour la déclinaison et l'inclinaison à Paris une même période de 580 ans, auquel cas l'inclinaison passerait par un minimum de 63°53' en 1958. Toutefois l'absence d'un terme constant dans l'expression de la déclinaison ne paraît pas admissible et les formules ne s'accordent guère avec les observations que dans le siècle actuel.

L'étude de l'*intensité* est de date plus récente. On utilisa d'abord la méthode des oscillations imaginée par Borda, en 1776, pour évaluer, avec la boussole d'inclinaison, les rapports du champ terrestre en différentes stations, mais les premiers résultats ne montrèrent aucune différence sensible entre les observations de Brest, Cadix, Ténériffe, la côte de Gorée et la Guadeloupe [1].

Dans les instructions rédigées pour l'expédition de La Pérouse, l'Académie des Sciences recommande que les navigateurs répètent les observations sur l'intensité par la durée des oscillations d'une bonne aiguille d'*inclinaison*. « Il serait surtout intéressant d'éprouver la force magnétique dans les points où l'inclinaison est la plus grande et dans ceux où elle est la plus petite [2]. »

Une lettre adressée à Condorcet par Paul de Lamanon, qui faisait

[1] Quelques observations antérieures, par Graham en 1723 et par Mallet en 1769, sur l'oscillation des aiguilles ne paraissent pas avoir été faites dans un but bien défini. (ED.-A.-C. WALKER, p. 80.)

[2] L.-A. MILLET-MUREAU, *Voyage de La Pérouse*, t. I, p. 160; 1797.

partie de l'expédition, annonça, en effet, d'après les observations faites en 1785 et 1787 à Ténériffe et à Macao, que la force magnétique est moindre sous les tropiques et qu'elle augmente avec la latitude; il est regrettable qu'une lettre aussi importante ait été laissée pendant vingt ans dans l'oubli (1).

Les observations faites par de Rossel, qui accompagnait Dentrecasteaux dans son voyage à la recherche de La Pérouse, de 1791 à 1794, confirmèrent la découverte annoncée par Paul de Lamanon. On y trouve les observations suivantes d'une aiguille d'inclinaison construite par Lenoir :

	Latitude.	Durée d'une oscillation.	Rapport des intensités.	Inclinaison.
Brest..................	48° 23′ N	2s,02	1,000	71° 30′ N
Ste-Croix-de-Ténériffe..	28 16 N	2,081	0,9422	62 25 N
Surabaya (Java).......	7 14 S	2,429	0,6916	25 40 S
Amboine...............	3 42 S	2,403	0,7066	20 37 S
Van Diemen............	43 34 S	1,850	1,1800	70 48 S

Il est même curieux de remarquer encore qu'il n'y a pas de relation simple entre l'inclinaison et l'intensité; à latitude égale, le champ magnétique est plus grand à la terre de Van Diemen que dans les régions d'Europe.

Toutefois, les résultats de cette expédition ne furent publiés qu'en 1808. C'est surtout Humboldt qui a eu le mérite de mettre en évidence, lors de ses voyages en Amérique de 1799 à 1804, le fait capital de l'inégalité du champ terrestre aux différents points du globe et d'en publier aussitôt les principaux résultats (2).

La méthode des oscillations comporte plus d'exactitude quand on emploie l'aiguille horizontale, comme l'ont fait Humboldt et Gay-Lussac (3) en 1805 et 1806; la connaissance de l'inclinaison permet alors d'en déduire la valeur du champ total, au moins dans les latitudes modérées.

Depuis les travaux de Gauss et Weber, les valeurs des composantes et du champ total ont été déterminées d'une manière suivie dans les Observatoires magnétiques. On y retrouve encore une

(1) A. BECQUEREL, *Traité de l'Électr. et du Magn.*, t. VII, p. 320; 1840.

(2) On en trouvera les détails dans le VOYAGE DE HUMBOLDT ET BONPLAND, première partie, *Relation historique*, t. III, p. 615; 1825.

(3) HUMBOLDT et GAY-LUSSAC, *Mém. de la Soc. d'Arcueil*, t. I, p. 1-22; 1807.

variation séculaire, mais les observations s'appliquent à un trop court intervalle pour qu'il soit possible actuellement d'y rechercher la valeur approximative d'une période principale.

96. **Variations diurnes.** — D'après André Celsius, la découverte des variations diurnes de la *déclinaison* serait due aux observations du P. Fachart en 1682 à Siam. Les observations de Borough à Limehouse en 1580, celles de Gunter en 1622 et de Gellibrand à Diepford en 1634 indiquent déjà des écarts de 20′ ou 30′ entre les valeurs obtenues à différentes heures de la journée, sans que ces écarts aient fixé l'attention.

En 1722, un horloger anglais, Georges Graham (¹), ayant remarqué qu'une aiguille, montée sur un pivot, ne donnait pas les mêmes résultats à divers intervalles, crut d'abord que ces écarts étaient dus au frottement de la chape. Pour s'en assurer, il fit de fréquentes observations sur plusieurs aiguilles et reconnut que leurs indications étaient à peu près concordantes. Dans le cours de la journée, la déclinaison était comprise entre 13°50′ et 14°45′, de sorte que la variation pouvait quelquefois atteindre 1°.

L'observation de Graham ayant été l'objet de nombreuses critiques, Celsius (²) reprit à Upsal l'étude de la même question et ses recherches furent continuées, à partir de 1741, par Olof-Pierre Hiorter. La déclinaison présentait une double variation diurne : l'écart maximum avait lieu à 8^h *a. m.* vers l'Est, à 2^h *p. m.* vers l'Ouest, avec une amplitude de 5′ en moyenne, et une variation semblable moins distincte se produisait dans la nuit. Hiorter discute également les variations accidentelles non périodiques, dont la cause la plus importante est l'apparition des aurores boréales.

John Canton (³) arrivait aux mêmes conclusions en discutant environ 4000 observations faites en Angleterre à partir de 1756. La variation diurne, régulière pour 574 jours sur 603, parut irrégulière pour les autres, soit une ou deux fois par mois, ces époques correspondant presque toujours à des aurores polaires, auquel cas on rendait les lectures plus fréquentes.

(¹) G. Graham, *Phil. Trans. L. R. S.*, t. XXXIII, p. 96; 1724.

(²) A. Celsius, *Svenska Wetenskaps Akademiens Handlingar*, Stockholm, t. I, p. 296; 1740. — O.-P. Hiorter, t. VIII, p. 27; 1747.

(³) J. Canton, *Phil. Trans. L. R. S.*, t. LI, part I, p. 398; 1759.

Dans la variation normale, le minimum principal se produit vers 8h ou 9h *a.m.* et le maximum de 1h à 2h *p.m.*, avec une marche beaucoup plus lente en dehors de cet intervalle. En outre, l'amplitude des écarts n'est pas la même aux différentes saisons; les maxima et minima se produisent au voisinage des solstices, 13′21″ pour le mois de juin et 6′58″ en décembre.

Les observations de Macdonald [1] à Fort Marlborough (Sumatra) et à Sainte-Hélène n'étaient pas assez fréquentes pour bien définir la variation diurne. A Fort Marlborough, pour une déclinaison orientale, elles ont donné le minimum à 7h *a.m.* et le maximum à 5h *p.m.*, avec une amplitude de 2′ à 3′. A Sainte-Hélène, la déclinaison était à l'Ouest, le maximum vers 8h *a.m.* et l'amplitude de 3′55″.

Macdonald en conclut, comme règles générales : 1° que l'amplitude de l'oscillation diurne est moindre sous les tropiques que dans les hautes latitudes; 2° que les mouvements de l'aiguille sont de sens contraires dans les deux hémisphères.

Cette opposition d'allures parut d'abord confirmée par les observations ultérieures; elle portait à croire qu'il existe à la surface du globe, dans les environs de l'équateur, une ligne sur laquelle la variation diurne de déclinaison devient nulle [2].

Les résultats obtenus dans les stations coloniales anglaises ont montré que le phénomène se modifie d'une manière continue avec la latitude et offre des caractères différents quand on considère les moyennes relatives aux différentes saisons.

La *fig.* 58 représente, d'après Edw. Sabine [3], les variations moyennes de déclinaison pour l'année entière et pour deux périodes semi-annuelles, d'avril à septembre et d'octobre à mars, avec les résultats obtenus à Kew de 1858 à 1862. Les latitudes de ces stations sont :

Nertchinsk.......	51° 59′ N	Sainte-Hélène....	15° 55′ S
Kew..............	51 29	Le Cap...........	33 56
Toronto.........	43 39,5	Hobarton.........	42 56
Pékin............	39 54		

(1) J. Macdonald, *Phil. Trans. L. R. S.*, t. LXXXVI, part II, p. 340; 1796, et t. LXXXVIII, part II, p. 597; 1798.

(2) F. Arago, *Ann. du Bureau des Longitudes*, p. 282; 1836.

(3) Edw. Sabine, *Phil. Trans. L. R. S.*, t. CLIII, p. 273; 1863.

Fig. 58.

Variations diurnes de déclinaison.

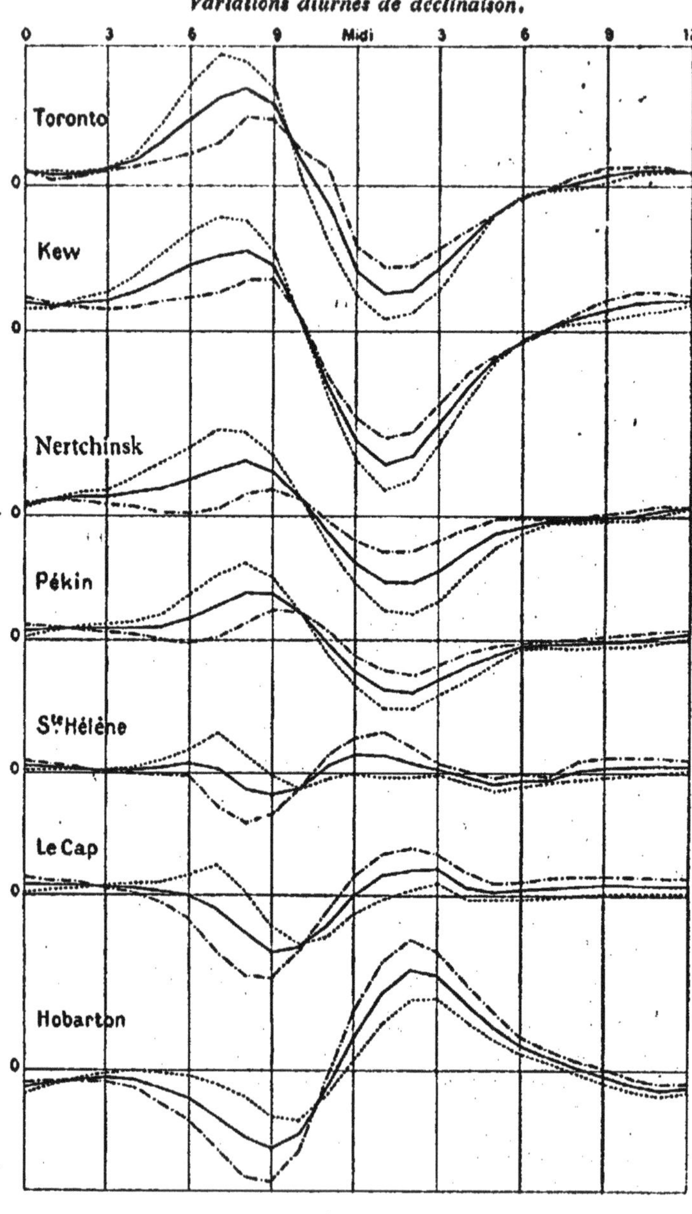

Les ordonnées correspondent à 1′ pour 3^{mm}; on ne doit d'ailleurs attacher qu'une importance secondaire à l'amplitude même de la variation qui est, toutes choses égales, en raison inverse de la composante horizontale.

Considérant comme positives les déviations vers l'Est, on voit que, pour l'année entière, les courbes relatives à l'hémisphère Nord montrent d'abord deux excursions principales, l'une positive à 8^h *a.m.* et l'autre négative de 1^h à 2^h *p.m.*; elles présentent également un maximum et un minimum secondaires dans la nuit, plus ou moins marqués. L'inverse a lieu, à des heures analogues, dans l'hémisphère Sud.

Pour les périodes semi-annuelles, les variations diurnes moyennes ont la même allure, mais avec des différences plus grandes dans les heures de maxima et minima.

Pour toutes les stations, la courbe relative aux six mois d'avril à septembre est au-dessus de la courbe annuelle le matin, au-dessous de la moyenne l'après-midi et la nuit, avec des écarts de même ordre. Il en résulte que l'amplitude des oscillations est augmentée dans le Nord et diminuée dans le Sud. La période d'octobre à mars montre naturellement des caractères inverses.

Dans tous les cas, la présence du Soleil dans un hémisphère aurait ainsi pour effet d'augmenter la variation diurne.

S'il existe près de l'équateur des points où la variation diurne soit sensiblement nulle pour l'année entière, les variations relatives aux périodes semi-annuelles y doivent présenter des caractères opposés de l'été à l'hiver.

Les observations faites au voisinage de l'équateur ne confirment pas entièrement ces conclusions générales. Nous citerons encore, comme exemple, les résultats obtenus à l'Observatoire de Batavia, qui se trouve par 6°22′ de latitude S et à 14° environ au Sud de l'équateur magnétique.

Le Tableau suivant contient les moyennes horaires mensuelles calculées par M. Van der Stok [1], pour la période de 1883 à 1893, sans faire aucun départ des perturbations. Les déviations sont évaluées en centièmes de minute et positives vers l'Est.

---

[1] *Magn. and Meteor. Observ. at Batavia*, t. XVI, p. 213; 1893.

BATAVIA.

Variations diurnes de déclinaison (1883-1893).

Heure.	Janv.	Fév.	Mars.	Avril.	Mai.	Juin.	Juill.	Août.	Sept.	Oct.	Nov.	Déc.	Année.
1..	− 5	− 9	− 13	+ 5	+ 3	− 6	− 7	− 10	+ 2	− 2	− 23	− 14	− 7
2..	− 4	− 3	− 5	+ 21	+ 19	+ 14	+ 13	+ 8	+ 17	+ 8	− 13	− 7	+ 6
3..	− 11	− 5	− 10	+ 24	+ 24	+ 22	+ 24	+ 19	+ 25	+ 13	− 17	− 14	+ 8
4..	− 29	− 13	− 22	+ 15	+ 30	+ 30	+ 33	+ 25	+ 32	+ 8	− 27	− 32	+ 4
5..	− 51	− 25	− 32	+ 4	+ 29	+ 33	+ 42	+ 45	+ 38	+ 0	− 47	− 53	− 1
6..	−116	− 71	− 47	+ 9	+ 57	+ 53	+ 66	+ 82	+ 75	− 17	−112	−121	− 12
7..	−206	−187	−109	− 21	+ 85	+109	+111	+119	+ 44	−115	−186	−203	− 47
8..	−235	−278	−206	−137	− 11	+ 35	+ 28	+ 6	−106	−224	−232	−233	−133
9..	−195	−261	−205	−188	−107	− 48	− 71	−121	−212	−255	−215	−201	−173
10..	−129	−175	−127	−147	−129	− 89	−114	−175	−220	−219	−141	−124	−150
11..	− 53	− 54	− 21	− 58	−127	− 99	−117	−176	−179	−113	− 21	− 38	− 88
Midi	+ 46	+ 68	+ 69	+ 6	− 94	− 76	− 90	−139	− 98	+ 31	+104	+ 61	− 9
1..	+123	+158	+128	+ 43	− 32	− 33	− 43	− 67	− 13	+145	+188	+147	+ 62
2..	+153	+188	+144	+ 73	+ 35	+ 23	+ 25	+ 14	+ 64	+182	+210	+177	+107
3..	+162	+184	+138	+ 96	+ 90	+ 68	+ 82	+ 94	+131	+174	+198	+183	+133
4..	+136	+141	+101	+102	+109	+ 75	+ 91	+129	+137	+128	+148	+156	+121
5..	+104	+104	+ 81	+ 86	+ 83	+ 51	+ 66	+116	+114	+ 94	+ 99	+114	+ 93
6..	+ 77	+ 82	+ 68	+ 59	+ 37	+ 5	+ 15	+ 58	+ 71	+ 74	+ 57	+ 71	+ 56
7..	+ 80	+ 67	+ 50	+ 36	+ 14	− 9	− 6	+ 28	+ 51	+ 60	+ 49	+ 67	+ 41
8..	+ 60	+ 44	+ 30	+ 10	− 12	− 25	− 19	+ 7	+ 34	+ 34	+ 25	+ 47	+ 20
9..	+ 48	+ 31	+ 15	− 6	− 26	− 38	− 31	− 11	+ 13	+ 14	+ 7	+ 30	+ 4
10..	+ 27	+ 14	+ 0	− 13	− 32	− 41	− 37	− 21	− 2	− 2	− 14	+ 8	− 9
11..	+ 12	+ 4	− 5	− 9	− 27	− 33	− 33	− 20	− 3	− 5	− 19	+ 0	− 11
Min.	− 1	− 7	− 14	− 5	− 18	− 24	− 23	− 20	− 5	− 9	− 28	− 14	− 14
Ampl.	3′,97	4′,66	3′,50	2′,90	2′,38	2′,08	2′,28	3′,05	3′,66	4′,29	4′,42	4′,16	3′,06

Pour la moyenne annuelle, les plus grands écarts se présentent à 9^h *a. m.* et 3^h *p.m.*, à peu près comme à Sainte-Hélène, qui occupe une situation analogue, mais plusieurs différences sont à signaler :

1° Les minima du matin persistent pendant toute l'année, vers 8^h en été (mois d'octobre à mars), pour retarder ensuite jusqu'à 11^h au milieu de l'hiver.

2° Les maxima ont lieu de 2^h à 4^h *p.m.* dans les différents mois, mais ils sont seulement secondaires en juin et en juillet, où les écarts principaux vers l'Est sont reportés à 7^h *a.m.*

3° L'amplitude est moindre en hiver (2′,54) qu'en été (4′,17), comme dans les stations de l'hémisphère Nord.

Les caractères extrêmes semblent se dessiner plus nettement au voisinage des solstices, mais il est difficile de préciser la transformation du phénomène dans le cours de l'année.

L'élimination des jours troublés ne change rien à la conclusion. Les heures des maxima et minima principaux restent les mêmes aux différents mois et pour l'année entière. Le seul effet de cette suppression est de réduire un peu l'amplitude des variations.

Les autres éléments magnétiques, inclinaison et composantes ([1]), éprouvent aussi des variations diurnes; on y retrouve des modifications analogues dans le cours de l'année, des heures différentes

Fig. 59.

PARC SAINT-MAUR.

Variations diurnes (1883-1897).

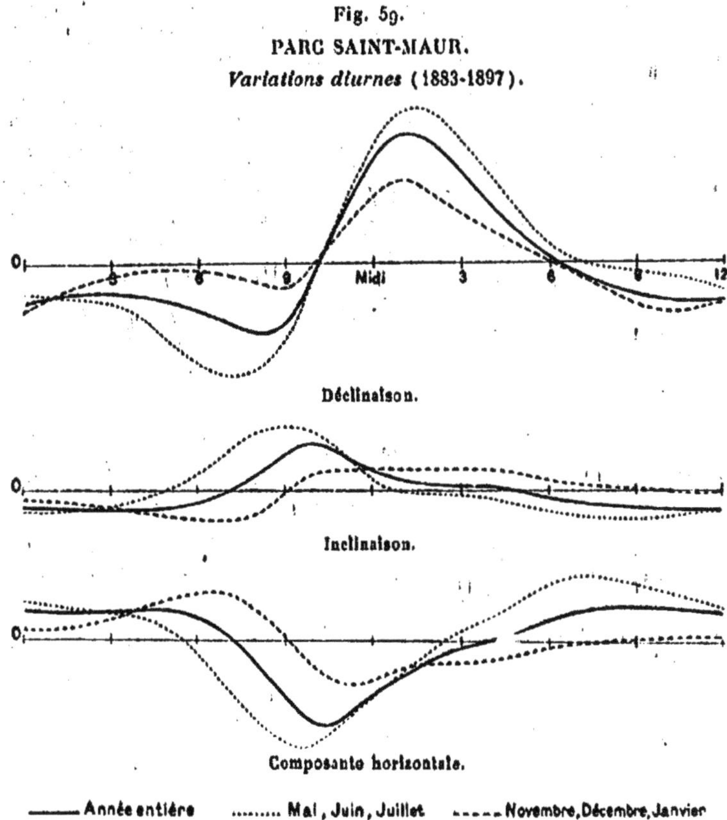

pour les écarts extrêmes et une transformation du phénomène quand on passe d'un hémisphère à l'autre.

([1]) CHR. HANSTEEN, *Ann. de Ch. et de Phys.*, 2e sér., t. XVII, p. 326; 1821.

Nous indiquerons seulement (*fig.* 59) les moyennes des résultats obtenus au Parc Saint-Maur, par M. Moureaux, pendant quinze années, de 1883 à 1897, pour la déclinaison, l'inclinaison et la composante horizontale, relatives à l'année entière et aux périodes trimestrielles voisines des solstices, en été (mai, juin, juillet) et en hiver (novembre, décembre, janvier), en faisant intervenir toutes les observations.

M. Chree a signalé dans les observations de Kew cette circonstance singulière que la variation diurne n'est pas *cyclique,* quand on la détermine par une série de jours calmes, c'est-à-dire que les moyennes relatives à la même heure (minuit) de deux jours successifs ne sont pas égales. La différence, ou l'effet non-cyclique, varie d'un mois à l'autre; elle serait, pour la déclinaison, de 0',63 en janvier et de 0',072 dans l'année entière. Des résultats analogues se retrouveraient à Greenwich [1].

On a cherché souvent s'il existe des relations entre le magnétisme terrestre et les phénomènes météorologiques, soit dans la variation diurne du baromètre, soit dans la marche moyenne de la température [2], de la tension de vapeur [3], ou à tout autre point de vue [4], mais les résultats obtenus jusqu'à présent ne présentent pas encore une netteté suffisante.

On peut enfin traduire par une série de Fourier la marche des éléments magnétiques.

Deux termes périodiques paraissent suffire pour la variation *annuelle* de l'amplitude. Il est plus simple alors de ramener chaque mois à 30 jours, en comptant l'année pour 360. Désignant par θ la valeur angulaire d'un jour par rapport au 1er janvier, l'amplitude correspondante de variation sera de la forme

$$A = a\sin(\theta + \alpha) + b\sin(2\theta + \beta),$$

les constantes étant déterminées par les moyennes mensuelles que l'on attribuera au quinzième jour.

Les différences de phase α et β ne changent pas beaucoup d'une

(1) C. Chree, *Brit. Ass. Rep.*, p. 231; 1896. — W. Ellis, *Ibid.*, p. 238.
(2) Lloyd, *Phil. Trans. R. Irish. Acad.*, vol. XXII, Pt I; 1849.
(3) J. Capello, *Brit. Ass. Rep.*, p. 67; 1886.
(4) F.-H. Bigelow, *Amer. Journ. of Science*, t. V, p. 455; 1898.

année à l'autre, mais les coefficients a et b éprouvent de plus grandes modifications.

Les variations *diurnes* ne se prêtent pas à une représentation aussi simple, sans doute parce que les grands écarts ont lieu pendant le quart seulement de la journée. En appelant θ l'angle horaire, il faut ajouter aux deux termes de la formule précédente deux autres termes de moindre période

$$c\sin(3\theta+\gamma)+d\sin(4\theta+\delta).$$

La formule renferme alors huit constantes que l'on détermine par huit observations ou plutôt par l'ensemble des vingt-quatre observations horaires (92). Dans le cas actuel, les coefficients et les différences de phase se modifient d'une manière continue pour les mois successifs de chaque année ([1]).

Il nous suffira de signaler ici cette méthode, dont on n'a guère tiré d'autre profit que la satisfaction de traduire les observations par une formule mathématique.

97. Influence des jours troublés. — La question de savoir comment on doit traiter les observations pour en dégager la marche *normale* diurne a fait l'objet de nombreuses discussions.

Quand on ne possède ou qu'on n'utilise que les données horaires, il est difficile d'en tirer un meilleur parti que par la méthode de Sabine (89), si l'on veut éliminer les nombres qui correspondent plus ou moins nettement à des perturbations. Il est clair que cette méthode soulève beaucoup de critiques. D'abord la limite des écarts qui définit les jours troublés est entièrement arbitraire et doit être choisie pour chaque station. En second lieu, on conserve dans les calculs une partie des observations troublées, surtout celles qui n'avaient d'autre effet que de diminuer l'écart normal sans en changer le signe, etc. Le seul caractère propre à légitimer la sélection serait de constater si les observations supprimées, ou leurs écarts à la normale, correspondent réellement à des périodes de nature différente, mais les opérations n'en restent pas moins indéterminées.

Plusieurs modifications ont été apportées à la méthode de Sabine,

---

([1]) *Voir*, par exemple, A. D. BACHE, *Smiths. contr. to knowl.*, Pt II; 1860.

soit en conservant toutes les observations, sauf à n'attribuer qu'une valeur maximum aux écarts exagérés, soit en éliminant aussi les valeurs trop faibles, soit en traitant à part les valeurs positives et les valeurs négatives, etc. En fait, toute interprétation de résultats discontinus ne peut inspirer aucune sécurité.

Les courbes fournies par les appareils enregistreurs permettent de mieux fixer les idées. Le seul aspect de ces courbes fait ressortir les jours manifestement troublés en tout ou en partie, mais il reste encore un doute sur la manière dont l'élimination de certains nombres doit être faite.

A l'Observatoire de Greenwich (¹), on séparait d'abord tous les jours (trois ou quatre par mois) et toutes les heures à certains autres jours qui correspondent à des perturbations exceptionnelles, auquel cas les courbes sont si irrégulières qu'il paraît impossible d'en déduire autre chose qu'une étude des écarts. Pour tout le reste, on trace à la main, sur chaque épreuve, une courbe continue qui adoucit les accidents et supprime les petites irrégularités. Les courbes ainsi corrigées servent à déterminer la moyenne des valeurs horaires mensuelles. Cette méthode constitue un grand progrès, quoiqu'elle laisse encore subsister dans les résultats une partie des perturbations.

M. Wild (²), au contraire, ne conserve dans chaque mois qu'un très petit nombre de jours *calmes*, de quatre à dix, pour lesquels les courbes des enregistreurs présentent manifestement une allure bien régulière. La part d'interprétation se trouve alors beaucoup réduite, et en comparant les valeurs normales ainsi obtenues aux observations réelles de chaque jour, les résidus traduiront tous les effets des perturbations.

C'est ainsi que M. Müller (³) a déterminé la marche normale des éléments magnétiques à Pawlowsk de 1882 à 1883, pendant la période des expéditions polaires internationales.

Quelle que soit la méthode de calcul, on trouve sensiblement les mêmes heures pour le changement de signe de la variation et pour les maxima ou minima; les différences portent seulement sur

(¹) *Greenwich Magn. and Meteorol. observ.*, p. XXVIII; 1883.

(²) H. WILD, *Bulletin de la Commission polaire internationale*, passim. — *Brit. Ass. Rep.*, p. 78; 1885.

(³) P.-A. MÜLLER, *Repert. für Meteorol.*, t. X, n° 3; 1885

la grandeur des écarts. Il est naturel, d'ailleurs, que la méthode de Greenwich conduise à des valeurs plus grandes pour l'amplitude totale de variation, puisqu'on y conserve, en réalité, beaucoup d'observations troublées.

Pour la déclinaison, par exemple, la méthode de Sabine et celle de Wild, appliquées aux observations de Kew, ne donnent que des différences inférieures à 10 pour 100. Dans la marche normale de Greenwich, déterminée par la méthode de cet Observatoire, on trouverait, pour la période d'été, des différences de 16 à 25 pour 100 avec les résultats des autres méthodes ([1]).

Le choix de cinq jours calmes, adopté depuis 1889 par l'Observatoire de Greenwich, paraît répondre à un phénomène bien défini, qui permet de faire une comparaison plus étroite entre les résultats de différentes stations.

En dépouillant ainsi les courbes de déclinaison obtenues à Greenwich et à Toronto, en 1850, M. Lefroy ([2]) constate, par exemple, qu'aux époques des solstices et des équinoxes, le passage des déviations de l'Est à l'Ouest et la plus grande excursion vers l'Ouest, se produisent toujours à Greenwich une heure ou une heure et demie plus tôt qu'à Toronto. Toutefois, c'est encore une simple définition que de considérer comme normale la marche diurne définie par les jours calmes, et l'on n'est pas certain de représenter le phénomène principal de la variation diurne.

Pour dégager l'influence des perturbations, M. Moureaux a calculé aussi la marche diurne moyenne des éléments au Parc Saint-Maur, en n'utilisant que cinq jours calmes dans chaque mois de la période de quinze années.

La comparaison des courbes obtenues dans les deux systèmes conduit à plusieurs remarques intéressantes.

Les perturbations ont pour effet, en toutes saisons, d'augmenter la *déclinaison* pendant le jour et de la diminuer pendant la nuit. Les écarts sont de même ordre dans les deux sens, en sorte que, au moins d'une manière générale, les valeurs moyennes annuelles sont indépendantes du système adopté.

De même, l'amplitude de l'oscillation principale n'est pas sen-

---

([1]) G.-M. WHIPPLE, *Brit. Ass. Rep.*, p. 71; 1886.
([2]) SIR J.-H. LEFROY, *Brit. Ass. Rep.*, p. 69; 1886.

siblement modifiée et les écarts extrêmes ont encore lieu vers 7^h-8^h *a. m.* et 1^h-3^h *p. m.*

Il en est autrement quand on compare le maximum principal au minimum secondaire. Pour l'ensemble des observations, la différence est plus grande de 1',4 environ que pour les jours calmes.

Le minimum de nuit, qui devient principal pendant l'hiver, est dû en grande partie aux perturbations ; il reste constamment secondaire quand on ne prend que les jours calmes.

Les courbes tracées par la différence des ordonnées des deux diagrammes montrent encore que l'excès positif correspondant aux heures de jour éprouve une double oscillation, avec un maximum vers 9^h *a. m.*, un autre plus important vers 4^h *p. m.* et un minimum secondaire vers midi. L'inflexion de la courbe au milieu du jour est peu accusée pendant les mois d'hiver, mais elle se reproduit chaque année de mai à septembre et aussi en mars. Il est remarquable que cette particularité disparaît à peu près complètement en avril et en octobre, mois qui suivent les équinoxes.

En toutes saisons, les perturbations augmentent la *composante horizontale* le matin, de 1^h à 10^h, et la diminuent le reste du jour ; cette influence est également plus marquée en hiver qu'en été. Dans le cas actuel, la moyenne mensuelle des jours calmes est supérieure à celle de toutes les observations ; la différence est faible pendant l'été ($7 . 10^{-6}$ en août) et beaucoup plus accentuée pendant l'hiver ($62 . 10^{-6}$ en novembre).

La variation non-cyclique se traduirait ici, pour la composante horizontale, par une diminution brusque de $40 . 10^{-6}$ environ entre minuit et 1^h du matin.

Sur la *composante verticale* les effets sont inverses. Les valeurs déduites de l'ensemble des observations sont plus faibles le matin, de 1^h à 11^h, et plus élevées le reste du jour que celles des jours calmes. La moyenne des jours calmes est, cette fois, inférieure à celle de toutes les observations, et la différence est encore plus accentuée en hiver qu'en été.

Cette discussion justifie la proposition adoptée par la Commission magnétique de Bristol, que les moyennes mensuelles et les variations diurnes doivent être calculées par l'ensemble de toutes les observations.

Il est intéressant aussi de faire le même calcul pour les jours calmes, mais il reste toujours un peu d'indécision sur les caractères auxquels on reconnaîtra les courbes sans perturbations.

98. **Composantes géographiques.** — Il est naturel d'interpréter ces variations en considérant que le champ terrestre moyen est altéré par la superposition d'un champ *secondaire* ou *diurne*, dont l'intensité et la direction se modifient d'une manière continue dans le cours de la journée. Cette méthode permettra de dégager ce qu'il peut y avoir de commun aux différents points d'un même parallèle géographique et l'influence de la latitude.

Les variations de déclinaison tiennent surtout à l'existence d'une composante perpendiculaire au méridien magnétique; celles des autres éléments sont de nature plus complexe.

Pour définir, autant que possible, les causes du phénomène, il convient donc de discuter les variations du champ total F et celles de ses composantes géographiques, X vers le Nord, Y vers l'Ouest et Z suivant la verticale, vers le nadir.

La déclinaison étant comptée vers l'Ouest, les éléments ordinaires D, I et H donnent

$$X = H \cos D,$$
$$Y = H \sin D,$$
$$Z = H \operatorname{tang} I.$$

Lorsque les écarts sont relativement très petits, ce qui est le cas général, les composantes δX, δY et δZ du champ secondaire s'obtiendront simplement par les quantités δD, δH et δZ que fournissent les appareils de variations, et on aura :

$$\delta X = H\left(\frac{\delta H}{H}\cos D - \sin D\,\delta D\right) = X\left(\frac{\delta H}{H} - \operatorname{tang} D\,\delta D\right),$$
$$\delta Y = H\left(\frac{\delta H}{H}\sin D + \cos D\,\delta D\right) = Y\left(\frac{\delta H}{H} + \cot D\ \delta D\right).$$

Les courbes de la *fig.* 60 représentent les variations moyennes du champ secondaire et de ses composantes au Parc Saint-Maur pendant quinze années, de 1883 à 1897, pour l'année entière et les trimestres voisins des solstices.

Fig. 60.

PARC SAINT-MAUR.

Variations diurnes (1883-1897).

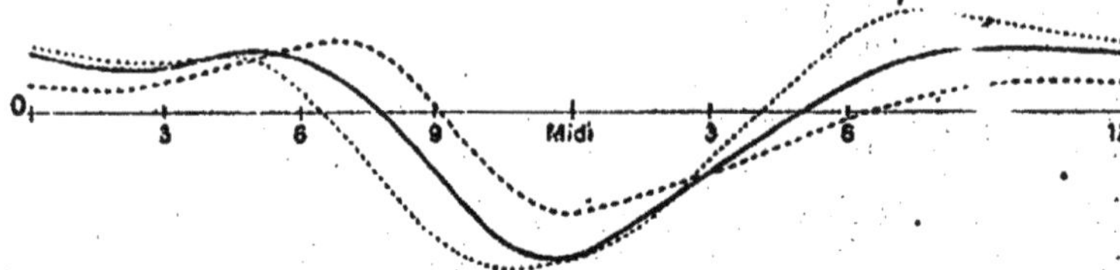

Composante Nord.

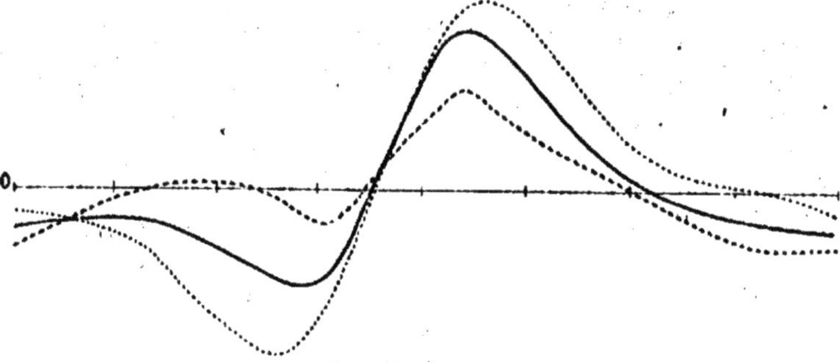

Composante Ouest.

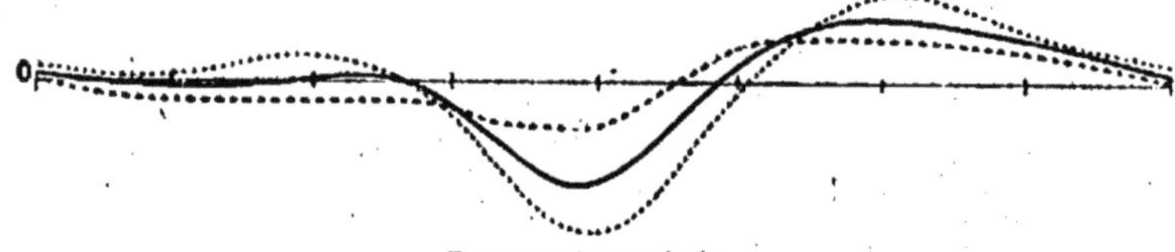

Composante verticale.

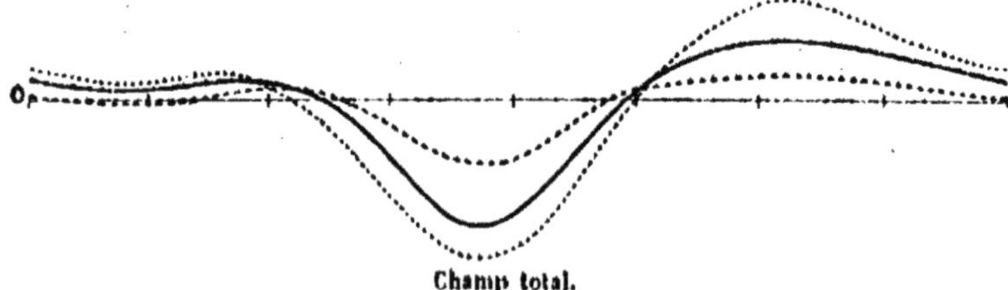

Champ total.

——— Année entière. .... Mai, Juin, Juillet. - - - - - - Novembre, Décembre, Janvier.

Les données extrêmes peuvent se résumer de la manière suivante, en prenant pour unité de champ 10^{-5} C.G.S :

	Heures						Amplitude (différence des extrêmes).		
	du minimum.			du maximum.					
	Année.	Été.	Hiver.	Année.	Été.	Hiver.	Année.	Été.	Hiver.
	h m	h m	h m	h m	h m	h m			
δX..	11 30	10 40	11 40	22 00	19 20	7 00	27	33	22
δY..	8 30	7 50	22 30	13 10	13 40	12 55	43	50	27
δZ..	11 40	11 50	11 25	18 00	18 20	16 30	21	29	11
δF..	11 15	11 15	11 15	19 00	19 00	19 00	27	38	13

Les maxima et minima principaux ont lieu le plus souvent dans la journée, avec des maxima et minima secondaires pendant la nuit; il y a quelques exceptions pour δX et δY.

Fig. 61.

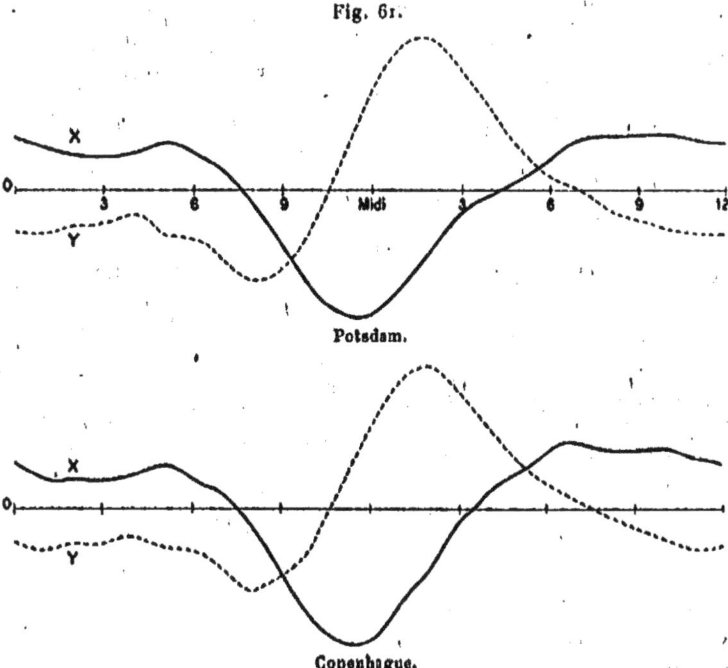

Potsdam.

Copenhague.

C'est encore pendant l'été que les variations s'exagèrent et l'amplitude de δY est toujours nettement plus grande.

En discutant de même les résultats d'autres stations, on constate qu'à l'exception des régions polaires, où les observations sont plus douteuses, la variation diurne des composantes géographiques, rapportée aux heures locales, est sensiblement la même le long d'un parallèle. Cette propriété ne pourrait être bien vérifiée que si l'on possédait plusieurs stations à la même latitude; elle paraît résulter du fait que les courbes de variations à diverses latitudes se modifient d'une manière continue, quelle que soit la longitude. Les courbes de Potsdam et de Copenhague pour l'année 1894 sont presque identiques (*fig.* 61) et diffèrent très peu de la moyenne du Parc Saint-Maur relative à quinze années.

Il paraît donc légitime d'en conclure que la cause qui produit ces variations diurnes est générale pour toute la surface du globe et que le champ secondaire tourne avec le Soleil.

99. Diagrammes de variations. — On peut se proposer encore de représenter graphiquement la marche diurne du champ terrestre.

Une première méthode, employée déjà par Sabine dans la dis-

Fig. 62. — HOBARTON.
Variations diurnes de déclinaison et d'inclinaison (1841-1848).

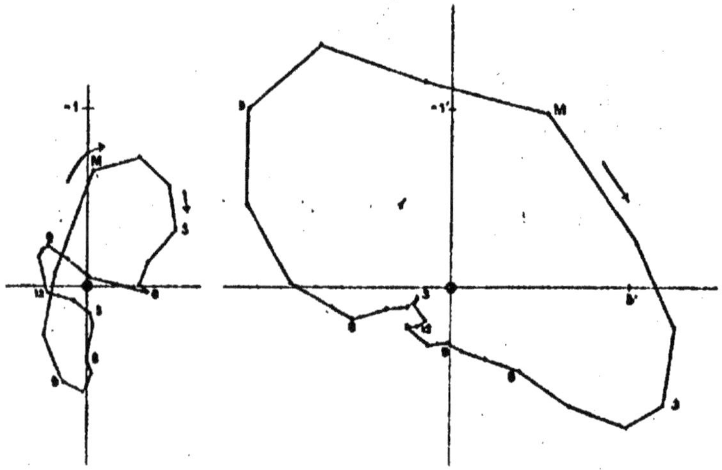

Juin. Décembre.

cussion des observations d'Hobarton, consiste à figurer seulement la direction du champ par les variations de déclinaison et d'inclinaison, pour traduire la modification simultanée des deux éléments. La courbe ainsi obtenue devrait être tracée sur une sphère; mais, ses dimensions angulaires étant très petites, il est permis de remplacer la surface de la sphère par son plan tangent perpendiculaire à la direction moyenne du champ. On prend alors comme abscisses les variations δD de déclinaison, comptées vers l'Est, et comme ordonnées les variations δI d'inclinaison, supposées positives quand le pôle Nord de l'aiguille se rapproche du zénith. Le diagramme correspond ainsi au mouvement apparent pour l'observateur qui viserait dans la direction du champ.

Les deux exemples de juin et décembre (1841-1848) relatifs à la station d'Hobarton (*fig.* 62) suffiront pour montrer combien ces courbes se déforment dans le cours de l'année.

M. Capello [1] a fait observer que le sens du mouvement ne reste pas le même pour les stations d'Europe et s'intervertit quand on passe de Pétersbourg ou de Londres à Lisbonne. On aura une idée plus générale du phénomène par les diagrammes relatifs à la moyenne annuelle pour un certain nombre de stations disséminées à la surface du globe (*fig.* 63) : Hobarton, le Cap, Sainte-Hélène, Batavia, Bombay, Lisbonne, Toronto, Saint-Maur, Kew, Potsdam et Saint-Pétersbourg. Il est vrai que les époques sont très différentes, mais les conclusions n'en paraissent pas devoir être modifiées. On a pris dans chaque cas des échelles particulières, pour les variations δD et δI, afin de mieux dégager la forme des courbes.

Dans tout l'hémisphère Nord, pour les latitudes supérieures à 40°, la rotation est dextrogyre. Un mouvement de sens contraire, qui se dessine à Lisbonne, s'accentue ensuite à Bombay et à Batavia. Les stations de Sainte-Hélène et du Cap présentent un état intermédiaire et la rotation dextrogyre se reproduit à Hobarton.

La comparaison des courbes conduirait également à différentes remarques, qu'il ne semble pas nécessaire de développer, sur la marche diurne de chacun des éléments.

Les moyennes mensuelles donneraient lieu à des phénomènes encore plus variés. Entre les tropiques, par exemple, on doit s'attendre à ce que le sens des courbes soit interverti, suivant que le Soleil est au Sud ou au Nord de la station.

---

(1) J.-B. CAPELLO, *Brit. Ass. Rep.* Bristol, p. 740; 1898.

Fig. 63.

Variations diurnes de déclinaison et d'inclinaison.

M désigne midi.

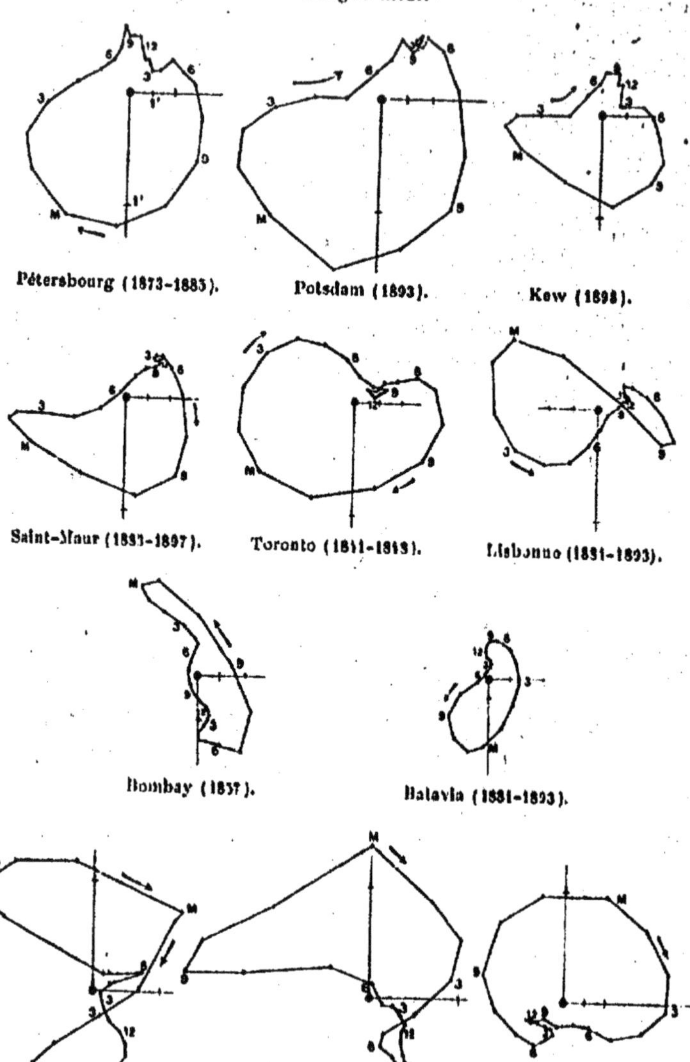

Pétersbourg (1873-1885). Potsdam (1893). Kew (1898).

Saint-Maur (1883-1897). Toronto (1841-1848). Lisbonne (1881-1893).

Bombay (1857). Batavia (1881-1893).

Sainte-Hélène (1843-1846). Le Cap (1841-1846). Hobarton (1841-1848).

Ce mode de représentation ne donne qu'une idée très imparfaite du champ secondaire, parce que la notion d'intensité n'intervient pas et que les variations δD et δI n'ont qu'une relation éloignée avec la direction des causes qui produisent la marche diurne des éléments magnétiques.

Si l'on mène par un point un vecteur qui figure à chaque instant la grandeur et la direction de δF, le chemin décrit par l'extrémité de ce vecteur donnerait la traduction graphique du champ secondaire, mais la courbe ainsi obtenue n'est pas plane et il serait nécessaire de figurer ses deux projections, l'une sur le plan horizontal et l'autre sur un plan vertical.

On se borne le plus souvent à représenter la projection horizontale, qui a pour coordonnées δX vers le Nord et δY vers l'Ouest. Au lieu de calculer directement ces composantes géographiques à la manière ordinaire (98) pour en tracer la courbe, il est plus simple de remarquer que les variations $\delta X'$ et $\delta Y'$, rapportées aux directions moyennes du Nord et de l'Ouest magnétiques, se réduisent à

$$\delta X' = \delta H \quad \text{et} \quad \delta Y' = H\,\delta D.$$

Le rayon vecteur ρ de la courbe et l'angle θ que fait sa direction avec le méridien magnétique sont alors

$$\rho^2 = \overline{\delta X'}^2 + \overline{\delta Y'}^2, \qquad \cot\theta = \frac{\delta X'}{\delta Y'} = \frac{1}{\delta D}\,\frac{\delta H}{H}.$$

Il suffit ensuite de changer la direction des axes pour obtenir la courbe en coordonnées géographiques.

Telle est la méthode employée par sir G. Airy ([1]) pour traduire les observations de Greenwich de 1841 à 1857. Les diagrammes mensuels subissent encore d'importantes déformations, avec une allure générale qui paraît se reproduire chaque année.

Toutefois, les périodes de 1841-1847 et 1848-1857 présentent déjà de grandes différences, comme le montrent les courbes des mois extrêmes de juin et de décembre (*fig.* 64). Le phénomène est rapporté aux heures astronomiques de Göttingue.

Les courbes annuelles sont peut-être de nature à causer quelque surprise. Tandis qu'elles conservent des formes analogues de 1841 à 1850, on les voit ensuite éprouver de telles transformations, par

([1]) G. Airy, *Phil. Trans. L. R. S.*, t. CLIII, part I, p. 309; 1863.

exemple de 1848 à 1857 (*fig.* 65), qu'elles sembleraient indiquer un changement complet de régime; on ne peut guère admettre cependant que les observations comportent des erreurs assez importantes pour expliquer d'aussi grandes différences.

Fig. 64. — GREENWICH.

Variations diurnes mensuelles du champ horizontal.

M, méridien magnétique; G, méridien géographique.

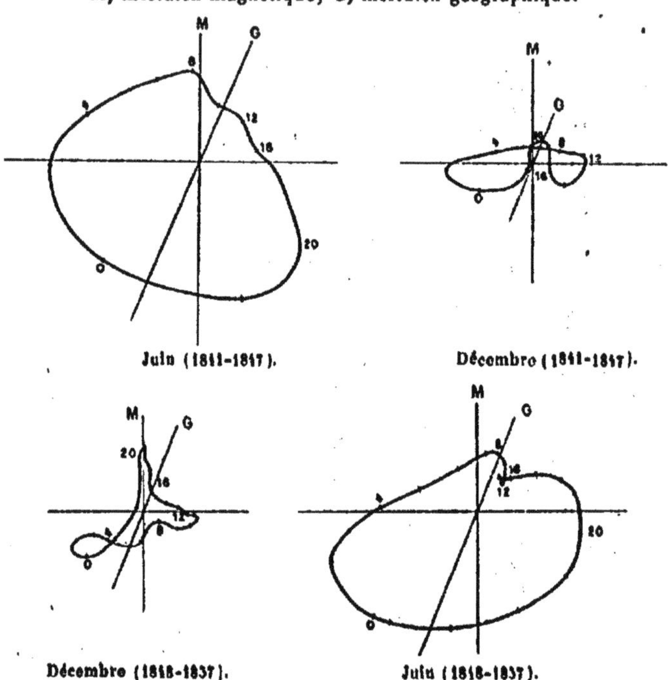

A titre de comparaison, nous reproduirons encore (*fig.* 66) les diagrammes mensuels du Parc Saint-Maur, que M. Moureaux a tracés par les moyennes de quinze années, entre 1883 et 1897. Ces courbes montrent dans le cours de l'année des déformations analogues à celles qui ont été signalées pour diverses stations.

Pendant toute cette période, les diagrammes annuels (*fig.* 67) conservent la même allure générale. On remarquera ici que l'aire des courbes annuelles varie comme le nombre correspondant des taches solaires. En effet, le nombre des taches a été maximum en 1883 et 1893, tandis qu'il passait par un minimum en 1889.

Fig. 65.

GREENWICH.

Variations diurnes annuelles du champ horizontal.

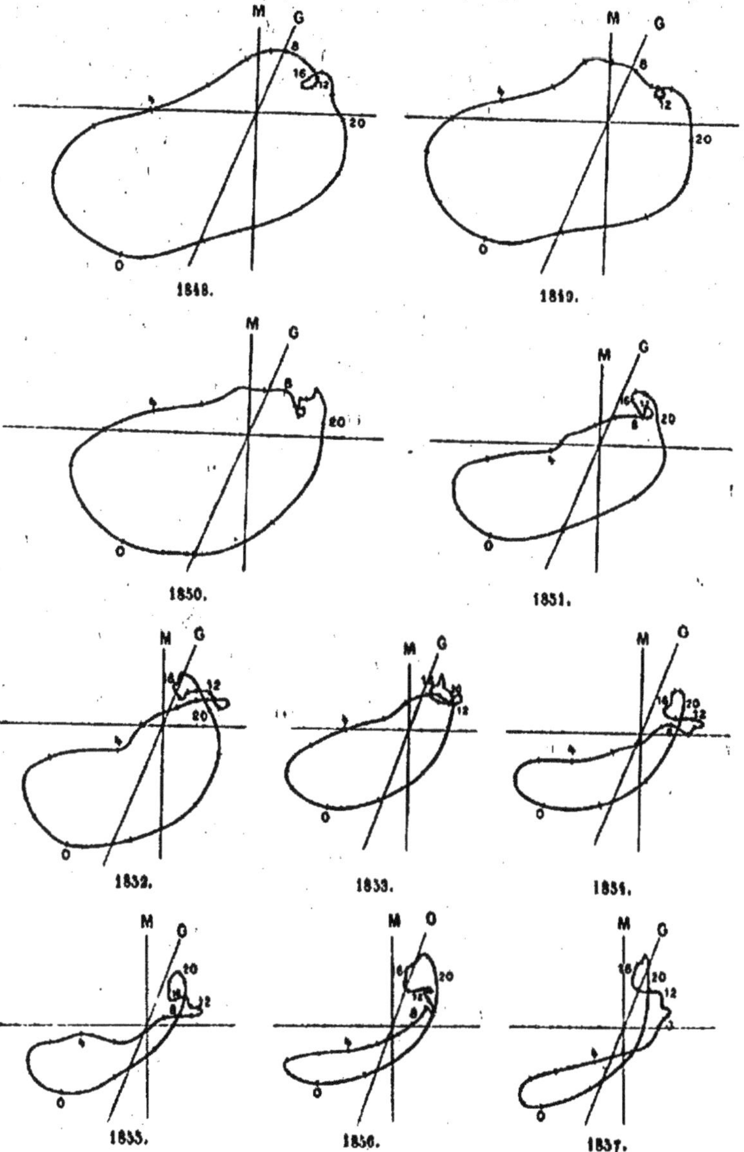

Fig. 66.

PARC SAINT-MAUR.

Variations diurnes mensuelles du champ horizontal (1883-1897).

1 div. = 0,00005 C.G.S. M désigne midi.

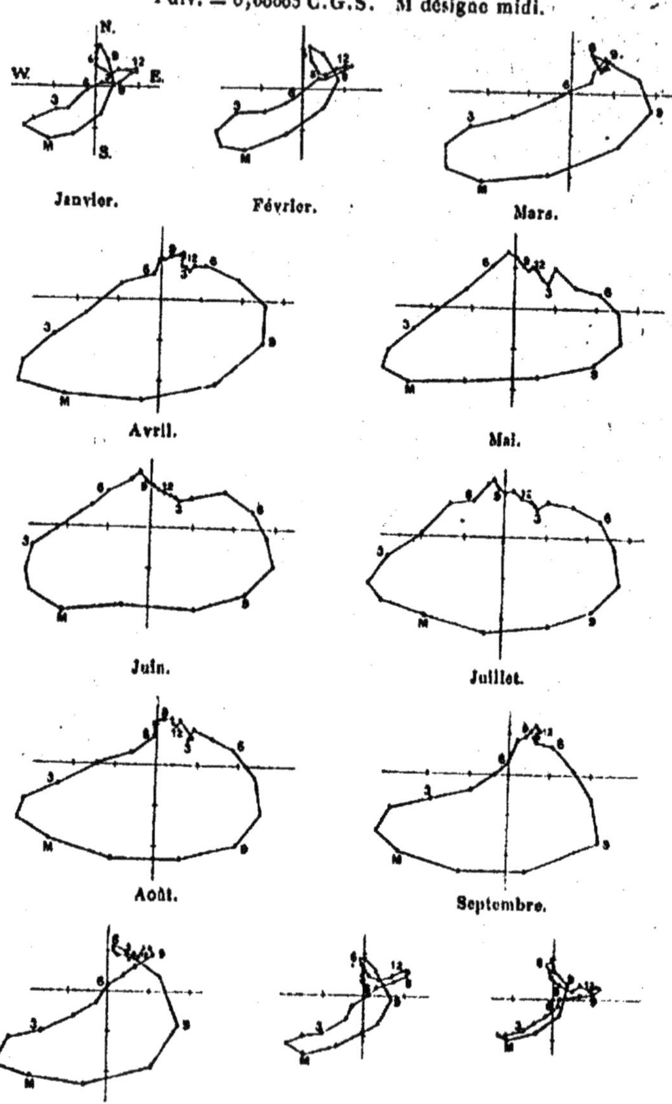

Fig. 67.

PARC SAINT-MAUR.

Variations diurnes annuelles du champ horizontal (1883-1897).

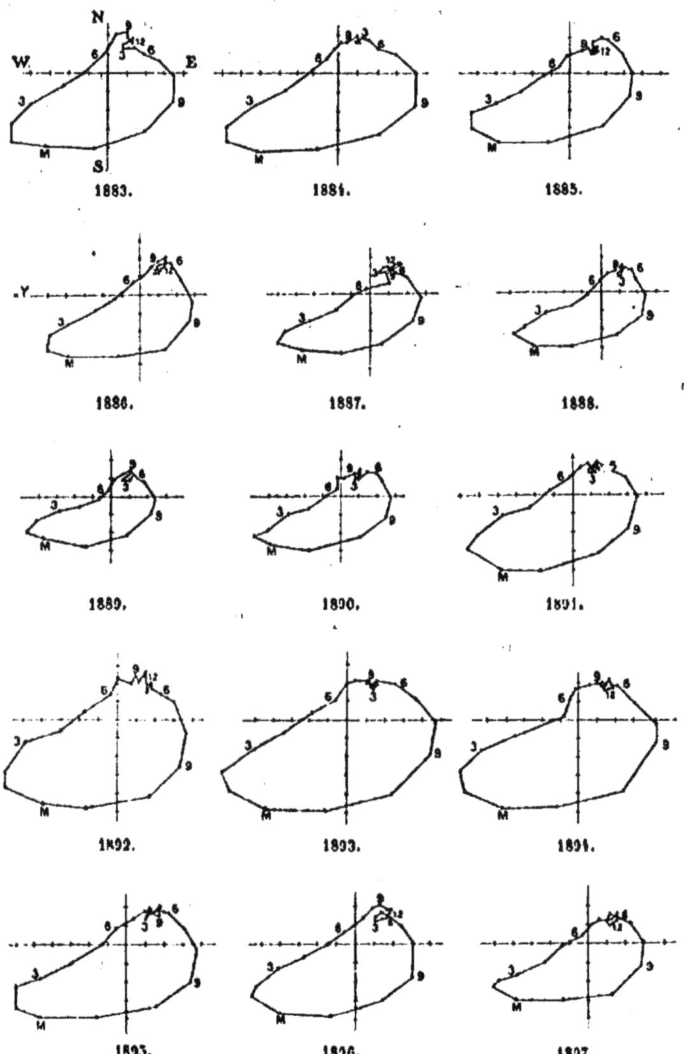

Les courbes annuelles conservent le même caractère que la moyenne générale des quinze années (*fig.* 68).

Fig. 68.

PARC SAINT-MAUR.

Moyenne de quinze ans (1883-1897).

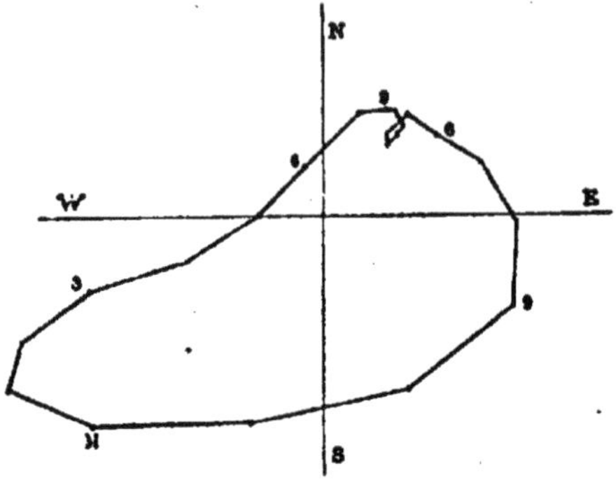

100. Variations annuelles. — L'Académie des Sciences proposait en 1773 la question suivante :

« Quelle est la meilleure manière de fabriquer des aiguilles » aimantées, de les suspendre, de s'assurer qu'elles sont dans le » vrai méridien magnétique; enfin, de rendre raison de leurs va- » riations régulières diurnes? »

Ce programme tracé par l'Académie paraît avoir été l'origine des travaux de Cassini (¹), qui l'ont conduit à découvrir la variation annuelle de la déclinaison.

Pour rendre les observations plus faciles, l'aiguille était suspendue par un fil, l'un des côtés allongé en pointe et muni d'un index effilé, l'autre plus court portant un contrepoids; l'appareil était enfermé dans une boîte pour éviter l'action des courants d'air et placé dans les caves de l'Observatoire; on visait la pointe avec un microscope monté sur la boîte.

Les observations de Cassini ont été poursuivies sans interruption du 1er mai 1783 au 1er janvier 1789. La variation séculaire était alors d'environ + 13'. La déclinaison augmentait toujours de janvier en avril, pour diminuer jusqu'en juin et reprendre sa marche crois-

(¹) J.-D. CASSINI, *De la déclinaison et des variations de l'aiguille aimantée*; Paris, 1791.

sante. Le maximum avait donc lieu vers l'équinoxe du printemps, le minimum au solstice d'été, et l'amplitude était de 5′ à 6′.

Toutefois, il est bon d'ajouter que les observations étaient faites chaque jour entre midi et 3^h *p. m.*, au moment de la plus grande excursion vers l'Ouest, de sorte qu'une partie de l'effet pouvait être dû aux changements de l'amplitude des variations diurnes dans le cours de l'année.

La variation annuelle fut confirmée par les observations de Gilpin (¹) en 1786 et 1787, puis de 1793 à 1805. Comme l'aiguille de déclinaison est à peu près stationnaire aux environs du minimum (7^h à 8^h *a. m.*) et du maximum (1^h à 2^h *p. m.*), on prenait la moyenne des lectures correspondantes.

La période de 1793 à 1805 indiquerait deux maxima (+ 0′,80 en mars et + 2′,43 en septembre) à l'époque des équinoxes et deux minima au voisinage des solstices (— 1′,43 en juin et — 0′,14 en décembre). Ce résultat est tout différent de celui de Cassini et l'amplitude de la variation n'atteint plus que 3′,86. A cette époque, la variation séculaire était d'environ + 9′.

Les observations suivantes du colonel Beaufoy (²) en Angleterre, de 1818 à 1820, alors que la variation séculaire était nulle, ne montrent plus que des changements irréguliers, les périodes de Cassini et de Gilpin ayant absolument disparu :

Janv....	+ 1″	Mai.....	+30″	Sept....	+32″
Fév.....	—16	Juin.....	— 3	Oct.....	—45
Mars....	—13	Juill.....	— 4	Nov.....	—49
Avril....	+43	Août....	+49	Déc.....	—26

D'autre part, celles de Bowditch (³) à Salem, U. S., indiquent plutôt un maximum en août et un minimum en décembre. Sans tenir compte de la variation séculaire, qui était d'environ — 2′, les écarts mensuels, d'avril 1810 à avril 1811, ont été

Avril....	—1′,23	Août....	+7′,17	Déc.....	—9′,98
Mai.....	+1,03	Sept....	+2,78	Janv....	—1,65
Juin.....	+3,13	Oct.....	—0,87	Fév.....	—1,25
Juill.....	+6,28	Nov.....	—3,38	Mars....	—2,01

(¹) G. Gilpin, *Phil. Trans. L. R. S.*, t. 96, Pt 2, p. 385; 1806.
(²) Colonel Beaufoy, *Annals of Philosophy*, new series, t. I, p. 94; 1821.
(³) Bowditch, *Mem. of the American Academy*; 1812.

Arago ([1]) avait cru pouvoir en conclure que la variation annuelle augmente ou diminue avec la variation séculaire et s'annule quand la déclinaison atteint un maximum. D'après les observations de Bowditch, la marche du phénomène aurait un caractère tout différent quand la déclinaison est décroissante.

Cette généralisation ne s'est pas confirmée. On peut examiner, à ce point de vue, les observations d'Arago ([2]) lui-même à Paris, de 1821 à 1830, en prenant simplement la différence des moyennes de chaque mois à la moyenne annuelle, ou en corrigeant ces résultats de la variation séculaire, qu'on estimera à — 2′, ou — 10″ par mois, ce qui donne des différences normales.

PARIS (1821-1830).

Mois.	Déclinaison 21° +.	Excès sur la moyenne annuelle.	Correction séculaire.	Différence normale.
Janv...	17′ 17″,45	+71″,16	—55″	+16″,16
Fév....	17 26,31	+80,02	—45	+35,02
Mars...	17 45,29	+99,00	—35	+64,00
Avril...	16 42,30	+36,01	—25	+11,01
Mai....	15 59,34	— 6,95	—15	—21,95
Juin...	15 19,53	—46,76	— 5	—51,76
Juillet..	14 56,31	—69,98	+ 5	—64,98
Août...	15 31,56	—34,73	+15	—19,73
Sept...	15 38,70	—27,59	+25	— 2,59
Oct....	15 44,30	—21,99	+35	+13,01
Nov....	15 32,32	—33,97	+45	+11,03
Déc....	15 22,10	—44,19	+55	+10,81
Moy..	16 6,29			

Sauf quelques irrégularités qui peuvent tenir à des erreurs de copie, le maximum de variation se produit au mois de mars dans les deux cas et le minimum en juillet, c'est-à-dire sensiblement aux époques indiquées par Cassini, quoique la variation séculaire eût alors changé de signe.

L'amplitude de la variation serait de 169″ ou 2′49″, pour les différences rapportées à la moyenne annuelle, et seulement de 129″ ou 2′9″ avec la correction séculaire.

([1]) F. Arago, *Ann. de Ch. et de Phys.*, t. XVI, p. 54; 1821.
([2]) F. Arago, *Notices scientifiques*, t. I, p. 502.

Les observations faites à Philadelphie (¹), de 1841 à 1845, indiquent une marche très régulière pour les moyennes mensuelles de déclinaison, avec une amplitude de 3′,76 et les changements de signe au voisinage des équinoxes.

Janvier....	+1′,50	Mai.......	−1′,16	Septembre.	−1′,03
Février....	+1,22	Juin.......	−1,40	Octobre...	+1,28
Mars......	+0,47	Juillet.....	−1,59	Novembre..	+1,41
Avril......	−0,46	Août......	−2,00	Décembre..	+1,76

Edw. Sabine (²) a calculé la variation annuelle par les observations de Kew, pour les années 1858 à 1862, en apportant la correction séculaire aux moyennes hebdomadaires. La moyenne des semaines qui débutent dans le mois n'indiquerait pas une marche bien régulière :

Janvier....	+ 2″,6	Mai.......	−41″,8	Septembre.	+ 9″,3
Février....	+34,3	Juin.......	−50,7	Octobre...	+49,6
Mars......	+31,2	Juillet.....	−70,3	Novembre..	+34,8
Avril......	+ 1,5	Août......	−12,1	Décembre..	+39,6

Pour Greenwich, Airy évalue la composante Ouest capable de produire les variations annuelles. Ce calcul conduit à des résultats discordants pour les deux périodes de 1841-1847 et de 1848-1857 : dans la première, le minimum est en avril et le maximum en septembre, tandis que le minimum a lieu en février pour la seconde et le maximum en juillet, avec des écarts beaucoup plus faibles.

Les observations de déclinaison et de composante horizontale, d'après les courbes obtenues à Kew (³) pendant 5 années (1890-94), ont donné pour les moyennes ramenées au 1er du mois et corrigées de la variation séculaire, en prenant 10^{-6} comme unité dans les valeurs de H :

	D.	H.		D.	H.		D.	H.
Janv.	+0′,48	−13	Mai..	−0′,47	+46	Sept.	+0′,36	−18
Févr.	+0,36	−14	Juin.	−0,58	+74	Oct..	+0,28	−55
Mars.	+0,11	−15	Juill.	−0,65	+47	Nov..	+0,18	−46
Avril.	−0,47	− 5	Août.	−0,57	+24	Déc..	+0,59	−24

(¹) A. D. Bache, *Smiths. contrib. to knowledge*, part II, p. 14; 1860.
(²) Edw. Sabine, *Phil. Trans. L. R. S.*, vol. 153, part I, p. 273; 1863.
(³) C. Chree, *Br. Ass. Rep.*, p. 209; 1895.

Au Parc Saint-Maur, la marche annuelle de la déclinaison pour les cinq années de 1883 à 1887, sans faire aucun départ des jours troublés, indique un maximum en février, un minimum en juin avec des accidents brusques dans les mois suivants. Cette allure du phénomène paraît tenir à ce que la variation séculaire était très inégale d'une année à l'autre, ainsi que pour les différents mois, et peut-être aussi aux nombreuses perturbations qui ont été constatées dans l'intervalle.

La période décennale suivante, 1888-1897, est plus régulière; la variation séculaire reste presque constante, car sa moyenne est égale à — 5',68 et la moyenne calculée pour les différents mois est comprise entre — 5',66 et — 5',72. On obtient alors

PARC SAINT-MAUR (1888-1897).

	Déclinaison 15° +.	Excès sur la moyenne.	Correction séculaire.	Différence normale.
Janv......	26',70	+2',60	−2',59	+0',01
Fév......	26,22	+2,12	−2,12	0
Mars......	25,92	+1,82	−1,65	+0,17
Avril......	25,40	+1,30	−1,18	+0,12
Mai......	24,70	+0,60	−0,71	−0,11
Juin......	24,20	+0,10	−0,24	−0,14
Juillet......	23,69	−0,41	+0,24	−0,17
Août......	23,40	−0,70	+0,71	+0,01
Sept......	22,92	−1,18	+1,18	0
Oct......	22,54	−1,56	+1,65	+0,09
Nov......	21,93	−2,17	+2,12	−0,05
Déc......	21,26	−2,54	+2,59	+0,05
Moy. ..	24,10			

Dans tous les cas, les changements de signe ont lieu au voisinage des équinoxes. Il importe de remarquer cependant que, si l'amplitude de la variation annuelle était de 5' à 6' dans les observations de Cassini, de 2' 9" dans celles d'Arago, de 3' 76" à Philadelphie, de 1' 24" ou 1' 57" à Kew, suivant l'époque, elle n'atteint plus ici que 0' 34" ou 14", 4.

Si le fait même de la variation annuelle ne semble pas douteux, on conçoit difficilement qu'elle éprouve d'aussi grandes modifications; le phénomène mérite un examen plus approfondi.

Nous indiquerons encore les variations des autres éléments au

Parc Saint-Maur, en prenant pour unité 10^{-6} C. G. S dans les valeurs des composantes :

PARC SAINT-MAUR (1888-1897).

	VALEURS MOYENNES.	VARIATION SÉCULAIRE.
I........	65°7′37	— 1′,65
H........	0,19535	+ 246
Z........	0,42129	— 4

Variations annuelles.

	I.	H.	Z.		I.	H.	Z.
Janv...	+0′,14	— 34	—22	Juillet.	—0′,27	+58	+42
Fév....	+ 29	— 59	—30	Août..	— 5	+13	+14
Mars...	+ 13	— 27	—16	Sept...	+ 1	—12	—28
Avril...	— 13	+ 21	+ 4	Oct....	+ 19	—36	—17
Mai....	— 37	+ 69	+23	Nov....	+ 43	—70	—15
Juin...	—0,59	+111	+53	Déc....	+0,24	—45	—17

L'amplitude de variation est d'environ 1′ pour l'inclinaison, 181 pour la composante horizontale, au lieu de 129 à Kew, et 83 seulement pour la composante verticale.

La variation annuelle ne présente pas la même marche aux différents points du globe. Nous citerons pour la déclinaison, comptée vers l'Est, quelques résultats calculés par M. Mielberg (¹), en y joignant ceux de Batavia et de Hongkong.

Variation annuelle de déclinaison.

	Ekaterinenbourg. 1841-1864.	Barnaul. 1841-1864.	Nertchinsk. 1841-1864.	Batavia. 1883-1893.	Hongkong. 1893-1898.
Janv...	—0′,08	+0′,14	+0′,05	—0′,23	—0′,07
Fév....	—0,87	—0,15	+0,35	—0,19	+0,48
Mars...	—0,73	—0,40	—0,08	+0,12	+0,00
Avril...	+0,19	—0,30	—0,23	+0,11	—0,77
Mai....	+1,03	—0,04	—0,12	+0,30	—0,88
Juin...	+1,80	+0,53	—0,17	+0,13	—0,83
Juill...	+1,34	+0,03	+0,29	+0,08	—0,48
Août...	+0,60	—0,30	+0,25	+0,18	—0,83
Sept...	—1,34	+0,11	—0,17	—0,06	—0,43
Oct....	—1,03	+0,26	—0,12	—0,03	+0,60
Nov....	—0,45	—0,26	+0,18	—0,08	+1,05
Déc....	—0,42	+0,25	—0,17	—0,35	+0,97

(¹) J. Mielberg, *Repert. für Meteor. von H. Wild*, t. V, n° 3, p. 119; 1876.

Le phénomène ne paraît bien défini que dans la première et dans les deux dernières colonnes, où le passage par la moyenne a lieu au voisinage des équinoxes et les plus grands écarts aux époques des solstices. Toutefois, les maxima et minima pour la station de Hongkong sont de signes contraires à ceux qu'on observe dans celles d'Ekaterinenbourg et de Batavia.

101. **Variations lunaires.** — L'influence de la Lune sur les phénomènes météorologiques est tellement faible, que les variations du baromètre suivant les heures lunaires ne peuvent guère se mettre en évidence que dans les stations équatoriales, où la marche diurne est elle-même très régulière, et elle prend le caractère d'une marée semi-diurne.

Si les éléments magnétiques éprouvent réellement une variation de même période que la révolution synodique de la Lune, c'est-à-dire de ses passages successifs au méridien, on doit prévoir des effets beaucoup moindres que pour le jour solaire. On verra d'ailleurs que l'action propre de la Lune, comme corps magnétique, est absolument négligeable, si grande que l'on suppose l'aimantation directe ou induite.

L'existence du phénomène a été annoncée d'abord par Kreil [1], d'après les observations de Milan et de Prague, quoique les variations lunaires y présentent des caractères très différents.

Les stations des colonies anglaises fournissaient à Edw. Sabine [2] des documents beaucoup plus complets, dont nous reproduirons seulement les résultats relatifs à la déclinaison.

Le signe + indique les écarts vers l'Est et le signe — vers l'Ouest; les heures sont comptées à partir de la culmination de la Lune.

La réduction exige plusieurs opérations successives. Après avoir supprimé les perturbations à la manière ordinaire, on corrige chaque observation de la variation annuelle et de la variation diurne solaire, prise dans sa valeur moyenne. On rapporte enfin les lectures conservées aux vingt-quatre heures lunaires, en choisissant celles qui s'en rapprochent le plus et supprimant celles qui tombent à égale distance de deux heures lunaires pleines.

---

(1) C.-M. Kreil, *Astron. Nachr.*, t. XVI, col. 209; 1839.
(2) *Sainte-Hélène, Magn. and met. obs.*, t. II, p. CXLVI; 1860.

DÉCLINAISON.

Variation diurne lunaire annuelle.

Heures lunaires.	Kew. 1858-1862.	Toronto. 1843-1848.	Pékin. 1852-1855.	Sainte-Hélène. 1843-1847.	Le Cap. 1842-1846.	Hobarton. 1841-1848.
0.....	— 6″,2	—18″,9	— 4″,2	+ 2″,6	+ 8″,9	+ 5″,9
1.....	9,6	16,5	3,3	+ 0,3	6,4	8,2
2.....	8,4	9,5	— 1,5	— 2,2	+ 2,1	8,5
3.....	— 2,0	— 0,1	+ 0,7	4,2	— 2,6	6,4
4.....	+ 0,6	+ 9,2	2,6	8,1	6,5	+ 2,7
5.....	4,0	15,9	3,7	4,6	8,4	— 1,6
6.....	9,0	18,1	3,9	2,9	7,9	5,3
7.....	11,3	15,3	3,0	— 0,3	4,9	7,3
8.....	9,6	+ 8,2	+ 1,3	+ 2,6	— 0,3	7,2
9.....	+ 4,7	— 0,4	— 0,6	4,9	+ 4,7	4,9
10.....	— 0,1	10,7	2,2	6,1	8,6	— 1,0
11.....	5,5	17,3	3,1	5,9	10,6	+ 3,4
12.....	9,6	19,4	2,9	4,4	9,9	7,2
13.....	11,3	16,3	— 1,7	+ 1,9	6,7	9,1
14.....	9,5	— 8,9	+ 0,2	— 0,8	+ 1,8	8,8
15.....	5,4	+ 1,0	2,3	3,1	— 3,5	6,3
16.....	— 0,6	10,8	4,0	4,4	7,9	+ 2,1
17.....	+ 5,1	17,8	5,0	4,4	10,3	— 2,7
18.....	8,5	20,2	4,8	3,1	10,1	6,7
19.....	9,8	17,4	3,5	— 1,0	7,3	9,1
20.....	8,8	10,2	+ 1,5	+ 1,5	— 2,7	9,1
21.....	7,4	+ 0,4	— 0,8	3,5	+ 2,4	6,8
22.....	+ 2,4	— 9,3	2,9	4,4	6,7	— 2,8
23.....	— 1,6	+15,9	— 4,1	+ 4,1	+ 9,2	+ 1,8
Ampl.	22″,6	39″,6	9″,2	10″,5	20″,9	18″,2

Sabine représente ensuite les écarts par une formule à deux termes, l'un diurne et l'autre semi-diurne, qui donne les valeurs horaires corrigées.

Quoique les époques ne soient pas exactement concordantes, ce Tableau donne lieu à plusieurs remarques importantes :

1° Il existe pour chaque station deux maxima et deux minima à peu près équidistants; la période principale est donc semi-diurne.

2° Le signe des variations présente des caractères opposés dans les deux hémisphères.

3° A part le Cap et Sainte-Hélène, les élongations se produisent généralement au voisinage des heures *cardinales* 0, 6, 12, 18; les élongations et les passages par la moyenne paraissent plus tardifs à mesure que la latitude augmente.

L'inclinaison et le champ total conduisent sensiblement aux mêmes conclusions pour la période et le changement de signe des variations lunaires.

Dans les observations de Philadelphie, Bache trouve (*loc. cit.*, part III et VI) que la variation diurne lunaire annuelle est très marquée pour la déclinaison :

PHILADELPHIE (1841-1845).

Variation diurne lunaire de déclinaison.

Heure.	Var.	Heure.	Var.	Heure.	Var.	Heure.	Var.
0	−0′,19	6	+0′,19	12	−0′,20	18	+0′,26
1	−0,17	7	+0,14	13	−0,19	19	+0,19
2	−0,05	8	+0,15	14	−0,13	20	+0,12
3	−0,04	9	−0,01	15	−0,06	21	−0,01
4	+0,10	10	−0,10	16	+0,10	22	−0,04
5	+0,14	11	−0,19	17	+0,18	23	−0,12

La marche est la même qu'à Toronto et l'amplitude de variation est de 0′,55 ou 33″. La discussion par saisons montre aussi que les variations sont moindres en hiver et que les passages au zéro se font plus tôt, d'une heure environ, que pendant l'été.

De même, la composante horizontale présente un maximum principal à 3^h, un minimum vers 19^h et des élongations secondaires à 8-9^h et à 13^h; l'amplitude de variation serait d'environ $\frac{1}{4000}$ de la composante. Les deux saisons se distinguent par des caractères moins marqués.

Les courbes des enregistreurs de Kew, de 1858 à 1864, conduisent aux mêmes conclusions sur la prédominance des variations de déclinaison pendant l'été, mais les heures de passage par la moyenne y sont plus tardives en hiver, à l'inverse de ce qu'on observait à Philadelphie ([1]).

Lamont ([2]) avait conclu d'une étude analogue que l'influence de la Lune croît avec la latitude, et M. Brun ([3]), par les observa-

([1]) Ed. Sabine, *Phil. Trans. L. R. S.*, p. 441; 1866.
([2]) Lamont, *Sitzb. der K. B. Akad. d. Wiss.*, Pt II, p. 91; Munich, 1864.
([3]) *Trevandrum Observations*, t. I.

tions de Trevandrum, que l'amplitude des variations lunaires est plus grande aux heures de jour que pendant la nuit. Ces relations ne paraissent pas absolument générales.

La méthode de calcul employée par Sabine doit éliminer un certain nombre d'observations, en apparence troublées, qui sont dues réellement à l'influence lunaire. Si l'on choisit, au contraire, une heure constante dans chaque journée, midi par exemple, l'observation correspond, pour les jours successifs, à différentes positions de la Lune et permettrait d'évaluer la variation lunaire, sans qu'on ait besoin d'y apporter aucune correction, au moins quand il s'agit d'une période assez longue (¹).

D'après M. Van der Stok, l'amplitude des variations lunaires est sensiblement en raison inverse du cube de la distance de la Lune à la Terre. Pour la déclinaison, le rapport des amplitudes au périgée et à l'apogée serait de 1,24 à Trevandrum et 1,234 à Batavia. Le cube du rapport des distances aux deux époques est $(1,07)^3 = 1,225$; c'est une valeur très voisine des précédentes.

M. Van der Stok a tracé aussi le diagramme des variations du champ horizontal, relatif à chaque demi-journée lunaire, pour différentes stations : Dublin, Greenwich, Kew, Toronto, Philadelphie, Sainte-Hélène, le Cap et Melbourne.

Dans toutes les stations de l'hémisphère Nord, le vecteur de ces courbes tourne comme les aiguilles d'une montre, et la rotation est de sens contraire dans l'hémisphère Sud.

A l'exception encore du Cap et de Sainte-Hélène, le champ secondaire est sensiblement perpendiculaire au méridien magnétique aux heures cardinales 0 et 6.

Les moyennes des observations de Batavia (²) pendant la période de 1883 à 1894, calculées par M. Van der Stok, sont intéressantes à discuter à cause du voisinage de l'équateur.

Dans le Tableau qui suit, les chiffres des colonnes marquées de la lettre T ont été obtenus par la totalité des observations, et ceux des colonnes C sont corrigés par l'élimination des jours troublés. Les unités sont 0',001 pour la déclinaison et l'inclinaison et 10^{-7} pour les composantes.

(¹) VAN DER STOK, *Archives néerlandaises*, t. XVI, p. 333; 1881.
(²) *Magn. and meteor. Observ. at Batavia*, vol. XVII, p. 206; 1894.

Variations diurnes lunaires à Batavia (1883-1894).

Heures lunaires.	Déclinaison.		Inclinaison.		Comp. horiz.		Comp. verticale.		Champ F.	
	T.	C.	T.	C.	T.	C.	T.	C.	T.	C.
0..	+72	+49	+15	+16	−39	−41	− 0	− 0	−34	−36
1..	67	48	18	+16	73	49	15	4	71	45
2..	46	29	14	− 4	75	88	22	35	77	68
3..	+17	+ 7	7	21	70	31	28	46	75	49
4..	−30	−26	16	16	58	−15	−10	31	56	−28
5..	57	41	+ 5	5	−12	+ 5	+ 1	− 4	−10	+ 3
6..	84	88	− 6	− 3	+30	19	8	+ 6	+30	20
7..	86	56	+24	+13	28	39	48	39	48	53
8..	53	34	16	24	47	40	48	55	64	61
9..	−11	− 0	6	18	41	32	31	43	51	49
10..	+37	+26	15	27	10	+ 1	26	38	21	+19
11..	74	56	0	21	+ 2	−18	+ 1	+19	+ 2	− 7
12..	90	63	1	+12	−37	35	−19	− 3	−42	32
13..	67	47	+ 1	− 6	55	33	29	26	62	42
14..	42	23	− 1	13	56	34	32	36	65	47
15..	+ 9	+ 0	14	20	37	30	40	44	52	47
16..	−28	−18	17	27	−14	− 9	31	42	−27	−28
17..	62	43	36	32	+38	+21	−29	33	+20	+ 3
18..	70	81	17	13	45	27	+ 1	− 4	40	22
19..	68	45	20	8	77	48	14	+15	74	49
20..	55	30	22	8	95	54	21	19	94	57
21..	−10	− 5	23	− 4	85	45	14	19	81	49
22..	+27	+23	− 7	+10	+43	+20	14	25	+45	30
23..	+55	+37	+21	+29	−14	−11	+22	+34	− 2	+ 7
Ampl.	176	121	60	61	170	109	88	99	171	126

Les variations dont il s'agit étant très faibles, puisqu'elles n'atteignent pas 0′,13 ou 8″ pour la déclinaison, 4″ pour l'inclinaison et 10^{-5} ou $\frac{1}{30000}$ de la composante horizontale pour les autres éléments, on conçoit aisément que les perturbations interviennent pour une part importante. Le phénomène est, en effet, beaucoup plus régulier quand on élimine les jours troublés.

Les élongations de déclinaison ont lieu exactement aux heures cardinales, mais la même relation ne se confirme pas pour les autres éléments.

Dans tous les cas, la variation a une période semi-diurne, comme les marées lunaires, et la régularité des nombres ne semble pas laisser de doutes sur l'existence d'une influence de la Lune.

Toutefois, quand on examine les années successives, on y trouve beaucoup de discordances qui disparaissent en partie dans les moyennes décennales par une sorte de compensation.

Il en est de même, à plus forte raison, pour les différents mois. La déclinaison donne ainsi, abstraction faite des jours troublés, en prenant 0′,01 comme unité :

DÉCLINAISON.

Variation diurne lunaire mensuelle à Batavia (1883-1894).

Heures lunaires.	Janv.	Fév.	Mars.	Avril.	Mai.	Juin.	Juill.	Août.	Sept.	Oct.	Nov.	Déc.
0..	+17	+15	+14	+1	−5	−3	−6	−3	−2	+5	+10	+16
1..	14	13	7	+4	3	−2	4	3	+0	6	10	14
2..	+ 8	5	+ 0	−1	3	+3	1	−3	3	4	8	11
3..	− 3	+ 4	− 2	4	5	3	−1	+5	3	1	+ 0	+ 7
4..	9	− 4	8	7	6	5	+1	3	2	0	−10	− 1
5..	13	8	11	3	3	5	1	4	1	0	16	9
6..	14	11	14	1	2	5	3	+1	+0	2	22	16
7..	12	12	10	−1	3	2	3	−2	−2	1	18	15
8..	− 8	6	− 3	+3	−3	+0	4	3	3	+1	10	12
9..	+ 5	− 1	+ 3	4	+4	−2	+1	4	0	−3	− 3	− 6
10..	14	+ 2	7	4	5	2	−1	4	−3	+1	+ 6	+ 0
11..	21	11	12	5	7	4	0	6	+2	−1	12	8
12..	20	15	12	6	5	0	3	6	2	+1	9	14
13..	11	10	6	4	3	4	−4	−2	5	5	+ 6	14
14..	+ 2	+ 4	+1	+0	1	3	+0	+1	1	8	− 1	10
15..	− 5	− 2	−1	−4	1	−1	5	1	+0	4	2	+1
16..	15	3	5	6	6	+2	+4	3	−1	+3	2	−10
17..	17	8	11	3	2	2	−1	4	−1	−1	9	13
18..	21	13	8	2	2	3	+0	6	+1	3	13	17
19..	17	14	8	2	2	3	3	+4	0	6	12	12
20..	8	11	− 1	−1	+3	3	+3	−1	−2	9	7	8
21..	− 1	− 4	+ 6	+2	−1	+2	−1	+2	1	9	− 3	− 1
22..	+10	+ 5	11	1	2	−2	0	−3	1	6	+ 5	+ 7
23..	+16	+11	+14	+2	−3	−4	−3	−3	−6	−2	+10	+13
Ampl.	42	29	28	13	13	9	11	12	11	17	34	33

Dans le semestre d'avril à septembre, les écarts sont notablement moindres, sans règle apparente, et ne permettraient aucune conclusion. De novembre à mars, au contraire, l'amplitude de la variation est trois ou quatre fois plus grande, la période semi-diurne bien marquée et les changements de signe se font à peu près aux mêmes heures.

Les autres éléments donneraient lieu à des remarques analogues. C'est seulement pour le champ total que les variations conservent sensiblement la même allure aux différents mois de l'année.

On peut se demander également si l'âge de la Lune se traduit dans les variations. A cet effet, nous reproduirons encore les écarts de la déclinaison à Batavia, corrigés des perturbations, pour six périodes du jour, correspondant à différentes phases de l'astre. Les heures sont comptées à partir de minuit et l'on prend pour unité 0',001.

DÉCLINAISON.

Variation diurne lunaire à Batavia pour six périodes du jour, suivant les phases (1883-1894).

Age de la Lune.	5 à 7 h	8 à 10 h.	11 à 13 h.	14 à 16 h.	17 à 19 h.	20 à 5 h.
1.....	+ 73	+199	+ 88	+137	+ 67	+ 36
3.....	+ 10	+ 45	+ 66	114	36	+ 6
5.....	− 55	−159	− 33	+ 23	+ 8	− 9
7.....	56	212	146	−104	− 20	21
9.....	− 36	196	155	150	52	20
11.....	+ 18	− 14	− 19	− 49	− 28	− 2
13.....	92	+106	+ 24	+ 24	+ 14	+ 4
15.....	103	169	95	189	33	10
17.....	13	+131	160	+133	28	20
19.....	+ 17	− 31	+ 18	− 7	+ 1	+ 9
21.....	− 75	202	−104	144	− 12	− 6
23.....	93	221	86	152	44	16
25.....	− 23	− 58	− 34	− 86	47	7
27.....	+ 41	+148	+ 68	+ 7	− 22	− 0
29.....	+ 61	+258	+151	+137	+ 70	+ 16

Les variations seraient positives au voisinage des nouvelle et pleine Lunes, négatives aux premier et dernier quartiers.

Le problème que soulève le rôle attribué à la Lune dans les phénomènes magnétiques est d'ailleurs très complexe. On devrait encore classer les observations suivant la grandeur et le signe des déclinaisons lunaires, qui varient de 18°10' à 28°45' de part et d'autre de l'équateur, ou suivant les distances de l'astre, mais il est probablement illusoire de pousser plus loin la discussion de quantités très petites, qui sont le résidu de plusieurs corrections et n'offrent pas des garanties absolues d'exactitude.

102. Variations mensuelles. — Il n'y a pas lieu de chercher si les phénomènes magnétiques ont une relation quelconque avec les dates du mois civil, puisque cette division de l'année est purement conventionnelle, mais d'autres périodes astronomiques ont des valeurs de même ordre que l'on doit prendre en considération.

Si k est la vitesse de rotation du Soleil et n la vitesse angulaire de la Terre sur son orbite, la période de révolution *sidérale* du Soleil est $\frac{2\pi}{k}$, et $\frac{\pi}{k-n}$ représente la période de révolution *synodique*, ou apparente.

La détermination de ces périodes présente de grandes difficultés à cause du mouvement inégal des taches aux différentes latitudes et de leurs déformations continuelles; on peut adopter comme moyennes relatives à l'équateur solaire $24^j,86$ pour la révolution sidérale et $26^j,68$ pour la révolution synodique.

Pour la Lune, la révolution *sidérale* se fait en $27^j,322$; la période de la révolution *synodique*, correspondant aux passages de la Lune par le méridien du Soleil, est de $29^j,531$; enfin, la période de révolution *anomalistique*, relative aux passages de l'astre par sa plus courte distance à la Terre, est de $27^j,555$.

Comme l'action du Soleil est sûrement prédominante et que l'influence mensuelle de la Lune, si elle existe, doit être singulièrement troublée par les changements considérables de déclinaison, il est naturel de choisir, parmi toutes ces périodes très voisines, celles qui se rapportent au Soleil. Il semble aussi que la révolution synodique, qui ramène les mêmes situations relatives de la Terre et des taches solaires, est celle dont il sera plus probable de retrouver la trace dans les phénomènes magnétiques.

Diverses tentatives ont été faites dans cette voie. Broun (1) a trouvé une période de $25^j,92$ dans les observations de Makerstoun et de $25^j,86$ dans celles de Greenwich; Hornstein (2), une période moyenne de $26^j,33$ dans celles de Prague et Vienne, et de $26^j,24$ pour Pétersbourg; Müller (3), de $25^j,73$ dans celles de Pawlowsk.

En soumettant à la même discussion les résultats observés dans

(1) J.-A. Broun, *Comptes rendus de l'Acad. des Sc.*, t. LXXVI, p. 695; 1873.

(2) Hornstein, *Wien. Berich.*, Bd LXIV (2), p. 62, et Bd LXVII (2), p. 414; 1871 et 1873.

(3) Müller, *Mélanges Phys. de Saint-Pétersbourg*, t. XII, p. 387; 1886.

les stations de Vienne, Kremsmünster, Pawlowsk, Fort Rae et Jan Mayen, M. Liznar [1] en conclut que, pour tous les éléments, le magnétisme terrestre obéit nettement à une variation mensuelle dont la période oscille, suivant les cas, entre 25j,31 et 26j,70; la moyenne serait très sensiblement de 26 jours.

M. Bigelow [2] a traité le même problème en dirigeant les calculs par une méthode spéciale.

Pour un élément quelconque, la moyenne diurne est celle des observations faites à chacune des vingt-quatre heures; la moyenne mensuelle, calculée par les moyennes diurnes, représente la valeur normale relative au quinzième jour du mois. Cette valeur se modifiant d'un mois à l'autre, on interpole la différence en parties proportionnelles pour obtenir la valeur normale de chaque jour situé dans l'intervalle. L'excès de la moyenne diurne sur la normale est la variation relative au jour considéré.

Toutefois, pour amortir l'influence des perturbations sans les éliminer, on limite, par exemple, à 0,00025 toutes les variations de la composante horizontale qui dépassent cette valeur absolue, ce qui permet de les faire entrer partiellement en ligne de compte.

Les variations ainsi obtenues, telles que δD, δH et δZ, correspondent à un vecteur troublant que l'on peut calculer directement ou définir par ses composantes.

Cette opération laborieuse, appliquée à un nombre considérable de stations, conduit M. Bigelow à des variations qui paraissent présenter une période bien définie, surtout par le passage du Nord au Sud de la composante horizontale, et cette période, comme celle de la révolution synodique du Soleil, se trouverait être exactement de 26j,68.

Sans examiner les nombres eux-mêmes et sans discuter les vues théoriques exposées dans ce Mémoire, on doit faire beaucoup de réserves sur quelques-unes des conclusions auxquelles il aboutit, en particulier les suivantes :

1° Le long d'un méridien géographique, le vecteur troublant a trois minima, l'un au pôle, le second vers 60° de latitude et le troisième sur l'équateur, avec des maxima intermédiaires;

---

[1] J. Liznar, *Sitzb. der K. Ak. der Wiss.*, *Wien*, Bd XCIV et XCV; 1886 et 1887.
[2] F.-H. Bigelow, *U. S. Weather Bureau*, Bulletin n° 21, 1898.

2° Dans chaque période, on trouve neuf maxima et minima;

3° Ces valeurs extrêmes du vecteur troublant changent de signe à certaines époques, par un effet d'inversion, en conservant leur rang dans la période.

Que le Soleil soit magnétique par lui-même ou par les courants électriques de forme quelconque dont il est le siège, son action à la distance de la Terre se réduit à celle d'un aimant infiniment petit. Si ce système a un régime moyen permanent qui tourne avec le Soleil, on est porté à conclure que les variations correspondantes du champ terrestre doivent se reproduire avec la période de rotation synodique. Nous verrons cependant que le calcul ne peut admettre cette période dans aucun phénomène.

Il est vrai que l'action du Soleil peut être indirecte, soit en provoquant dans notre atmosphère des courants électriques de convection ou de toute autre nature, soit par une conséquence inconnue de variations du rayonnement liées à la rotation des taches; mais ces diverses causes restent à l'état d'hypothèses.

Avant de poursuivre la recherche des explications théoriques, il est d'abord nécessaire de mettre hors de doute l'existence de la période synodique, ou d'une période voisine, dans les variations du champ terrestre, ce qui ne paraît pas encore bien établi. Cette question présente le plus grand intérêt et les études analogues à celle de M. Bigelow permettront peut-être de conduire à une solution indiscutée du problème.

103. Relation avec les taches solaires. — Le nombre et l'étendue des taches solaires se modifient incessamment sans aucune loi apparente, mais les observations recueillies depuis 1611 ont montré que leur fréquence a une variation assez régulière dont la période, composée de deux parties inégales, est d'environ onze ans et deux mois. Après un maximum, où les taches occupent une grande partie de la surface, leur nombre et leur grandeur diminuent pendant six ans, en même temps qu'elles se rapprochent de l'équateur solaire, et une nouvelle phase en sens contraire se produit dans l'intervalle de cinq ans. L'étendue totale des taches est environ quinze fois plus grande aux époques de maxima qu'aux minima, mais ce n'est là qu'un rapport moyen, très variable en réalité pour les différentes périodes.

Dans le siècle actuel, les années de maxima et minima seraient, au moins d'une manière approximative :

Taches solaires.

Max....	1804		1816		1830		1837		1848		1860		1870		1883		1893
Min.....		1810		1823		1834		1845		1856		1867		1878		1889	

Il est naturel de se demander si les changements considérables de l'état du Soleil, que révèle l'importance des taches, a une répercussion sur la physique du globe. Il ne semble pas que les phénomènes météorologiques conservent une trace certaine de cette période, mais elle se traduit nettement dans les aurores polaires et dans les perturbations magnétiques que nous aurons à étudier.

Hansteen (¹) avait remarqué, par les observations de Christiania et de Bruxelles, que dans les années 1823, 1834, 1845 et 1856, qui correspondent aux minima des taches solaires, la composante horizontale passe par un maximum et l'inclinaison par un minimum.

La relation apparaît mieux dans les variations diurnes. Quand on n'exclut pas les perturbations, l'amplitude de ces variations est notablement plus grande aux époques de maxima des taches solaires. Cette concordance était déjà manifeste dans les observations d'Arago, qui indiquent un minimum d'amplitude en 1823 et un maximum en 1829.

Déclinaison à Paris.

Année.	Amplitude moyenne.	Année.	Amplitude moyenne.
1821.....	9′ 5″,9	1826.....	9′ 45″,7
1822.....	8 49,7	1827.....	11 18,6
1823.....	8 9,4	1828.....	11 36,2
1824.....	8 12,0	1829.....	13 43,7
1825.....	9 40,1	1830.....	12 27,3

Il en est de même sur les deux hémisphères. Dans le Tableau suivant, l'amplitude de la déclinaison est donnée : pour Hobarton par la moyenne des écarts entre $2^h 10^m$ *p. m.* et $6^h 10^m$ *a. m.* ou $10^h 10^m$ *p. m.*; pour Toronto, entre 2^h *p. m.* et 6^h *a. m.* ou 10^h *p. m.*; pour Sainte-Hélène, entre 8^h *a. m.* et midi.

(¹) CHR. HANSTEEN, *Bull. de l'Acad. de Bruxelles*, 2ᵉ sér., t. VI, p. 462; 1859.

Amplitude de déclinaison.

Année.	Hobarton.	Toronto.	Sainte-Hélène.	Année.	Hobarton.	Toronto.	Sainte-Hélène.
1841...	6',12	7',74	2',64	1848...	7',60	8',05	3',48
1842...	5,43	6,61	2,74	1849...	7,20	8,49	3,58
1843...	5,17	6,25	2,55	1850...	7,39	7,90	»
1844...	5,39	6,67	2,81	1851...	6,13	7,52	»
1845...	5,72	6,66	3,08	1852...	6,74	»	»
1846...	6,00	7,11	2,78	1853...	6,22	»	»
1847...	6,34	7,61	3,37	1854...	5,71	»	»

Les différences sont ici plus faibles, mais l'année 1843 correspond nettement à un minimum, pour les trois stations, et le maximum a lieu entre 1848 et 1849.

Dans le cours de l'année, l'amplitude des variations diurnes relatives aux divers éléments magnétiques suit la marche habituelle, quelle que soit la phase correspondante des taches solaires. Il est donc probable que l'influence des taches se manifeste de la même manière sur tous les éléments.

Pour vérifier cette conséquence, M. Van der Stok a calculé, avec les observations de Batavia, l'amplitude moyenne des variations de *déclinaison*, d'*inclinaison*, des composantes *horizontale* et *verticale* et du *champ total*, pour les différents mois de cinq années voisines du minimum des taches solaires en 1889 et pour six années voisines du maximum en 1893.

Sans reproduire ici le Tableau des nombres obtenus, il suffira d'ajouter que, pour tous les éléments et tous les mois, sans aucune exception, l'amplitude des variations est notablement plus grande à l'époque des maxima des taches solaires, dans un rapport qui oscille entre 1,24 à 1,58. Il est vrai qu'on n'a fait aucun choix des observations conservées, mais il est peu probable que les accidents considérés comme perturbations soient capables de modifier les résultats dans une telle proportion.

Les observations du Parc Saint-Maur, calculées par la moyenne des trois années 1888-1890 et par celle des trois années 1892-1894, conduisent à la même conclusion pour les éléments ordinaires et pour les composantes géographiques. Les composantes sont exprimées en prenant comme unité 10^{-5}.

PARC SAINT-MAUR.

Amplitude des variations diurnes.

1888-1890.

	Déclinaison.	Inclinaison.	Composantes horiz.	Composantes vertic.	Composantes Nord.	Composantes Ouest.	Champ total.
Janv....	4′,3	1′,0	15	8	17	24	10
Fév.....	5,3	0,8	13	11	17	28	13
Mars...	8,2	1,0	19	16	23	40	21
Avril...	9,6	1,4	25	25	28	48	29
Mai....	9,7	1,1	23	28	23	47	32
Juin....	9,8	1,5	29	25	27	50	31
Juill....	9,7	1,6	30	22	27	49	28
Août....	10,1	1,8	31	22	31	52	27
Sept....	8,8	1,6	28	18	33	44	26
Oct....	7,5	1,5	25	16	30	40	23
Nov....	4,8	1,2	17	13	20	29	14
Déc....	3,6	1,0	14	10	16	22	11
Moy..	7,59	1,29	22,3	17,9	24	40	21,8

1892-1894.

	Déclinaison.	Inclinaison.	Composantes horiz.	Composantes vertic.	Composantes Nord.	Composantes Ouest.	Champ total.
Janv....	6,5	1,3	22	11	26	31	16
Fév....	7,7	1,4	24	21	31	42	26
Mars...	11,4	2,0	35	28	41	61	37
Avril...	13,8	2,4	45	32	47	73	45
Mai....	13,9	2,3	42	38	42	70	47
Juin....	13,3	2,6	48	33	45	72	45
Juill...	13,4	2,8	53	34	52	72	49
Août...	13,9	3,3	56	39	53	74	44
Sept...	12,2	2,4	40	24	43	63	32
Oct....	10,1	2,4	39	20	45	51	30
Nov....	6,8	1,8	28	16	31	37	20
Déc....	5,2	1,4	21	11	25	31	14
Moy..	10,71	2,18	37,7	24,8	40	57	33,8

Le rapport des amplitudes moyennes, dans les deux périodes, varie de 1,38 à 1,69.

A Greenwich, les observations magnétiques régulières ont commencé en 1841, d'abord par des lectures bi-horaires, puis avec des enregistreurs à partir de 1848.

De 1841 à 1897, ces documents forment une longue série de

cinquante-six ans que M. Ellis [1] a dépouillée pour en comparer les résultats, dans le plus grand détail, avec les nombres correspondants relatifs à la fréquence des taches solaires, d'après les observations poursuivies par Wolf à Zurich jusqu'en 1893, et continuées suivant la même méthode par M. Wolfer.

Les calculs ont été dirigés de la manière suivante, pour la *déclinaison* et la *composante horizontale,* afin d'éliminer l'inégalité annuelle.

Après avoir supprimé les jours de grandes perturbations, on détermine l'amplitude moyenne mensuelle des variations par la plus grande différence des valeurs moyennes horaires. On prend ensuite la moyenne de ces amplitudes pendant douze mois, en commençant d'abord par janvier, puis février, etc., et l'on prend la moyenne de deux nombres successifs. Les résultats ainsi obtenus se rapportent au milieu de chaque mois. Pour janvier, par exemple, la méthode équivaut à faire la somme des amplitudes relatives aux mois de juillet précédent et suivant, puis celle des mois d'août et de juin situés de part et d'autre, de septembre et mai, etc., en divisant le total par 12.

La *fig.* 69, qui traduit ces résultats, montre la concordance presque absolue des phénomènes.

Pour la fréquence des taches solaires et l'amplitude des variations magnétiques, l'allure des courbes présente les mêmes caractères : accroissement rapide d'un minimum au maximum suivant, diminution plus lente à partir des maxima, avec des accidents et des ondulations qui se reproduisent assez fidèlement, en même temps que l'importance relative des maxima aux différentes périodes se manifeste presque également sur les trois courbes.

La conclusion n'est pas modifiée quand on considère seulement les jours *calmes* dans chaque mois. L'influence des taches solaires est donc bien une cause qui modifie la marche diurne normale des éléments magnétiques.

En discutant les nombres eux-mêmes, il semble que les époques des valeurs extrêmes ne sont pas tout à fait identiques ; en moyenne, la déclinaison serait en retard d'environ 0,18 d'année et la com-

---

[1] W. Ellis, *Phil. Trans. L.R.S.*, Pt II, p. 541 ; 1880. — *Proc. of the R. Soc.*, vol. 63, p. 64 ; 1898.

Fig. 69. — *Relation des variations diurnes avec les taches solaires.*

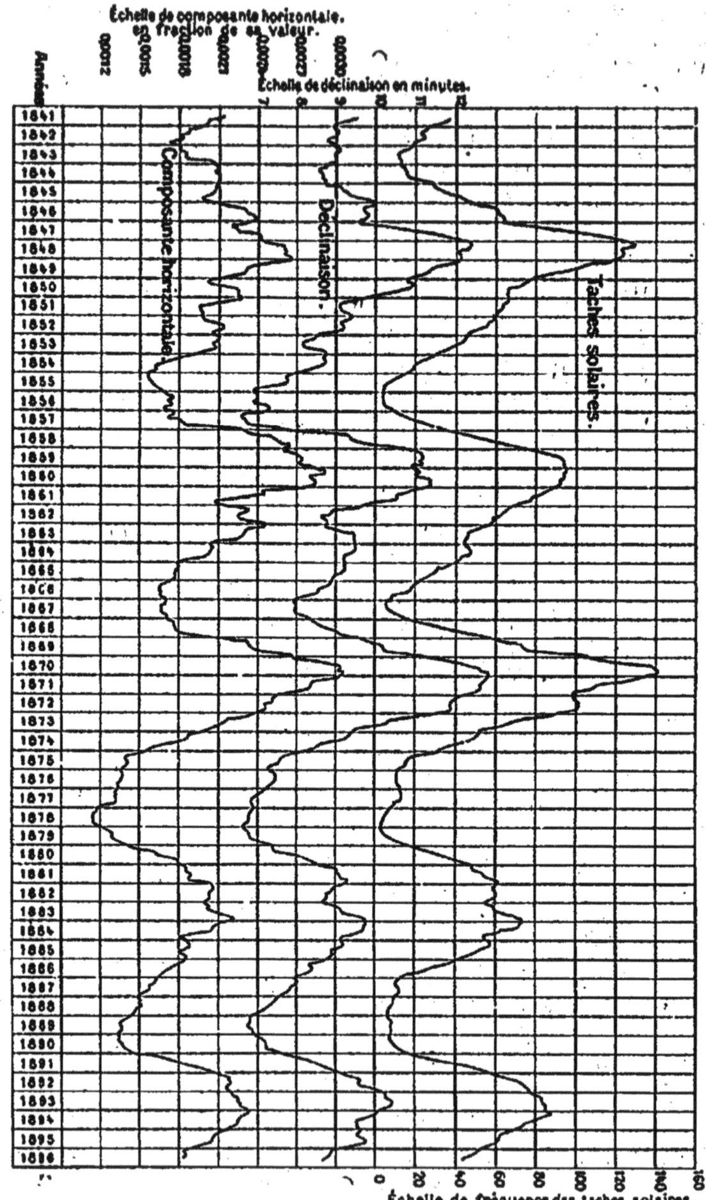

posante horizontale en avance de 0,06 par rapport aux époques correspondantes des taches solaires, mais il paraît difficile d'affirmer l'existence de ces écarts.

Il semble même que la période des taches solaires se traduit dans les valeurs successives de la variation séculaire. M. Moureaux a comparé ainsi les variations séculaires des divers éléments au Parc Saint-Maur, de 1883 à 1899, avec l'étendue annuelle de la surface des taches, évaluée en millioniémes de l'hémisphère, d'après les photographies quotidiennes organisées par le service solaire de l'Angleterre et des Indes.

La relation ne paraît bien nette que pour la déclinaison, dont la mesure comporte d'ailleurs plus d'exactitude; la surface des taches se rapporte à la première des années entre lesquelles est comptée la variation séculaire.

PARC SAINT-MAUR.

Déclinaison et taches solaires.

Années.	Variation séculaire.	Taches solaires.	Années.	Variation séculaire.	Taches solaires.
1883-1884...	−7′,20	1155	1891-1892...	−5′,91	569
1884-1885...	−6,26	1079	1892-1893...	−5,84	1214
1885-1886...	−5,99	811	1893-1894...	−5,88	1464
1886-1887...	−6,12	381	1894-1895...	−5,80	1282
1887-1888...	−5,08	178	1895-1896...	−5,54	974
1888-1889...	−5,12	89	1896-1897...	−5,26	543
1889-1890...	−5,92	78	1897-1898...	−4,79	514
1890-1891...	−5,85	99	1898-1899...	−4,18	420

La variation séculaire diminue constamment, mais non d'une manière uniforme; elle paraît sensiblement plus rapide dans les années où les taches sont importantes et se ralentit en même temps que la surface solaire devient plus calme.

Les taches solaires constituent d'ailleurs un phénomène complexe. On doit remarquer d'abord que les observations ne portent que sur la moitié visible de l'astre. D'autre part, les minima se produisent aux époques de transition entre deux périodes d'activité, dont l'une s'affaiblit et l'autre commence, de sorte que le minimum est mal défini si les troubles solaires successifs offrent des caractères très différents.

PERTURBATIONS.

104. Caractères distinctifs. — Les éléments magnétiques éprouvent quelquefois de tels écarts, soit pendant plusieurs jours successifs, soit seulement dans le cours d'une journée, que le caractère d'une perturbation importante n'est pas douteux.

Entre ces troubles exceptionnels et la variation diurne dans les périodes de calme magnétique, tous les cas intermédiaires se produisent; il n'est pas possible d'établir une ligne de démarcation bien nette, permettant de séparer en deux catégories différentes les jours calmes et les jours troublés, de sorte que la distinction renferme toujours une part d'arbitraire.

Dans les stations coloniales anglaises, Edw. Sabine considérait comme déclinaisons troublées celles dont l'écart à la moyenne, après diverses opérations (88), était égal ou supérieur à 3',6 pour Toronto, à 3',5 pour Nertchinsk, à 3',3 pour Kew et 2',4 pour Hobarton; les écarts plus grands, supérieurs à 6', par exemple, pouvaient encore être traités séparément.

Les troubles de déclinaison ne présentent pas un caractère général, car une même cause peut produire des écarts en raison inverse de la composante horizontale, de sorte qu'elle serait comptée ou non comme une perturbation suivant les localités.

La discussion des composantes répond à un problème mieux défini; il semblerait même préférable de prendre comme limite des perturbations celles qui produisent un champ troublant d'intensité définie, telle que 0,002 C.G.S, sans tenir compte de la valeur même du champ au lieu d'observation.

Malgré ces réserves sur le principe de la méthode, l'étude des perturbations a fourni des résultats importants. Quoique le nombre des stations qui ont permis d'énoncer quelques lois, dit Sabine, soit trop restreint pour définir le mode général des causes troublantes, il est possible de grouper les faits connus suivant leurs accords ou leurs divergences, afin d'indiquer les directions suivant lesquelles on doit conduire les recherches ultérieures.

Les observations troublées ont une fréquence assez inégale, qui dépend beaucoup de la façon dont on les évalue. Dans les cinquante années d'observations enregistrées à Greenwich, de 1848 à 1897, M. Ellis (¹) trouve que certains trimestres ne présentent aucune journée sans perturbation et que le nombre des jours calmes ne dépasse pas trente-neuf, soit treize par mois.

105. Perturbations générales. — Le 1ᵉʳ mars 1741, Hiorter remarqua des variations très grandes de déclinaison, d'amplitude supérieure à 19′, pendant une belle aurore boréale; la même coïncidence s'étant présentée plusieurs fois dans les observations antérieures de Celsius, la relation des deux phénomènes semblait bien démontrée. Pour vérifier si ces perturbations se produisaient de la même manière en des stations éloignées, Celsius avait demandé à Graham de faire pendant quelque temps des observations fréquentes à Londres.

Fig. 70.

ORAGE MAGNÉTIQUE DU 5 AVRIL 1741.

Variations de déclinaison.

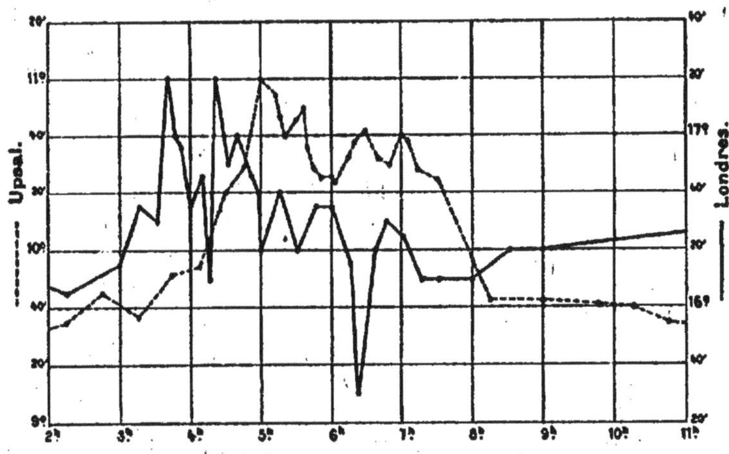

La *fig.* 70 représente, d'après des manuscrits que M. Hildebrandsson a bien voulu me communiquer, les résultats obtenus à Upsal et à Londres le 5 avril 1741, de 1^h *p.m.* à 11^h *p.m.* La différence de longitude des stations est $17°39'$ ou $1^h 10^m,6$.

(¹) W. ELLIS, *Monthly not. of the R. Astr. Soc.*, vol. LX, n 2, p. 142; 1899.

Il est manifeste que les phénomènes présentent la même allure, à part les différences que l'on doit attribuer surtout à la discontinuité des observations. Les deux maxima principaux, par exemple, sont observés vers $3^h 40^m$ et $4^h 20^m$ à Londres, vers 5^h et $5^h 35^m$ à Upsal, c'est-à-dire avec des écarts horaires de $1^h 20^m$ et $1^h 15^m$ très voisins de ceux qui correspondent à la différence des longitudes. La perturbation paraît donc simultanée aux deux stations.

Les observations organisées par Humboldt (¹) à Berlin et dans les mines de Freyberg, comparées à celles de Paris, Pétersbourg, Kazan et Nicolaïeff, ont montré aussi que les perturbations, au moins les plus grandes, se produisent à peu près au même instant dans toute l'Europe et concordent avec l'apparition des aurores polaires. Il y a cependant des différences locales, car une véritable tempête magnétique, constatée aux mines de Freyberg, n'avait produit aucun effet à Berlin. Toutefois, la lecture des instruments n'avait lieu qu'une fois par heure, et les plus fréquentes à chaque demi-heure, conditions où la simultanéité des phénomènes ne pouvait être vérifiée que d'une manière approximative.

Dans les stations de l'Union magnétique allemande, organisées sur la proposition de Gauss et Weber, les lectures aux jours termes étaient faites de cinq minutes en cinq minutes, et toutes rapportées au temps moyen de Göttingue. Les résultats ainsi obtenus sont particulièrement instructifs. Si l'on traduit par une courbe les observations de toute une journée, en particulier celles du 17 août 1836, qui correspond à une perturbation notable, on constate aussitôt que toutes ces courbes, d'Upsal à Munich, montrent au même instant non seulement les effets principaux, mais encore toutes les variations du phénomène; toutefois, l'amplitude des écarts de déclinaison semble décroître du Nord au Sud plus rapidement qu'on ne pourrait le prévoir d'après la différence des composantes horizontales. Une discussion détaillée ferait ressortir d'autres différences que l'on doit attribuer surtout au défaut de simultanéité absolue des lectures.

Edw. Sabine a constaté également que les troubles magnétiques se manifestent généralement aux mêmes époques sur le globe entier, mais avec de grandes divergences dans la grandeur des effets et

(¹) H.-W. Dove, *Pogg. Ann.*, t. XIX, p. 361; 1830.

quelquefois même avec un changement de sens d'un hémisphère à l'autre. Toutefois, de simples lectures horaires ne suffisent pas pour entrer dans le détail des perturbations.

Les courbes des enregistreurs ont l'avantage de comporter une étude très précise, que les observations récentes permettent d'étendre à une plus grande partie du globe.

M. Adams ([1]) a discuté ainsi différentes perturbations de 1879 et 1880, par les enregistreurs de Kew, Stonyhurst, Coïmbre, Lisbonne, Vienne, Saint-Pétersbourg, Toronto, Zi-Ka-Wei et Melbourne. Les courbes sont presque identiques dans les stations anglaises. Les grands troubles subits paraissent simultanés sur toute l'Europe avec des amplitudes différentes, quelquefois de sens contraires, et plusieurs accidents ne se reproduisent pas également dans toutes les stations.

En comparant les perturbations observées de 1882 à 1889 dans les stations de Greenwich, Pawlowsk, Toronto, Ile Maurice, Zi-Ka-Wei, Melbourne et Cap Horn, M. Ellis ([2]) en conclut que les débuts du phénomène sont pratiquement simultanés, au degré d'approximation que comportaient les enregistreurs, et qu'il en est sans doute de même pour toute la surface du globe. Sur dix-sept jours choisis comme correspondant aux résultats les plus complets, l'écart moyen des heures est compris entre $\pm 3'$.

Les *fig.* 71 et 72 comprennent une partie de la perturbation des 18 et 19 mai 1892, toutes les courbes étant ramenées à l'heure de Paris. Pour la France entière, où le phénomène a été enregistré au Parc Saint-Maur, Nantes, Clermont, Lyon, Toulouse, Perpignan et Nice, les courbes se superposent d'une manière presque absolue dans leurs détails, et il a paru suffisant de reproduire celles de trois stations. Les ordonnées ont été réduites inégalement et le millimètre correspond aux valeurs suivantes :

	D.	H.		D.	H.
Parc Saint-Maur.	1',53	76.10^{-6}	Copenhague...	2',88	97.10^{-6}
Lyon..........	1,42	71	Pola..........	1,05	45
Perpignan......	1,36	87	Pawlowsk.....	3,53	192
Utrecht........	2,83	75	Washington...	1,31	118
Greenwich......	2,26	80	Ile Maurice....	0,56	54

([1]) W.-G. ADAMS, *Br. Ass. Rep.*, p. 201; 1880. *Roy. Inst.*, 3 juin 1881.
([2]) W. ELLIS, *Proc. of the R. Soc.*, vol. 52, p. 191; 1892.

Fig. 71. — PERTURBATION DU 18-19 MAI 1892.
Déclinaison (+ vers l'Est).

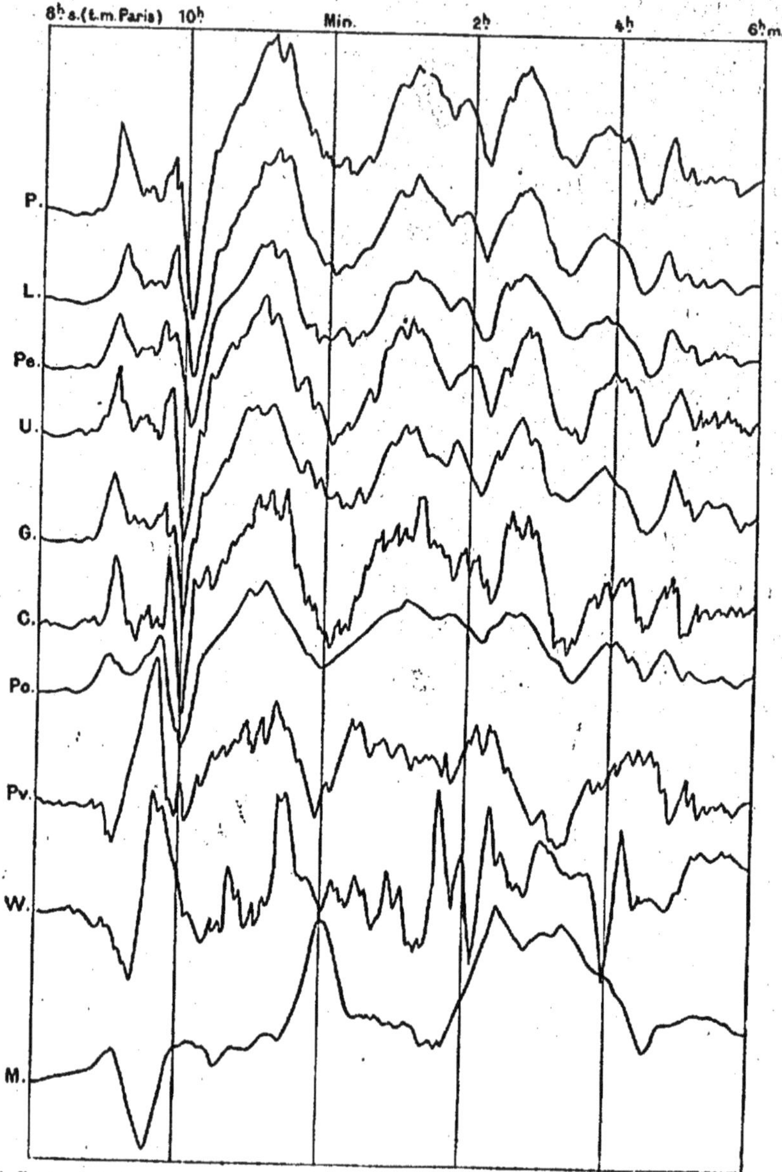

P. Paris. — L. Lyon. — Pe. Perpignan. — U. Utrecht. — G. Greenwich. — C. Copenhague. Po. Pola. — Pv. Pawlowsk. — W. Washington. — M. Ile Maurice.

M. 19

Fig. 72. — Perturbation du 18-19 mai 1892.
Composante horizontale.

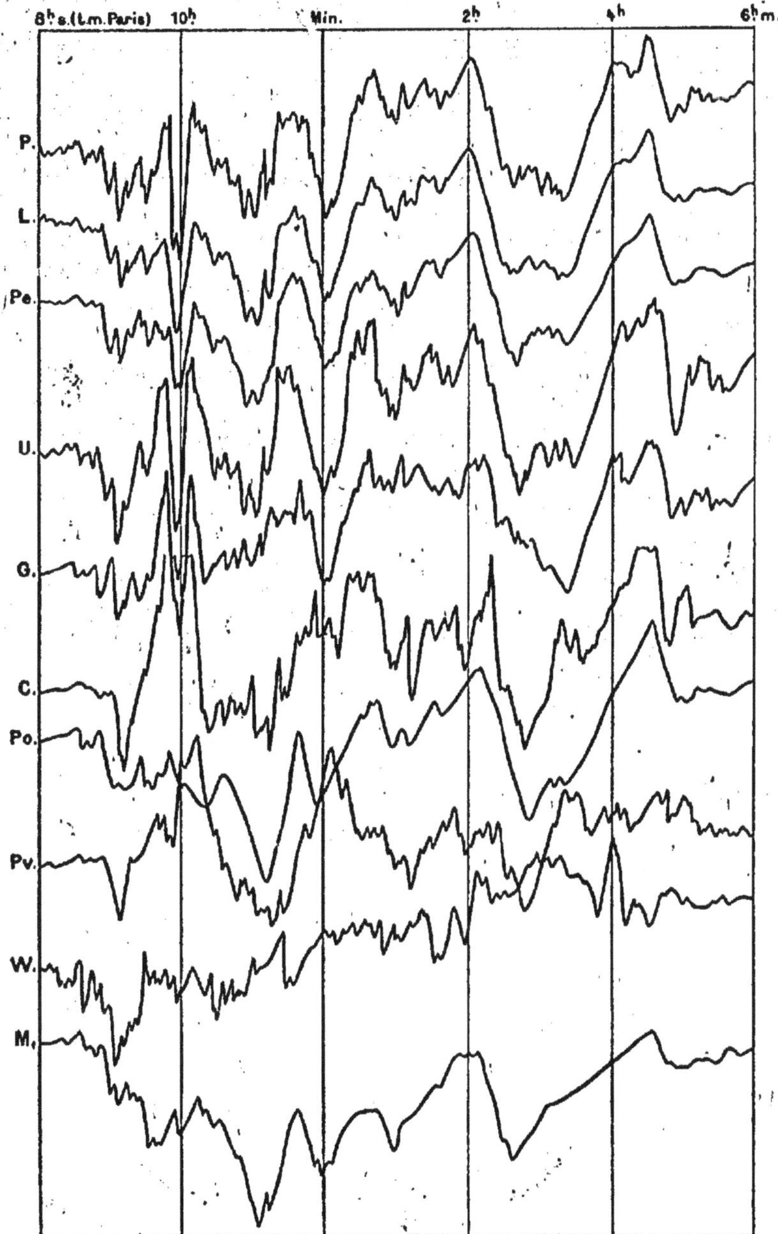

Sur toute l'Europe, les grands écarts se manifestent encore au même instant, avec quelques différences dans les détails, et certains accidents se transforment beaucoup d'une station à l'autre.

Pour la déclinaison, par exemple, la déviation vers l'Est qui se produit vers 9^h *p.m.* en France, en Angleterre et en Danemark, devient plus faible à Pola et change de signe à Pawlowsk. Les autres mouvements offrent de nombreuses analogies, mais Pawlowsk a déjà un régime assez différent. On retrouve les mêmes caractères dans les courbes de composante horizontale.

Les divergences s'accentuent dans les stations plus éloignées, telles que Washington et l'Ile Maurice, où les écarts sont parfois de signes contraires.

Si la perturbation est générale, le champ troublant varie d'une station à l'autre; on peut donc l'attribuer à une cause voisine du sol, comme seraient des courants électriques, et une discussion plus complète permettrait de reconnaître la manière dont ce champ se modifie d'un point à l'autre sur le globe.

106. Détermination du champ troublant. — Dans une étude sur les tempêtes magnétiques, en particulier celle du 5 janvier 1892, M. Bigelow (1) a déterminé, par les courbes de Washington, la grandeur et la direction du vecteur troublant aux différents instants de la journée.

M. Schmidt (2) a utilisé les observations simultanées internationales, à courts intervalles, provoquées par l'Institut météorologique de Prusse et dont les résultats ont été publiés en courbes par M. Eschenhagen dans les *Ergebnisse der Magnet. Beobach. in Potsdam* pour 1896.

L'observation du 28 février 1896, de 6^h à 7^h (t. m. de Greenwich), coïncidait avec une forte tempête magnétique, pour laquelle on disposait des documents de Kew, Utrecht, Wilhelmshaven, Kiel, Paris, Darmstadt, Gœttingue, Potsdam, Pola et Vienne.

M. Schmidt a représenté, sur une série de cartes relatives à l'état moyen de chaque minute, la direction et la grandeur du vecteur horizontal aux différentes stations.

---

(1) BIGELOW, *Weather Bureau*, Bulletin n° 2, p. 36; 1892.

(2) A. SCHMIDT, *Meteorologische Zeitschrift*, t. XXXIV, p. 385; 1899.

Dans les moments de calme relatif, ces vecteurs tendent à devenir parallèles. Au contraire, lorsque les déviations sont fortes et rapidement variables, les vecteurs de stations voisines sont sensiblement convergents ou divergents, avec un point de concours assez éloigné, et le système se transporte avec une vitesse voisine de 1 kilomètre par minute.

On peut admettre que ces troubles sont produits par des courants électriques et que la direction du champ est réglée par la loi d'Ampère, au moins d'une manière approximative, par rapport aux courants les plus rapprochés. Les composantes verticales indiqueraient que ces courants sont situés dans l'atmosphère et qu'ils entourent les centres d'action, avec une forme à peu près circulaire et présentant des caractères analogues à ceux de la direction du vent dans les cyclones et les aires de haute pression.

Il arrive aussi que deux systèmes de courants, à rotations inverses, se suivent à petite distance; les troubles magnétiques ont alors le maximum d'intensité dans la région intermédiaire.

Ces considérations suffisent pour montrer le grand intérêt que présente l'étude détaillée des perturbations magnétiques, surtout avec des enregistreurs de marche assez rapide.

107. Période undécennale. — Au lieu d'étudier isolément chacune des perturbations, Ed. Sabine a examiné les résultats des stations coloniales anglaises par une méthode destinée à mettre en évidence toute période de longue ou de courte durée, qui pourrait exister dans la grandeur et la fréquence des orages magnétiques, malgré l'apparence accidentelle de leur production.

Comme les observations avaient été suivies dans certains cas de 1841 à 1848 et même à 1852, elles comprenaient heureusement un maximum et un minimum des taches solaires et permettaient d'établir une relation entre les deux phénomènes.

On a fait, pour chaque année, la somme des écarts positifs ou négatifs supérieurs à certaines limites et considérés comme correspondant aux perturbations. En divisant par cinq la somme totale de ces écarts relatifs aux années 1844 à 1848, pour chaque élément, on obtenait la valeur moyenne annuelle correspondante, que l'on pouvait comparer au nombre de chaque année. Ce mode d'analyse a fourni les rapports suivants :

TORONTO.

Importance relative des perturbations.

Année finissant au 30 juin.	Déclinaison.	Composantes horizontale.	Composantes verticale.	Moyenne.
1844.....	0,52	0,35	0,65	0,44
1845.....	0,64	0,47	0,58	0,57
1846.....	0,82	0,55	0,73	0,70
1847.....	1,39	1,14	1,23	1,25
1848.....	1,63	2,49	1,80	1,97

Il n'est pas douteux, d'après les nombres de ce tableau, que les perturbations ont été en croissant de 1844 à 1848, pour tous les éléments, dans un rapport voisin de 1 à 4. Le phénomène paraît donc lié aux taches solaires dont l'importance variait dans le même sens pendant cette période.

Les stations de Sainte-Hélène, Le Cap et Hobarton donnent encore, avec moins de régularité, un minimum de perturbations vers 1844 et un maximum en 1848. La règle se vérifie donc sur toute la surface du globe.

Importance relative des perturbations.

DÉCLINAISON.

	Toronto.	Sainte-Hélène.	Le Cap.	Hobarton.	Moyenne.
1841...	"	"	"	1,49	1,49
1842...	"	"	1,53	0,99	1,26
1843...	0,74	0,91	0,78	0,80	0,81
1844...	0,52	0,75	0,72	0,78	0,69
1845...	0,64	1,02	0,85	0,63	0,78
1846...	0,82	1,02	1,13	0,96	0,98
1847...	1,39	1,29	"	1,38	1,35
1848...	1,63	"	"	1,34	1,49

COMPOSANTE HORIZONTALE.

	Toronto.	Sainte-Hélène.	Hobarton.	Moyenne.
1843.....	"	0,64	"	0,64
1844.....	0,35	0,91	0,64	0,63
1845.....	0,47	0,84	0,47	0,59
1846.....	0,55	1,06	0,73	0,78
1847.....	1,14	1,55	1,20	1,30
1848.....	2,49	"	1,95	2,22

Il en est de même à Batavia, pendant la période toute différente de 1884 à 1893, quand on considère seulement le nombre des perturbations.

BATAVIA.

Nombre relatif des perturbations.

Année.	Déclinaison.	Composantes horizontale.	Composantes verticale.	Moyenne.
1884.....	1,67	1,07	1,05	1,26
1885.....	1,40	1,18	1,69	1,42
1886.....	0,80	1,18	1,34	1,11
1887.....	0,67	0,90	0,71	0,76
1888.....	0,48	0,82	0,85	0,72
1889.....	0,48	0,62	0,82	0,64
1890.....	0,44	0,47	0,54	0,48
1891.....	0,85	1,05	1,06	0,99
1892.....	1,80	1,56	1,14	1,50
1893.....	1,40	1,17	0,78	1,12

Tous les éléments montrent, d'une manière à peu près uniforme, un maximum en 1884-1885 et un minimum en 1890, c'est-à-dire sensiblement aux époques des valeurs extrêmes des taches solaires, sans que la concordance soit bien rigoureuse.

Dans les observations du Parc Saint-Maur, M. Moureaux définit les perturbations par une variation de ± 3′ pour la déclinaison, ± 0,0002 pour la composante horizontale et ± 0,00012 pour la composante verticale. La période de 1889 à 1899 donne ainsi :

Perturbations au Parc Saint-Maur.

Année.	Décli.	Composantes horiz.	Composantes vertic.	Nombres relatifs D.	Nombres relatifs H.	Nombres relatifs Z.	Nombres relatifs Moy.
1889...	340	403	432	0,59	0,41	0,65	0,55
1890...	270	314	291	0,47	0,32	0,44	0,41
1891...	547	943	688	0,96	0,97	1,03	0,99
1892...	949	1851	1328	1,67	1,90	2,00	1,86
1893...	648	1199	965	1,14	1,23	1,45	1,27
1894...	815	1556	1062	1,43	1,60	1,60	1,54
1895...	749	1222	703	1,32	1,25	1,06	1,21
1896...	651	1238	632	1,14	1,27	0,95	1,12
1897...	471	671	473	0,82	0,69	0,71	0,74
1898...	453	805	484	0,79	0,83	0,73	0,78
1899...	373	520	252	0,65	0,54	0,38	0,52

Les trois éléments sont affectés sensiblement de la même manière avec quelques différences dans les détails. L'année 1889 était un minimum de taches solaires, 1893 un maximum et 1899 est un minimum probable; les perturbations présentent des caractères tout à fait analogues.

Pour discuter les observations de Greenwich, de 1848 à 1897, M. Ellis met à part tous les jours où, pendant les 24 heures, on aperçoit sur les courbes des mouvements magnétiques subits et de caractère passager; il divise ensuite ces journées, suivant la grandeur du trouble, en cinq classes différentes :

Classe.	Perturbations.	Variations de déclinaison.	Variations de composante horizontale.
I.....	Nulles.	Pas d'irrégularités sensibles.	
II....	Faibles.	< 10'.	< 50.10⁻⁵.
III...	Modérées.	Entre 10' et 30'.	Entre 50 et 150.
IV....	Actives.	Entre 30' et 60'.	Entre 150 et 300.
V....	Grandes.	> 60'.	> 300.10⁻⁵.

On fait la somme des accidents de chaque espèce par trimestre, pour les années successives, et les résultats sont placés en comparaison avec la fréquence des taches solaires.

Les troubles de deuxième classe ne montrent aucune corrélation digne de remarque. A l'approche d'un minimum de taches solaires les grandes perturbations disparaissent habituellement, tandis que celles de quatrième classe continuent de se produire. L'intervalle de 1875 à 1880 se distingue particulièrement par la disparition des grandes perturbations, la diminution des actives et le grand nombre des jours sans perturbations; le voisinage du minimum des taches solaires en 1879 paraît donc une période de grand calme magnétique, après le maximum exceptionnel des taches en 1870. La même relation se vérifie aux autres époques :

Périodes sans grandes perturbations.	Intervalle.	Minimum de taches solaires.	Intervalles avant le minim.	Intervalles après le minim.
1854,2 à 1857,3	3,1	1856,0	1,8	1,3
1866,1 à 1868,7	2,6	1867,2	1,1	1,5
1874,8 à 1881,1	6,3	1879,0	4,2	2,1
1886,2 à 1892,2	6,0	1890,2	4,0	2,0

108. Variation annuelle. — Les perturbations paraissent éprouver encore une variation régulière dans le cours de l'année.

Les observations de cinq ans à Toronto donnent ainsi :

TORONTO.

Variation annuelle des perturbations.

	Déclinaison.	Composantes horizontale.	Composantes verticale.	Moyenne.
Janv......	0,87	0,86	0,87	0,87
Fév.......	0,84	0,94	0,74	0,84
Mars......	0,11	0,94	1,08	1,04
Avril.....	**1,42**	**1,60**	**1,49**	**1,47**
Mai.......	0,98	0,90	1,12	1,12
Juin......	**0,53**	**0,36**	**0,50**	**0,46**
Juillet....	0,94	0,61	0,71	0,75
Août.....	1,16	0,75	1,08	0,99
Sept......	**1,62**	**1,71**	**1,61**	**1,64**
Oct.......	1,31	1,48	1,29	1,36
Nov.......	0,78	0,98	0,75	0,84
Déc.......	0,76	0,58	0,61	0,65

Les perturbations de toute sorte présentent ici des maxima en avril et septembre, c'est-à-dire au voisinage des équinoxes, les minima ayant lieu dans les mois de janvier et de juin, sensiblement aux époques des solstices; la période de variation serait alors semi-annuelle.

Le minimum de juin, au solstice d'été, se montre encore à Sainte-Hélène, Le Cap et Hobarton, mais il ne paraît souvent exister qu'une période annuelle.

A Pékin, par exemple, on ne constate plus qu'un maximum diffus pendant l'été, sans que le mois de juin se distingue, et un minimum aux environs du solstice d'hiver.

La discussion des courbes fournies par les enregistreurs montre qu'à l'observatoire du Parc Saint-Maur les perturbations se distribuent de la manière suivante, dans une période de quinze années (1883-1897), sauf toutefois pour la composante verticale, dont l'enregistreur n'était pas réglé d'abord d'une manière suffisante, de sorte que la discussion n'a porté que sur les neuf dernières années (1889-1897) :

PARC SAINT-MAUR.

Distribution annuelle des perturbations.

	Déclin.	Composantes horiz.	vertic.	Nombres relatifs D.	H.	Z.
Janv....	510	1001	279	0,70	0,81	0,51
Fév.....	770	1189	726	1,05	0,96	1,33
Mars....	861	1563	644	1,18	1,26	1,18
Avril....	794	1159	610	1,09	0,94	1,11
Mai.....	792	1334	731	1,08	1,08	1,33
Juin....	601	1120	465	0,82	0,90	0,85
Juill....	670	1232	705	0,92	0,99	1,28
Août....	723	1399	502	0,99	1,13	0,92
Sept....	990	1482	669	1,35	1,19	1,22
Oct.....	856	1260	518	1,17	1,01	0,94
Nov.....	706	1285	446	0,97	1,04	0,81
Déc.....	494	872	279	0,68	0,70	0,51

Pour la déclinaison et la composante horizontale, les variations présentent le même caractère qu'à Toronto, avec cette différence sauf que le premier maximum est en mars au lieu d'avril, et le minimum en décembre au lieu de janvier. La marche des perturbations verticales est moins régulière.

Nous citerons encore les moyennes des observations de Batavia, pour la période décennale de 1882 à 1893, qui ont été comptées comme perturbations, suivant que l'on considère le total T des écarts ou le nombre N des observations troublées :

BATAVIA (1882-1893).

Valeur relative des perturbations.

	Déclinaison T.	N.	Moy.	Comp. horizont. T.	N.	Moy.	Comp. vertic. T.	N.	Moy.
Janv...	1,64	1,64	1,64	0,79	0,85	0,82	1,35	1,33	1,34
Fév....	1,46	1,37	1,42	0,86	0,86	0,86	1,13	1,11	1,12
Mars...	0,93	0,91	0,92	0,99	1,00	1,00	0,90	0,92	0,91
Avril...	0,75	0,75	0,75	1,04	1,00	1,02	0,70	0,73	0,72
Mai....	0,77	0,74	0,76	1,07	1,01	1,04	1,00	0,96	0,98
Juin...	0,35	0,37	0,36	0,78	0,78	0,78	0,69	0,72	0,71
Juill...	0,60	0,61	0,61	0,94	0,95	0,95	0,89	0,95	0,92
Août...	0,70	0,73	0,72	1,05	1,03	1,04	0,91	0,96	0,93
Sept...	1,51	1,48	1,50	1,17	1,20	1,18	1,16	1,14	1,15
Oct....	1,03	1,10	1,07	1,15	1,22	1,18	0,97	0,98	0,98
Nov....	1,07	1,07	1,07	1,33	1,19	1,26	1,24	1,15	1,20
Déc....	1,21	1,22	1,22	0,83	0,91	0,87	1,05	1,05	1,05

Pour la déclinaison, on constate surtout une diminution marquée des perturbations, comme importance et comme nombre, pendant les mois d'été, d'avril en août, un grand maximum en janvier et un autre plus faible en septembre. Les autres colonnes présentent une allure différente : le maximum principal a lieu en novembre pour la composante horizontale, en janvier pour la composante verticale, sans qu'une marche régulière se dessine nettement au cours de l'année. A part le minimum de juin, qui se retrouve dans tous les cas, il ne reste donc aucun caractère commun bien démontré.

Sabine a cherché encore si les perturbations se manifestent indifféremment de part et d'autre de la moyenne, ou si les écarts positifs et négatifs présentent des caractères différents.

Aucune distinction n'apparaît entre les deux espèces d'écarts dans la marche annuelle. Pour la déclinaison, les observations semblent indiquer qu'à Toronto les écarts vers l'Est sont plus fréquents que vers l'Ouest dans le rapport de 1,2 à 1 ; à Hobarton, au contraire, ce sont les écarts à l'Ouest qui dominent dans le rapport de 1,4 à 1. Dans les deux cas, ces rapports seraient plus grands en été qu'en hiver.

Les observations de Batavia, relatives à la période décennale de 1882-1893, ne présentent rien de semblable. Pour l'année entière, le nombre et l'importance des perturbations de signes contraires ne varient pas de plus de $\frac{1}{10}$, quel que soit l'élément que l'on considère; la comparaison des deux saisons d'été et d'hiver conduit au même résultat.

Il ne paraît pas résulter de cette discussion que les causes des perturbations aient une direction réellement prédominante.

M. Ellis considère à part, dans les observations de Greenwich entre les années 1848 et 1897, les perturbations des différentes classes, dont il fait ensuite la somme par quinzaines choisies de manière que l'époque moyenne corresponde au commencement ou au milieu de chaque mois.

Les perturbations faibles montrent nettement un maximum pendant l'été et un minimum pendant l'hiver. Pour les perturbations des trois dernières classes, dites modérées, actives et grandes, on voit se dessiner au contraire des maxima vers les équinoxes et des minima aux solstices.

GREENWICH (1848-1887).

Nombre relatif des perturbations modérées, actives et grandes.

Janv.	1..	0,70	Mai	3..	0,94	Sept.	2..	0,98
	16..	0,99		18..	0,79		17..	1,26
Fév.	1..	1,10	Juin	2..	0,69	Oct.	2..	1,22
	16..	1,32		18..	0,72		17..	1,22
Mars	3..	1,26	Juill.	3..	0,73	Nov.	1..	1,11
	18..	1,14		18..	0,87		17..	1,11
Avril	2..	1,25	Août	2..	0,84	Déc.	2..	0,84
	18..	1,08		17..	0,89		17..	0,94

Cette allure inégale des perturbations de diverses classes fait mieux comprendre encore combien la manière de les apprécier peut influer sur la marche annuelle qu'on en déduit.

En tous cas, on n'a constaté, dans l'importance ou le nombre des taches solaires, aucune variation annuelle qui paraisse la contrepartie du phénomène magnétique.

109. Variations diurnes. — Les perturbations ne se répartissent pas également dans les différentes heures de la journée. Pour donner une idée de cette variation, nous reproduirons, d'après Ed. Sabine, quelques résultats moyens relatifs à la déclinaison, en considérant le nombre ou la valeur des écarts.

Dans le Tableau suivant, les colonnes N indiquent le nombre relatif des perturbations, sans tenir compte du sens où elles se produisent, et les colonnes $\frac{E}{W}$ le rapport des déviations comptées vers l'Est ou vers l'Ouest.

Une seule période apparaît dans tous les cas.

Pour le total des perturbations, le minimum a lieu entre midi et 7^h *p. m.* à Toronto, entre 2^h *p.m.* et 8^h *p.m.* à Hobarton, de 5^h à 5^h dans la nuit à Pékin, entre 3^h *p.m.* et 6^h *a.m.* à Sainte-Hélène et au Cap, avec un grand maximum dans le milieu de la journée; aucune loi générale ne s'en dégage.

Pour le rapport des déviations à l'Est et à l'Ouest, les deux hémisphères semblent présenter des caractères opposés.

Les écarts à l'Est dominent à Toronto et Pékin pendant la nuit, entre 6^h *p. m.* et 2-4^h *a.m.*

Dans les stations du Sud, les déviations vers l'Est ont lieu de préférence pendant la journée, mais d'une manière très inégale, entre 9^h et 3^h à Sainte-Hélène, entre 7^h et 2^h au Cap, entre 4^h *a.m.* et 6^h *p.m.* à Hobarton.

Variation diurne des perturbations de déclinaison.

	Nombre des perturbations.				Valeur des écarts.					
	Toronto.		Hobarton.		Pékin.		Sainte-Hélène.		Le Cap.	
Heures.	N.	E/W.	N.	E/W.	N.	E/W.	N.	E/W.	N.	E/W.
1..	1,20	1,92	1,36	0,25	0,55	1,62	0,18	0,00	0,51	0,50
2..	1,15	1,23	0,97	0,36	0,70	1,59	0,15	0,07	0,44	0,27
3..	1,18	0,91	1,12	0,72	0,78	1,94	0,17	0,00	0,44	0,50
4..	1,13	0,79	0,89	1,04	0,66	1,21	0,16	0,00	0,44	0,69
5..	1,31	0,89	0,65	1,35	0,79	0,85	0,23	0,17	0,44	0,89
6..	1,19	0,80	0,78	1,29	0,91	0,56	0,41	0,70	0,86	0,83
7..	1,01	0,92	1,02	1,52	1,11	0,45	0,88	0,74	1,41	1,02
8..	0,86	0,49	1,10	0,89	1,41	0,57	1,52	5,75	1,74	1,08
9..	0,99	0,56	0,94	1,42	1,82	0,63	2,06	1,10	1,92	0,91
10..	1,05	0,51	0,87	2,00	1,84	0,47	2,58	1,05	2,11	0,92
11..	1,03	0,79	1,05	1,32	1,75	0,62	2,68	0,80	2,11	1,08
Midi	0,90	0,45	1,18	1,21	1,42	0,91	2,80	0,99	1,83	0,85
1..	0,82	0,60	1,17	1,32	1,21	0,84	2,72	1,00	1,53	1,15
2..	0,54	0,37	0,94	1,64	1,12	0,91	2,26	1,11	1,23	1,03
3..	0,63	0,23	0,94	1,64	1,04	0,62	1,68	1,05	0,86	0,85
4..	0,65	0,37	0,87	1,12	0,96	0,54	1,12	0,52	0,74	0,79
5..	0,51	0,75	0,74	1,19	1,07	0,64	0,59	0,33	0,55	0,40
6..	0,68	1,42	0,68	1,10	0,90	1,26	0,32	0,22	0,64	0,31
7..	0,91	2,44	0,71	0,33	0,94	1,39	0,31	0, 8	0,76	0, 8
8..	1,19	4,06	0,97	0,20	0,77	2,69	0,26	0, 6	0,77	0, 6
9..	1,40	9,55	1,24	0,13	0,51	1,49	0,23	0, 6	0,80	0, 9
10..	1,37	10,62	1,15	0,08	0,62	2,74	0,28	0,12	0,72	0, 8
11..	1,06	3,80	1,24	0,10	0,52	2,70	0,24	0,00	0,56	0,13
Min.	1,31	2,87	1,34	0,26	0,58	1,93	0,17	0,00	0,53	0,26

Les autres éléments magnétiques, inclinaison et composantes, montrent également des variations régulières dans le cours de la journée, mais elles ne présentent aucune concordance avec celles de la déclinaison.

Dans les observations de Batavia, pendant la période de 1882-1893, la marche diurne des perturbations offre sensiblement les mêmes caractères suivant que l'on considère leur nombre ou l'importance des écarts. Il suffira, pour en donner une idée, de reproduire la valeur moyenne horaire des nombres relatifs pour les trois éléments et le rapport des écarts positifs ou négatifs.

BATAVIA (1882-1893).

Variation diurne des perturbations.

Heures.	Nombre des perturbations D.	H.	Z.	Moy.	Rapport des écarts + et −. D.	H.	Z
1.......	0,29	0,80	0,44	0,51	0,16	1,53	0,71
2.......	0,25	0,78	0,46	0,50	0,18	2,34	0,42
3.......	0,25	0,79	0,52	0,52	0,22	2,96	0,55
4.......	0,32	0,74	0,57	0,54	0,44	3,06	0,58
5.......	0,37	0,76	0,63	0,59	1,04	3,54	0,59
6.......	1,14	0,81	0,91	0,95	1,04	2,85	0,91
7.......	1,97	0,85	1,18	1,33	1,25	1,73	0,91
8.......	1,65	0,93	1,98	1,52	1,78	1,23	1,00
9.......	1,56	0,93	1,96	1,48	1,87	0,86	1,14
10.......	2,05	0,85	1,63	1,51	1,60	0,60	1,24
11.......	2,98	0,95	1,36	1,76	1,27	0,44	2,30
Midi......	3,26	1,06	1,26	1,86	1,07	0,51	1,13
1.......	2,67	1,35	1,65	1,89	0,85	0,63	1,24
2.......	1,77	1,61	1,93	1,77	0,68	0,77	1,07
3.......	0,79	1,61	1,91	1,44	0,55	0,89	1,00
4.......	0,61	1,39	1,53	1,18	0,79	0,81	1,00
5.......	0,52	1,16	0,87	0,85	1,63	0,73	1,06
6.......	0,35	1,04	0,57	0,65	2,38	0,65	1,29
7.......	0,30	0,99	0,48	0,59	1,00	0,70	1,65
8.......	0,22	0,94	0,44	0,53	1,00	0,75	1,89
9.......	0,22	0,96	0,44	0,54	0,38	0,85	1,89
10.......	0,14	0,95	0,43	0,51	0,10	1,04	1,27
11.......	0,14	0,86	0,43	0,48	0,10	1,10	1,03
Minuit...	0,18	0,91	0,43	0,51	0,13	1,44	0,70

Pour le nombre relatif des perturbations, les trois éléments varient dans le même sens, avec un minimum de nuit et un maximum pendant la journée, comme à Sainte-Hélène et au Cap, quoique ce caractère se dessine d'une manière moins accusée dans la colonne de la composante horizontale. Ces différences peuvent tenir simplement à la manière de faire le départ des observations troublées; la moyenne des trois premières colonnes indique plus nettement une variation très régulière.

Le rapport des écarts positifs et négatifs ne présente plus de marche commune. La déclinaison donne deux maxima à 9^h *a. m.* et 6^h *p. m.* et deux minima intermédiaires. Les deux composantes ne présentent qu'un maximum et un minimum en sens inverses, le passage d'un état à l'autre ayant lieu, pour chacune d'elles, aux environs de 8^h *a. m.* et $10\text{-}11^h$ *p. m.* On ne retrouve donc pas à Batavia, au point de vue de la déclinaison, le caractère qui distinguait précédemment les stations des deux hémisphères.

Nous terminerons ces exemples par le Tableau du nombre total des perturbations au Parc Saint-Maur rapportées aux différentes heures du jour.

PARC SAINT-MAUR.

Distribution horaire des perturbations.

	Déclinaison (1883-1897).			Composante horizontale (1883-1897).			Composante verticale (1889-1897).		
Heures.	vers l'ouest.	vers l'est.	Total.	Positives.	Négatives.	Total.	Positives.	Négatives.	Total.
1...	110	390	500	197	249	446	56	80	136
2...	139	333	472	198	240	438	71	99	170
3...	147	259	406	168	220	388	70	111	181
4...	153	188	341	169	221	390	73	114	187
5...	150	118	268	169	201	370	73	109	182
6...	179	92	271	184	206	444	74	103	177
7...	198	58	256	232	289	521	69	98	167
8...	198	64	262	291	372	663	84	89	173
9...	222	63	285	357	398	755	95	96	191
10...	215	72	287	379	422	801	139	134	273
11...	206	84	290	370	443	813	147	161	308
Midi.	217	93	310	374	465	839	157	188	345
1...	259	112	371	349	469	818	191	194	385
2...	247	100	347	319	481	800	210	179	389
3...	253	110	363	284	452	736	222	201	423
4...	230	102	332	274	453	727	238	219	457
5...	203	160	363	268	417	685	268	230	498
6...	150	205	355	238	436	674	278	237	515
7...	94	285	379	236	399	635	258	173	431
8...	77	359	436	242	366	608	223	115	388
9...	54	381	435	233	356	589	167	65	232
10...	57	402	459	230	322	552	119	40	159
11...	78	410	488	244	299	543	87	46	133
Min..	96	395	491	222	273	495	61	63	124

Comme nous l'avons déjà signalé (97), les perturbations ont pour effet d'augmenter la déclinaison vers l'Ouest pendant le jour, vers l'Est pendant la nuit, avec des écarts plus grands en hiver qu'en été. C'est la règle constatée pour les stations du Nord.

Les perturbations augmentent la composante horizontale le matin de 1^h à 10^h et diminuent la composante verticale dans le même intervalle de 1^h à 11^h. L'inverse a lieu pendant le reste de la journée et le changement se produit deux ou trois heures plus tard qu'à Batavia.

Pour la déclinaison, les écarts vers l'Est sont 1,23 fois plus nombreux que vers l'Ouest. Le rapport des perturbations qui diminuent la composante horizontale à celles qui l'augmentent est 1,36. La composante verticale donne un rapport inverse égal à 1,09.

Il ne paraît pas douteux, après cette discussion, qu'une marche diurne se dessine nettement dans les valeurs moyennes concernant le nombre, l'importance et le signe des perturbations pour chaque station. La difficulté consisterait à en dégager ce qui peut être attribué à des causes générales agissant sur le globe entier ou à des causes particulières relatives aux conditions locales.

110. Vibrations. — Dans la plupart des cas, lorsque les abscisses sont de 1^{cm} à 2^{cm} par heure, avec les appareils de sensibilité ordinaire, les courbes des enregistreurs suffisent pour traduire les variations des éléments, mais il arrive parfois que ces courbes s'élargissent et présentent une apparence hachée qui semble indiquer l'existence de vibrations rapides.

Pour les mettre en évidence, M. Eschenhagen (¹) a installé à l'Observatoire de Potsdam un bifilaire où les ordonnées sur la courbe de l'enregistreur correspondaient à une variation de 4.10^{-5} par millimètre pour la composante horizontale, et le papier photographique parcourait 24^{cm} par heure.

Avec un appareil aussi sensible, les courbes ont montré, dans un grand nombre de circonstances, des oscillations rapides de faible amplitude, qui pourraient être considérées comme les pulsations élémentaires du magnétisme terrestre.

(¹) M. Eschenhagen, *Preuss. Akad. d. Wiss. zu Berlin*, t. XXXII, p. 78; 1897 — *Terrestrial magnetism*, t. II, p. 105; 1897.

En vue de ces expériences spéciales, on avait pris soin de donner au barreau du bifilaire un amortissement assez rapide, afin que les accidents traduits par la photographie ne pussent être attribués à des effets mécaniques.

L'appareil était évidemment trop sensible pour les époques de grandes perturbations, de sorte que ces vibrations n'ont été observées que pendant les perturbations d'importance modérée.

Les vibrations durent de trois à quatre heures et se manifestent surtout pendant la journée, quel que soit l'état du ciel, ce qui ne semble pas indiquer une action directe du soleil.

En général, la période est d'environ trente secondes, mais on en observe quelquefois de plus courtes. Un autre fait remarquable est l'apparition de groupes d'ondulations plus larges, analogues aux battements en acoustique, qui traduisent l'existence de deux espèces de vibrations, de périodes peu différentes, par exemple dans le rapport de quatre à cinq.

Le déclinomètre et la balance magnétique se prêtent moins facilement que le bifilaire à réaliser des conditions de très grande sensibilité, mais on résoudrait encore le problème, soit en augmentant la distance des appareils à l'enregistreur, soit en multipliant les déviations au moyen de réflexions multiples entre le miroir mobile et un autre miroir fixe, dans une direction à peu près parallèle, situé au voisinage du premier.

On peut faire diverses conjectures sur ces oscillations et les attribuer, par exemple, aux variations de l'électricité atmosphérique; il faudrait, pour cela, établir un rapport direct entre les deux ordres de phénomènes. En tous cas, c'est là une question du plus grand intérêt, dont il serait important de poursuivre l'étude dans différents observatoires.

CHAPITRE XI.

DISTRIBUTION DU CHAMP TERRESTRE.

111. Définitions. — L'assimilation du champ terrestre à celui que produirait un aimant central infiniment court (18), suivant l'hypothèse de Biot, ou toute autre conception équivalente (34), ne donne qu'une première approximation des phénomènes, mais elle permettra de fixer les idées.

Il existe alors deux *pôles magnétiques* terrestres bien définis, aux points où l'axe d'aimantation coupe la surface du globe.

Abstraction faite de l'aplatissement de la Terre, les *méridiennes magnétiques*, qu'on appelle souvent *méridiens* pour abréger, sont des arcs de grands cercles passant par les pôles.

Les lignes *isomagnétiques*, c'est-à-dire le lieu des points où l'un des éléments conserve la même valeur sur la surface, prennent des formes très simples.

Chaque *parallèle magnétique* jouit de plusieurs propriétés : c'est en même temps une ligne *isocline* ou d'*égale inclinaison*; une ligne *isodynamique*, ou d'égale valeur pour le champ total et chacune des composantes, horizontale ou verticale; enfin, une ligne *équipotentielle*.

Sur l'*équateur magnétique*, arc de grand cercle perpendiculaire à la ligne des pôles, le potentiel V, la composante verticale Z et l'inclinaison I sont nuls; la composante horizontale H prend une valeur maximum H_e et le champ total un minimum F_e.

En appelant a le rayon de la Terre, M son moment magnétique et A l'aimantation moyenne, ces différentes grandeurs et les éléments du champ à la surface sont entièrement définis par la composante H_e et la latitude magnétique λ, que nous supposerons positive dans l'hémisphère Nord. On a alors

$$(1)\quad \left\{\begin{aligned} H &= H_e\cos\lambda, & Z &= 2H_e\sin\lambda,\\ \tang I &= 2\tang\lambda, & F &= H_e\sqrt{3\sin^2\lambda+1},\\ M &= a^3 H_e, & A &= \frac{3}{4\pi}H_e,\\ V &= -\frac{M}{a^2}\sin\lambda = -aH_e\sin\lambda. \end{aligned}\right.$$

Les lignes d'*égale déclinaison*, ou *isogoniques*, coupent tous les méridiens géographiques sous le même angle; la plupart de ces lignes vont d'un pôle magnétique à l'autre pôle. Comme on trouve aussi toutes les déclinaisons au voisinage des pôles géographiques, une partie des lignes agoniques est située entre le pôle magnétique et le pôle géographique voisin. La ligne de déclinaison nulle, ou *agonique*, est un méridien magnétique.

On représentera les méridiens successifs par des arcs de grands cercles qui coupent l'équateur en des points équidistants. Si l'on veut que les parallèles successifs correspondent à des variations égales du potentiel, il faut que $\sin\lambda$ varie en progression arithmétique; les plans de ces parallèles diviseront donc le rayon polaire en parties égales.

Supposons que le magnétisme terrestre, restant symétrique autour d'un axe, soit formé de masses intérieures également distribuées de part et d'autre de l'équateur, positives d'un côté et négatives de l'autre, mais suivant une loi quelconque. Les méridiens ne sont pas modifiés. Les parallèles conservent leurs propriétés communes et restent symétriques de part et d'autre de l'équateur; mais ils ne correspondent pas, pour une même variation du potentiel, à des divisions égales du rayon polaire. Les relations (1) cessent d'être applicables; Duperrey avait trouvé, par exemple, que le champ total peut s'exprimer en fonction de la latitude magnétique par la relation

$$F = \sqrt{a + b\sin^2\lambda},$$

dans laquelle les coefficients a et b sont déduits des observations.

Supposons encore qu'une aimantation symétrique autour de l'axe soit produite par des masses distribuées inégalement de part et d'autre de l'équateur. Dans ce cas, la ligne de potentiel nul n'est pas sur l'équateur; les lignes d'inclinaison nulle, de composante horizontale maximum et de champ minimum deviennent des parallèles distincts.

Cette séparation progressive des différentes propriétés, d'abord communes à une même ligne, s'exagère encore quand la symétrie autour d'un axe n'est plus qu'une première approximation, ce qui est le cas du magnétisme terrestre.

Sans faire intervenir les variations, on conçoit aisément que cette symétrie ne peut exister pour l'état moyen à cause de la structure complexe du globe, qui se manifeste surtout par l'inégale distribution des continents et des mers.

112. Cartes magnétiques. — L'étude scientifique du magnétisme terrestre exige que l'on puisse tracer à la surface du globe des cartes relatives à tous les éléments. La construction de ces cartes présente de grandes difficultés, parce que les observations qui leur servent de base sont très inégalement réparties sur toute la Terre, quelquefois séparées par des distances considérables, et qu'elles ne sont pas directement comparables, pour avoir été faites le plus souvent à des époques très différentes.

Il est donc nécessaire de ramener toutes les observations à une même époque, en corrigeant chacune d'elles des variations de toute nature, mais ces corrections ne peuvent être faites dans la plupart des cas que d'une manière approximative.

Les valeurs qui conviennent dans l'intervalle des stations sont estimées ensuite par interpolation, avec une probabilité plus ou moins grande.

Tous les résultats étant portés sur une Carte, on obtiendra les *isogones*, par exemple, en joignant les points qui ont même déclinaison. Si ces courbes sont tracées de degré en degré, la surface du globe se trouve occupée par deux systèmes, l'un correspondant aux déclinaisons occidentales et l'autre aux déclinaisons orientales, séparés par une ligne *agonique*, qui passe par les pôles magnétiques et les pôles géographiques.

Les *isoclines* et les lignes *isodynamiques* s'obtiendront, de même, par les observations directes.

Un *méridien magnétique* est une ligne tracée sur la surface de manière qu'elle soit en chaque point tangente à la projection horizontale du champ, c'est-à-dire à la direction d'une aiguille de déclinaison. Tous ces méridiens semblent passer par deux points situés approximativement aux extrémités d'un même diamètre, qui seraient les *pôles magnétiques* terrestres.

Au voisinage de l'équateur se trouve une ligne d'inclinaison nulle, qui partage la surface en deux parties où les inclinaisons sont de signes contraires. L'aiguille aimantée tend à se mettre verticale au voisinage des pôles magnétiques.

Quelques-unes des lignes isogones sont fermées autour d'une région restreinte de la surface, mais la plupart d'entre elles paraissent encore aboutir aux pôles magnétiques.

De même, les lignes d'égale valeur pour l'inclinaison ou pour l'une des composantes peuvent comprendre une surface limitée au voisinage de l'équateur; les autres sont plus ou moins exactement concentriques aux pôles magnétiques.

On est ainsi conduit à plusieurs définitions non concordantes des mêmes éléments.

Les *pôles magnétiques*, en supposant qu'ils se réduisent à deux dans chaque cas, peuvent avoir les significations suivantes :

1° Intersection commune des méridiens magnétiques;
2° Intersection commune des isogones;
3° Points de composante horizontale nulle, ou $I = \pm 90°$;
4° Maximum de composante verticale ou de champ total.

De même, l'*équateur magnétique* peut correspondre :

1° A la ligne d'inclinaison nulle ($Z = 0$);
2° Aux maxima de composante horizontale sur chaque méridien;
3° Aux minima du champ total.

Quelle que soit l'origine du magnétisme terrestre, toutes les causes intérieures équivalent, pour la production du champ superficiel, à un système d'aimants. Le flux de force qui émane de la surface est alors égal au produit de 4π par la somme des masses agissantes intérieures et, par suite, nul.

En appelant Z la composante normale du champ sur l'élément de surface dS, l'intégrale $\int Z\,dS$ étendue à toute la Terre doit donc être nulle.

Ce théorème reste vrai même pour le cas où des courants électriques, circulant en partie dans l'atmosphère, traverseraient le globe, car les flux de force (ou d'induction) correspondants se conservent; le flux de force électromagnétique qui entre par une portion de la surface émerge par une autre portion, et la somme algébrique est encore nulle.

113. Hypothèse d'un potentiel. — Jusque-là, le tracé des courbes est emprunté uniquement aux observations. Si l'on admet qu'il existe un potentiel, le problème se précise davantage.

Dans ce cas, l'intersection des surfaces de niveau par la surface du globe détermine des *courbes équipotentielles*, ou courbes de niveau, auxquelles la composante horizontale H est normale en chaque point. Les lignes d'égal potentiel sont donc des orthogonales aux méridiens magnétiques.

Le travail du champ sur l'unité de magnétisme, le long d'un arc s de méridien entre des points A et B, où les potentiels sont V_a et V_b, donne la relation

$$V_a - V_b = \int_A^B H\,ds.$$

Après avoir tracé une orthogonale quelconque aux méridiens, laquelle correspond au potentiel V_a, on appliquera ce calcul le long d'un méridien, en attribuant au second membre des valeurs successives en progression arithmétique. On obtiendra ainsi les points d'intersection du méridien avec des orthogonales telles que le potentiel varie de l'une à l'autre de la même quantité.

Le potentiel va croissant du Nord au Sud le long d'un méridien [1]; on en connaît bien la différence, d'un point à l'autre, mais non la valeur absolue.

Les *pôles magnétiques* sont déterminés par la condition que la surface de niveau soit tangente à la surface terrestre. Le potentiel à la surface passe alors par un maximum ou un minimum; la composante horizontale est nulle et l'inclinaison de $\pm 90°$; autour d'un pôle, la composante H est convergente ou divergente.

Il existe au moins deux pôles, un dans chaque hémisphère, mais il est possible que, pour un hémisphère, la surface terrestre soit

---

[1] On a quelquefois changé le signe du potentiel, à l'exemple de Gauss; sa valeur est alors croissante du Sud au Nord. Les Cartes de M. Neumayer sont construites d'après cette méthode.

tangente en plusieurs points aux surfaces de niveau, ces points correspondant au même potentiel ou à des potentiels différents.

Supposons, par exemple, que dans la région positive, c'est-à-dire sur l'hémisphère Sud, les surfaces de niveau de potentiel V_m et $V'_m > V_m$ touchent la surface Σ de la Terre aux points P et P', qui constituent deux pôles distincts (*fig.* 73). Autour de chacun d'eux le potentiel diminue; on peut choisir une valeur V_1,

Fig. 73.

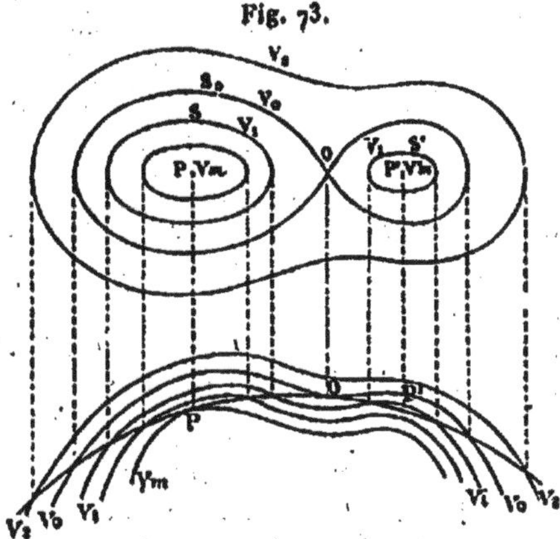

comprise entre V_m et V'_m, telle que la ligne équipotentielle correspondante forme deux courbes distinctes S et S', qui comprennent respectivement les pôles P et P'; pour une valeur V_2 assez petite, la ligne équipotentielle S_2 renferme les deux pôles; dans l'intervalle se trouve une ligne équipotentielle S_0 à deux boucles.

Autour du point multiple O, où la valeur de H est nulle, le potentiel est croissant ou décroissant, suivant le sens où l'on chemine, de sorte que la composante H est tantôt convergente et tantôt divergente. C'est ce qu'on peut appeler un *faux pôle*.

Les méridiens magnétiques émanent alors de l'un ou l'autre des pôles P et P'; dans l'intervalle se trouvent aussi des fragments de méridiens allant de P' en P. Les isogones passent également par les pôles magnétiques.

Il ne semble pas que le champ terrestre présente une disposition aussi complexe. Au voisinage des pôles, les parallèles magnétiques paraissent des sortes d'ellipses qui se réduiraient finalement à un point. Toutefois, l'observation directe est presque impossible dans ces régions et les variations de déclinaison y sont tellement grandes qu'on ne pourrait guère en tirer profit pour déterminer la forme réelle des méridiens.

En dehors de circonstances accidentelles et tout à fait locales, on doit donc admettre qu'il n'existe que deux pôles, l'un positif dans l'hémisphère Sud, l'autre négatif dans l'hémisphère Nord. Ces pôles ne sont pas situés nécessairement aux extrémités d'un même diamètre.

Si les masses agissantes sont entièrement comprises dans la surface, l'*axe magnétique* est la droite qui joint les centres de gravité des deux systèmes de masses, l'un positif et l'autre négatif. La direction de l'axe est la droite sur laquelle la projection des moments magnétiques des divers éléments est maximum. Le diamètre parallèle à l'axe magnétique peut être entièrement différent de la droite qui joint les pôles superficiels.

Dans ce cas, l'une des courbes de niveau correspond à un potentiel nul. Cette courbe est l'*équateur des potentiels,* mais rien ne la distingue des autres parallèles.

Si la surface de niveau de potentiel nul était orthogonale à la surface terrestre, l'inclinaison serait nulle en tous les points d'intersection. L'équateur magnétique serait alors nettement défini par la courbe d'inclinaison nulle. Mais s'il arrive que cette courbe ne coïncide pas avec un parallèle magnétique, aucun caractère ne permet de déterminer la ligne de potentiel nul, à moins que l'on n'y ajoute une hypothèse particulière.

Supposons, par exemple, que les potentiels des pôles soient égaux et de signes contraires $\pm V_p$.

Désignant par s la distance d'un point au pôle Sud, comptée sur le méridien magnétique correspondant, dont la longueur totale d'un pôle à l'autre est l, le potentiel V au point considéré sera

$$V_p - V = \int_0^s H\,ds, \qquad V + V_p = \int_s^l H\,ds.$$

Pour que $V = 0$, il faut qu'on ait

$$\int_0^s H\,ds = \int_s^l H\,ds.$$

La ligne de potentiel nul s'obtiendrait ainsi en déterminant sur chaque méridien le point qui correspond au même travail du champ à partir de l'un des pôles.

Une autre méthode consiste à admettre que la valeur moyenne du potentiel sur le globe est nulle. Comme on connaît le potentiel V sur chaque élément de surface dS, à une constante près C, la condition $\int (V + C)\,dS = 0$ déterminera la constante C.

En posant $V = aU$, la fonction U, qui peut être appelée le *potentiel réduit* à l'unité de rayon, suffit pour définir les composantes. En effet, désignant par $u = 90° - \lambda$ la colatitude d'un point et par l sa longitude comptée de l'Ouest à l'Est, on a

$$X = \frac{1}{a}\frac{\partial V}{\partial u} = \frac{\partial U}{\partial u},$$

$$Y = \frac{1}{a \sin u}\frac{\partial V}{\partial l} = \frac{dl}{\sin u}\frac{dU}{dl},$$

$$Z = \left(\frac{\partial V}{dr}\right)_{r=a} = a\left(\frac{\partial U}{\partial r}\right)_{r=a}.$$

Sur la surface, la fonction U n'a que deux variables indépendantes, l et u; il en résulte d'abord la condition

$$\frac{\partial X}{\partial l} = \frac{\partial (Y \sin u)}{\partial u} = Y \cos u + \sin u \frac{\partial Y}{\partial u}.$$

Le champ horizontal est entièrement défini si l'on connaît les composantes Nord X sur toute la surface. En appelant U_0 la valeur au pôle Nord du potentiel réduit, on a, pour une latitude quelconque, en comptant l'intégrale sur un méridien géographique,

$$U = U_0 + \int_0^u X\,du.$$

Le calcul étant fait pour tous les méridiens, on en déduit la valeur de $U - U_0$ en chaque point et, par suite, la composante Y ainsi que la déclinaison.

Ce champ est encore défini quand on connaît X le long d'un seul méridien et Y sur toute la surface. Si l'on prend ce méridien pour origine des longitudes et que U_1 soit le potentiel en un point, sa valeur sur le même parallèle est

$$U = U_1 + \sin u \int_0^l Y\,dl.$$

La vérification de ces théorèmes de Gauss exigerait la connaissance des éléments magnétiques au voisinage du pôle géographique, mais les mêmes relations conviennent également au cas où l'on prendrait comme pôle un point quelconque situé dans la région où les observations sont plus exactes, en rapportant les méridiens et les parallèles au nouvel axe ainsi défini.

114. Propriétés d'un polygone fermé. — Si l'on parcourt sur la surface un chemin quelconque s entre deux points A et B, et que θ désigne l'angle de la composante H avec l'élément ds, la chute de potentiel de A en B a pour expression

$$V_a - V_b = \int_A^B H \cos\theta \, ds.$$

Quand on revient ensuite de B en A par un autre chemin quelconque, le travail du champ sur l'unité de magnétisme reprend la même valeur en sens contraire, puisque les potentiels sont des fonctions des coordonnées. Le long d'un chemin fermé quelconque, on doit donc avoir

$$\int H \cos\theta \, ds = 0.$$

En considérant sur la surface un polygone composé par de petits arcs de grands cercles dont les sommets sont $A_1, A_2, \ldots, A_n$, on peut admettre que la projection $H\cos\theta$ sur l'un des arcs est une constante égale à la moyenne des valeurs relatives aux sommets. Soient $H_1, H_2, \ldots, H_n$ les composantes aux sommets; $\theta_{1.1}$ et $\theta_{2.1}$ les angles que font respectivement H_1 et H_2 avec la tangente au côté A_1A_2; on aura ainsi, pour ce côté,

$$\int_1^2 H \cos\theta \, ds = \frac{A_1A_2}{2}(H_1 \cos\theta_{1.1} + H_2 \cos\theta_{2.1}).$$

Le même calcul, étendu à la suite des côtés du polygone, donnera la condition

$$\begin{aligned} 0 = A_1A_2(H_1 \cos\theta_{1.1} + H_2 \cos\theta_{2.1}) + \ldots \\ + A_nA_1(H_n \cos\theta_{n.n} + H_1 \cos\theta_{1.n}). \end{aligned}$$

Gauss a fait une application de cette propriété au triangle formé par les stations de Göttingue, Milan et Paris, où les observations donnaient, le champ étant évalué en unités arbitraires :

	D.	I.	H.
Göttingue......	18°38′	67°56′	0,50980
Milan..........	18 33	63 49	0,57094
Paris..........	12 04	67 24	0,51804

Les angles θ se déterminent par la déclinaison à chaque sommet et par l'azimut géographique du côté du triangle. En considérant comme inconnue la composante horizontale à Paris, le calcul a donné $H = 0,517$. La vérification est suffisante, mais elle s'applique à une surface trop limitée.

Si le champ terrestre est dû en partie à des courants électriques allant du sol à l'atmosphère, ou inversement, il n'existe plus de potentiel. Dans ce cas, le travail magnétique le long d'un circuit fermé n'est pas nécessairement nul, et une orthogonale aux méridiens n'est plus une courbe fermée.

Supposons, par exemple, qu'un courant I traverse la Terre du Sud au Nord et revienne ensuite du Nord au Sud par les régions supérieures de l'atmosphère, courants dont l'existence paraît indiquée par les aurores polaires.

Le long de l'équateur géographique, parcouru de l'Ouest à l'Est, le travail magnétique est nul pour l'ensemble des causes entièrement intérieures et extérieures, mais le travail du courant est $4\pi I$. On aura donc, pour chaque cycle,

$$\int H \cos\theta \, ds = 4\pi I.$$

D'une manière générale, si le courant i émerge d'une région, l'intégrale relative au contour de cette région est

$$\int H \cos\theta \, ds = 4\pi i.$$

Pour le contour du quadrilatère infiniment petit, formé par des parallèles et des méridiens géographiques et limité aux points dont les coordonnées sont u, l et $u + du$, $l + dl$, la condition se réduit à

$$4\pi i = a \, du \, dl \left[\frac{\partial X}{\partial l} - \frac{\partial (Y \sin u)}{\partial u} \right],$$

et le courant I_1 par unité de surface, est

$$4\pi I_1 = \frac{1}{a \sin u}\left[\frac{\partial X}{\partial l} - \frac{\partial (Y \sin u)}{\partial u}\right].$$

Le second membre de cette équation s'annulerait, comme on l'a vu plus haut, dans le cas d'un potentiel.

Supposons encore que, partant du point A d'un méridien magnétique, on suive de l'Ouest à l'Est une orthogonale à l'ensemble des méridiens, pour aboutir en un point B du premier; le travail du champ est nul. Si l'on revient ensuite au point A, le long du méridien, il en résulte un certain travail; le courant i qui émerge de la surface découpée par ce chemin fermé est alors

$$4\pi i = \int_B^A H\, ds.$$

L'épreuve étant faite dans l'hémisphère Nord, le courant i est positif ou négatif, suivant que la latitude du point d'arrivée B est inférieure ou supérieure à celle du point de départ A.

115. Réduction des observations. — Quand les observations magnétiques ont été faites dans une station d'une manière continue pendant un certain temps, on possède tous les éléments nécessaires pour calculer les moyennes annuelles correspondantes et, par la marche de la variation séculaire, la moyenne relative à une année quelconque.

Les observations magnétiques sont aujourd'hui très répandues en Europe, mais il n'en est pas de même sur les autres continents où les stations sont rares et très disséminées. Toutefois, comme les variations de diverses natures, séculaire, annuelle, mensuelle et diurne se modifient lentement dans une région très étendue, on peut en déduire la valeur approchée de ces variations sur la plus grande partie du globe.

Si la marche du phénomène était régulière, il suffirait donc de faire une seule observation en un point de la surface. Elle serait ramenée d'abord à midi par la variation diurne, puis au milieu de l'année par la variation annuelle, et on la reporterait enfin à une année quelconque par la variation séculaire.

Dans la plupart des cas, ce mode de correction est illusoire, car la variation diurne se modifie d'un jour à l'autre et n'a de signification que par sa valeur moyenne, mensuelle ou annuelle. D'ailleurs, les perturbations accidentelles, dont l'observateur n'est pas averti, affectent des résultats isolés d'erreurs inconnues, qui peuvent être très grandes; il n'est pas rare que des observations isolées faites à court intervalle, soit au même point, soit en des stations très rapprochées, fournissent des nombres tout à fait discordants.

C'est une opération très longue et très pénible de réunir l'ensemble des documents connus pour toute la surface du globe. Quand on les compare ensuite, après leur avoir fait subir les réductions probables, on se trouve souvent en face de résultats contradictoires; la partie la plus délicate du travail consiste alors à comparer les observations, à discuter les conditions où elles ont été faites et à choisir de préférence celles qui offrent le plus de garanties.

Il arrive encore que le relief du sol, et surtout la constitution géologique des couches souterraines, modifient en certains points les éléments magnétiques; ces troubles, de faible étendue, doivent naturellement disparaître sur une Carte générale.

Quand il s'agit d'une région restreinte, au contraire, les observations ont pour but principal de mettre en évidence ces influences locales. Chaque observation doit alors être corrigée de toutes les variations ayant un caractère général.

En France, par exemple, l'expérience a montré que les variations sont presque identiques au Parc Saint-Maur, à Nantes et à Perpignan, même pour les grandes perturbations (105).

Dans les explorations faites par M. Moureaux en vue de dresser les Cartes magnétiques de la France, il suffisait ainsi d'utiliser les appareils de variations du Parc Saint-Maur. L'heure de chaque observation étant notée avec soin, on connaît la différence qui existe entre la valeur d'un élément dans la station et la valeur correspondante au Parc Saint-Maur, ce qui permet de ramener le résultat à une époque différente.

Les courbes des enregistreurs ont encore l'avantage d'indiquer si l'on est dans une période de grandes perturbations; les observations locales doivent alors être négligées, parce que les moyennes des lectures relatives aux divers retournements n'auraient plus aucune signification (83).

116. Cartes d'isogones. — Les Cartes magnétiques ont eu d'abord pour objet principal de servir à la navigation et ne concernaient que la déclinaison.

Les premières ont été publiées par Halley pour l'année 1700. L'une d'elles, *Chart of the Lines of equal magnetic variation*, ne contient guère que l'océan Atlantique ([1]); une autre, intitulée *Nova totius Terrarum orbis tabula nautica variationum magneticarum*, s'étend à la plus grande partie du globe ([2]).

En réunissant toutes les observations antérieures à cette époque, Hansteen ([3]) a construit une Carte d'isogones qui correspondrait à l'année 1600, époque où la déclinaison était encore orientale sur presque toute l'Europe. Il a donné ensuite une série de Cartes analogues relatives à différentes époques du XVIIIe siècle et finalement une Carte générale pour l'année 1800.

Dans le siècle actuel, nous citerons la Carte de Barlow ([4]) pour 1823, celles de Duperrey ([5]) pour 1825, de Sabine ([6]) relative à l'océan Atlantique pour 1840, de l'Amirauté anglaise pour diverses époques, de M. Neumayer ([7]) pour 1885, etc.

Ces publications constituent de précieux documents pour l'histoire du magnétisme terrestre, malgré les contradictions qu'elles paraissent quelquefois présenter, surtout en ce qui concerne les parages des îles de la Sonde. Nous en signalerons seulement les principaux caractères.

En 1600, une ligne de déclinaison nulle (*fig.* 74) passe par le Cap, longe la côte Ouest d'Afrique, traverse la Tripolitaine, remonte au Nord de la Norwège, revient près de l'Islande et se rapproche de l'équateur dans l'Amérique du Sud; une seconde ligne agonique part du milieu de l'Australie, traverse Bornéo, la côte orientale de Chine et le golfe de Petchili. La déclinaison est occidentale entre ces deux courbes, sur l'Asie, la Russie et une grande partie de l'Afrique, orientale sur presque toute l'Europe, l'Ouest africain et l'Amérique du Sud.

([1]) *Terrestrial Magnetism*, t. I, p. 28; 1896.

([2]) G. Hellmann, *Neudr. von Schriften und Karten*..., n° 4; Berlin, 1895.

([3]) Chr. Hansteen, *Untersuchen über den Magn. der Erde*; Christiania, 1819.

([4]) Barlow, *Phil. Trans. L. R. S.* pour 1833, p. 677.

([5]) Duperrey, *Voyage autour du Monde*; Paris, 1829.

([6]) Edw. Sabine, *Phil. Trans. L. R. S.*, vol. 139, P^t I, p. 173; 1849.

([7]) *Berghaus' Physikalischer Atlas*; Gotha, 1892.

Fig. 74. — *Lignes agoniques à différentes époques.*

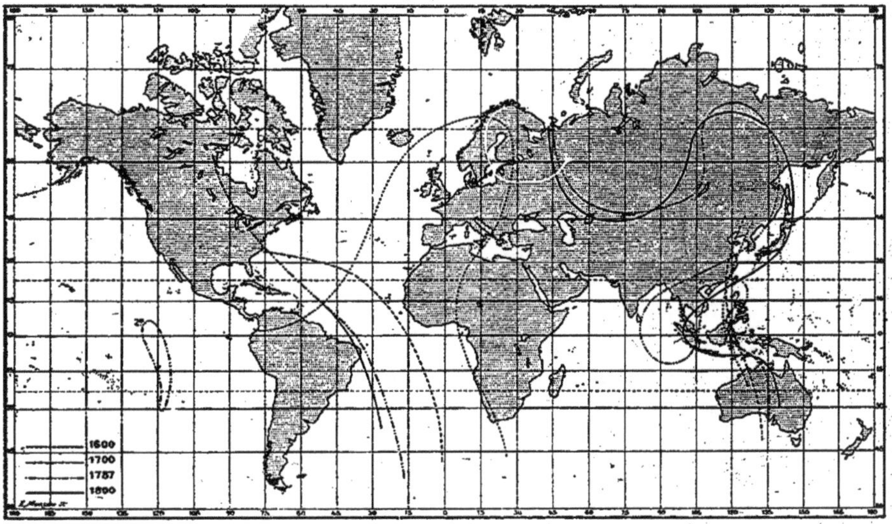

1600
1700
1787
1800

En 1700, la seconde ligne agonique ne s'est guère modifiée, mais la première a quitté l'ancien continent et l'Amérique du Sud; elle reste dans l'Atlantique et aborde les États-Unis près du cap Fear.

En 1787, la première ligne agonique se rapproche de l'Amérique du Sud, passe près de Washington, traverse les grands lacs et remonte à l'ouest de la baie d'Hudson.

La seconde ligne passe à l'est d'Archangel, descend en Sibérie jusqu'au 47e degré de latitude, remonte ensuite près d'Irkutsk jusqu'au delà de 70°, puis revient sur les côtes de Mantchourie, traverse le golfe de Petchili et l'île de Ceylan, pour remonter encore à Canton et revenir finalement sur Bornéo et l'Australie. Elle forme ainsi de grandes boucles, l'une en Chine et en Sibérie, les autres dans la mer des Indes et la mer de Chine.

En 1800, la première ligne agonique aborde les États-Unis plus au Nord et coupe cette fois l'Amérique du Sud. En même temps la deuxième se déforme beaucoup, longe Java et Sumatra, coupe la presqu'île de Malacca et le Cambodge, rentre dans le Pacifique à l'est du Japon, tourne vers le Nord, descend ensuite jusqu'à 42° de latitude vers le milieu du continent asiatique et remonte enfin un peu à l'ouest de la Nouvelle-Zemble.

Dans la Carte de Barlow pour 1823, cette ligne, après avoir traversé l'Australie, s'éloigne rapidement à l'Ouest, passe à Bombay, revient au sud de Nankin, dans la mer du Japon et longe la côte de Mantchourie, où elle reste interrompue; une autre portion part d'Archangel et remonte vers le Nord.

L'autre ligne agonique passe par San Salvador dans l'Amérique du Sud, vers Baltimore aux États-Unis, traverse la baie d'Hudson et aboutit cette fois aux environs du pôle magnétique.

La boucle dans laquelle se trouvent des déclinaisons occidentales sur une grande partie de la Chine finit par se fermer et constituer un îlot isolé. On le voit déjà se dessiner sur la Carte des méridiens de Duperrey, et il est ensuite nettement séparé sur les Cartes de l'Amirauté anglaise, en particulier celle de 1858.

D'autre part, il existe dans le Pacifique, au voisinage de l'équateur, une région où la déclinaison E passe par un minimum et forme un second îlot. Sur la Carte d'Hansteen pour 1787, la courbe isogone de 2° est presque tout entière au sud de l'équateur et allongée du Nord au Sud par la longitude moyenne de 120° W.

Fig. 75. — *Cartes d'isogones pour 1885,0.*

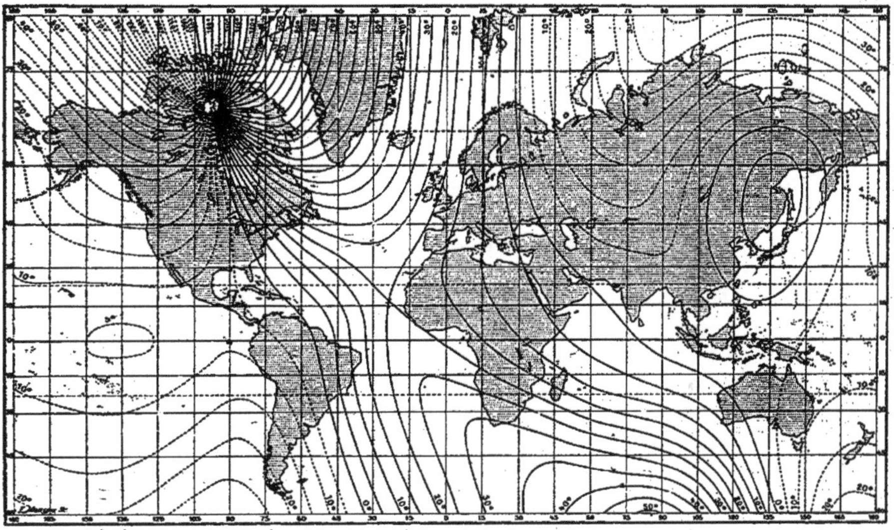

La Carte de Barlow indique une courbe de 6° allongée de l'Est à l'Ouest autour des Iles Marquises. Sur celle de M. Neumayer pour 1885 (*fig.* 75), la courbe de 5° est une sorte d'ellipse dont le grand axe se trouve presque exactement sur l'équateur et le centre vers la longitude de 135° W. Enfin la Carte de l'Amirauté anglaise pour 1895 marque une courbe de 7° E dont le centre est encore sur l'équateur par 140° de longitude W.

Pour donner une idée de cette distribution des isogones, nous avons reproduit un résumé de la Carte de M. Neumayer.

La déformation continue des isogones montre bien que le champ terrestre a une tendance manifeste à tourner de l'Est à l'Ouest, mais le mouvement des courbes est très inégal aux différentes latitudes et l'influence des continents ou des mers semble modifier singulièrement les résultats. On peut remarquer, par exemple, que les points de déclinaison nulle sur la côte Nord d'Australie n'ont éprouvé que des déplacements très faibles pendant une période de trois siècles.

Il est intéressant de comparer, au moins d'une manière approximative, les points où les lignes agoniques coupent l'équateur aux différentes époques. On trouve ainsi :

Intersection des lignes agoniques avec l'équateur.

Époques.	Auteurs.	Première ligne.	Deuxième ligne.	
1600.....	Halley	7° E	116° E	
1700.....	Hansteen	17 W	119	
1710.....	»	23	118	
1720.....	»	24	»	
1730.....	»	29	93	
1744.....	»	32	85	—126
1756.....	»	32	78 et 92	—122
1770.....	»	38	78 et 96	—121
1787.....	»	39	81 et 105	—117
1800.....	»	42	100	
1823.....	Barlow	43	82	
1840.....	Sabine	48	»	
1885.....	Neumayer	56	79	
1895.....	Am. angl.	57	78	

La première ligne présente une marche assez uniforme de l'Est à l'Ouest, mais celle de la seconde est tout à fait irrégulière avant le siècle actuel. En prenant seulement les différences par siècle, les déplacements vers l'Ouest sont :

	Première ligne.	Deuxième ligne.
1600-1700......	24°	— 3°
1700-1800......	25	+19
1800-1895......	15	+22

Si l'on considère que ce mouvement des isogones traduise une rotation de l'axe magnétique, abstraction faite des différentes particularités qui seraient dues à la forme des continents, les déplacements de 16° à 25° par siècle correspondraient à des périodes de 2250 à 1440 ans, très éloignées de celles qui ont été obtenues par les variations séculaires des observations locales.

117. **Isoclines.** — C'est à Wilcke ([1]) que l'on doit la première Carte des lignes d'égale inclinaison, ou isoclines, relatives à l'année 1768. Hansteen a tracé également quelques courbes sur l'Europe et l'Atlantique pour 1600 et donné ensuite des Cartes plus complètes pour 1700 et 1780.

Les courbes isoclines ont des formes très accidentées qui sont loin de représenter des parallèles. Les points où l'inclinaison est nulle se déterminent avec plus d'exactitude, au moyen des observations voisines, par la formule $\tan I = 2 \tan \lambda$, qui donne la latitude magnétique λ de la station.

L'*équateur d'inclinaison* est entièrement au-dessus de l'équateur terrestre sur l'ancien continent et se relève jusqu'à la latitude de 10° N.; l'autre partie de la courbe descend rapidement sur l'Atlantique et l'Amérique du Sud, jusqu'à 16° de latitude S. Les points d'intersection avec l'équateur terrestre, ou les *nœuds* d'inclinaison nulle, se déplacent également d'une manière continue.

Nœuds d'inclinaison nulle.

Années.	Auteurs.	Premier nœud.	Deuxième nœud.
1700.....	Hansteen	36° E	»
1768.....	Wilcke	37	»
1780.....	Hansteen	21	108 W
1825.....	Duperrey	5	182 »
1885.....	Neumayer	9 W	168 »

([1]) WILCKE, *Kongl. Vetensk. Acad. Handl.*, Stockholm, vol. XXIX; 1768. — G. HELLMANN, *loc. cit.*, n° 4.

Le second nœud est mal déterminé, surtout par les anciennes observations, parce que la courbe s'écarte très peu de l'équateur terrestre sur une grande longueur. Pour le premier nœud, le déplacement serait de 45° entre 1700 et 1885, ou de 29°,5 entre 1780 et 1885; les rotations par siècle correspondantes, qui seraient de 24°,3 ou 29°, présentent quelque analogie avec celles qu'indique le mouvement des lignes agoniques.

118. Lignes isodynamiques (¹). — Les recherches sur l'intensité du champ terrestre ont été faites d'abord par les oscillations d'une boussole d'inclinaison. Humboldt a constaté ainsi que le maximum d'intensité se trouve au-dessous de l'équateur terrestre dans l'Amérique du Sud et que les lignes isodynamiques ne se confondent pas avec les isoclines. Des observations faites par Humboldt et Gay-Lussac dans l'Europe centrale, avec une aiguille horizontale, ont confirmé ce décroissement général des pôles vers l'équateur, tandis que la composante horizontale varie en sens contraire.

Hansteen (²) a publié les premières Cartes d'intensité pour le Nord de l'Europe et pour une partie du globe. On trouve ensuite, pour la surface entière, les Cartes de Duperrey, de Sabine (³), etc. On pourrait encore appeler *équateur d'intensité* le lieu des points où elle passe par un minimum sur chaque méridien, mais cette courbe présente un caractère particulier.

(¹) Les premières observations d'intensité ont été faites en mesures arbitraires, et l'on a souvent pris pour unité la valeur minimum du champ total trouvée par Humboldt au Pérou; par comparaison, le champ à Paris était alors 1,3482.

Après que Gauss eut ramené les mesures à des valeurs absolues (*millimètre, masse du milligramme*), la méthode s'est généralisée, mais les observations anglaises sont souvent rapportées à d'autres unités (*pied anglais, masse du grain*); enfin l'établissement des unités électriques a fait adopter d'une manière presque générale le système C. G. S. (*centimètre, masse du gramme*), la seconde sexagésimale de temps moyen étant conservée dans tous les cas. Il est donc utile de pouvoir ramener ces différentes mesures aux mêmes unités.

En tenant compte de la variation séculaire, le champ total à Paris devait être voisin de 0,463 C. G. S. en 1807. Sur cette base, on aurait :

1 unité C.G.S. = 10 unit. de Gauss = 21,688 unit. angl. = 2,912 unit. de Humboldt.

La transformation des deux premières se fait très simplement, puisqu'il suffit de déplacer la virgule d'un rang dans les valeurs numériques.

(²) CHR. HANSTEEN, *Pogg. Ann.*, t. III, p. 225 et 353; 1825. — *Ibid.*, t. IX, p. 49 et 229; 1827. — *Result. Magn., Astr. und Met. Beob.;* Christiania, 1863. — G. HELLMANN, *loc. cit.*, n° 4.

(³) R. SABINE, *Brit. Ass. Rep.*, p. 1; 1837.

Hansteen fut conduit, en effet, par son étude à plusieurs conclusions importantes :

1° Le minimum d'intensité n'a pas la même valeur sur les différents méridiens géographiques; il résulte de là que certaines lignes isodynamiques sont des courbes fermées entourant des îlots au voisinage de l'équateur.

2° Les valeurs extrêmes du champ au pôle et à l'équateur seraient dans le rapport de 2,4 à 1; l'hypothèse d'une aimantation uniforme donnerait seulement le rapport de 2 à 1.

3° A ce point de vue, il y aurait dans chaque région polaire, non pas un seul pôle magnétique, mais deux centres d'intensité maximum, ce qui n'a rien de contradictoire.

4° Enfin, le champ magnétique serait généralement plus intense dans l'hémisphère Nord que dans le Sud; ce dernier résultat ne peut être accepté sans restriction.

La Carte de Sabine, pour 1840-1845, indique également deux îlots de minimum d'intensité, l'un dans l'Atlantique, au sud de l'équateur géographique, l'autre au nord de l'équateur dans le Pacifique, par la longitude de la Corée.

Il y aurait aussi, sur l'hémisphère Nord, un maximum secondaire en Sibérie et un maximum principal au Canada; les valeurs extrêmes seraient dans le rapport de 140 à 62, ou de 2,26 à 1. Un seul maximum se dessine dans l'hémisphère Sud, mais les observations s'y étendent beaucoup moins en latitude.

Sur les Cartes de M. Neumayer pour 1885, le minimum de l'Atlantique est d'environ 0,26 par 22° de latitude S et 28° W; le minimum secondaire est de 0,36 par 10° N et 170° E. Les régions polaires présentent un maximum de 0,60 en Sibérie et, sur le nord du continent américain, plusieurs courbes de maxima, dont le plus important serait de 0,70; l'hémisphère opposé donnerait également deux maxima, dont l'un atteint 0,69 au sud de l'Australie, par 52° S et 130° E, l'autre se produisant dans des régions inexplorées. On retrouve ainsi les centres multiples de Hansteen et le rapport des valeurs extrêmes atteindrait 2,7.

On construit de préférence les courbes d'égale composante horizontale, et ces Cartes donnent lieu à des remarques analogues. Dans celle de M. Neumayer, par exemple, on trouve encore, au voisinage de l'équateur, des îlots présentant deux maxima, l'un de 0,36 au sud du Mexique, par 6° N et 104° W, l'autre plus diffus de 0,38 et dont le centre serait entre Bornéo et la Cochinchine. Les régions polaires ne montrent plus chacune qu'un minimum, lequel se confond naturellement avec les points où l'aiguille d'inclinaison serait verticale.

119. **Méridiens et lignes équipotentielles.** — Les Cartes précédentes sont la simple traduction des résultats fournis par les observations, ramenées à la même époque; les suivantes comportent une part d'interprétation.

La forme générale des *méridiens* magnétiques ne peut guère s'obtenir que par une opération graphique, en menant les lignes tangentes en chaque point à la direction de l'aiguille de déclinaison. Les courbes ainsi obtenues fournissent, beaucoup mieux que les isogones, une représentation de la direction du champ horizontal; elles n'ont sur chaque hémisphère qu'une intersection commune qui définit nettement les pôles de déclinaison.

La première Carte des méridiens sur le globe entier a été construite par Duperrey pour 1825.

La construction des lignes *équipotentielles* présente encore plus d'incertitudes.

Duperrey a tracé, sous le nom de *parallèles magnétiques*, une série de lignes orthogonales aux méridiens; elles représenteraient les courbes de niveau dans l'hypothèse d'un potentiel. L'équateur magnétique ainsi obtenu correspondrait aux points où le champ total est minimum et pris pour unité; les parallèles successifs, à des valeurs du champ croissant par dixièmes.

Dans la Carte de Gauss et Weber, les courbes sont obtenues par des formules générales, déduites de l'ensemble des observations, et correspondent à une différence constante entre les valeurs successives du potentiel.

En se servant des mêmes formules empiriques, M. Neumayer construit une série de lignes pour lesquelles le potentiel U varie de 0,02; les valeurs maxima sont voisines de ± 0,32. Le tracé de ces lignes équipotentielles a été fait uniquement d'après les résultats du calcul, sans aucune rectification, même lorsqu'elles ne paraissent pas exactement normales aux méridiens (*fig.* 76).

Fig. 76 — *Méridiens magnétiques et lignes equipotentielles pour* 1885,0.

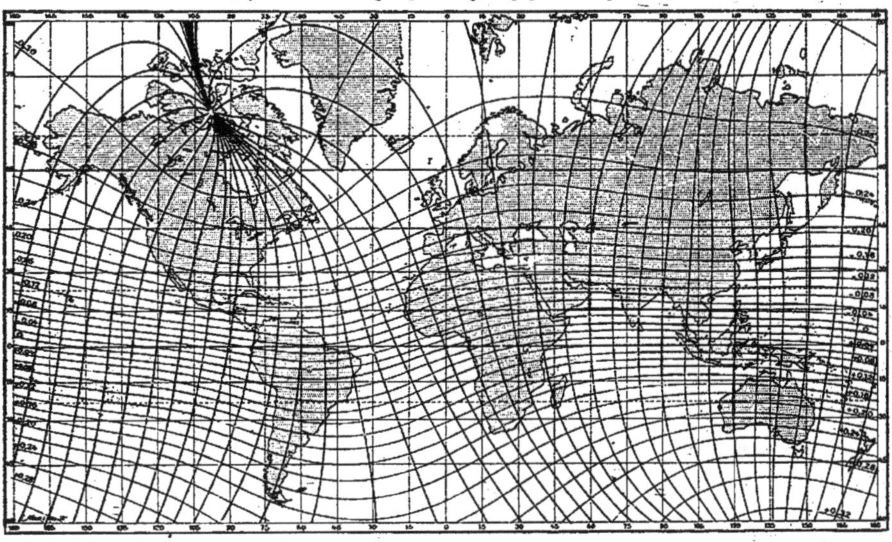

L'équateur de potentiel nul présente la même forme sur les trois Cartes et offre beaucoup d'analogies avec les équateurs définis par les composantes ou l'inclinaison.

Les nœuds de l'équateur de potentiel avec l'équateur géographique seraient :

Année.	Auteur.	Premier nœud.	Deuxième nœud.
1825....	Duperrey	11°E	170°W
1837....	Gauss et Weber	10	159
1885....	Neumayer	4	158

120. Pôles magnétiques. — Les maxima d'intensité, ou les minima de composante horizontale, n'occupent pas sur le globe une position assez nette pour servir à la détermination des pôles magnétiques. Ces points sont mieux définis par les courbes isogones et surtout par les méridiens magnétiques.

Il serait très important de savoir comment les pôles se déplacent avec le temps, mais les observations sont insuffisantes pour en donner une idée exacte. Voici, à titre de renseignement, les positions approximatives des pôles magnétiques, que l'on peut déduire des différentes Cartes :

PÔLE NORD MAGNÉTIQUE.

Année.	Auteur.	Latitude.	Longitude.
1700......	Halley	75°N	116°W
1770......	Hansteen	66	104
1823......	Barlow	68	97
1825......	Duperrey	71	98
1885......	Neumayer	71	98
1895......	Am. angl.	70	97

PÔLE SUD MAGNÉTIQUE.

Année.	Auteur.	Latitude.	Longitude.
1825......	Duperrey	76°S	136°E
1885......	Neumayer	74	145
1895......	Am. angl.	73	147

La différence des époques est trop faible et les résultats trop incertains pour qu'il soit possible d'en rien conclure sur le mouvement séculaire.

Il paraît manifeste, en tous cas, que la ligne des pôles ne se trouve pas dans un méridien géographique et qu'elle est loin de coïncider avec un diamètre du globe.

121. Isanomales. — Un élément magnétique quelconque f est une fonction de la longitude l et de la latitude λ. On appellera *valeur normale* f_n, relative à la latitude λ, la moyenne des valeurs que prend l'élément considéré sur le parallèle géographique correspondant, c'est-à-dire

$$f_n = \frac{1}{2\pi}\int_0^{2\pi} f\,dl.$$

Pour un point de ce parallèle, on peut écrire

$$f = f_n + f_a;$$

l'excès f_a de la valeur réelle f de la fonction sur la normale en latitude f_n est l'*anomalie* au point considéré.

La valeur normale f_n ne dépend que de la latitude, tandis que l'anomalie f_a varie avec la latitude et la longitude. Il est clair, par définition, que la valeur moyenne de l'anomalie f_a le long du parallèle est nulle.

Si l'on trace à la surface du globe les courbes d'égale anomalie, ou *isanomales*, pour un élément quelconque, la forme de ces courbes donnera une idée plus frappante des irrégularités de distribution du champ.

L'isanomale d'ordre zéro, ou $f_a = 0$, passe évidemment par les pôles géographiques; elle coupe tous les parallèles et partage la surface générale du globe en deux régions où les anomalies sont de signes différents. Il est possible encore que l'anomalie s'annule en plus de deux points sur un même parallèle, auquel cas les régions précédentes renfermeraient des courbes fermées d'anomalie nulle ne passant pas par les pôles.

On déterminera ainsi, par les observations, les valeurs normales et les anomalies des divers éléments magnétiques, déclinaison, inclinaison, composantes ou champ total.

Dans l'hypothèse où le champ terrestre serait représenté par un potentiel [1], ces composantes peuvent se déduire de la fonction

$$U = U_n + U_a;$$

---

[1] W. von Bezold, *Sitzb. der K. Pr. Akad. der Wiss. zu Berlin*; 1895.

ce qui donne

$$X = \frac{\partial U}{\partial u} = \frac{\partial}{\partial u}(U_n + U_a),$$

$$Y = \frac{1}{\sin u}\frac{\partial U}{\partial l} = \frac{1}{\sin u}\frac{\partial U_a}{\partial l},$$

$$Z = a\frac{\partial U}{\partial r} = a\frac{\partial}{\partial r}(U_n + U_a);$$

Or, la valeur moyenne de U_a est nulle sur chaque parallèle et la moyenne de la composante Ouest Y est aussi nulle, puisque l'intégrale $a \sin u \int_0^{2\pi} Y\,dl$ représente le travail magnétique le long d'un contour fermé. Il en résulte

$$X_n = \frac{\partial U_n}{\partial u}, \qquad Y_n = 0, \qquad Z_n = a\frac{\partial U_n}{\partial r}.$$

Les *pôles* relatifs aux isanomales de potentiel correspondent aux maxima et minima de la fonction U_a; la composante Y est alors nulle et X est égal à sa valeur normale X_n.

Sur les lignes *agoniques*, ou de déclinaison nulle, on a encore

$$Y = 0 \qquad \text{et, par suite,} \qquad \frac{\partial U_a}{\partial l} = 0.$$

Ces lignes passent donc par les pôles des isanomales de potentiel, par les maxima et minima de U_a sur chaque parallèle et par les points où ces isanomales sont tangentes aux parallèles.

Lorsque les isanomales U_a sont tangentes aux méridiens, on a

$$\frac{\partial U_a}{\partial u} = 0 \qquad \text{et} \qquad X = X_n.$$

Pour déterminer la fonction U, on supposera que $U_n = 0$ sur l'équateur. Les valeurs relatives à un point quelconque sont alors

$$U_n = \int_{\frac{\pi}{2}}^{u} X_n\,du = -\int_0^{\lambda} X_n\,d\lambda,$$

$$U_a = \sin u \int_0^{l} Y\,dl - C.$$

Dans l'expression de U_a, le premier terme du second membre, sur le parallèle considéré, est une fonction $f(l)$ de la longitude,

Fig. 77. — *Isanomales de potentiel pour 1880,0.*

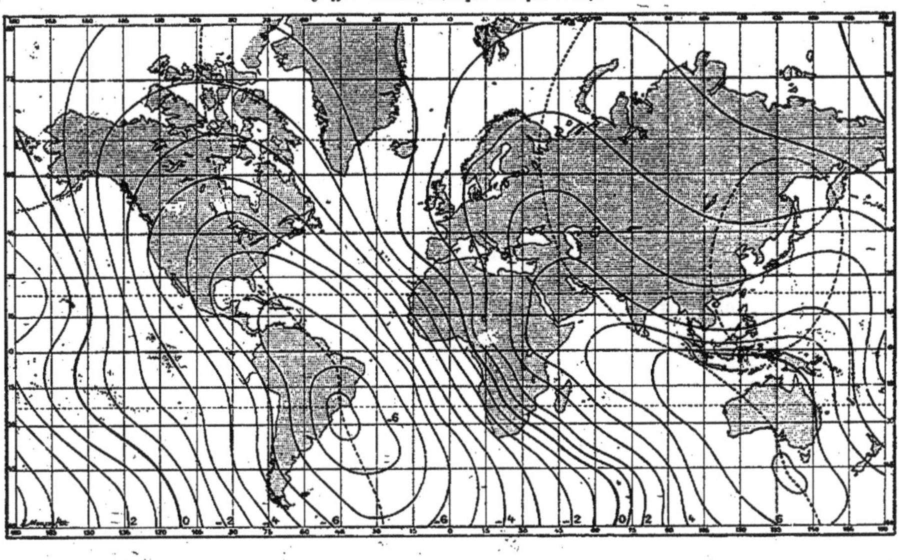

déduite des observations. Comme la moyenne de U_n est nulle, la constante C est égale à la valeur moyenne de $f(l)$, ce qui donne

$$C = \frac{1}{2\pi}\int_0^{2\pi} f(l)\,dl = \frac{\sin u}{2\pi}\int_0^{2\pi} dl \int_0^{l} Y\,dl.$$

Sur l'isanomale $U_a = 0$, on a $U = U_n$. Considérons un point situé à la distance s de l'équateur, comptée sur cette courbe, où la composante H fait l'angle θ avec l'isanomale ; le potentiel U_n s'obtiendra encore par la relation

$$-U_n = \frac{1}{a}\int_0^s H\cos\theta.ds.$$

Pour la déclinaison, l'inclinaison et le champ total, les valeurs moyennes déduites de l'observation ne correspondent pas exactement aux moyennes des composantes X, Y et Z.

Sur la *fig.* 77, les isanomales sont exprimées en unités de la troisième décimale.

M. von Bezold appelle *empiriques* les valeurs normales calculées par les observations et *théoriques* celles qui sont évaluées par la représentation analytique du champ terrestre. Ces deux espèces de moyennes sont très peu différentes.

Le résultat général du calcul, pour l'année 1880, conduit à cette conséquence que le champ normal équivaut très sensiblement à celui d'un aimant central infiniment petit, ou d'une aimantation uniforme A_n, qui donnerait

$$U_n = -0,330\sin\lambda,$$

$$A_n = \frac{3}{4\pi}\,0,330 = 0,079.$$

La comparaison du calcul avec l'observation semble montrer cependant, surtout entre les latitudes de 30° à 60° N, des différences qui atteignent $\frac{1}{10}$, mais il est permis d'attribuer ces écarts à l'insuffisance des observations.

En utilisant les Cartes magnétiques d'Erman-Petersen, Sabine, Creak et Neumayer, M. de Tillo [1] a calculé les moyennes en

[1] A. DE TILLO, *Comptes rendus de l'Acad. des Sc.*, t. CXIX, CXX et CXXI ; 1894 et 1895. — *Atlas des isanomales et des variations séculaires* ; Saint-Pétersbourg, 1895.

latitude des éléments magnétiques, pour les années 1829, 1842, 1880 et 1885, et leur variation séculaire en chaque point.

D'après les résultats de ces calculs, les valeurs moyennes ne paraissent éprouver que des changements très faibles avec le temps, de sorte qu'il existerait une aimantation géographique sensiblement permanente.

Toutefois, cette aimantation ne peut pas être considérée comme uniforme et il semble que les deux hémisphères présentent des caractères différents. On aurait, par exemple :

Latitude.	H.	Z.	F.	U_a.
50° N	0,19	0,50	0,54	−0,250
30 N	0,29	0,34	0,45	−0,165
30 S	0,27	−0,32	0,43	0,160
50 S	0,21	−0,47	0,52	0,245

122. Champs résiduels. — Les isanomales de potentiel correspondent au champ que l'on doit composer avec celui de l'aimantation géographique, supposée constante, pour obtenir les éléments réels du magnétisme en chaque point; c'est le *résidu* du champ géographique. Si la distribution inégale des continents et des mers n'avait une influence considérable, ce champ résiduel devrait tourner lentement autour de l'axe du monde et traduirait les variations séculaires, mais il est facile de prévoir que ces isanomales subiront de grandes déformations, puisqu'elles sont liées par certaines relations avec les lignes isogones.

Au lieu de définir les isanomales par les moyennes en latitude, il semble plus naturel de prendre comme point de départ le champ qui résulterait d'une aimantation uniforme parallèle à l'axe magnétique du globe à une certaine époque et de déterminer le résidu en chaque point. L'inconvénient manifeste de cette méthode est que l'axe magnétique se déplace avec le temps, mais les valeurs numériques des isanomales seront beaucoup plus faibles. En outre, les observations seules ne suffisent pas pour déterminer la direction de cet axe et l'on doit avoir recours aux formules empiriques, déduites de la théorie de Gauss.

C'est ce travail qu'a entrepris M. Bauer (¹) pour l'année 1885, en admettant, d'après M. Schmidt, que l'axe magnétique du globe

(¹) L.-A. Bauer, *Terrestrial Magnetism*, t. I, p. 169; 1896, et t. IV, p. 33; 1899.

coupe l'hémisphère Nord par 78°34',3 de latitude et 68°30',6 W et que la composante horizontale sur l'équateur correspondant est $H_0 = 0,32298$; l'angle de l'axe magnétique avec l'axe géographique serait alors de 11°25',7.

On peut ainsi déterminer en chaque point les éléments qui correspondent à l'aimantation uniforme et retrancher ce résultat de la valeur déduite des formules empiriques, ce qui donne le résidu. Le calcul a été fait entre les latitudes de 60° N et S, pour les trois composantes, en 72 points équidistants sur 25 parallèles, ce qui donne 1800 points et 5400 composantes magnétiques.

La Carte construite par M. Bauer représente les isanomales de la composante verticale, avec des flèches indiquant la grandeur et la direction de la composante horizontale correspondante. Il semble que la représentation serait plus claire, au moins pour la composante horizontale, si l'on utilisait ces nombres pour tracer les lignes de niveau du champ résiduel. Quoi qu'il en soit, la carte met en évidence certains centres d'attraction, ou pôles subordonnés, les uns Nord, vers lesquels se dirigent les méridiens magnétiques du champ résiduel, les autres Sud d'où émanent ces méridiens.

On aurait ainsi trois pôles Nord résiduels, l'un près de Pékin, vers le centre de l'ovale de déclinaison occidentale, le deuxième au sud de l'Atlantique, près de l'île de Georgie, dans une région de modifications rapides de la composante horizontale, le troisième aux États-Unis, aux environs de Pittsbourg. Il existerait, de même, trois pôles Sud analogues, dont le principal est au centre de l'Afrique, le second au sud de l'Australie et le troisième au milieu du Pacifique, vers 42° de latitude.

123. Cartes régionales. — On pouvait admettre d'abord que les modifications du ch[illegible]p terrestre, d'un point à l'autre de la surface, se font d'une manière continue sans présenter de changements brusques, comme elles feraient si les causes étaient notablement éloignées des lieux d'observation. Aussi a-t-on attribué souvent à des erreurs accidentelles les différences constatées entre les résultats de stations voisines. Lorsque les observations forment un réseau plus serré et sont faites avec soin, on y trouve, au contraire, des écarts systématiques et les courbes ne présentent jamais la forme régulière que supposent les Cartes générales.

Les premières observations de cette nature sont dues à Kreil (1), qui a signalé les modifications produites par les Alpes sur la direction de l'aiguille aimantée. Les cartes qu'il a publiées ensuite des résultats obtenus dans le sud-est de l'Europe et une partie de l'Asie confirment le fait général que les lignes isomagnétiques éprouvent de grandes déformations en Hongrie, dans la région des Carpathes et surtout près des massifs montagneux.

Au cours de leur voyage en Asie, de 1854 à 1857, les frères Schlagintweit (2) ont trouvé également que l'Himalaya exerce une influence générale sur les éléments magnétiques. L'aiguille de déclinaison est déviée vers les parties centrales du massif; l'intensité y est généralement plus grande qu'ailleurs sous la même latitude. Ce phénomène est particulièrement prononcé au Thibet, dans le Turkestan et dans l'Inde.

Au Japon, on trouve aussi des courbes très accidentées, avec un petit îlot de déclinaison et de composante horizontale aux environs de Nagoya (3).

Dans un Travail important relatif à la distribution des éléments magnétiques sur la Russie d'Europe, M. de Tillo (4) signale un grand nombre d'anomalies dont quelques-unes paraissent tout à fait exceptionnelles :

	Anomalie de	
	Déclinaison.	Inclinaison.
Jussar-ö, golfe de Finlande.	+158°	+17°
Chotynetz, à l'ouest d'Orel.	− 10,6	+ 4,3
Koursk.	+ 4,1	»
Krükowskaja, au nord de Charkow.	− 26,9	− 4,3
Kuschwa, dans l'Oural moyen.	»	±19

Des effets analogues s'observent dans tous les pays, en Suède, sur la région située entre les bouches de l'Elbe et de l'Oder, en Sicile, en Corse, sur les bords de l'Hudson aux États-Unis, etc.

La plupart de ces anomalies sont en relation directe avec les reliefs du sol; le voisinage de roches fortement magnétiques, telles

(1) A. Kreil, *Denks. der Akad. der Wiss.*; Vienne, Bd I, 1850, et Bd III, 1862.
(2) H., Ad. and R. de Schlagintweit, *Results of a scient. mission to India and High Asia*; Leipzig et Londres, t. I; 1871.
(3) *Journal of the Coll. of Sc. Imp. Univers.*; Tokio, 1892.
(4) A. de Tillo, *Repertorium für Meteor.*, Bd VIII, n° 2; 1881.

que les basaltes, ou de certains minerais de fer les fait souvent apparaître sur un espace restreint.

D'autres anomalies semblent devoir être rapportées à des causes plus profondes; l'une des plus curieuses est celle des environs de Koursk qui a été étudiée en détail par M. Moureaux ([1]).

En 1888, M. Moureaux ([2]) constatait, dans la région même de Paris, sur une ligne qui va de Nevers à Fécamp, des variations tout à fait imprévues des éléments magnétiques. Les nombreuses observations continuées depuis cette époque ont montré que des accidents analogues, plus ou moins importants, se retrouvent sur toute la France. On en aura une idée par la Carte (*fig.* 78) des isogones pour le 1er janvier 1896, obtenue par 617 stations.

MM. Rücker et Thorpe ([3]) faisaient, en même temps, une exploration des Iles Britaniques. On y retrouve, avec beaucoup d'autres accidents, la suite de l'anomalie principale reconnue en France. Deux séries d'observations, comprenant 205 stations en 1884-1888 et 882 stations en 1889-1892, leur ont permis de construire des Cartes complètes relatives au 1er janvier des années 1886 et 1891.

La discussion des résultats a montré d'abord que les variations séculaires présentent des différences notables dans l'étendue des Iles Britanniques, qui comprend environ 9° de latitude et 12° de longitude. Ainsi, entre les années 1886 à 1891, la diminution de déclinaison a varié depuis 29',1 dans l'extrême sud-est de l'Angleterre jusqu'à 42',3 au nord-ouest de l'Écosse; celle de l'inclinaison de 4', au nord-est de l'Écosse, à 8' au sud-ouest de l'Irlande; l'accroissement de composante horizontale de 0,00090 dans l'est de l'Angleterre à 0,00122 au sud-ouest de l'Irlande.

Les écarts paraissent beaucoup moindres en France, où les intervalles de longitude et de latitude sont de même ordre. La variation séculaire de déclinaison, par exemple, pour les cinq dernières années, serait de — 5' à Paris et de — 4',5 à Perpignan.

Quand les observations ne portent que sur une région plus restreinte, on peut admettre que les variations séculaires sont les mêmes

---

([1]) Th. Moureaux, *Annales du Bureau central météor.*, t. I, p. B.35; 1899.
([2]) Th. Moureaux, *Annales du Bureau central météor.*, t. I, p. B.95; 1890.
([3]) A.-W. Rücker et T.-E. Thorpe, *Phil. Trans. L. R. S.*, vol. 181, p. 53; 1890, et vol. 188, p. 1; 1896.

en tous les points. Dans ce cas, la Carte dressée pour une époque déterminée conserve toute sa valeur, au moins pendant de longues années, car il suffit d'apporter à chaque élément indiqué sur la Carte la correction commune de variation séculaire. Il est alors préférable de rapporter tous les résultats à une station centrale de

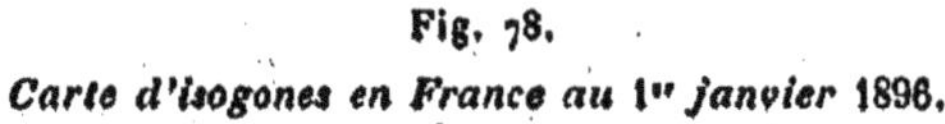

Fig. 78.

Carte d'isogones en France au 1er janvier 1896.

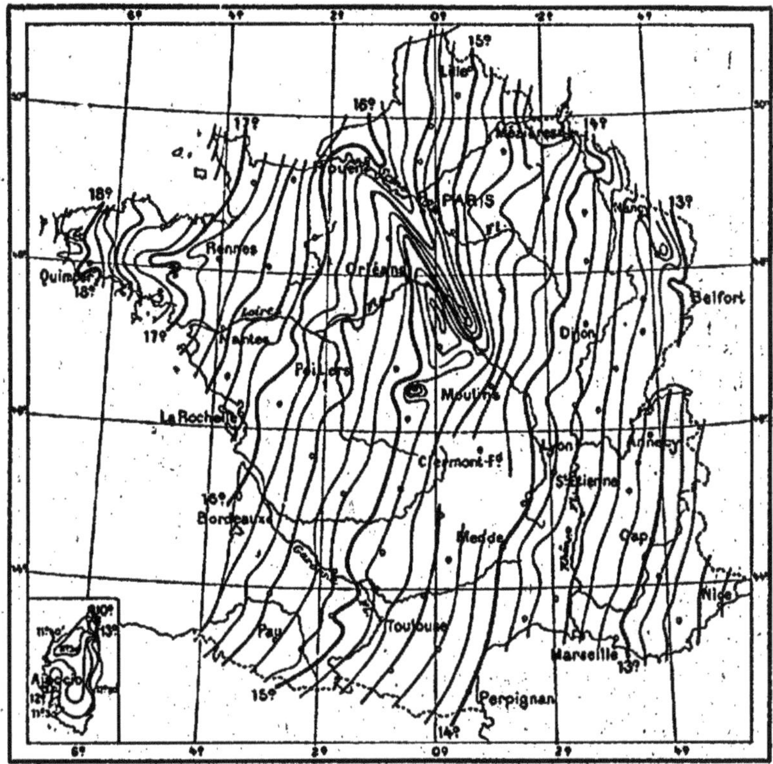

comparaison et de tracer seulement les courbes d'égale différence (1). La valeur d'un élément relative à chaque point s'obtiendra ainsi par celle de la station centrale, avec la correction correspondante de la Carte.

(1) MATHIAS, *Memoires de l'Académie de Toulouse*, 9e sér., t. IX; 1897.

121. Séparation des causes locales. — L'allure des lignes isomagnétiques sur une région est indiquée d'abord par les Cartes générales et l'examen des observations isolées permet de les compléter de manière à tracer des courbes qui soient autant que possible dégagées de toutes les influences locales. On obtiendra ainsi, soit par interpolation sur la Carte, soit par des formules empiriques, la valeur normale, ou terrestre, qui correspond à chaque point. En déterminant les composantes géographiques (98) des valeurs normales et des valeurs observées, leur différence représentera la part qui revient aux causes locales.

Lorsque les écarts restent très faibles, ce qui est le cas le plus fréquent, on peut traiter ces variations comme des différentielles, en négligeant les termes du second ordre; on évalue alors les quantités δX, δY et δZ, d'où l'on déduira la grandeur et la direction du champ troublant en chaque point.

Cette méthode est applicable en France, par exemple, où les écarts restent inférieurs à 45′ pour la déclinaison, 15′ pour l'inclinaison et $\frac{1}{100}$ pour les composantes.

Sur les Iles Britanniques, les écarts atteignent quelquefois 128′ pour la déclinaison, 150′ pour l'inclinaison, 0,0065 pour la composante horizontale et 0,0187 pour la composante verticale, c'est-à-dire près de $\frac{1}{20}$ de la valeur des composantes. Même dans ces cas extrêmes, le calcul approché donnerait encore les variations locales avec une exactitude bien suffisante. Dans l'anomalie de Koursk, au contraire, les écarts sont énormes, au point que l'aiguille d'inclinaison peut se mettre verticale [1].

Les observations magnétiques sont souvent utilisées pour la recherche des minerais de fer [2]. Il est alors avantageux d'employer une aiguille d'inclinaison équilibrée de manière à compenser la composante verticale moyenne, auquel cas les observations donnent directement les valeurs locales de cette composante.

La forme du champ résiduel permet de rechercher la position et la nature des causes qui le produisent, mais ce problème présente les plus grandes difficultés.

---

(1) Leyst, *Comptes rendus de l'Acad. des Sc.*, t. CXXVI, p. 1380; 1898.

(2) R. Thalén, *Öfversigt of Kongl. Vetenskaps-Akad. Förhandl.*, nos 2 et 3; Stockholm, 1874. — *Journ. de Phys.*, t. IV, p. 151; 1874.

S'il arrive, par exemple, que les courbes d'égale valeur pour la composante verticale et pour l'inclinaison sont symétriques par rapport à une droite commune, on peut en conclure que les causes troublantes sont elles-mêmes symétriques par rapport au plan vertical passant par cette droite.

Si ces causes sont concentrées dans un espace de dimensions beaucoup moindres que leur distance aux points d'observations, on les assimilera à un petit aimant. Soient AB (*fig.* 79) l'axe magnétique de cet aimant, incliné de l'angle α sur l'horizon, ρ sa distance à la surface et m son moment.

Fig. 79.

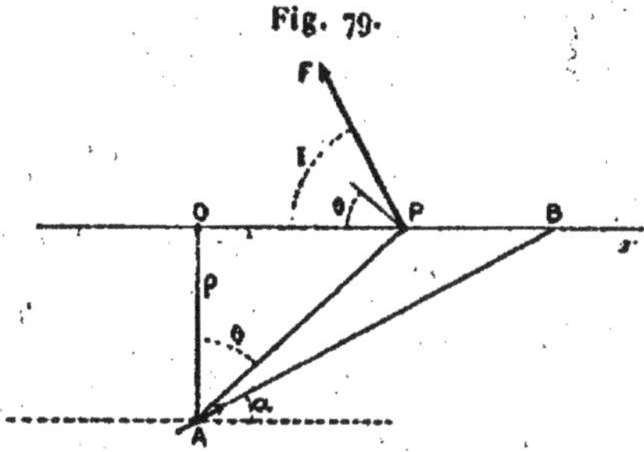

Désignant par I l'inclinaison du champ résiduel au point P, dans le plan de symétrie, sur le rayon vecteur qui fait l'angle θ avec la verticale, la propriété des aimants très courts donne

$$\operatorname{tang}(I - \theta) = 2 \operatorname{tang}(\theta + \alpha),$$

ce qui équivaut à

$$3 \sin(I - \alpha - 2\theta) = \sin(I + \alpha).$$

Appelant x, x', ... les distances OP, OP', ..., on a encore

$$\rho = \frac{x}{\operatorname{tang}\theta} = \frac{x'}{\operatorname{tang}\theta'} = \frac{x' - x}{\operatorname{tang}\theta' - \operatorname{tang}\theta}.$$

Les différents points de la droite de symétrie Ox fournissent ainsi, entre les inclinaisons connues I et les angles variables θ, une série d'équations qui permettront de déterminer les quantités constantes ρ et α; le moment magnétique m s'obtiendra ensuite par la valeur du champ en un de ces points.

La composante verticale au point P est

$$Z = \frac{m}{r^3}[2\sin(\theta+\alpha)\cos\theta + \cos(\theta+\alpha)\sin\theta]$$

$$= \frac{m}{2r^3}[3\sin(2\theta+\alpha) + \sin\alpha],$$

et le champ total

$$F = \frac{m}{r^3}\sqrt{3\sin^2(\theta+\alpha)+1}.$$

A part les variations de la distance r, la valeur de Z est maximum pour $2\theta+\alpha = 90°$ et celle de F pour $\theta+\alpha = 90°$.

Cette dernière condition a lieu au point B, sur la direction de l'aimant, et l'angle θ_1 correspondant est donné par l'observation. Si le maximum de composante verticale a lieu au point P, il en résulte $\theta_1 = 2\theta$; le triangle PBA serait alors connu par le côté PB et les angles adjacents θ_1 et $90° + \frac{\theta_1}{2}$, ce qui définit la position A de l'aimant. La méthode convient surtout lorsque l'angle α est très grand, comme pour des minerais aimantés par le champ terrestre dans les hautes latitudes.

Toutefois la recherche des gisements métalliques par les observations magnétiques ne paraît convenir qu'à certaines espèces de minerais de fer. M. Moureaux a constaté, par exemple, que le fer hydroxydé oolithique, dont l'exploitation alimente d'importantes usines en Meurthe-et-Moselle, n'exerce qu'une action très faible sur l'aiguille aimantée. En fait, les courbes isogones sont à peu près régulières vers Nancy et Briey; elles ne commencent à se déformer d'une manière sensible qu'à l'ouest du bassin de Longwy, à l'approche du massif des Ardennes.

Les anomalies se présentent rarement sous une forme aussi simple, et il serait souvent illusoire de chercher à en déduire la distribution des masses agissantes.

Dans leur beau travail sur les Iles Britanniques, MM. Rücker et Thorpe traduisent les Cartes des anomalies par des expressions empruntées à la topographie. Ils appellent *lignes de faîte* et de *vallée* magnétiques les courbes telles qu'en suivant leurs orthogonales on marche vers les maxima ou minima de composante verticale résiduelle; en général, la composante horizontale résiduelle est dirigée vers une ligne de faîte magnétique.

De même un *pic* magnétique est un point où la composante verticale est maximum par rapport à toutes les stations qui l'entourent; c'est un centre d'attraction isolé ou, le plus souvent, l'intersection de deux ou plusieurs lignes de faîte.

Les *cols* magnétiques sont les minima sur les lignes de faîte; ils se trouvent à l'intersection des lignes de faîte et de vallée.

Nous citerons un pic près de Reading, où se rencontrent cinq lignes de faîte, un autre en Irlande, près de Nenagh, où passent trois lignes de faîte; enfin, une ligne de faîte très importante, qui suit presque exactement le canal calédonien et paraît en relation avec les massifs basaltiques des îles de Skye et de Mull. Nous ne pouvons que renvoyer au Mémoire détaillé pour l'étude de toutes les particularités du phénomène.

Deux hypothèses se présentent pour expliquer ces perturbations locales, soit l'action des roches qui auraient un magnétisme propre ou une aimantation induite par le champ terrestre, soit une discontinuité de structure des couches géologiques capable de dévier les courants terrestres. Il est probable que les deux causes interviennent. Si les roches basaltiques semblent avoir une prépondérance en Angleterre, on ne peut guère invoquer les mêmes raisons dans le bassin de Paris, où les terrains sont calcaires, au moins jusqu'à une profondeur considérable, tandis que la grande faille géologique aboutissant à Fécamp et les dislocations du pays de Bray paraissent en rapport avec l'anomalie magnétique.

Par la discussion des résultats obtenus au Japon, aux Indes et en diverses régions d'Europe, M. Naumann [1] établit une relation étroite entre les lignes de grande anomalie magnétique et les lignes tectoniques, c'est-à-dire la structure générale des couches géologiques. Ce sont là des questions qui sortent de notre domaine, mais il est intéressant de signaler ce concours de la Géologie et du Magnétisme dans l'étude de la Physique du Globe.

On peut en rapprocher les recherches curieuses de M. Folgheraiter [2] sur l'aimantation permanente que présentent les vases antiques en terre cuite de différentes époques. Si l'on attribue cette

(1) EDM. NAUMANN, *Die Ersch. des Erdmagn.*; Stuttgart, 1887. — *Geotektonik und Erdmagn.*, Verhandl. des XII Deutsch. Geograph. in Jena, p. 142; 1897.

(2) FOLGHERAITER, *Rendic. della Accad. dei Lincei*; 1896, 1897 et 1899. — *Journal de Physique*, 3e série, t. VIII, p. 660; 1899.

aimantation au champ terrestre, il semblerait en résulter que l'inclinaison magnétique aurait été nulle et même négative en Italie au VIIe siècle avant l'ère chrétienne, pour augmenter ensuite d'une manière continue jusqu'à l'époque actuelle.

125. Variations avec l'altitude. — Si le champ magnétique terrestre se modifie d'une manière appréciable quand on s'éloigne de la surface, il serait nécessaire d'apporter aux observations ordinaires une correction d'altitude, pour les ramener au niveau de la mer, comme pour la pression et même la température de l'air.

Gay-Lussac et Biot observèrent, dans leur ascension célèbre du 24 août 1804, les oscillations d'une aiguille de déclinaison, mais aucune diminution du champ magnétique horizontal ne fut appréciable jusqu'à la hauteur de 4000^m.

Quelques semaines plus tard, Gay-Lussac répéta les mêmes observations à différentes altitudes, depuis la surface du sol jusqu'à 6884^m. La durée de dix oscillations, qui était de $42^s,16$ au départ, a varié de 41^s à 43^s, d'une façon tout à fait irrégulière, avec une moyenne de $42^s,20$ environ, sans qu'aucune influence de l'altitude en pût être dégagée. Il en fut de même pour l'inclinaison, et les mesures de déclinaison présentèrent trop d'incertitude.

On doit remarquer toutefois que les méthodes employées ne comportaient pas une précision suffisante.

Kreil a fait beaucoup de recherches à ce sujet, en comparant les valeurs du champ total sur différentes montagnes à celles qu'on obtenait plus bas dans le voisinage ([1]). Sauf quelques discordances, le champ paraît diminuer d'environ $\frac{1}{100}$ par 1000^m :

Stations.	Altitude.	Différence d'altitude.	Intensité totale haut.	Intensité totale bas.	Différence haut-bas.
Arlberg	1764^m	1088^m	0,4527	0,4564	−0,0037
S.Maria, Stilfserjoch.	2643	2033	0,4542	0,4538	+0,0004
Brenner	1267	691	0,4531	0,4545	−0,0014
Böckstein	1785	1099	0,4534	0,4569	−0,0035
Gamskogel	2432	1746	0,4528	0,4572	−0,0044
Dobracz	2160	1672	0,4543	0,4558	−0,0015
Poltsterberg	1778	1050	0,4566	0,4563	+0,0003

([1]) J. LIZNAR, *Sitzungsb. der k. Akad. der Wiss.*, Wien, Bd CVII, Pt II, 1898.

Quelques observations de M. Moureaux, dans les Pyrénées, en 1891, présentent le même caractère :

Stations.	Altitude.	Intensité.	Différence avec Bagnères. Altitude.	Différence avec Bagnères. Intensité.
Bagnères-de-Bigorre....	540^m	0,4516	»	»
Campan..................	668	0,4500	128^m	−0,0016
Col de Sencours.........	2366	0,4492	1826	−0,0024
Pic du Midi.............	2856	0,4477	2316	−0,0039

Quoique le sens de la variation paraisse bien marqué, il conviendrait de s'assurer que les roches voisines n'ont pas une action propre sur l'aiguille aimantée et que les différences sont vraiment dues au changement d'altitude.

Il semble, en effet, que le champ terrestre ne peut pas diminuer d'une manière aussi rapide. Comme il équivaut, au moins pour la plus grande partie, à celui d'un aimant central, chacune des composantes est en raison inverse du cube de la distance r au centre et sa variation relative, pour l'altitude δr, est $-3\frac{\delta r}{r}$. Le rayon moyen de la Terre étant de 6371^{km}, la diminution du champ ne dépasserait pas $\frac{3}{6371} = \frac{1}{2124}$ pour une hauteur de 1000^m, tandis que les observations précédentes indiqueraient une fraction au moins dix fois plus grande.

D'autre part, la déclinaison et l'inclinaison ne doivent pas être modifiées, puisque chacun de ces éléments est donné par le rapport de deux composantes.

Le phénomène est encore plus complexe dans l'intérieur d'une mine. La même loi s'applique si les couches superficielles n'interviennent pas. Si l'aimantation est uniforme, la forme du vide creusé dans le sol intervient (22) et les résultats doivent être différents suivant que l'observation correspond au champ réel, ou à l'induction magnétique, ou à toute valeur intermédiaire.

L'étude de la marche diurne et des perturbations à de grandes altitudes peut présenter plus d'intérêt si la cause principale en est due à l'existence de courants électriques dans l'atmosphère, parce qu'il est possible qu'une partie de ces courants se trouvent au-dessous de la station.

CHAPITRE XII.

ÉTAT MAGNÉTIQUE DU GLOBE.

126. Influence de l'ellipticité. — Jusqu'à présent, nous avons toujours assimilé le globe à une sphère, sans tenir compte de sa forme planétaire. L'influence de l'aplatissement est, en effet, négligeable dans tous les calculs de magnétisme terrestre.

Supposons, pour simplifier, que la Terre ait une aimantation uniforme A, dirigée du Nord au Sud, suivant l'axe géographique. En appelant L le coefficient principal de l'ellipsoïde (20) relatif à cet axe, le champ intérieur — LA représente aussi le champ extérieur à l'équateur, et l'induction intérieure — LA + 4πA est égale à la valeur du champ au pôle. Le rapport du champ vertical Z_p au pôle à la composante horizontale H_e sur l'équateur est donc

$$\frac{Z_p}{H_e} = \frac{4\pi - L}{L} = \frac{4\pi}{L} - 1.$$

Pour une latitude λ, on a aussi

$$Z = (4\pi - L)A\sin\lambda = \left(\frac{4\pi}{L} - 1\right) H_e \sin\lambda.$$

L'expression du coefficient L est

$$L = \frac{4\pi}{e^2}\left(1 - \sqrt{1-e^2}\,\frac{\arcsin e}{e}\right).$$

Lorsque l'excentricité e est très petite, le développement en série des différents facteurs montre que l'on peut écrire

$$L = \frac{4\pi}{3}\left(1 - \frac{7}{20}e^2\right), \qquad \frac{4\pi}{L} = 3\left(1 + \frac{7}{20}e^2\right),$$

$$\frac{4\pi}{L} - 1 = 2 + \frac{21}{20}e^2 = 2\left(1 + \frac{21}{40}e^2\right).$$

Comme l'excentricité de la Terre est d'environ $\frac{1}{300}$, il en résulte

$$\frac{21}{40}e^2 = \frac{21}{40}\,\frac{10^{-4}}{9} = \frac{7}{12}\,10^{-5} = 0{,}0000058.$$

Les relations qui existeraient, pour la sphère, entre la composante verticale à une latitude quelconque et le champ équatorial, ne sont donc pas altérées de $\frac{1}{100000}$; c'est une fraction tout à fait insignifiante dans le cas actuel.

127. Magnétisme normal. — Les normales en latitude, ou le potentiel U qui les traduit, correspondent à une distribution des masses agissantes symétrique autour de l'axe du monde. Si les causes sont uniquement intérieures, on peut représenter le potentiel en supposant que l'axe même est aimanté, suivant une loi convenable, dans le sens du Nord au Sud.

Soient P un point de l'axe situé à la distance ax du centre, $a^2\,\varphi(x)\,dx$ la quantité de magnétisme qui se trouve sur l'élément $a\,dx$, ρ sa distance au parallèle de colatitude u; on a

$$\rho^2 = a^2[\sin^2 u + (\cos u - x)^2] = a^2(1 - 2x\cos u + x^2).$$

Sur le parallèle considéré, le potentiel de l'élément est

$$\frac{a^2\varphi(x)\,dx}{\rho} = a\,\frac{\varphi(x)\,dx}{(1 - 2x\cos u + x^2)^{\frac{1}{2}}} = a\,\psi(u, x)\,dx,$$

d'où résulte

$$U = \int_{-1}^{+1} \psi(u, x)\,dx.$$

Les quantités U étant connues par les observations pour les différents parallèles, on aura une série de relations analogues, auxquelles doivent satisfaire les fonctions ψ et φ, ce qui permettra de déterminer la distribution des masses magnétiques sur l'axe ou la loi d'aimantation.

Représentons, par exemple, la fonction $\varphi(x)$ par la série à coefficients numériques

$$\varphi(x) = A_0 + A_1 x + A_2 x^2 + \ldots + A_n x^n,$$

et, en posant $\cos u = \mu$, développons l'expression

$$(1 - 2\mu x + x^2)^{-\frac{1}{2}} = 1 + X_1 x + X_2 x^2 + \ldots + X_n x^n.$$

Les coefficients X_n de cette série sont les *polynomes de Legendre*, dont on trouve aisément l'expression générale et celle de leurs dérivées :

$$X_n = \frac{1.3\ldots(2n-1)}{1.2\ldots n}\mu^n - \frac{1.3\ldots(2n-3)}{1.2\ldots(n-2)}\frac{\mu^{n-2}}{2}$$
$$+ \frac{1.3\ldots(2n-5)}{1.2.1.2\ldots(n-4)}\frac{\mu^{n-4}}{2^2} - \frac{1.3\ldots(2n-7)}{1.2.3.1.2\ldots(n-6)}\frac{\mu^{n-6}}{2^3} + \ldots,$$
$$\frac{\partial^m X_n}{\partial\mu^m} = \frac{1.3\ldots(2n-1)}{1.2.(n-m)}\mu^{n-m} - \frac{1.3\ldots(2n-3)}{1.2\ldots(n-m-2)}\frac{\mu^{n-m-2}}{2}$$
$$+ \frac{1.3\ldots(2n-5)}{1.2.1.2\ldots(n-m-4)}\frac{\mu^{n-m-4}}{2^2} - \ldots$$

Ces polynomes sont tous égaux à l'unité pour $\mu = 1$; on peut d'ailleurs déduire chacun d'eux des précédents par les relations connues, qui se déduisent directement de la définition :

$$X_{n+1} = \mu X_n - \frac{1-\mu^2}{n+1}X'_n, \qquad X'_{n+1} = (n+1)X_n + \mu X'_n.$$

Nous citerons les premières valeurs

$$X_1 = \mu, \qquad X'_1 = 1,$$
$$X_2 = \frac{1}{2}(3\mu^2 - 1), \qquad X'_2 = 3\mu,$$
$$X_3 = \frac{\mu}{2}(5\mu^2 - 3), \qquad X'_3 = \frac{3}{2}(5\mu^2 - 1).$$

On aura alors

$$\psi(u, x) = (A_0 + A_1 x + \ldots + A_n x^n)(1 + X_1 x + X_2 x^2 + \ldots + X_n x^n)$$
$$= A_0 + (A_1 + A_0 X_1)x + (A_2 + A_1 X_1 + A_0 X_2)x^2 + \ldots,$$
$$U = 2\left(A_0 + \frac{A_2 + A_1X_1 + A_0X_2}{3} + \frac{A_4 + A_3X_1 + A_2X_2 + A_1X_3 + A_0X_4}{5} + \ldots\right).$$

Le polynome X_n étant de degré n en $\mu = \cos u$, on peut y remplacer les puissances du cosinus par leurs valeurs en fonction des cosinus des multiples de l'arc u.

D'autre part, les résultats des observations permettent de représenter le potentiel U, pour toutes les latitudes, par une série de Fourier

$$U = B_0 + B_1 \cos u + B_2 \cos 2u + \ldots + B_p \cos pu.$$

En égalant dans ces deux expressions de U les coefficients des mêmes lignes trigonométriques, on en déduira les valeurs de A_0, A_1, A_2, ... et, par suite, la fonction $\varphi(x)$ ou la distribution du magnétisme sur l'axe.

Si les potentiels U ont les mêmes valeurs, au signe près, de part et d'autre de l'équateur, B_0 est nul et la fonction $\varphi(x)$ est elle-même d'ordre impair, les coefficients A_0, A_2, A_4, ... étant nuls. On a alors

$$U = 2\left(\frac{A_1 X_1}{3} + \frac{A_3 X_1 + A_1 X_3}{5} + \frac{A_5 X_1 + A_3 X_3 + A_1 X_5}{7} + \ldots\right).$$

En fait, il ne paraît pas nécessaire de recourir à ces calculs, car l'expérience montre que le champ normal équivaut très sensiblement à celui d'une aimantation uniforme.

128. Potentiel d'une couche sphérique. — Lorsqu'une sphère renferme des masses agissantes, le champ extérieur est le même que celui d'une couche superficielle d'égale masse totale. Désignant par a le rayon de la sphère, le potentiel de ce champ, à la distance r, peut être représenté par la série convergente

$$(1) \qquad V = a\left[A_0\left(\frac{a}{r}\right) + A_1\left(\frac{a}{r}\right)^2 + \ldots + A_n\left(\frac{a}{r}\right)^{n+1}\right],$$

dans laquelle les coefficients A dépendent de la loi de distribution des masses et de la direction du rayon vecteur r.

Les coordonnées rectangulaires d'un point peuvent s'écrire

$$(2) \qquad \begin{cases} z = r\cos u, \\ x = r\sin u\cos l, \\ y = r\sin u\sin l, \end{cases}$$

u étant la colatitude du point par rapport au plan des xy et l la longitude comptée de x vers y, à partir du plan des zx.

En prenant les quantités r, u et l comme variables indépendantes, l'équation de Laplace $\Delta V = 0$ se traduira par l'une ou l'autre des expressions

$$r\frac{\partial^2(rV)}{\partial r^2} + \frac{\partial^2 V}{\partial u^2} + \cot u\frac{\partial V}{\partial u} + \frac{1}{\sin^2 u}\frac{\partial^2 V}{\partial l^2} = 0,$$

$$\frac{\partial^2(rV)}{\partial r^2} + \frac{\partial}{\partial\mu}\left[(1-\mu^2)\frac{\partial V}{\partial\mu}\right] + \frac{1}{1-\mu^2}\frac{\partial^2 V}{\partial l^2} = 0.$$

Les coefficients A_n satisfont à la condition

$$(3)\quad \begin{cases} n(n+1)A_n + \dfrac{\partial^2 A_n}{\partial u^2} + \cot u \dfrac{\partial A_n}{\partial u} + \dfrac{1}{\sin^2 u}\dfrac{\partial^2 A_n}{\partial l^2} = 0, \\ n(n+1)A_n + \dfrac{\partial}{\partial \mu}\left[(1-\mu^2)\dfrac{\partial A_n}{\partial \mu}\right] + \dfrac{1}{1-\mu^2}\dfrac{\partial^2 A_n}{\partial l^2} = 0. \end{cases}$$

L'intégrale générale de cette équation a été donnée par Laplace. Si l'on pose

$$A_{nm} = \sin^m u \frac{d^m X_n}{d\mu^m} = (1-\mu^2)^{\frac{m}{2}} \frac{d^m X_n}{d\mu^m},$$

X_n étant le polynome de Legendre de degré n en $\mu = \cos u$, le coefficient A_n, exprimé au moyen des symboles A_{nm}, se compose de $2n+1$ termes en sinus et cosinus des multiples de l'arc l :

$$A_n = g_{n.0} A_{n.0} + (g_{n.1} \cos l + h_{n.1} \sin l) A_{n.1} + \ldots$$
$$+ (g_{n.n} \cos nl + h_{n.n} \sin nl) A_{n.n},$$

les facteurs g et h étant des coefficients numériques relatifs au mode de distribution.

Pour une sphère aimantée d'une manière quelconque, la masse totale de la couche superficielle est nulle et le potentiel tend à devenir en raison inverse du carré de la distance; le premier coefficient A_0 est donc nul.

Le suivant a pour expression, en faisant $n = 1$,

$$A_1 = g_{1.0} \cos u + (g_{1.1} \cos l + h_{1.1} \sin l) \sin u,$$

ou, par les équations (2),

$$A_1 = g_{1.0} \frac{z}{r} + g_{1.1} \frac{x}{r} + h_{1.1} \frac{y}{r}.$$

A une grande distance, ce terme devient prédominant et le potentiel se réduit à

$$V = A_1 \frac{a^3}{r^2} = \frac{g_{1.1} a^3}{r^2} \frac{x}{r} + \frac{h_{1.1} a^3}{r^2} \frac{y}{r} + \frac{g_{1.0} a^3}{r^2} \frac{z}{r},$$

c'est-à-dire que les composantes du moment magnétique de la sphère par rapport aux axes sont respectivement $g_{1.1} a^3$, $h_{1.1} a^3$ et $g_{1.0} a^3$. En appelant A l'aimantation moyenne et α, β, γ ses cosinus directeurs, on aura donc

$$\frac{g_{1.1}}{\alpha} = \frac{h_{1.1}}{\beta} = \frac{g_{1.0}}{\gamma} = \sqrt{g_{1.1}^2 + h_{1.1}^2 + g_{1.0}^2} = \frac{4}{3}\pi A.$$

S'il s'agit de la Terre, les composantes géographiques du champ au voisinage de la surface, où $r = a$, sont alors, en comptant les longitudes vers l'Est,

$$X = \frac{1}{a}\frac{\partial V}{\partial u} = \frac{\partial}{\partial u}(A_1 + A_2 + \ldots + A_n),$$

$$Y = \frac{1}{a \sin u}\frac{\partial V}{\partial l} = \frac{1}{\sin u}\frac{\partial}{\partial l}(A_1 + A_2 + \ldots + A_n),$$

$$Z = \frac{\partial V}{\partial r} = -[2A_1 + 3A_2 + \ldots + (n+1)A_n].$$

L'expression générale de A_n renferme $2n+1$ coefficients arbitraires. Pour représenter complètement l'état magnétique du globe par la série (1), abstraction faite du premier terme, il y aura donc à déterminer trois coefficients pour A_1, cinq pour A_2, sept pour A_3, etc., soit en tout $n(n+2) = (n+1)^2 - 1$ coefficients quand on s'arrête aux termes du $n^{\text{ième}}$ ordre.

Si l'on néglige les accidents locaux, dus à l'existence de masses magnétiques voisines de la surface, le potentiel varie lentement et les premiers termes sont de beaucoup les plus importants.

Chaque station fournit, par les trois composantes géographiques du champ, trois équations distinctes. Quand on limite le calcul aux termes du quatrième ordre, ce qui exige vingt-quatre coefficients numériques, il suffira, en toute rigueur, de connaître les éléments magnétiques en huit stations convenablement réparties sur le globe. Pour aller jusqu'au $n^{\text{ième}}$ ordre, il faudrait utiliser les résultats de $\frac{n(n+2)}{3}$ stations.

Remarquons encore que le potentiel à la surface ne dépend que des composantes horizontales; on peut donc les considérer seules, ce qui exige douze stations pour obtenir vingt-quatre coefficients et, en général, $\frac{n(n+2)}{2}$ stations si l'on veut conserver les termes du $n^{\text{ième}}$ ordre. Dans ce cas, les valeurs de la composante verticale serviront de contrôle à la théorie.

129. Cas de masses extérieures. — S'il existe en même temps des causes intérieures (aimants ou courants) et des causes de même nature extérieures à la surface, abstraction faite des courants qui se propageraient en partie dans les deux milieux, le potentiel en dehors s'exprimera par la somme de deux séries

$$V = a\left[A_1\left(\frac{a}{r}\right)^2 + \ldots + A_n\left(\frac{a}{r}\right)^{n+1} + B_1\left(\frac{r}{a}\right) + B_2\left(\frac{r}{a}\right)^2 + \ldots + B_n\left(\frac{r}{a}\right)^n\right],$$

la première correspondant aux causes intérieures et la seconde aux causes extérieures.

Le terme général de cette double série est

$$V_n = a\left[A_n\left(\frac{a}{r}\right)^{n+1} + B_n\left(\frac{r}{a}\right)^n\right]$$

et le terme correspondant de la composante verticale

$$Z_n = a\left[\frac{n}{a}B_n\left(\frac{r}{a}\right)^{n-1} - \frac{n+1}{r}A_n\left(\frac{a}{r}\right)^{n+1}\right].$$

Sur la surface, ces expressions se réduisent à

$$V_n = a(A_n + B_n),$$
$$Z_n = n\,B_n - (n+1)A_n.$$

Les coefficients A_n et B_n, qui sont de même ordre, satisfont tous deux à l'équation (3) et s'exprimeront de la même manière en fonction des A_{nm}; leur somme $A_n + B_n$ sera donnée par les composantes horizontales. On connaît ainsi le terme V_n du potentiel à la surface. Le terme correspondant Z_n de la composante verticale permettra alors de déterminer séparément les coefficients A_n et B_n par les relations

$$(2n+1)A_n = n\frac{V_n}{a} - Z_n,$$
$$(2n+1)B_n = (n+1)\frac{V_n}{a} + Z_n.$$

Le potentiel à la surface peut encore être développé en série de fonctions de Laplace

$$V = a\Sigma Y_n.$$

Les Y_n sont des fonctions de la latitude et de la longitude que l'on obtient en cherchant le polynome homogène le plus général, de degré n en x, y, z, astreint à la condition $\Delta Y_n = 0$, et dans lequel on fera ensuite $r = 1$.

Le potentiel qui satisfait à l'équation $\Delta V = 0$, au voisinage de la surface, est alors

$$V = a \Sigma Y_n \left[C_n \left(\frac{a}{r}\right)^{n+1} + (1 - C_n) \left(\frac{r}{a}\right)^n \right];$$

le terme en C_n est relatif aux causes intérieures et le terme en $(1 - C_n)$ aux causes extérieures.

Les composantes géographiques sont

$$X = \frac{1}{a} \frac{\partial V}{\partial u} = \Sigma \frac{\partial Y_n}{\partial u} \left[C_n \left(\frac{a}{r}\right)^{n+1} + (1 - C_n) \left(\frac{r}{a}\right)^n \right],$$

$$Y \sin u = \frac{1}{a} \frac{\partial V}{\partial l} = \Sigma \frac{\partial Y_n}{\partial l} \left[C_n \left(\frac{a}{r}\right)^{n+1} + (1 - C_n) \left(\frac{r}{a}\right)^n \right],$$

$$Z = \frac{\partial V}{\partial r} = a \Sigma Y_n \left[\frac{n}{a} (1 - C_n) \left(\frac{r}{a}\right)^n - \frac{n+1}{r} C_n \left(\frac{a}{r}\right)^{n+1} \right].$$

A la surface, où $r = a$, ces expressions se réduisent à

$$X = \Sigma \frac{\partial Y_n}{\partial u}, \qquad Y \sin a = \Sigma \frac{\partial Y_n}{\partial l},$$

$$Z = \Sigma Y_n [n(1 - C_n) - (n + 1) C_n] = \Sigma Y_n [n - (2n + 1) C_n].$$

Le potentiel à la surface $a \Sigma Y_n$ est déterminé, à une constante près, par les composantes horizontales, ce qui donne les coefficients numériques des fonctions Y_n. La composante verticale détermine alors les coefficients C_n, c'est-à-dire le partage entre les causes intérieures et les causes extérieures.

Si le magnétisme est uniquement intérieur, les coefficients B_n sont nuls et les C_n sont tous égaux à l'unité. On a alors

$$Z = -\frac{1}{a} \Sigma (n + 1) V_n = -\Sigma (n + 1) Y_n.$$

Si les causes sont extérieures, les coefficients A_n et C_n sont nuls, ce qui donne une autre valeur

$$Z' = \frac{1}{a} \Sigma n V_n = \Sigma n Y_n.$$

Les termes correspondants des séries sont de signes contraires dans les deux cas. Par une combinaison singulière de ces termes, il pourrait arriver que les composantes verticales restent de même signe, mais il est plus probable qu'elles seront de signes contraires. En tous cas, les différences des deux valeurs ainsi calculées dans l'une ou l'autre hypothèse seront de même ordre que les composantes elles-mêmes.

130. **Potentiel du champ terrestre.** — La première application de cette théorie au magnétisme terrestre a été faite par Gauss. En supposant les causes intérieures, Gauss a calculé les vingt-quatre coefficients nécessaires pour le développement des formules jusqu'au quatrième ordre. Afin de diminuer l'importance des erreurs particulières, ces coefficients ont été déduits, par la méthode des moindres carrés, des résultats relatifs à l'année 1830 pour quatre-vingt-quatre points choisis sur douze méridiens et sept parallèles; les documents étaient empruntés aux Cartes de Barlow pour la déclinaison, de Horner pour l'inclinaison et de Sabine pour le champ total. Les formules ont été appliquées ensuite à quatre-vingt-dix-neuf autres points, mais ces comparaisons, dans la pensée même de Gauss, ne présentaient pas grand intérêt à cause de l'insuffisance des observations.

Erman et Petersen (¹) ont repris le même calcul en ramenant à l'année 1829, par la variation séculaire, toutes les observations antérieures à 1870. Les coefficients ont été déterminés jusqu'au quatrième ordre au moyen des observations relatives à neuf points équidistants sur dix parallèles.

En suivant une méthode un peu différente, J.-C. Adams (²) a pris comme point de départ les Cartes de Sabine pour 1842-1845 et celles de l'Amirauté anglaise pour 1880.

Quintus Icilius (³) a utilisé les Cartes générales publiées pour l'année 1880 par l'Observatoire maritime de Hambourg, en déterminant les vingt-quatre coefficients par douze points équidistants sur dix parallèles.

(¹) Erman et Petersen, *Die Grundlagen der Gaussischen Theorie ... im Jahre* 1829; Berlin, 1874.

(²) W.-Gr. Adams, *Brit. Ass. Rep.*; Bristol, 1898.

(³) Q. Icilius, *Archiv der Deutschen Seewarte*, t. IV, n° 2; 1881.

Les documents réunis pour tracer les Cartes de 1885,0 ont permis à MM. Neumayer et Petersen de soumettre la théorie à une nouvelle épreuve; les constantes ont été calculées par les éléments relatifs aux points d'intersection de vingt-cinq parallèles et de soixante-douze méridiens équidistants.

Nous citerons, comme exemple, les valeurs ainsi obtenues pour : 1° les premiers coefficients du développement; 2° la latitude λ et la longitude l, à l'ouest de Greenwich, du point où le diamètre parallèle à l'axe magnétique coupe la surface dans l'hémisphère Nord; 3° le quotient du moment magnétique M par le cube a^3 du rayon; 4° enfin, l'aimantation moyenne A correspondante :

Auteur.	Date.	$g_{1,0}$.	$g_{1,1}$.	$h_{1,1}$.	λ.	l.	$\frac{M}{a^3}$.	A.
Erm.-Peters..	1829	−0,320074	−0,028353	+0,060109	78°16′	64°45′	0,32690	0,0780
Gauss.....	1830	0,323477	0,031106	0,062456	77 50	63 31	0,33092	0,0790
Adams....	1845	0,321871	0,027783	0,057828	78 44	64 20	0,32820	0,0784
Adams....	1880	0,316843	0,024273	0,060300	78 24	63 39	0,32344	0,0772
Q. Icilius..	1880	0,333923	0,027636	0,061920	78 31	65 57	0,34080	0,0814
Neum.-Peters.	1885	0,315720	0,024814	0,060258	78 20	67 17	0,32237	0,0770

Il ne semble pas en résulter que ce mode de calcul, appliqué aux observations connues, permette de reconnaître si le moment magnétique de la Terre a éprouvé un changement appréciable dans l'intervalle de cinquante ans.

Quant à l'axe magnétique, il paraît avoir conservé sensiblement la même inclinaison de 11°23′ environ sur l'axe du monde, en tournant vers l'Ouest de 5° au maximum, ce qui correspondrait à une période de plus de 3600 années.

M. Schmidt (¹) a consacré à cette question d'importants Mémoires dans lesquels il tient compte de l'aplatissement du globe et indique une manière spéciale de diriger les calculs pour séparer les termes qui correspondent aux masses intérieures et aux masses extérieures, et enfin, pour dégager l'influence des courants qui traversent la surface.

Le calcul des Tables publiées par M. Schmidt a été fait en déterminant d'une manière complète le développement en série jusqu'aux termes du quatrième ordre, et tenant compte des termes les plus importants du cinquième et du sixième ordre.

(¹) A. Schmidt, *Archiv der Deutschen Seewarte*, t. XII; 1889, et t. XXI; 1898. — *Abh. d. Math. phys. Kl. der K. Bay. Ak. d. Wiss.*; 1896.

Ces Tables donnent les valeurs des trois composantes géographiques pour tous les points de la surface, déterminés par des parallèles et des méridiens de 5° en 5°. La comparaison des résultats avec les Cartes de M. Neumayer, pour douze méridiens et treize parallèles, montre encore, entre le calcul et l'observation, des différences qui ne paraissent pas un encouragement pour des travaux aussi laborieux.

M. Bauer estime que le quarantième environ du champ terrestre est produit par des causes entièrement extérieures et qu'une fraction un peu plus grande, dénuée de potentiel, doit se rapporter aux courants entre le globe et l'atmosphère.

Les connaissances actuelles ne permettent pas d'affirmer, pour l'état moyen du globe, l'existence même de ces causes de natures différentes ni, à plus forte raison, de préciser la part qui revient à chacune d'elles dans le phénomène général.

131. Calcul des coefficients. — Si l'on connaît le potentiel sur toute la Terre, ou, du moins, si les observations sont assez nombreuses pour qu'on en puisse tracer une Carte continue, différentes méthodes permettent de calculer les coefficients numériques de la fonction qui le représente.

Dans la méthode de Gauss, les coefficients g et h sont liés par une série d'équations linéaires, dont on doit augmenter le nombre à mesure que l'on veut calculer des termes d'ordre plus élevé. On peut diriger les opérations de manière à déterminer séparément les coefficients des différents ordres([1]), ce qui permet d'apprécier, par la suite des calculs, l'importance des termes successifs.

Représentons le potentiel U par la série de Fourier

$$U = U_n + G_1 \cos l + H_1 \sin l + \ldots + G_p \cos pl + H_p \sin pl.$$

Pour chaque parallèle, la moyenne U_n, ainsi que les facteurs G et H, s'obtiendront à la manière ordinaire par les valeurs de U correspondantes. Ces quantités sont des fonctions de la latitude seule, que l'on exprimera encore par des séries de Fourier en cosinus ou sinus des multiples de la colatitude u; les coefficients de ces séries sont numériques et se déduiront des valeurs relatives aux diverses latitudes.

([1]) A. SCHUSTER, *Br. Ass. Rep.*; Bristol, p. 752, 1898.

Le choix des séries peut être fait de manière à faciliter les calculs, par exemple, des séries en cosinus pour U_n et les fonctions G et H dont l'indice est pair, et les séries en sinus pour les mêmes fonctions d'indice impair.

Si l'on veut que cette manière d'opérer conduise directement à déterminer le moment magnétique du globe, on adoptera les formes suivantes de développement :

$$\begin{aligned}
U_n &= U_0 + B_1 \cos u + B_2 \cos 3u + \ldots + B_p \cos(2p+1)u,\\
G &= G_0 + a_1 \sin u + a_2 \sin 2u + \ldots + a_p \sin pu,\\
H &= H_0 + b_1 \sin u + b_2 \sin 2u + \ldots + b_p \sin pu.
\end{aligned}$$

La valeur de U pour un point quelconque est alors

$$\begin{aligned}
U = U_0 &+ B_1 \cos u + \ldots + B_p \cos(2p+1)u\\
&+ \cos l(G_{0.1} + a_{1.1} \sin u + \ldots + a_{p.1} \sin pu)\\
&+ \sin l(H_{0.1} + b_{1.1} \sin u + \ldots + b_{p.1} \sin pu)\\
&\ldots\ldots\ldots\ldots\ldots\ldots\ldots\ldots\ldots\ldots\\
&+ \cos ql(G_{0.q} + a_{1.q} \sin u + \ldots + a_{p.q} \sin pu)\\
&+ \sin ql(H_{0.q} + b_{1.q} \sin u + \ldots + b_{p.q} \sin pu).
\end{aligned}$$

Le potentiel moyen U_0 sur l'équateur étant nul ainsi que les facteurs $G_{0.1}$ et $H_{0.1}$, les premiers termes sont alors

$$U = B_1 \cos u + (a_{1.1} \cos l + b_{1.1} \sin l) \sin u.$$

Comparant avec les formules de Gauss (128), il en résulte

$$B_1 = g_{1.0}, \qquad a_{1.1} = g_{1.1}, \qquad b_{1.1} = h_{1.1}.$$

D'autre part, comme on n'observe pas directement le potentiel, mais bien les composantes géographiques

$$X = \frac{\partial U}{\partial u}, \qquad Y = \frac{1}{\sin u}\frac{\partial U}{\partial l},$$

on leur appliquera le même mode de développement et le potentiel U s'en déduira, à une constante près, par de simples intégrations sur des termes de la forme $\sin pu \cos ql$ ou $\sin pu \sin ql$. En appelant U_p le potentiel au pôle géographique, on a

$$U = U_p + \int_0^u X\,du + \sin u \int_0^l Y\,dl.$$

Pour remonter ensuite à la série de Laplace, par exemple, afin de faire le départ des causes intérieures et des causes extérieures, on exprimera les sinus et cosinus des multiples de l'angle u en fonction des polynomes de Legendre et de leurs dérivées.

132. **Étude des variations diurnes.** — L'expérience montre (98) que les variations diurnes des composantes géographiques sont sensiblement les mêmes pour tous les points situés à la même latitude. En chaque lieu, l'écart d'un élément à la moyenne peut être représenté par une série trigonométrique

$$a_1 \cos t + b_1 \sin t + \ldots + a_n \cos nt + b_n \sin nt,$$

dans laquelle le temps t désigne l'heure locale évaluée en angle, les coefficients étant des fonctions de la latitude.

Le résultat est le même que si un champ magnétique secondaire tournait de l'Est à l'Ouest autour de l'axe du monde en faisant chaque jour une révolution complète. A l'époque t du méridien principal, l'écart de l'élément que l'on considère, pour une station de longitude l comptée vers l'Est, s'obtiendra en remplaçant dans la formule t par $t+l$, de sorte que, pour $t=0$, l'écart relatif à cette station est

$$a_1 \cos l + b_1 \sin l + \ldots + a_n \cos nl + b_n \sin nl.$$

Si l'on admet que ce champ secondaire ait un potentiel, les valeurs sur la surface seront définies par les composantes horizontales. Les composantes verticales permettront ensuite de reconnaître si les causes sont intérieures ou extérieures.

Pour abréger l'écriture nous appellerons encore X, Y, Z ces composantes, la dernière étant comptée vers le zénith, V le potentiel et u la colatitude. On a alors

$$X = \frac{1}{a}\frac{\partial V}{\partial u} = \frac{\partial U}{\partial u}, \qquad Y \sin u = \frac{1}{a}\frac{\partial V}{\partial l} = \frac{\partial U}{\partial l}, \qquad Z = -\frac{\partial V}{\partial r}.$$

Comme la valeur moyenne de U est nulle sur un parallèle, il suffira de connaître l'expression de $Y \sin u$, c'est-à-dire celle des facteurs correspondants $a_1 \sin u$, $b_1 \sin u$, ... pour déterminer le potentiel U relatif à ce parallèle. Avec un nombre suffisant de stations, on en déduira le potentiel sur toute la surface.

Pour appliquer cette méthode, M. Schuster [1] a pris comme points de départ les variations observées en 1870 à Bombay, Lisbonne, Greenwich et Saint-Pétersbourg. Comme ces stations sont toutes dans l'hémisphère Nord, on admet que le potentiel est symétrique, au signe près, dans les deux hémisphères pendant les périodes comparables. On pourra donc choisir dans l'hémisphère Sud quatre stations symétriques des précédentes, en leur attribuant pour une saison les valeurs de Y (changées de signe, conformément aux observations) qui conviennent aux stations correspondantes du Nord pendant l'autre semestre et inversement.

On dispose ainsi, pour les deux saisons, des résultats relatifs à huit parallèles différents.

Les coefficients a et b correspondant à la composante Y étant connus pour huit points d'un méridien, on peut, par une méthode graphique ou par un développement en série, en déduire les valeurs relatives à toutes les latitudes. Les composantes Nord dans une station permettent encore de connaître la tangente à la courbe qui traduit l'un de ces coefficients en fonction de la colatitude u. Supposons, en effet, que l'on ait

$$Y = \Sigma(a_n \cos nl + b_n \sin nl), \qquad X = \Sigma(\alpha_n \cos nl + \beta_n \sin nl).$$

L'existence d'un potentiel implique la condition

$$\frac{\partial X}{\partial l} = \frac{\partial (Y \sin u)}{\partial u} = \sin u \frac{\partial Y}{\partial u} + Y \cos u.$$

Si l'on y remplace X et Y par leurs valeurs précédentes et qu'on égale ensuite les coefficients de $\cos nl$ et $\sin nl$ dans les deux membres, il en résulte

$$\frac{da_n}{du} = \frac{n}{\sin u} \beta_n - a_n \cot u,$$
$$\frac{db_n}{du} = -\frac{n}{\sin u} \alpha_n - b_n \cot u.$$

On aura une idée de l'accord qui existe entre le calcul et l'observation par les valeurs obtenues pour la variation diurne annuelle; le développement peut alors être limité aux termes du

(1) A. Schuster, *Phil. Trans. L. R. S.*, vol. 180 (A), p. 467; 1889.

second ordre, en $\cos nt$ et $\sin nt$. On trouve ainsi, en prenant pour unité 10^{-6} C.G.S.,

Variation diurne annuelle de la composante Y.

	BOMBAY.		LISBONNE.		GREENWICH.		St-PÉTERSBOURG.	
	Obs.	Cal.	Obs.	Cal.	Obs.	Cal.	Obs.	Cal.
a_1....	29	27	80	70	95	93	96	100
b_1....	74	82	172	172	174	184	161	161
a_2....	68	66	70	50	42	40	42	43
b_2....	41	56	131	138	111	127	92	87

Les courbes tracées d'après les résultats des calculs s'écartent à peine des courbes expérimentales.

Les valeurs de la composante Ouest permettent ensuite d'obtenir un développement en série qui représente le potentiel sur la surface. M. Schuster a réduit ces formules en Tables qui donnent le potentiel pendant la saison d'été, pour midi de Greenwich, aux points d'intersection de vingt-quatre méridiens équidistants et de dix-sept parallèles à peu près écartés de 10°. M. von Bezold (¹) en a traduit les nombres relatifs à l'été sur une Carte (*fig.* 80), qui montre bien le défaut de symétrie produit par la présence du Soleil sur un hémisphère; l'unité est 10^{-6} C. G. S.

Les mêmes valeurs, portées d'un hémisphère sur l'autre, avec changement de signe, correspondraient à la saison d'hiver.

Enfin, on obtiendra le potentiel diurne annuel en prenant pour chaque point la valeur moyenne des deux saisons. Le phénomène est alors symétrique, au signe près, de part et d'autre de l'équateur.

Ce premier résultat obtenu, on exprime le potentiel soit par les coefficients relatifs à l'hypothèse des causes intérieures, soit par les coefficients qui correspondent aux causes extérieures. On en déduit des valeurs différentes pour la composante verticale (120) que l'on peut ensuite comparer aux observations.

Or, l'expérience montre que les ordonnées des courbes tracées suivant l'une ou l'autre hypothèse sont presque toujours de signes contraires et que leur somme algébrique donne un résultat très différent de celui qui correspond aux observations.

(¹) W. von Bezold, *Sitzb. d. K. Preuss. Ak. d. Wiss.*, t. XVIII, p. 414; 1897.

Fig. 80. — *Potentiel de la variation diurne en été, à midi de Greenwich.*

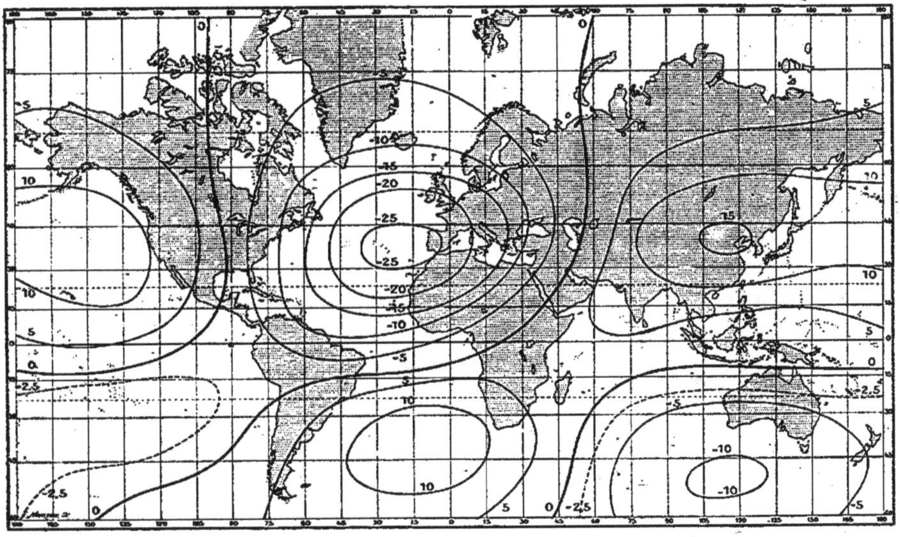

Les courbes de la *fig.* 81, relatives à Lisbonne, représentent la variation diurne annuelle de la composante verticale, soit par l'observation (O), soit par l'hypothèse des causes extérieures (E) ou

Fig. 81.

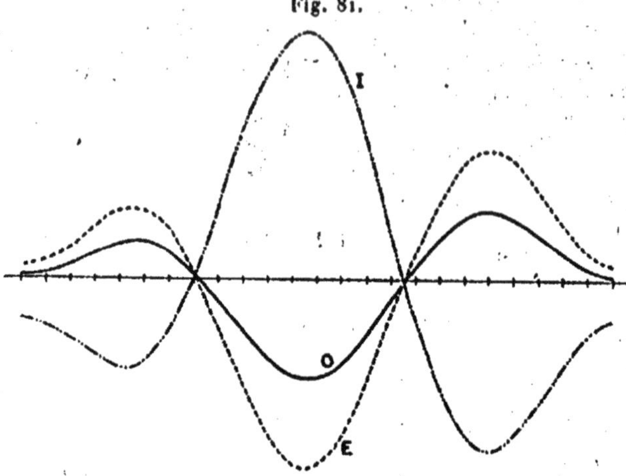

celles des causes intérieures (I). La courbe E s'accorde sensiblement avec l'observation pour les heures de maxima et de minima, ainsi que pour les changements de signe, mais avec une amplitude beaucoup plus grande. La courbe I donne des résultats inverses et l'amplitude est encore exagérée. Les autres stations conduisent aux mêmes conclusions.

En représentant cette composante par une série trigonométrique réduite à quatre termes

$$Z = a_1 \cos t + b_1 \sin t + a_2 \cos 2t + b_2 \sin 2t,$$

on déterminera les coefficients a et b soit par l'observation, soit par l'une ou l'autre des deux hypothèses. Le Tableau suivant donne les valeurs ainsi obtenues :

Variation diurne annuelle de la composante verticale.

	Bombay.			Lisbonne.			Greenwich.			Saint-Pétersbourg.		
	Obs.	E.	I.	Obs.	E.	I.	Obs.	E.	I.	Obs.	E.	I.
a_1.	−42	−141	+219	−165	−323	+458	−42	−235	+350	+114	−97	+177
b_1.	+9	+31	−57	+60	+122	−177	+49	+132	−190	+125	+104	−154
a_2.	−21	−53	+79	−152	−275	+329	−51	−110	+139	−59	−40	+62
b_2.	+28	+121	−152	+13	+34	−53	+2	+21	−34	−38	+35	−45

Sauf pour Saint-Pétersbourg, où la courbe de variation diurne paraît très irrégulière, on voit que les constantes déduites de l'observation ont toujours le même signe que dans l'hypothèse des causes extérieures.

On peut essayer de séparer les deux effets en supposant que les causes extérieures interviennent pour une fraction α, les causes intérieures pour la fraction complémentaire $1-\alpha$, et que le même partage a lieu pour tous les coefficients, ce qui revient à négliger les différences de phase. En appelant a_0 la valeur observée, a_e et a_i celles qui correspondent aux deux hypothèses, on aurait

$$a_0 = \alpha a_e + (1-\alpha) a_i, \qquad \alpha = \frac{a_0 - a_i}{a_e - a_i}.$$

Les valeurs de α, calculées par les quatre coefficients, sont :

	Bombay.	Lisbonne.	Greenwich.
Par a_1......	0,73	0,80	0,67
Par b_1......	0,73	0,79	0,74
Par a_2......	0,76	0,80	0,77
Par b_2......	0,66	0,76	0,66

L'accord de ces résultats paraît montrer que les causes extérieures produisent les trois quarts environ de la variation.

Il est naturel d'admettre que ces causes extérieures sont dues à des courants électriques circulant dans l'atmosphère, et que les causes intérieures sont des courants induits dans la Terre par les premiers. L'effet général de ces courants induits est d'augmenter les composantes horizontales et de diminuer la composante verticale, avec la même différence de phase dans les deux cas, pourvu que l'on attribue des signes différents aux deux espèces de composantes verticales.

Ici se présente une difficulté. Si l'on assimile la Terre à un globe homogène, quelle que soit sa conductibilité, les calculs de M. Lamb conduisent à cette conséquence qu'il en résulte toujours un changement de phase entre les deux phénomènes, ce qui paraît contraire aux observations.

La difficulté disparaît si la Terre est formée de couches successives dont la conductibilité croît assez rapidement de la surface vers le centre, hypothèse qui paraît très vraisemblable. La couche superficielle, au moins si l'on en excepte les mers, est formée de matériaux compris parmi les non-conducteurs, et l'on sait que les silicates, en particulier, deviennent conducteurs vers la température de 200°. Sans tenir compte des masses métalliques, qui sont en faible proportion, il n'y a donc rien d'improbable à supposer que la Terre est assimilable aux corps isolants pour la surface et que sa conductibilité est maximum dans le noyau central.

On peut donc imaginer que la partie du champ magnétique variable avec l'heure solaire est produite par un système de courants qui se propagent dans une couche sphérique concentrique à la Terre, système symétrique par rapport au plan de l'équateur pour la moyenne annuelle. La forme de ces courants est à peu près représentée par les lignes équipotentielles.

Faraday avait montré déjà, en 1850, que les variations diurnes s'expliqueraient en supposant que deux pôles magnétiques situés dans l'atmosphère, un pôle Sud dans l'hémisphère Nord et un pôle Nord dans l'hémisphère Sud, suivent le mouvement apparent du Soleil et seraient par conséquent fixes dans l'espace. Cette hypothèse s'accorde avec la marche principale de la variation, mais elle est incomplète et ne rend pas compte du défaut de symétrie de l'oscillation diurne.

Faraday émit aussi l'idée que l'échauffement de l'air par le Soleil peut y produire une variation de la perméabilité magnétique capable d'expliquer les modifications diurnes du champ; cette interprétation paraît encore insuffisante.

L'influence de la Lune fait penser que l'effet serait dû à un phénomène analogue aux marées atmosphériques. Enfin, Balfour Stewart a suggéré l'idée que le champ terrestre peut provoquer des courants électriques induits au milieu des masses d'air en mouvement dans les régions supérieures de l'atmosphère.

M. Schuster termine son important Mémoire par les conclusions suivantes :

1° La partie principale de la variation diurne est due à des causes extérieures, probablement à des courants électriques qui se propagent dans l'atmosphère;

2° Il en résulte dans la Terre des courants induits qui diminuent l'amplitude de la composante verticale et augmentent celle des composantes horizontales;

3° Pour la production de ces courants induits, la Terre ne se comporte pas comme une sphère homogène et les couches superficielles sont moins conductrices que les couches profondes;

4° Les mouvements horizontaux de l'atmosphère, qui accompagnent les marées du Soleil ou de la Lune, ou les oscillations périodiques du baromètre, provoquent dans l'atmosphère des courants électriques dont les effets magnétiques ont le même caractère que les variations diurnes;

5° Si telle est l'explication du phénomène, l'atmosphère doit être dans un état de sensibilité particulière, que l'auteur dit avoir constatée, telle que les moindres forces électromotrices soient capables d'y provoquer des courants.

Sans recourir à une nouvelle hypothèse, il suffirait peut-être d'admettre que ces courants naissent dans les régions où la pression correspond au minimum de résistance électrique.

133. Action magnétique du Soleil. — En dehors d'une influence indirecte, par suite des mouvements que le Soleil ou la Lune provoquent dans l'atmosphère et des courants qui en seraient la conséquence, il paraît bien difficile que ces astres, considérés simplement comme des aimants, soient capables de modifier d'une manière appréciable le champ magnétique terrestre.

A la distance de la Terre, quelle que soit la distribution du magnétisme, chacun de ces astres se comporte comme un aimant infiniment petit ou une sphère uniformément aimantée.

Soient donc A' l'aimantation de l'astre, a' son rayon et r sa distance à la Terre. Si la ligne des pôles est dirigée vers la Terre, ce qui est le cas le plus favorable, le champ qui en résulte est

$$F' = 2 \cdot \frac{4}{3} \pi A' \left(\frac{a'}{r}\right)^3.$$

Le champ terrestre à l'équateur, où sa valeur est minimum, étant $H_e = \frac{4}{3} \pi A$, il en résulte

$$\frac{F'}{H_e} = 2 \frac{A'}{A} \left(\frac{a'}{r}\right)^3 = \frac{A'}{4A} \left(\frac{2a'}{r}\right).$$

Comme le diamètre apparent $\frac{2a'}{r}$ du Soleil et de la Lune est toujours inférieur à 33′, c'est-à-dire moindre que 10^{-2}, on a

$$\frac{F'}{H_e} < \frac{A'}{4A} 10^{-6}.$$

Si l'aimantation de ces astres est comparable à celle de la Terre, la variation de déclinaison resterait inférieure à $\frac{1}{4} 10^{-6}$ ou $\frac{1''}{20}$, c'est-à-dire absolument négligeable. Pour arriver à des variations de 10′, comme on les observe quelquefois, il faudrait que l'aimantation du Soleil ou de la Lune fût 12000 fois plus grande que celle de la Terre, ou voisine de 1000 unités, c'est-à-dire supérieure à celle des meilleurs barreaux d'acier.

A plus forte raison ne peut-on admettre que la Lune soit aimantée par le champ terrestre, si grande que l'on suppose sa perméabilité magnétique. L'influence de la Lune, qui paraît un corps pour ainsi dire inerte, ne semble donc pas facile à expliquer autrement que par une réaction mécanique.

Pour le Soleil, qui est dans un état d'agitation continuelle, sans doute en partie liquide et gazeux, on doit présumer qu'il est parcouru incessamment par des courants électriques assez intenses pour que leur action sur la Terre soit appréciable.

Quelle que soit la distribution de ces courants, le champ produit à une grande distance par rapport au diamètre du Soleil est encore équivalent à celui d'un aimant infiniment petit ou d'une aimantation uniforme.

Il n'est pas probable non plus que les éléments magnétiques du Soleil restent invariables, mais on peut considérer leurs valeurs moyennes en admettant que l'axe magnétique est incliné sur l'axe de rotation et tourne avec une vitesse indiquée par le mouvement des taches. Le champ magnétique ainsi produit sur la Terre serait une cause de variations périodiques et les troubles du Soleil interviendraient au moins en partie dans les perturbations [1].

Soient OE (*fig.* 82) la normale à l'écliptique, OS l'axe de rotation du Soleil, incliné de l'angle SE $= \delta$ sur l'axe de l'écliptique, OP l'axe magnétique incliné de l'angle PS $= \gamma$ sur l'axe de rota-

---

([1]) LORD KELVIN, *Proc. of the L. R. S.*, t. LII, p. 303; 1893. — A. SCHUSTER, *Ph. Mag.*, 5e sér., t. XLVI, p. 295; 1898.

tion, $ASP = \psi$ la rotation du Soleil depuis l'époque où l'axe magnétique était dans le plan SOE.

Fig. 82.

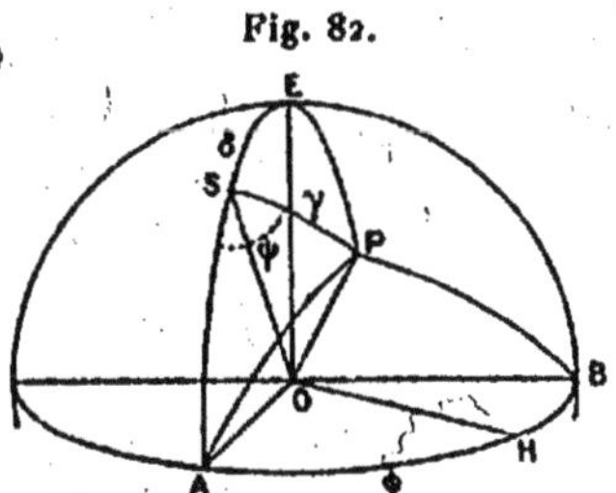

On peut remplacer le moment magnétique du Soleil, que l'on prendra d'abord égal à l'unité, par ses composantes rectangulaires dont l'une est parallèle à l'axe OE de l'écliptique, les deux autres étant situées dans le plan de l'écliptique, suivant la projection OA de l'axe solaire et dans la direction OB perpendiculaire; ces composantes ont pour expressions :

$$\cos PE = \cos\gamma\cos\delta - \sin\gamma\sin\delta\cos\psi,$$
$$\cos PA = \cos\gamma\,\sin\delta + \sin\gamma\cos\delta\cos\psi,$$
$$\cos PB = \sin PE \sin PES = \sin\gamma\,\sin\psi.$$

Comme l'angle δ est d'environ $6°58'$, $\cos\delta$ ne diffère de l'unité que d'une quantité inférieure à 0,01 ; on peut donc, en négligeant des termes dont l'influence est inappréciable, remplacer $\cos\delta$ par l'unité dans le terme $\sin\gamma\cos\delta\cos\psi$.

Avec cette simplification, le moment magnétique du système se ramènera à trois autres composantes, l'une suivant la normale à l'écliptique, l'autre, $\cos\gamma\sin\delta$, parallèle à OA et la troisième, $\sin\gamma$, dans le plan de l'écliptique, suivant une direction OH qui fait l'angle ψ avec la droite OA.

Ces composantes peuvent être représentées respectivement par $r^3 f$, $r^3 g$ et $r^3 h$, les quantités f, g et h désignant leurs valeurs *efficaces* à la distance r du Soleil; on aura donc

$$r^3 f = \cos\gamma\cos\delta - \sin\gamma\sin\delta\cos\psi,$$
$$r^3 g = \cos\gamma\sin\delta,$$
$$r^3 h = \sin\gamma.$$

Soient ON (*fig.* 83) l'axe du monde, incliné de l'angle $EN = \varepsilon$ (environ 23°27′) sur l'axe de l'écliptique, OD et OH les intersections du plan EON avec le plan de l'écliptique et l'équateur,

Fig. 83.

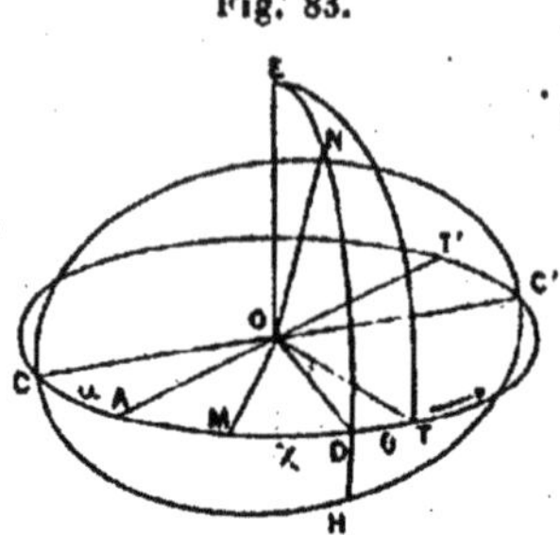

le point D correspondant à la position où se trouve la Terre au solstice d'hiver.

Le champ produit sur la Terre par la première composante est de direction opposée à OE et égal à f; on le remplacera par sa projection polaire f_p, dirigée du Nord au Sud, et sa projection équatoriale f_e suivant la droite OH, c'est-à-dire vers une étoile fictive dont la déclinaison est nulle et l'ascension droite $Æ = 90°$. En considérant comme positives les composantes polaires dirigées du Sud au Nord, il en résulte

$$-f_p = f \cos\varepsilon, \qquad f_e = f \sin\varepsilon.$$

Supposons que la Terre soit au point T, sur le rayon vecteur OT défini par l'angle $DT = \theta$, et considérons d'abord d'une manière générale l'action d'un aimant solaire de moment égal à $r^3\varphi$, parallèle au plan de l'écliptique et dans une direction arbitraire OM, telle que $MD = \chi$.

Le champ produit par cet aimant sur la Terre se ramène à deux composantes, l'une $\varphi_1 = 2\varphi\cos(\theta + \chi)$ dirigée suivant la droite OT, et l'autre $\varphi_2 = \varphi\sin(\theta + \chi)$ dans une direction OT′ perpendiculaire à la première.

On les remplacera encore par trois nouvelles composantes, la première polaire φ_p, dans la direction ON, et deux équatoriales, l'une φ_e suivant OH, vers l'étoile $Æ = 90°$, et l'autre φ'_e suivant le rayon vecteur OC′ de la Terre à l'équinoxe de printemps, ou vers l'étoile Æ = 180°, qui sont

$$\varphi_p = \varphi_1 \cos NT + \varphi_2 \cos NT',$$
$$\varphi_e = \varphi_1 \cos HT + \varphi_2 \cos HT',$$
$$\varphi'_e = \varphi_1 \cos C'T + \varphi_2 \cos C'T'.$$

Il en résulte, en tenant compte des relations

$$\cos NT = \sin\varepsilon \cos\theta, \qquad \cos NT' = \sin\varepsilon \sin\theta,$$
$$\cos HT = \cos\varepsilon \cos\theta, \qquad \cos HT' = \cos\varepsilon \sin\theta,$$
$$\cos C'T = \sin\theta \quad \text{et} \quad \cos C'T' = \cos\theta,$$

$$\varphi_p = \varphi \sin\varepsilon [2\cos(\theta+\chi)\cos\theta + \sin(\theta+\chi)\sin\theta]$$
$$= \frac{\varphi \sin\varepsilon}{2}[3\cos\chi + \cos(2\theta+\chi)],$$

$$\varphi_e = \varphi \cos\varepsilon [2\cos(\theta+\chi)\cos\theta + \sin(\theta+\chi)\sin\theta]$$
$$= \frac{\varphi \cos\varepsilon}{2}[3\cos\chi + \cos(2\theta+\chi)],$$

$$\varphi'_e = \varphi [2\cos(\theta+\chi)\sin\theta + \sin(\theta+\chi)\cos\theta]$$
$$= \frac{\varphi}{2}[3\cos(2\theta+\chi) + \cos\chi)].$$

Pour revenir aux moments $r^3 g$ et $r^3 h$, désignons par α l'angle CA; on remplacera d'abord φ par g et χ par $90° - \alpha$, puis φ par h et χ par $90° - \alpha - \psi$, ce qui donne

$$g_p = \frac{g \sin\varepsilon}{2}[3\sin\alpha - \sin(2\theta - \alpha)],$$

$$g_e = \frac{g \cos\varepsilon}{2}[3\sin\alpha - \sin(2\theta - \alpha)],$$

$$g'_e = \frac{g}{2}[\sin\alpha - 3\sin(2\theta - \alpha)];$$

$$h_p = \frac{h \sin\varepsilon}{2}[3\sin(\psi+\alpha) - \sin(2\theta - \psi - \alpha)],$$

$$h_e = \frac{h \cos\varepsilon}{2}[3\sin(\psi+\alpha) - \sin(2\theta - \psi - \alpha)],$$

$$h'_e = \frac{h}{2}[\sin(\psi+\alpha) - 3\sin(2\theta - \psi - \alpha)].$$

Les composantes analogues F_p, F_e et F'_e du champ résultant sont alors, en remplaçant les quantités f, g et h par leurs valeurs,

$$(4)\left\{\begin{aligned} r^3 F_p &= \cos\varepsilon(\sin\gamma\sin\delta\cos\psi - \cos\gamma\cos\delta) \\ &\quad + \frac{\sin\varepsilon}{2}\{\cos\gamma\sin\delta[3\sin\alpha - \sin(2\theta - \alpha)] \\ &\qquad + \sin\gamma[3\sin(\psi + \alpha) + \sin(\psi - 2\theta + \alpha)]\}, \\ r^3 F_e &= \sin\varepsilon(\cos\gamma\cos\delta - \sin\gamma\sin\delta\cos\psi) \\ &\quad + \frac{\cos\varepsilon}{2}\{\cos\gamma\sin\delta[3\sin\alpha - \sin(2\theta - \alpha)] \\ &\qquad + \sin\gamma[3\sin(\psi + \alpha) + \sin(\psi - 2\theta + \alpha)]\}, \\ r^3 F'_e &= \frac{1}{2}\{\cos\gamma\sin\delta[\sin\alpha - 3\sin(2\theta - \alpha)] \\ &\qquad + \sin\gamma[\sin(\psi + \alpha) + 3\sin(\psi - 2\theta + \alpha)]\}. \end{aligned}\right.$$

La rotation de l'axe magnétique du Soleil étant considérée comme uniforme, avec la vitesse angulaire k, on supposera d'abord que l'écliptique est circulaire et le mouvement de la Terre uniforme avec la vitesse angulaire n. Dans ce cas, la distance r est constante et les angles ψ et θ de la forme

$$\psi = kt + k', \qquad \theta = nt + n'.$$

Les formules montrent alors qu'il existe trois sortes de termes périodiques :

1° Par l'angle ψ, des termes de période $\frac{2\pi}{k}$ correspondant à la révolution sidérale du Soleil, c'est-à-dire 25,14 jours;

2° Par l'angle $\psi - 2\theta$, des termes de période $\frac{2\pi}{k - 2n}$, qui correspondent à 29,15 jours;

3° Enfin, par l'angle 2θ, des termes de période $\frac{2\pi}{2n} = \frac{\pi}{n}$, ou semi-annuels. Toutefois ces termes ont tous $\sin\delta$ en facteur et leur amplitude est relativement faible, puisque $\sin\delta = 0,12$.

Il est à remarquer que la période de révolution synodique du Soleil $\frac{2\pi}{k - n}$, correspondant à 27 jours, n'apparaît pas.

Les expressions générales (4) conviennent encore au mouvement elliptique de la Terre sur son orbite; le rayon vecteur r est alors variable et l'angle θ n'est plus une fonction linéaire du temps.

Si l'on compte le temps à partir du passage de la Terre au périhélie, β étant la distance angulaire du périhélie au solstice d'hiver ($\beta = 5°28'$) et a le rayon moyen de l'orbite, on a, en bornant les calculs aux termes du premier degré par rapport à l'excentricité e de l'écliptique, qui est de $\frac{1}{60}$,

$$r = a(1 - e\cos nt), \qquad \frac{1}{r^3} = \frac{1}{a^3}(1 + 3e\cos nt),$$

$$\theta = nt + \lambda + 2e\sin nt = \theta' + 2e\sin nt.$$

Dans les équations (4), on remplacera d'abord le rayon vecteur r par a, l'angle θ par l'expression linéaire θ', et l'on devra y ajouter des termes qui dépendent de l'excentricité.

Pour évaluer ces corrections, il est permis de faire $\delta = 0$ dans les formules, puis de traiter les corrections comme des différentielles, si l'on s'en tient au même degré d'approximation.

La correction ΔF_p, relative à la composante F_p, sera

$$a^3\Delta F_p = 3e\cos nt\left\{-\cos\gamma\cos\iota + \frac{\sin\iota\sin\gamma}{2}[3\sin(\psi + \alpha) + \sin(\psi - 2\theta' + \alpha)]\right\}$$
$$- 4e\sin nt\,\frac{\sin\iota\sin\gamma}{2}\cos(\psi - 2\theta' + \alpha),$$

et les autres composantes donneront des expressions analogues.

Remplaçant ensuite les produits des lignes trigonométriques par des sinus et cosinus de sommes ou de différences, on trouvera dans ces termes de correction :

1° La période annuelle $\frac{2\pi}{n}$;

2° La période $\frac{2\pi}{k - n}$ de révolution synodique, par les angles $\psi - nt$ et $\psi - 2\theta' + nt$;

3° La période $\frac{2\pi}{k + n}$ par l'angle $\psi + nt$, laquelle correspond à 23,52 jours;

4° Enfin, par l'angle $\psi - 2\theta' - nt$, la période $\frac{2\pi}{k - 3n}$, qui serait d'environ 31,7 jours.

La période annuelle est seule importante si l'aimantation du Soleil est à peu près parallèle à son axe de rotation.

Il reste à déterminer les composantes géographiques de ces différents champs pour un point de la Terre à la latitude λ.

Le champ polaire F_p donne une variation $F_p \sin\lambda$ de la composante verticale et une variation $F_p \cos\lambda$ de la composante Nord, toutes deux indépendantes de la rotation de la Terre.

D'autre part, si mt est le temps sidéral, l'angle horaire d'une étoile d'ascension droite Æ est $mt - Æ$.

L'unité de champ magnétique dirigé vers une étoile de déclinaison nulle et d'ascension droite Æ donne trois composantes : une verticale vers le zénith, $\cos(mt - Æ)\cos\lambda$, deux horizontales, l'une $\cos(mt - Æ)\sin\lambda$ vers le Sud et l'autre $\sin(mt - Æ)$ vers l'Est. Cette dernière est la même sur toute la Terre, tandis que les deux précédentes varient avec la latitude. On fera $Æ = 90°$ pour F_e et $Æ = 180°$ pour F'_e.

Désignant par X et Y les composantes horizontales dirigées vers le Nord et vers l'Ouest, les variations ΔZ, ΔX et ΔY, dues à l'action du Soleil seront donc

$$(5) \quad \left\{ \begin{aligned} \Delta Z &= F_p \sin\lambda + (F_e \sin mt - F'_e \cos mt)\cos\lambda, \\ \Delta X &= F_p \cos\lambda - (F_e \sin mt - F'_e \cos mt)\sin\lambda, \\ \Delta Y &= F_e \cos mt + F'_e \sin mt. \end{aligned} \right.$$

Négligeant l'inclinaison δ de l'axe solaire et l'excentricité de l'orbite terrestre, on voit que les observations locales, outre les périodes précédemment indiquées, comprendront :

1° La période $\frac{2\pi}{m}$, ou celle du jour sidéral ;

2° Les périodes $\frac{2\pi}{m+k}$, $\frac{2\pi}{m-k}$, $\frac{2\pi}{m-k+2n}$ et $\frac{2\pi}{m+k-2n}$, qui seraient de $23^h 1^m,3$; $24^h 55^m,4$; $24^h 46^m,9$ et $23^h 8^m,6$.

Aucune d'elles ne correspond exactement au jour solaire.

Si l'on admet encore que la Terre s'aimante sous l'influence du champ solaire, comme une sphère pleine ou une couche sphérique, les variations sur la surface en seront altérées. L'aimantation étant supposée proportionnelle au champ, on devra considérer trois aimantations respectivement parallèles à Z, X et Y ; la première aura une action polaire et les deux autres des actions équatoriales.

En désignant par K un coefficient dont la signification a été définie dans le problème de Barlow (24), les variations réelles $\Delta'Z$, $\Delta'X$, $\Delta'Y$ des éléments magnétiques seront

$$\Delta'Z = (1 + 2K)\,\Delta Z,$$
$$\Delta'X = (1 - K)\,\Delta X,$$
$$\Delta'Y = (1 - K)\,\Delta Y.$$

Cette nouvelle hypothèse augmente les variations de la composante verticale et diminue celles des composantes horizontales, sans modifier en rien la nature des termes périodiques.

En tous cas, la période de révolution synodique, 27 jours, n'intervient que dans des termes qui dépendent de l'excentricité.

Si l'on fait $\delta = 0$ et $\gamma = 0$, l'axe magnétique du Soleil reste perpendiculaire au plan de l'écliptique. Les formules (4) et (5) deviennent alors

$$r^3 F_p = -\cos\varepsilon, \qquad r^3 \Delta Z = -\cos\varepsilon \sin\lambda + \sin\varepsilon \cos\lambda \sin mt,$$
$$r^3 F_e = \sin\varepsilon, \qquad r^3 \Delta X = -\cos\varepsilon \cos\lambda - \sin\varepsilon \sin\lambda \sin mt,$$
$$r^3 F'_e = 0; \qquad r^3 \Delta Y = \sin\varepsilon \cos mt.$$

Dans ce cas, la seule période est celle du jour sidéral. Si l'axe magnétique est dans le plan de l'écliptique, il suffit de considérer la valeur des termes en φ dans lesquels l'angle γ est constant et l'angle θ variable. Les formules ne renferment plus alors que la période semi-annuelle.

134. Courants entre le sol et l'atmosphère. — Plusieurs tentatives ont été faites, à l'exemple de Gauss, pour chercher si le travail magnétique du champ terrestre reste nul le long d'un circuit fermé, ou si ce travail indiquerait l'existence de courants électriques traversant la surface du globe.

Les calculs de M. Schmidt (130), dirigés en vue de séparer les trois espèces de causes productrices du champ, l'ont amené à conclure que les courants seraient en moyenne de 0,1 ampère par kilomètre carré. Aux latitudes de 50° et 55°, dans le voisinage du premier méridien, ce courant serait ascendant et atteindrait 0,15 ou 0,20 ampère.

En étudiant le réseau des observations sur les Iles Britanniques, M. Rücker (1) a appliqué le même calcul à différents circuits,

(1) A. W. Rücker, *Phil. Mag.*, 5e sér., t. XLI, p. 99; 1896.

mais les résultats furent contradictoires, le courant par kilomètre carré variant de $+0{,}01$ à $-0{,}026$ ampère, en tout cas beaucoup plus faible que dans l'évaluation précédente.

Le Tableau publié par M. Schmidt, qui donne pour 1885,0 les valeurs observées des trois composantes géographiques de 5° en 5° de longitude et de latitude, entre 60° N et 60° S, permet de soumettre la question à plusieurs épreuves.

Si la composante Y est comptée vers l'Est, et que la moyenne Y_n ne soit pas nulle, le courant I_λ qui traverse du Nord au Sud la calotte limitée au parallèle de latitude λ, a pour expression

$$4\pi I_\lambda = a\cos\lambda \int_0^{2\pi} Y\,dl = 2\pi a Y_n \cos\lambda.$$

On obtient ainsi, pour quelques parallèles :

Latitude.	Σ Y.	Y_n.	$Y_n \cos\lambda$.	I_λ.
60° N	+0,02732	+0,00038	+0,00019	+0,00010 a
40	+0,10461	+0,00145	+0,00111	+0,00055
20	+0,00172	+0,00003	+0,00003	+0,00001
0	−0,09422	−0,00131	−0,00131	−0,00065
20 S	−0,05844	−0,00081	−0,00076	−0,00038
40	−0,20197	−0,00281	−0,00215	−0,00107
60	+0,09901	+0,00138	+0,00069	+0,00034

Ces résultats semblent indiquer sur l'hémisphère Nord, où les observations présentent plus de garanties, l'existence d'un courant positif, qui émanerait surtout des latitudes moyennes, pour se propager ensuite dans les couches supérieures de l'atmosphère, descendre sur le sol aux basses latitudes et revenir finalement du Sud au Nord au travers du globe.

L'hémisphère Sud présente le même caractère, si l'on fait abstraction des nombres relatifs à la latitude de 60°, qui correspond à des régions presque inexplorées.

L'allure du phénomène aurait ainsi beaucoup d'analogies avec les courants induits par le champ terrestre (36, 2°). Toutefois, comme le rayon a est environ $6{,}371.10^8$, le courant total compris dans le parallèle de 40° serait $0{,}55.6{,}371.10^3 = 3{,}5.10^8$, ce qui impliquerait pour le circuit total une résistance bien difficile à admettre de $\frac{1}{3}$ d'ohm.

L'aire de la calotte limitée à la latitude λ est $2\pi a^2(1-\sin\lambda)$;

le courant moyen par centimètre carré serait

$$I_c = \frac{I_\lambda}{2\pi a^2(1-\sin\lambda)} = \frac{\cos\lambda}{1-\sin\lambda}\,\frac{Y_n}{4\pi a} = \frac{\cos\lambda}{1-\sin\lambda}\,\frac{10^{-9}}{8}\,Y_n,$$

et, par kilomètre carré, $I_k = I_c . 10^{10}$.

Pour le parallèle de 40°N, on obtient ainsi

$$I_k = 2,67\,Y_n = 0,00388 \text{ C.G.S.} = 0,04 \text{ ampère.}$$

Une autre manière d'opérer consiste à considérer un trapèze compris entre deux méridiens et deux parallèles. En désignant par X_m et X'_m les valeurs moyennes des composantes Nord sur les côtés méridiens, aux longitudes l et l', par Y_m et Y'_m les moyennes des composantes Est sur les portions de parallèles aux latitudes λ et λ', la chute de potentiel entre les points (l, λ) et (l', λ') prend deux valeurs différentes δV et $\delta' V$, suivant que l'on chemine d'abord sur le parallèle ou sur le méridien

$$\begin{aligned} \delta V &= a[Y_m(l'-l)\cos\lambda + X'_m(\lambda'-\lambda)],\\ \delta' V &= a[X_m(\lambda'-\lambda) + Y'_m(l'-l)\cos\lambda'], \end{aligned}$$

et, si les angles sont évalués en degrés,

$$\begin{aligned} \delta V &= 2\pi a\,\frac{l'-l}{360}\left[\frac{\lambda'-\lambda}{l'-l}\,X'_m + Y_m\cos\lambda\right],\\ \delta' V &= 2\pi a\,\frac{l'-l}{360}\left[\frac{\lambda'-\lambda}{l'-l}\,X_m + Y'_m\cos\lambda'\right]. \end{aligned}$$

Les moyennes relatives à un arc limité se déterminent en comptant pour moitié les valeurs qui correspondent aux extrémités.

En faisant dans ces expressions $l = 10°\text{W}$, $l' = 30°\text{E}$, $\lambda = 40°\text{N}$ et $\lambda' = 60°\text{N}$, le trapèze comprend la plus grande partie de l'Europe. On trouve alors

$$X_m = 0,16448, \qquad Y_m = -0,4795, \qquad Y_m\cos\lambda = -0,03672;$$

$$X'_m = 0,20759, \qquad Y'_m = -0,3545, \qquad Y'_m\cos\lambda' = -0,01772;$$

$$\delta V - \delta' V = 2\pi a\,\frac{4}{36}\,(0,06707 - 0,06452) = 2\pi a\,\frac{4}{36}\,0,00255.$$

La différence relative atteint $\frac{1}{26}$ et le courant correspondant est

$$I = \frac{\delta V - \delta' V}{4\pi} = a\,\frac{4}{36}\,0,00128.$$

L'aire du trapèze ayant pour expression

$$S = 2\pi a^2 (l' - l)(\sin\lambda' - \sin\lambda) = 2\pi a^2 \frac{4}{36}\, 0{,}2232,$$

le courant par kilomètre carré devient

$$I_k = \frac{I}{S}\, 10^{10} = 0{,}0143 \text{ C.G.S.} = 0{,}14 \text{ ampère}.$$

En résumé, on peut considérer comme très probable que des courants électriques émanent de certaines régions du sol pour y rentrer ailleurs, au moins dans le régime moyen, mais il serait prématuré d'en affirmer l'existence par les documents actuels; c'est encore un problème dont la solution est réservée à l'avenir.

135. Magnétarium. — Des vues particulières sur la constitution primitive et les transformations successives du globe ont conduit M. H. Wilde (¹) à la construction d'un appareil ingénieux, appelé *magnétarium*, qui permet d'imiter avec une exactitude singulière l'état actuel du champ magnétique et ses variations séculaires.

L'anneau de matière cosmique destinée à former la Terre s'est d'abord résolu en un sphéroïde de vapeurs incandescentes, que le refroidissement progressif a entourées ensuite d'une enveloppe liquide, puis d'une croûte solidifiée.

M. Wilde suppose qu'à une certaine époque de son histoire, le sphéroïde incandescent tournait autour d'un axe normal au plan de l'écliptique, auquel cas l'axe magnétique du système des courants électriques, analogues à ceux qui doivent exister aujourd'hui dans le Soleil, était lui-même parallèle à l'axe de rotation.

Dans la suite des temps, pour une cause quelconque, l'axe de rotation des couches superficielles, solide et liquide, s'est incliné sur sa direction initiale, les vapeurs intérieures conservant le même axe de rotation avec une vitesse plus faible.

Les couches superficielles, devenues magnétiques par l'abaissement de température, prirent d'abord une aimantation parallèle à l'axe du monde, tant que la surface resta régulière; puis les inégalités de courbure, les plissements du sol et la répartition inégale des eaux et des terres finirent par donner à cette aimantation un caractère plus complexe.

(¹) H. WILDE, *Proc. of the Roy. Soc.*; 19 juin 1890.

Sans discuter la valeur de cette conception qui soulève des problèmes délicats de Géologie et de Mécanique céleste, on peut admettre avec M. Wilde que le magnétisme terrestre est formé de deux parties distinctes : l'une invariable, liée à la structure actuelle de la croûte terrestre ; l'autre, due aux courants intérieurs, symétrique autour d'une droite inclinée sur l'axe du monde et qui tourne lentement de l'Est à l'Ouest, par suite de la différence des vitesses de rotation. On peut supposer, d'ailleurs, que cette rotation relative traduise, non pas le mouvement même des gaz intérieurs, mais seulement les courants électriques dont ils sont le siège, si cette hypothèse, toutefois, est compatible avec les conditions physiques du milieu.

Quoi qu'il en soit, le problème consistait à représenter la Terre par l'aimantation uniforme d'une sphère intérieure, parallèle à un axe tournant, et par une aimantation géographique résiduelle, de constitution invariable. C'est, pour ainsi dire, le problème inverse de celui qu'on a traité en considérant les isanomales relatives à une aimantation géographique suivant l'axe du monde, ou à une aimantation parallèle à l'axe magnétique.

M. Wilde a d'abord monté un globe géographique sur un axe porté par un arc métallique qui permet de le fixer dans une direction arbitraire, afin qu'un point quelconque de la surface puisse être amené au zénith ; une pièce latérale est alors disposée de manière qu'on puisse y installer une petite boussole permettant de déterminer la déclinaison et l'inclinaison du champ que l'on veut produire. Ce globe est garni d'une série de fils, enroulés suivant les parallèles, qui constituent une bobine sphérique. Quand la bobine est parcourue par un courant, le champ extérieur est le même que celui d'une sphère aimantée uniformément dans une direction parallèle à l'axe géographique.

Un second globe, placé à l'intérieur du premier et mobile autour du même axe, est couvert également par une bobine sphérique, mais l'axe des spires a été, pour un premier essai, incliné sur l'axe de rotation d'un angle de 18°, qui est sensiblement la colatitude du pôle magnétique terrestre.

Enfin, un rouage différentiel permet de faire tourner les deux globes en même temps, mais la rotation de la bobine intérieure subit un retard de 12° pour chaque tour du globe extérieur.

Dans cet état, les deux bobines étant parcourues par le même courant ou des courants inégaux et le rouage en mouvement, le système équivaut à un aimant résultant, incliné sur l'axe du monde d'un angle inférieur à 18° et qui tournerait d'une manière continue autour de cet axe. C'est la première hypothèse de l'état magnétique du globe et il est évident que l'on peut ainsi reproduire dans ses traits principaux la distribution du champ terrestre.

Le résultat n'étant pas satisfaisant, diverses modifications ont été apportées à l'appareil en ajoutant sur le globe géographique des feuilles d'acier ou de fer aimantées, mais les épreuves tentées en vue de reproduire la déclinaison et l'inclinaison de Londres ont montré que l'angle de 18° était insuffisant pour la direction de l'axe du globe intérieur.

L'axe de ce globe fut alors incliné sur le premier de 23°39′ correspondant à l'inclinaison du plan de l'orbite sur l'équateur, de sorte qu'à certaines époques l'axe des courants intérieurs est perpendiculaire au plan de l'écliptique. On peut alors retrouver sensiblement avec le magnétarium les valeurs des éléments magnétiques observés à Londres. Un tour complet du globe extérieur, c'est-à-dire un déplacement relatif de 12° pour le globe intérieur, correspondait environ à 32 ans, de sorte que la période principale des variations séculaires serait de 960 ans.

Toutefois, les résultats fournis par le magnétarium présentent encore une symétrie qui n'est pas conforme à la distribution du champ terrestre, laquelle semble indiquer un excès de la composante horizontale sur les continents par rapport aux mers.

Pour se rapprocher davantage de la nature, M. Wilde a reconnu qu'il suffisait de recouvrir par des feuilles de tôle découpées, d'épaisseur convenable, les parties du globe qui correspondent aux océans; ces feuilles agissent comme des écrans partiels, qui nuisent à la propagation des forces magnétiques et diminuent la valeur relative du champ extérieur.

Cet artifice améliora les résultats d'une manière surprenante et la conséquence la plus inattendue fut que le magnétarium reproduisait avec une grande exactitude l'ovale de Chine, comprenant des régions isolées où la déclinaison est occidentale, et l'ovale de déclinaison minimum qui se trouve dans les parties équatoriales du Pacifique.

Pour donner une idée du degré de concordance ainsi obtenue entre les observations et le jeu du magnétarium, nous citerons quelques-uns des résultats obtenus par M. Wilde :

LE CAP.

Déclinaison.				Inclinaison.			
Observation.		Magnétarium.		Observation.		Magnétarium.	
Époque.	D.	Époque.	D.	Époque.	I.	Époque.	I.
1609..	0° 12′	1609..	0° 0′	1751..	43° 0′	1753..	37° 30′
1622..	2 0	1625..	3 30	1770..	44 25	1769..	40 0
1691..	11 0	1689..	15 0	1775..	45 19	»	»
1721..	16 25	1721..	19 40	1780..	46 46	1785..	42 30
1751..	19 15	1753..	23 20	1792..	47 25	1801..	46 0
1768.	19 30	1769..	24 40	1818..	50 47	1817..	49 0
1792..	24 31	1801..	27 40	1836..	52 35	1833..	52 0
1818..	26 31	1817..	28 30	1839..	53 6	»	»
1850..	29 18	1849..	29 40	1846..	53 40	1849..	54 30
1880..	30 0	1881..	30 0	1880..	57 0	1881..	58 0

SAINTE-HÉLÈNE.

Époque.	D.	Époque.	D.	Époque.	I.	Époque.	I.
1691..	1 0	1683..	0 0	1825..	14 56	1827..	15 0
1724..	7 30	1731..	8 0	1835..	18 0	»	»
1775..	12 18	1779..	15 0	1839..	17 55	»	»
1796..	15 48	1795..	17 0	1840..	18 16	1843..	19 0
1806..	17 18	1811..	19 0	1847..	19 23	1859..	23 0
1840..	22 53	1843..	22 20	1880..	29 0	1875..	28 30
1880..	26 0	1875..	25 30				

Quoique le mode même de construction de cet appareil ne permette pas d'espérer que les valeurs numériques se reproduisent exactement de part et d'autre, il est remarquable que la marche du phénomène naturel soit suivie avec une grande approximation. Nous avons pu vérifier nous-même, en employant l'appareil que possède le Conservatoire des Arts et Métiers, la plupart des circonstances particulières signalées par M. Wilde.

Cet instrument est donc la réalisation d'une idée très ingénieuse qui peut avoir une grande influence sur la manière dont il convient d'interpréter le magnétisme terrestre.

CHAPITRE XIII.

PHÉNOMÈNES DIVERS.

---

136. Électricité atmosphérique. — L'idée de comparer à la foudre le craquement et la lumière des étincelles électriques s'était présentée depuis longtemps à l'esprit des physiciens, mais c'est surtout à Franklin que l'on doit d'avoir montré, en 1745, toutes les analogies qui existent entre les deux phénomènes. Quelques années plus tard (1752), il fit la célèbre expérience du cerf-volant qui lui permit, par un temps orageux, de soutirer des nuages de grandes étincelles électriques.

Au cours de la même année, en répétant l'expérience de Dalibard sur l'électricité recueillie en temps d'orage par une longue tige métallique verticale et isolée, Lemonnier reconnut que ce conducteur s'électrise presque toujours, même par un ciel pur, au point quelquefois de donner des étincelles. En tous temps, l'atmosphère est donc un champ électrique, que l'on peut supposer uniforme jusqu'à une certaine distance du sol, et le problème se pose de savoir par quelles méthodes on doit l'étudier.

Lorsqu'un conducteur vertical est isolé dans l'air, abstraction faite des circonstances où il laisserait échapper des effluves ou des étincelles par son extrémité supérieure plus ou moins effilée, ce conducteur se charge par influence d'électricité positive sur une des parties, négative sur l'autre, et se met au potentiel de la couche d'air située à la ligne neutre, vers le milieu de sa hauteur. Si ce conducteur communique avec un appareil de mesures, tel qu'un électroscope à feuilles d'or ou à pailles, le système est plus complexe; le potentiel observé correspond alors à un certain niveau moins facile à définir, mais il suit les mêmes variations que l'état électrique de l'air environnant.

La méthode serait correcte dans le cas d'un isolement parfait, le conducteur ne perdant aucune trace d'électricité ni par l'air, ni surtout par les supports, et sa charge totale restant toujours nulle, conditions irréalisables dans la pratique.

Supposons qu'un tel conducteur, de petites dimensions, placé au dehors, soit mis en communication avec le sol; il prend une charge proportionnelle au champ électrique, charge négative si le champ est dirigé de haut en bas. En l'isolant, pour le porter ensuite dans une salle fermée et le relier à un électromètre, le potentiel indiqué par l'instrument sera proportionnel à celui de l'air dans la région où était le conducteur.

De Saussure employait un électroscope muni d'une tige verticale. On place d'abord l'instrument sur le sol et l'on touche la tige pour ramener les pailles au contact. L'appareil étant alors isolé, on l'élève de façon que les pailles soient à la hauteur de l'œil; leur écartement correspond alors à la différence de potentiel entre les deux niveaux où se trouvait le sommet du conducteur.

Peltier et divers physiciens ont utilisé cette méthode, excellente en principe; elle a l'inconvénient, comme la précédente, de ne pas se prêter aux observations continues.

En 1787, Volta eut l'idée de terminer la tige de l'électroscope par une petite bougie ou une mèche soufrée, que l'on allume au moment de l'expérience. La combustion n'a qu'une influence négligeable par elle-même, mais les gaz chauds qui s'en échappent se comportent comme une pointe infiniment aiguë et enlèvent toute trace d'électricité; ils jouent le rôle d'un *égalisateur de potentiels,* de sorte que le conducteur est amené au même potentiel que la couche d'air située au voisinage de la pointe. Cette méthode a été remise en faveur par Lord Kelvin, en particulier pour son *électromètre portatif,* où la tige de l'instrument porte une mèche formée de papier roulé qu'on a préalablement imprégné de nitrate de plomb, et qui brûle lentement.

Quand on a soin de bien régler la combustion, soit par une flamme de gaz, soit par des mèches convenablement préparées, le débit d'électricité qu'entraînent les gaz chauds peut être suffisant pour compenser les défauts d'isolement absolu et rétablir rapidement l'équilibre électrique; l'électromètre suit alors toutes les variations du potentiel extérieur.

Pour les observations continues, Lord Kelvin a remplacé le courant de gaz chauds par un écoulement d'eau, plus facile à maintenir régulier et qui remplit la même fonction; c'est la méthode dont on fait généralement usage. Un vase métallique isolé, contenant de l'eau, est muni d'un long tube horizontal qui sort à l'extérieur du laboratoire dans une ouverture libre et se termine par un petit orifice, d'où s'échappe le liquide; l'appareil est relié à l'électromètre. Les indications de l'électromètre, au point où la veine liquide se résout en gouttelettes, donnent à chaque instant le potentiel de l'air, sauf peut-être dans les cas où ses variations sont extrêmement rapides.

On doit prendre quelques précautions, sur lesquelles nous ne pouvons insister, pour éviter l'obstruction de l'orifice d'écoulement et maintenir à peu près le même débit aux différentes heures de la journée. L'inconvénient principal est que le liquide peut se congeler par les temps froids. Pour l'atténuer, au moins en grande partie, on ajoute à l'eau une certaine quantité de glycérine ou d'alcool, afin de retarder le point de congélation.

Dans une expédition au Cap Thordsen (Spitzberg), M. Andrée entourait le tube d'écoulement, jusqu'auprès de l'orifice, avec une couche de laine tenue par une bande d'étoffe. Le réservoir se trouvant à l'intérieur d'une pièce chauffée, le refroidissement du tube était assez ralenti pour que la veine liquide ne fût pas arrêtée, même par des températures de — 20° ou — 25°.

Une dernière méthode, applicable par tous les temps, repose sur l'emploi des corps radio-conducteurs, tels que les sels d'uranium et surtout les composés riches en polonium ou en radium, dont on doit la découverte à M. Curie. Ces substances ont la propriété singulière de décharger les corps électrisés, même à distance, et à plus forte raison de dissiper toute l'électricité des conducteurs sur lesquels ils sont placés.

Au lieu d'un écoulement d'eau, il suffit donc de faire sortir du laboratoire une tige métallique isolée et de placer à l'extrémité une petite quantité, quelques décigrammes, d'une matière particulièrement active. M. Paulsen en a obtenu d'excellents résultats dans sa dernière expédition en Islande. Pour éviter que la pluie ne finisse par dissoudre ou entraîner mécaniquement d'aussi petites quantités de sel, il est possible encore, lorsque les substances sont très actives, de les recouvrir par une feuille mince d'aluminium, de 2 à 3 centièmes de millimètre d'épaisseur, sans trop affaiblir leur efficacité. C'est là une précieuse ressource qui peut simplifier beaucoup l'installation.

Quant aux appareils de mesure, nous ne pouvons pas entreprendre ici de les décrire. Aux différents électroscopes ou électromètres employés autrefois, on a substitué presque partout, au moins dans les Observatoires, l'électromètre à quadrants de Lord Kelvin, plus ou moins modifié. Dans le modèle dont nous faisons usage, l'aiguille est reliée au conducteur et les deux paires de quadrants communiquent respectivement avec les deux pôles d'une pile formée par un certain nombre de très petits couples, suivant la sensibilité que l'on veut obtenir. On gradue l'instrument à l'aide d'une pile analogue dont l'un des pôles est mis à la terre et l'autre relié à l'aiguille.

Un miroir porté par l'aiguille permet de faire des observations directes ou d'enregistrer les résultats d'une manière continue par la photographie, comme pour les appareils magnétiques.

On a quelquefois fait usage d'un galvanomètre relié d'une part au sol et d'autre part à l'appareil d'écoulement. On peut ainsi obtenir des résultats comparatifs avec deux écoulements identiques situés dans des conditions différentes, mais l'intensité du courant varie avec le débit du liquide; il est alors difficile de préciser la relation qui existe entre le potentiel de l'air et le phénomène observé.

137. Variations. — Par un ciel pur, le potentiel de l'air est généralement positif, mais les courbes tracées dans un appareil enregistreur sont beaucoup plus accidentées que celles du magnétisme et l'on observe souvent des changements rapides, ce qui fait présumer que les masses d'air entraînées par le vent, dans le voisinage, sont elles-mêmes électrisées.

Pour en déduire une marche diurne, il faut réunir un grand nombre d'observations, choisir dans l'ensemble des courbes celles qui paraissent traduire un phénomène plus calme et, même alors, les remplacer par un tracé fait à la main qui élimine la plupart des petits accidents; les moyennes horaires ainsi définies fournissent des résultats assez réguliers.

Lorsque le ciel est couvert, le potentiel est habituellement plus faible et peut devenir négatif. Tous les phénomènes atmosphériques, les nuages, la pluie, la neige, le brouillard, la direction et la vitesse du vent, etc., modifient les résultats dans de grandes proportions, sans qu'aucune règle paraisse s'en dégager. La pluie est le plus souvent négative et parfois positive. Les chutes de neige sont en majorité positives. Dans les deux cas, il peut se produire des variations considérables, d'un signe quelconque, et telles que les déviations de l'aiguille passent en quelques instants d'une extrémité à l'autre de l'échelle. Ces changements rapides se manifestent surtout par les temps d'orage, même quand les nuages orageux sont encore très éloignés de l'instrument, et il est difficile d'interpréter des phénomènes aussi troublés.

La plupart des physiciens ont indiqué, pour l'état électrique de l'air, une double oscillation diurne avec deux maxima et deux minima, dont l'heure change avec l'époque de l'année. Par une longue série d'observations faites à Bruxelles de 1844 à 1849, Quételet (¹) trouve, par exemple, que les maxima ont lieu avant 8^h *a. m.* et après 9^h *p. m.* en été, tandis qu'ils se rapprochent en hiver, à 10^h *a. m.* et 6^h *p. m.*, le minimum de jour se produisant vers 3^h *p. m.* pendant l'été et 1^h *p. m.* pendant l'hiver.

Les courbes fournies par un enregistreur installé au Collège de France, en 1879 et 1880, ne mettaient en évidence, pendant l'été, qu'une oscillation simple avec un maximum de nuit et un minimum plus irrégulier dans la journée. Les observations de Greenwich indiqueraient une marche analogue (²).

En discutant les résultats de diverses stations, M. Chauveau trouve que les observations faites au voisinage du sol présentent deux caractères très différents suivant les saisons.

Pendant l'été, un minimum très marqué se produit aux heures chaudes du jour, un autre plus faible avant le lever du Soleil, et l'oscillation diurne est nettement double, les maxima ayant lieu vers 7^h30^m *a. m.* et 8^h *p. m.*

Pendant l'hiver, le minimum de l'après-midi s'atténue jusqu'à disparaître, tandis que le minimum du matin s'accentue, et l'oscillation tend à devenir simple.

(¹) *Annuaire météorologique de la France, pour* 1850, p. 161.

(²) A. Chauveau, *Journal de Physique*, 3ᵉ sér., t. VIII, p. 549; 1899.

Au sommet de la Tour Eiffel, où l'enregistrement des observations a été entretenu pendant sept années, de mai à octobre, la variation diurne d'été présente la plus grande analogie avec le régime d'hiver auprès du sol.

Ce serait là, d'après M. Chauveau, la marche normale du phénomène, les allures différentes obtenues pendant l'été dans les stations basses pouvant être attribuées à une action du sol par les fumées, les poussières, la végétation ou l'évaporation.

L'influence des saisons sur la marche diurne fait prévoir qu'il existe aussi une variation annuelle. D'après Quételet, le potentiel moyen serait minimum en juin et maximum en janvier avec une valeur quinze fois plus grande. Les observations plus récentes indiquent des écarts beaucoup moindres, par exemple de 1 à 2, avec maximum en hiver et minimum en été.

Pendant six années à l'observatoire de Lyon, M. André trouve également un maximum en janvier, un minimum de mai à septembre, et cette variation présenterait quelque analogie avec la répartition des jours de brouillard et de brume.

138. **Influence de l'altitude.** — Le sol étant conducteur, sa surface limitée à tous les détails des reliefs qui s'y trouvent, collines, forêts, plantes, constructions, etc., constitue une surface de niveau électrique sur laquelle on considère que le potentiel est nul. A mesure qu'on s'élève, les surfaces de niveau conservent d'abord les mêmes déformations, progressivement adoucies, et finissent par devenir horizontales à une hauteur notable par rapport aux reliefs voisins. Le champ électrique est alors uniforme.

Pour s'en assurer, il suffit d'installer sur un terrain plat, comme nous avons eu l'occasion de le faire, des mâts de hauteurs différentes, par exemple de 5^m et de 10^m, au sommet desquels on a monté des mèches allumées que l'on met alternativement en communication avec un électromètre. Les courbes de potentiel présentent les mêmes variations dans les deux cas, avec des ordonnées dans le rapport des hauteurs.

Le long d'un édifice à parois verticales, le potentiel de l'air croît d'abord dans le sens horizontal, d'autant plus rapidement que l'édifice est plus élevé et mieux dégagé d'obstacles voisins.

Les conditions topographiques dans lesquelles se trouvent les égaliseurs de potentiels, flammes, orifices d'écoulement d'eau ou autres, ont donc la plus grande influence sur la valeur des potentiels observés. Avec un écoulement situé à $1^m,50$ environ de la construction, par exemple, tandis que l'on obtenait au Bureau central météorologique une moyenne de 100 à 200 volts en été, les mesures faites au sommet de la Tour Eiffel ont donné près de 4000 volts, et souvent de nombreuses étincelles se produisaient entre les organes de l'électromètre.

Si l'on veut déterminer le champ électrique, il faut donc opérer en rase campagne et prendre des dispositions particulières pour explorer diverses altitudes [1].

Sur la tige d'un électroscope, par exemple, on engage un anneau muni d'un long fil conducteur terminé à l'autre extrémité par une balle ou une flèche qu'on lance en l'air. Quand l'anneau se détache de l'instrument, le potentiel observé correspond à un certain niveau, qui serait pour une flèche la hauteur atteinte à ce moment si elle fonctionnait comme un égaliseur de potentiels efficace, ce qui n'a pas lieu. Les cerfs-volants munis de pointes sont dans le même cas.

M. Exner s'est servi de petits ballons à hydrogène munis d'une mèche et reliés à l'électroscope par un fil de cuivre. Jusqu'à 50^m, la variation de potentiel s'est trouvée linéaire, de sorte que le champ électrique était sensiblement uniforme.

Dans les ascensions aéronautiques, où l'on ne peut rester en communication avec un instrument fixé sur le sol, la seule méthode pratique a été indiquée par Lord Kelvin; elle consiste à mesurer la différence de potentiel entre deux points situés sur la même verticale. Deux fils isolés de longueurs différentes, suspendus à la nacelle et terminés chacun par un égaliseur de potentiels, sont reliés respectivement aux deux conducteurs de l'appareil de mesures, par exemple les pailles et les armatures d'un électroscope, que l'on a gradué par des expériences préliminaires.

Sous la direction de M. Exner, cette expérience fut réalisée à Vienne en 1885 par M. Lecher avec deux collecteurs à eau distants de 2^m. Pour une hauteur moyenne de 550^m, la différence de potentiel par mètre, d'environ 193 volts, était supérieure de 100 volts

(1) *Voir* G. Le Cadet, *Annales de l'Université de Lyon*, fasc. XXXV; 1898.

à la valeur près du sol. En 1892, M. Tuma obtenait également une différence de potentiel croissante, de 40 à 70 volts par mètre, à mesure qu'il s'élevait jusqu'à 1900m.

Au contraire, les observations ultérieures de M. Börnstein et de M. Baschin à Berlin, et surtout celles de M. Le Cadet, avec des dispositions analogues, s'accordent à montrer que le champ électrique diminue progressivement à mesure qu'on s'élève. La différence de potentiel par mètre se réduirait, par exemple, de 44 à 13 volts quand on passe de 1000m à 4000m. La variation ne paraît sensible qu'au-dessus de 1000m, mais on a peu d'observations aux altitudes moindres.

Si l'on admet, comme très probable, que les surfaces de niveau restent sensiblement horizontales à toute hauteur, cette diminution du champ indiquerait que les couches traversées renferment une certaine quantité d'électricité positive. En désignant par F et F′ les valeurs du champ aux stations inférieure et supérieure, distantes de la hauteur h, et par ρ la densité électrique moyenne dans cet intervalle, la variation du flux de force donnerait, dans le système d'unités électrostatiques,

$$4\pi h\rho = \mathrm{F} - \mathrm{F}', \qquad \rho = \frac{\mathrm{F} - \mathrm{F}'}{4\pi h}.$$

Ces résultats ne s'appliquent qu'aux journées de ciel pur. Dans d'autres circonstances, on trouverait une marche toute différente et les couches traversées renfermeraient parfois de l'électricité négative, surtout par les temps couverts ou brumeux.

L'existence de masses d'air électrisées suffit pour expliquer la formation des nuages orageux. La charge contenue dans un certain espace se répand d'abord sur les gouttelettes condensées, se distribue ensuite, au moins en partie, à la surface des flocons, puis sur celle du nuage entier dont l'ensemble se comporte comme un médiocre conducteur; pendant la suite de ces transformations, la tension électrique est toujours croissante.

Si le potentiel de l'air est positif, la surface du sol est nécessairement négative. En appelant F_0 la valeur du champ près du sol et σ la densité de la couche négative superficielle, le théorème des flux de force donne encore $4\pi\sigma = \mathrm{F}_0$.

Cette électricité tend à se répandre dans l'atmosphère par tous les corps qui s'échappent du sol : poussières, fumées, vapeur d'eau, gaz dégagés dans la respiration des plantes ou des animaux et les actions chimiques, etc.; elle finirait par annuler la valeur moyenne du champ extérieur.

C'est sans doute un phénomène analogue que M. Lemström a observé en reliant un galvanomètre avec un faisceau de pointes installé sur une colline à quelque distance. Le faisceau se serait illuminé, comme dans le cas des feux Saint-Elme, en produisant un courant électrique entre le sol et l'atmosphère.

139. **Origine.** — Cette action incessante du sol qui tend à diminuer l'électricité de l'air doit être compensée par un mécanisme naturel qui l'entretient et la reproduit, mais l'origine de l'électricité atmosphérique reste encore un problème et les nombreuses théories qu'elle a suscitées ne sont guère que des conjectures.

On a invoqué d'abord la plupart des phénomènes signalés plus haut, l'évaporation, la production d'acide carbonique, les actions chimiques, etc., pour expliquer la formation d'électricité positive qui se dissiperait dans l'air, malgré l'influence opposée du champ extérieur; ces différentes explications ne reposent sur aucune expérience directe et paraissent tout à fait insuffisantes. Il en est de même pour l'électricité que l'on attribuerait au frottement de couches d'air à différents états ou au frottement de l'air contre les gouttes d'eau, les grêlons ou les aiguilles de glace.

MM. Elster et Geitel ([1]) ont ouvert une voie toute différente en essayant d'établir une relation directe entre le potentiel électrique et le rayonnement ultra-violet de la lumière solaire.

Ces rayons très réfrangibles, qui sont absorbés en grande partie dans les régions supérieures, paraissent à M. Brillouin ([2]) jouer un rôle capital dans la production de l'électricité.

Hertz a découvert, en 1887, que les rayons ultra-violets provoquent des étincelles entre deux conducteurs trop éloignés pour se décharger directement. Divers physiciens ont montré que cette action est localisée sur la cathode, électrisée négativement, et qu'un abaissement de pression la favorise.

M. Brillouin appuie son interprétation sur une expérience dans laquelle M. Buisson a vérifié qu'un bloc de glace électrisé néga-

([1]) ELSTER et GEITEL, *Sitzb. der K. Akad. der Wiss., Wien*, t. CI, p. 825; 1892.
([2]) CH. BRILLOUIN, *Journ. de Phys.*, 3ᵉ sér., t. IX, p. 91; 1900. — *Ass. Fr.*, 1897.

tivement perd toute sa charge dans un champ électrique, quand on l'éclaire par un faisceau intense de rayons ultra-violets. L'effet est beaucoup moindre dès que la glace commence à fondre et s'annule lorsque la surface entière est en fusion.

Les cristaux de glace qui constituent les cirrus se forment aux grandes altitudes, où la lumière solaire est beaucoup plus riche en rayons ultra-violets et la pression assez faible pour faciliter cette action du champ électrique.

Si faible que soit le champ, les cirrus sont donc dans un état instable et deviennent positifs dès qu'ils sont éclairés par le soleil. On doit admettre que l'électricité négative ainsi perdue se dépose dans l'air ambiant qui reste isolant.

L'air neutre se trouve lui-même dans un état instable. Il devient négatif en traversant une région de cirrus éclairés et positif quand les cirrus électrisés s'y évaporent.

Sans entrer plus loin dans les phénomènes de détail, l'électricité atmosphérique serait ainsi entretenue par l'action des radiations solaires ultra-violettes sur les aiguilles de glace des cirrus, surtout aux époques de maxima des taches solaires; les déplacements relatifs des hautes régions atmosphériques par rapport au champ magnétique terrestre suffiraient d'ailleurs pour produire le champ électrique initial nécessaire à cette action.

140. Aurores polaires. — Dans cet ordre d'idées, les nuages lumineux que l'on aperçoit quelquefois à de grandes hauteurs et les éclairs dits *de chaleur* produits dans un ciel pur s'expliqueraient naturellement par des effluves électriques entre les aiguilles de glace, devenues positives sous l'influence des rayons solaires, et les masses négatives de l'air ambiant.

Il ne semble pas douteux que les aurores polaires ne soient également des phénomènes électriques susceptibles de recevoir une explication analogue, car on trouverait tous les états intermédiaires entre les nuages lumineux et les colorations aurorales les plus brillantes.

L'apparition dans le ciel de grandes nappes lumineuses, ayant des formes et des couleurs très variées, a fait l'objet d'un nombre considérable d'observations [1], surtout dans les hautes latitudes.

---

(1) *Voir* A. Angot, *Les Aurores polaires;* Paris, 1895.

On les désigne aujourd'hui sous le nom d'*aurores boréales* ou *australes*, suivant qu'elles se manifestent dans l'hémisphère Nord ou l'hémisphère Sud.

Ces aurores paraissent quelquefois immobiles, soit comme des lueurs en plaques isolées ou réunies par groupes, soit sous la forme de grands arcs lumineux homogènes dont les extrémités s'appuient sur l'horizon.

Quand le phénomène est plus brillant, il est presque toujours le siège de mouvements rapides. Ce sont des arcs lumineux à bord irrégulier qui émettent des rayons d'une manière intermittente; des rayons isolés, plus ou moins rapprochés, qui émanent d'un centre ou paraissent converger vers un point déterminé du ciel, autour duquel ils se disposent parfois comme une sorte de gloire ou de couronne; enfin, des bandes non homogènes, formées de rayons parallèles d'éclats différents. Dans certains cas, ces bandes se replient sur elles-mêmes comme des draperies flottantes dont le bord inférieur est généralement le plus lumineux.

La hauteur des aurores est très variable, souvent très grande, jusqu'à 100^{km} ou 200^{km}, quelquefois très faible, puisqu'on les a vues se projeter sur les collines voisines.

C'est seulement dans l'hémisphère Nord que les observations ont été assez suivies, pendant de longues années, pour qu'il soit possible de les discuter utilement.

D'après M. H. Fritz, les points qui correspondent au même nombre moyen d'aurores visibles dans le cours de l'année sont distribués sur une série de courbes en forme d'ovales, dont le centre serait environ par 80° N. et 77° W. Très rares aux latitudes de 30° à 50° (0,1 à 5 par an), les aurores ont leur maximum de fréquence (plus de 100 par an) sur une courbe passant par le cap Nord en Norwège, le haut de la Nouvelle-Zemble, le cap Nord-Est de Sibérie, la baie d'Hudson, le Labrador, pour descendre au sud du Groenland et de l'Islande. La fréquence diminue ensuite rapidement quand on se rapproche du pôle.

Les aurores apparaissent en général vers le Nord, surtout aux basses latitudes. Le nombre de celles qui sont situées au sud de l'observateur augmente avec la latitude; elles se montrent indifféremment des deux côtés un peu au delà de la courbe de fréquence maximum, puis en majorité vers le Sud.

141. Variations périodiques. — L'éclairement produit par les plus belles aurores ne dépasse pas celui de la Lune à son premier quartier; elles ne sont pas visibles quand le Soleil est au-dessus de l'horizon, et leur lumière est très affaiblie par la Lune.

Malgré cette discontinuité des observations, on a pu constater, dans la fréquence des aurores, une période diurne définie surtout par un maximum principal dont l'heure serait différente pour chacune des formes. Le maximum a lieu d'ordinaire dans la première moitié de la nuit et semble retarder jusqu'au matin, à mesure que la latitude augmente.

La recherche d'une variation annuelle présente les mêmes difficultés, à cause de l'inégale longueur des nuits. Cependant la fréquence des aurores paraît nettement maximum au voisinage des équinoxes (il en est de même dans l'hémisphère Sud), moindre en hiver, et la rareté plus grande des observations en été doit être attribuée surtout à la courte durée de la nuit.

A mesure que la latitude augmente, les deux maxima d'automne et de printemps se rapprochent de plus en plus, pour ne donner finalement qu'un seul maximum au milieu de l'hiver.

Il serait très intéressant de savoir si la fréquence des aurores présente des périodes en rapport avec la rotation du Soleil, ou avec l'importance relative des taches solaires, mais les documents que l'on possède ne suffisent pas pour en établir la succession. C'est seulement d'une manière approximative que les grandes aurores semblent se reproduire à des intervalles de 27 à 30 jours, et qu'elles présenteraient une période d'environ $11\frac{1}{6}$ années analogue à celle des taches solaires; dans ce dernier cas, les coïncidences des deux phénomènes ne sont que très imparfaites.

142. Relations avec le magnétisme. — Les observations d'électricité atmosphérique sont trop récentes pour qu'il ait été possible d'y trouver des rapports certains avec le magnétisme terrestre. Les aurores polaires paraissent, au contraire, s'en rapprocher très étroitement.

Ainsi, plusieurs observateurs ont signalé depuis longtemps que le sommet des arcs lumineux se trouve sensiblement dans le méridien magnétique.

De même, les rayons, soit isolés, soit réunis en arcs, en couronnes ou en draperies, sont à peu près parallèles à l'aiguille d'inclinaison; ils paraissent donc converger, dans le ciel, vers le zénith magnétique, c'est-à-dire vers le point où la direction de cette aiguille rencontre la voûte céleste.

Toutefois, ces deux règles comportent beaucoup d'exceptions; la direction moyenne indiquée par le plan de symétrie des aurores paraît même, en chaque station, présenter une déviation constante par rapport au méridien magnétique, et le centre des couronnes s'écarterait aussi du zénith magnétique.

Le fait le plus remarquable est la coïncidence des aurores, que nous avons déjà signalée, avec les perturbations magnétiques.

Si cette relation est manifeste pour les grandes aurores et les troubles magnétiques importants, on ne peut pas encore la considérer comme générale. Dans les latitudes élevées, on observe souvent des perturbations qui ne correspondent à aucune aurore; inversement, il se produit des aurores avant, pendant ou après lesquelles l'aiguille aimantée reste parfaitement tranquille.

Sans examiner quelles sont les interprétations propres à expliquer toutes ces irrégularités, l'ensemble des phénomènes paraît bien démontrer que les aurores révèlent l'existence de courants électriques dans l'atmosphère.

Quelques observations de M. Paulsen (¹) à Godthaab indiqueraient même la direction de ces courants, au moins dans un cas particulier. Les draperies aurorales n'ont qu'une très faible épaisseur, car elles se présentent comme une strie lumineuse quand elles passent au zénith de l'observateur. Au voisinage d'une de ces draperies qui venait du Sud, l'aiguille de déclinaison était déviée vers l'Ouest et la déviation se fit vers l'Est quand la draperie s'éloigna vers le Nord après avoir passé au zénith. Les courants électriques traduits par ces lueurs étaient donc dirigés de bas en haut. En même temps, le potentiel de l'air diminuait jusqu'à devenir négatif pendant l'apparition des grandes aurores, ce qui concorderait avec la direction des courants.

On a fait également de nombreuses hypothèses pour expliquer les aurores polaires. M. Paulsen admet « que, par insolation, les molécules électrisées absorbent l'énergie des rayons solaires et que

(¹) A.-F.-W. PAULSEN, *Expédition danoise en* 1882-1883; Copenhague, 1894.

la perte de cette énergie emmagasinée se fait sous la forme d'un rayonnement auroral ». Le mécanisme physique de cette hypothèse un peu vague se trouverait, d'après les vues indiquées plus haut de M. Brillouin, dans l'électrisation positive des aiguilles de glace, sous l'influence des rayons solaires ultra-violets, et les effluves qui se produisent ensuite entre ces aiguilles et l'air ambiant devenu négatif. Les limites de cet Ouvrage ne nous permettent pas d'y insister davantage.

143. Courants telluriques. — Les lignes télégraphiques sont souvent parcourues par des courants spontanés qui troublent les transmissions, font marcher les sonneries et, quelquefois, donnent naissance à des étincelles capables de détruire les appareils ou de causer des accidents de personnes. En temps d'orage, ces courants s'établissent même sur les lignes isolées; l'explication en est alors évidente.

Dans d'autres cas, les courants cessent dès que la ligne est isolée par un bout, ils sont d'autant plus intenses que la ligne est plus longue, éprouvent des variations rapides, avec changements de sens, et ne paraissent avoir aucune relation avec l'état de l'atmosphère. On les observe aussi bien sur les câbles souterrains ou sous-marins que sur les lignes aériennes. Ils tiennent donc à une cause plus générale, ce sont les courants *telluriques*.

Matteucci paraît avoir remarqué le premier la coïncidence de l'aurore boréale du 27 octobre 1848 avec les troubles des lignes télégraphiques. La relation des courants spontanés sur les lignes avec les variations du magnétisme terrestre, établie par Barlow (1), a été confirmée depuis par un grand nombre d'observateurs, surtout à l'époque des perturbations principales.

Il importe d'abord de préciser le caractère des observations. Supposons qu'une ligne télégraphique de résistance R, contenant un galvanomètre, communique au sol, à ses deux extrémités A et B, par des plaques métalliques. Si le courant observé est I, on en conclut qu'il existe dans le sol, entre les deux prises de terre, une différence de potentiel $V_A - V_B = E$, définie par la relation $E = IR$. Pour la déterminer sans qu'il soit nécessaire de connaître

(1) W.-H. Barlow, *Phil. Mag.*, t. XXXIV, p. 344, et *Phil. Tr. L. R. S.*, p. 61; 1849.

la valeur de R et la sensibilité du galvanomètre, on intercale dans le circuit une pile de force électromotrice e. En appelant S la résistance du sol entre les prises de terre, le courant produit i (ou la variation du courant, s'il existait déjà) est $e = i(R + S)$.

Pour des lignes un peu longues, la valeur de S est négligeable par rapport à R; il en résulte

$$E = e\frac{I}{i}.$$

Cette manière de raisonner serait exacte si les courants étaient dus à des causes chimiques ou thermo-électriques, mais il ne paraît pas douteux que ces courants sont produits principalement, sinon en totalité, par des effets d'induction ([1]).

Pour un câble souterrain de longueur l, si l'on appelle u la densité du courant et ρ la résistivité du sol dans un tube de flux qui aboutit aux plaques de terre, u' et ρ' la densité du courant et la résistivité du conducteur, la force électrique dans les deux milieux (35, note) sera $u\rho = u'\rho'$, les densités de courant étant proportionnelles aux conductivités respectives, d'où l'on déduit

$$(u' - u)\rho' = u(\rho - \rho').$$

Le changement de résistance équivaut donc à l'introduction, dans le fil métallique, d'une force électromotrice $\int u(\rho - \rho')\,dl$, ou simplement $u(\rho - \rho')l$, lorsque le sol est assez homogène pour que les quantités u et ρ soient constantes.

Si le métal employé est très conducteur, comme le cuivre, on peut négliger ρ' devant ρ et le courant observé I sera

$$(R + S)I = u\rho l.$$

Le même raisonnement s'applique à un fil aérien, pourvu que les causes agissantes ne provoquent pas de flux d'induction appréciable dans la surface comprise entre ce conducteur et le sol.

En intercalant une force électromotrice e dans le circuit, on a encore $(R + S)i = e$; les deux relations donnent, pour la densité du courant terrestre,

$$u = \frac{e}{\rho l}\frac{I}{i}.$$

([1]) A. Schuster, *Br. Ass. Rep., Bristol*, p. 756; 1890.

Ce courant est proportionnel à la conductivité du sol, qui peut varier beaucoup suivant l'humidité des couches, de sorte qu'on n'obtient pas une représentation bien définie de l'état électrique par l'expression

$$E = u\rho l = e\frac{I}{i}.$$

Il serait donc nécessaire, pour bien interpréter les observations, de déterminer la conductibilité du sol par expérience; il est probable que des échantillons pris à différentes profondeurs donneraient des résultats très différents et permettraient d'apprécier comment varie le courant avec la distance à la surface.

Si l'on dispose ainsi de deux lignes différemment orientées, par exemple de l'Est à l'Ouest et du Nord au Sud, l'ensemble des observations fera connaître la direction réelle des courants qui traversent le sol.

On peut encore utiliser un conducteur formant un circuit fermé sans communication avec la terre. Dans ce cas, le courant ne tient plus qu'aux variations du champ magnétique. Pour un circuit horizontal de résistance R, enfermant une surface S et dont le coefficient de self-induction est L (35), le flux de force qui le traverse est $ZS + LI$ et l'équation du courant

$$RI = -\left(S\frac{dZ}{dt} + L\frac{dI}{dt}\right).$$

Le dernier terme est généralement négligeable et le courant induit est à chaque instant proportionnel à la vitesse de variation de la composante verticale.

144. Perturbations. — Les lignes télégraphiques en exploitation ne permettent d'observer les courants telluriques qu'aux époques où ils sont assez intenses pour empêcher les transmissions, à moins d'interrompre le service à certaines heures.

La force électromotrice atteint parfois des valeurs très élevées. On a observé, par exemple, des valeurs de 700 volts à 800 volts en France sur des lignes de 500^{km} à 600^{km} pendant l'aurore boréale et la grande perturbation magnétique du 29 août au 3 septembre 1859. En Angleterre, pour la perturbation du 31 janvier 1881, les différences de potentiel ont atteint 120 volts pour 220 milles, c'est-à-dire 1 volt par 1,8 mille, et les courants changeaient brusquement de sens en trois minutes [1]. On cite même aux États-Unis, le 16 juillet 1892, des différences de 15 volts par mille entre les stations de New-York et Élisabeth [2].

Dans divers observatoires, on a installé des lignes spéciales sur lesquelles les courants spontanés sont observés directement et enregistrés d'une manière continue.

En discutant les résultats obtenus, de 1865 à 1867, sur deux lignes de 8 milles à 10 milles, situées entre Greenwich et Dartford ou Croydon, Airy [3] arrive à cette conclusion que les perturbations magnétiques sont produites par des courants qui se propagent dans le sol. Il y avait cependant quelques circonstances où les courants telluriques se manifestaient avant ou après les perturbations. Ces lignes furent remplacées en 1868 par d'autres plus courtes, mais mieux orientées; dans l'ensemble des observations les plus importantes recueillies de 1880 à 1891, M. Ellis [4] trouve que le défaut de concordance entre les perturbations magnétiques et les courants telluriques reste compris entre $\pm 3^m$ et qu'on peut attribuer ces écarts aux erreurs d'observation; les impulsions des aimants seraient en avance seulement de quelques secondes. Dans tous les cas, le signe de variation des éléments magnétiques correspond toujours à un sens déterminé des courants et change quand les courants sont renversés.

En 1883, Blavier [5] organisa une série d'observations sur des lignes aériennes ou souterraines partant de Paris dans diverses directions : Le Havre, Lille, Nancy, Lyon, etc. A résistance égale, les courants sur des lignes parallèles sont proportionnels à la distance des prises de terre. D'autre part, ces courants seraient toujours en rapport avec la variation des éléments magnétiques, c'est-à-dire que l'intensité serait à chaque instant proportionnelle à la dérivée de la courbe magnétique correspondante, et nulle quand le magnétisme est stationnaire. Si cette relation était bien établie, les courants telluriques seraient produits par les variations du

---

(1) W.-H. PREECE, *Journ. of telegr. Engin.*, vol. XI, p. 97; 1881.
(2) CLEVELAND ABBE, *Meteorological Journal*, déc. 1892.
(3) Sir G. AIRY, *Phil. Trans. L. R. S.*, t. CLVIII, p. 471; 1868.
(4) W. ELLIS, *Proc. of the Roy. Soc.*, t. LII, p. 204; 1892.
(5) E.-E. BLAVIER, *Étude des courants telluriques*; Paris, 1884.

magnétisme terrestre au lieu de les provoquer. Il y a peut-être une distinction à faire, sur laquelle nous reviendrons, entre les perturbations et la marche diurne.

A l'observatoire du Parc Saint-Maur ([1]), trois lignes spéciales ont été réservées à cette étude, deux de 14^{km}, du Nord au Sud ou de l'Est à l'Ouest, et un circuit fermé qui embrasse une surface d'environ 12^{kmq}. Un même enregistreur reçoit les courants des trois lignes comme pour les éléments magnétiques. Les résultats ont été très satisfaisants pendant quelques années, mais le développement des transmissions télégraphiques sur des lignes qui empruntent une partie des mêmes poteaux trouble beaucoup les observations actuelles. Les conclusions de M. Moureaux ne sont pas tout à fait conformes à celles de Blavier.

Aux époques de perturbations, les variations de la composante horizontale suivent presque exactement celles du courant de l'Est à l'Ouest, sans que le courant s'annule aux moments de calme relatif. La même relation existe, quoique moins régulière, entre les mouvements de déclinaison vers l'Ouest et les courants sur la ligne dirigée du Nord au Sud. Dans les deux cas, les effets sont sensiblement simultanés.

145. Variations régulières. — En temps de calme magnétique, les courants telluriques paraissent éprouver une variation *normale* dans laquelle M. Adams ([2]) constate des maxima un peu avant les passages supérieur et inférieur de la Lune au méridien, de sorte que la période serait semi-diurne lunaire. D'après M. Dresing ([3]) au contraire, le courant sur le câble d'Écosse en Norwège changerait de sens toutes les six heures.

Sur une ligne des Indes, M. Walker ([4]) trouve que, dans la direction Est-Ouest, le courant est nul à 7^h-8^h *a. m.*, maximum vers l'Ouest entre $9^h 30^m$ et 10^h *a. m.*, nul encore à midi et demi, maximum dans la direction de l'Est entre 2^h et $3^h 45^m$ *p. m.*, s'annule de nouveau entre 11^h *p. m.* et minuit, puis reste très faible et de direction variable jusqu'au matin. Dans ce cas, il y aurait un

---

([1]) TH. MOUREAUX, *Ann. du Bur. Centr. mét.*, t. I, p. B.25; 1893.
([2]) J.-S. ADAMS, *Journ. of telegr. Engin.*, vol. X, n° 35, p. 34; 1881.
([3]) CH. DRESING, *Ibid.*, n° 36, p. 72.
([4]) E.-O. WALKER, *Journ. of telegr. Engin.*, vol. XII, p. 38; 1882.

maximum et un minimum aux heures qui correspondent à la plus grande variation de la composante horizontale.

Les observations de M. Moureaux, quoiqu'en trop petit nombre, semblent préciser davantage le phénomène. La discussion de quelques courbes choisies en temps de calme magnétique montre que les deux composantes du courant tellurique éprouvent l'une et l'autre une double oscillation diurne. Dans les deux cas, l'oscillation principale a lieu pendant les heures de jour et correspondrait à un maximum de 0,003 volt par kilomètre.

Sur la ligne Est-Ouest, le courant s'annule vers 4^h *a. m.*, midi et 6^h *p. m.*, aux moments où la composante horizontale passe par un maximum ou un minimum; il se dirige à l'Est lorsque la composante diminue et vers l'Ouest quand elle augmente. C'est exactement ce qui doit se produire si ces courants sont la cause des variations de la composante.

Sur la ligne Nord-Sud, le courant se dirige au Sud de 3^h à 7^h *a. m.*, change de sens vers le moment où se produit le minimum de déclinaison, court rapidement du Sud au Nord jusque vers 11^h ou midi, puis rétrograde de nouveau et atteint son maximum vers 11^h *p. m.* Les courants s'opposeraient alors à la variation de déclinaison et devraient être produits par le champ magnétique.

Il y a donc une sorte de contradiction dans ces deux conséquences, mais les résultats ne sont donnés par M. Moureaux qu'à titre de premier aperçu. Cette question importante mérite d'être plus complètement élucidée.

On doit prévoir aussi que les courants telluriques éprouvent des variations en rapport avec la rotation du Soleil et l'importance relative des taches solaires.

M. Preece ([1]) indique les années 1859-60, 1872 et 1883, dont l'intervalle est d'environ onze années, pendant lesquelles on a constaté des troubles considérables sur les lignes télégraphiques. Ces époques correspondent sensiblement aux maxima des taches solaires et la corrélation paraît assez naturelle, puisque les perturbations magnétiques suivent la même marche.

Une statistique bien faite par les administrations télégraphiques suffirait pour préciser davantage ces différentes périodes.

([1]) W. PREECE, *Journ. of telegr. Engin.*, vol. XII, p. 59; 1882.

146. Courants industriels. — Dans un grand nombre d'observatoires magnétiques les courbes des enregistreurs ont été singulièrement troublées, au point de devenir inutilisables, par l'établissement de lignes industrielles destinées au transport électrique de l'énergie, et surtout au service des tramways, lorsque les courants sont continus et transmis par des conducteurs aériens, avec retour à l'usine par les rails.

Si parfaites que soient les communications entre les rails successifs, ces conducteurs laissent échapper dans le sol des courants dérivés, dits *vagabonds*, qui se propagent jusqu'à de grandes distances, agissent sur les appareils magnétiques et sur les prises de terre qui servent à l'étude des courants telluriques.

C'est ainsi qu'à l'Observatoire naval de Washington une ligne de tramway électrique à trolley, passant à 4200 mètres du pavillon magnétique, troublait d'abord l'enregistreur de composante verticale sans agir sur le déclinomètre ou le bifilaire, mais de nouveaux conducteurs d'éclairage ont aggravé la situation. A Toronto, le service magnétique dut se déplacer à cause de l'établissement d'un tramway électrique dans le voisinage. A Clermont, la ligne du tramway de Royat rend impossibles les observations magnétiques installées à la Faculté des Sciences, à la distance de 600 mètres. A l'Observatoire de Lyon, l'arrivée et le départ des tramways à la station terminus de Saint-Genis-Laval se traduit également à plus de 2 kilomètres sur les courbes des enregistreurs.

A Greenwich, des tramways éloignés à plus de 7 kilomètres de l'Observatoire et à 4 kilomètres des prises de terre destinées à l'étude des courants telluriques y produisent de telles perturbations qu'on a dû interrompre cette partie du service.

Les courants alternatifs, qui ont au moins vingt-cinq périodes par seconde, ne présenteraient pas les mêmes inconvénients, car leur action serait annulée par l'amortissement des barreaux et les courants dérivés s'éteindraient à une moindre distance.

Il est bien certain que ces troubles sont dus réellement aux courants dérivés dans le sol et non à l'action directe que produirait le courant de la ligne, s'il suivait uniquement le fil principal et les rails de retour.

En effet, à une petite distance par rapport à la longueur des fils, le courant I se comporte comme s'il était formé de deux droites indéfinies. Par un point P (*fig.* 84) menons un plan perpendiculaire aux courants, qui les coupe en A et B. Le potentiel magnétique V en ce point est, à une constante près, le produit Iω du

Fig. 84.

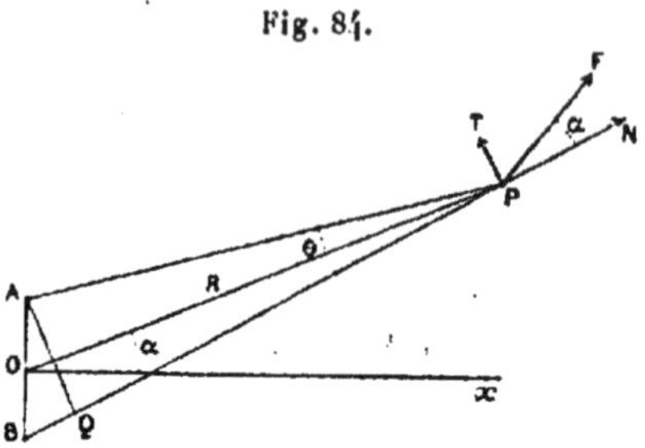

courant par l'angle apparent ω des deux côtés du circuit (30), et cet angle est double de l'angle θ formé par les droites PA et PB, ce qui donne

$$V = 2I\theta.$$

Lorsque l'écartement a des fils est petit par rapport à la distance R du point P en leur milieu O, si α désigne l'angle de cette droite OP avec la normale Ox au plan des fils, on peut écrire

$$\theta = \frac{AQ}{R} = \frac{a\cos\alpha}{R}, \qquad V = \frac{2aI}{R}\cos\alpha.$$

En appelant N et T les composantes du champ F, respectivement normale et tangentielle à la circonférence de rayon R ayant pour centre le point O, on aura donc

$$N = -\frac{\partial V}{\partial R} = \frac{2aI}{R^2}\cos\alpha,$$

$$T = -\frac{1}{R}\frac{\partial V}{\partial \alpha} = \frac{2aI}{R^2}\sin\alpha,$$

$$F = \sqrt{N^2+T^2} = \frac{2aI}{R^2},$$

$$\frac{T}{N} = \operatorname{tang}\alpha.$$

Le champ a la même valeur en tous les points de la circonférence considérée; il est en raison inverse du carré de la distance et sa direction est inclinée de l'angle 2α sur la droite Ox.

Si l'on fait $I = 100$ ampères, ou 10 unités C. G. S., et que l'on suppose $a = 10^m = 10^3$ centim., $R = 500^m = 5.10^4$ centim., il en résulte

$$F = \frac{2.10^4}{25.10^8} = 8.10^{-6}.$$

En prenant 0,2 pour la composante horizontale H, on aurait

$$\frac{F}{H} = \frac{8.10^{-6}}{0,2} = 4.10^{-5} = 0,00004.$$

A la distance de 500^m, l'action produite par le courant ne serait donc pas $\frac{1}{20000}$ de la composante horizontale; l'effet serait à plus forte raison négligeable si l'on employait, à l'aller et au retour, deux fils isolés sur des poteaux, auquel cas leur écartement serait beaucoup moindre.

Des recherches spéciales, organisées par l'Institut météorologique de Berlin, ont montré que l'action de ces courants parasites est sensiblement en raison inverse de la distance et que, même à 8^{km} dans une direction latérale à la ligne de tramways électriques, elle peut encore atteindre 0,00005; dans ce cas, les petites vibrations du champ (110) en seraient déjà affectées.

Ce n'est là d'ailleurs qu'un exemple particulier et les résultats pourraient varier dans de grandes proportions suivant la nature du sol, les dimensions des rails et la manière dont les communications sont établies entre eux.

Pour protéger les observatoires magnétiques, il faudrait donc, soit proscrire l'installation de tramways électriques avec retour du courant par les rails à une distance moindre que 10^{km} ou 15^{km}, ce qui n'est guère pratique dans les régions très habitées, soit transporter les instruments loin de tout centre de population et de routes fréquentées, soit enfin imposer à l'industrie l'emploi de courants alternatifs ou, dans le cas de courants continus, un ensemble de mesures qui rendent négligeable leur action directe et suppriment les dérivations dans le sol.

C'est la dernière solution qui a été adoptée pour l'observatoire de Kew. Les conducteurs installés au voisinage doivent être bien isolés sur tout leur parcours, avec des fils d'aller et de retour dont l'écartement ne peut pas excéder la centième partie de leur distance à l'observatoire.

Dans ces conditions, où $R = 100a$, le champ produit serait

$$F = \frac{2I}{100R}.$$

Si les courants étaient de 100 ampères $= 10$ C. G. S., et situés à la distance de $100^m = 10^4$, on aurait encore $F = 2.10^{-5}$, mais le parc qui entoure l'observatoire est assez grand pour éloigner davantage les lignes électriques.

147. Tremblements de terre. — On a remarqué souvent que les tremblements de terre se traduisent, sur les courbes des enregistreurs magnétiques, par une agitation particulière, même à une très grande distance du point où s'est manifestée la secousse principale. Il ne paraît pas douteux que l'action mécanique met un temps appréciable pour se transmettre aux séismographes plus ou moins éloignés de ce qu'on appelle l'*épicentre* du phénomène, mais ces effets n'ont guère été observés qu'à des distances de 400^{km} et les vitesses de 500^m à 1500^m par seconde qu'on en peut déduire ne correspondent qu'à des écarts de quelques minutes entre l'heure où les appareils ont été mis en mouvement.

Les troubles magnétiques se traduisent beaucoup plus loin, jusqu'à 1500^{km}. Le tremblement de terre du 23 février 1887, qui a secoué la ville de Menton (¹), s'est traduit pratiquement à la même heure dans les observatoires magnétiques de Perpignan, Lyon, Toulouse, Parc Saint-Maur et Utrecht. Quelques observatoires étrangers indiqueraient sur les précédents un retard qui serait de 2^m à Greenwich et Kew, 3^m à Pola, 4^m à Bruxelles et Lisbonne, 6^m à Wilhemshaven et jusqu'à 7^m à Vienne pour la composante horizontale. Il est clair que ces différences d'heure ne présentent aucun rapport avec la variation de distance à l'épicentre.

La cause de ces secousses, quelle qu'en soit la nature, est d'ailleurs très complexe, comme les effets mécaniques mêmes du tremblement de terre; elle se compose en réalité de plusieurs actions successives très rapprochées et de caractères variés. On conçoit donc que des barreaux aimantés de dimensions différentes n'obéissent pas de la même manière et que, dans un même observa-

(¹) *C. R. de l'Acad. des Sc.*, t. CIV, p. 606, 634, 744, 1238 et 1350; 1887.

toire, il soit possible que les trois appareils de variations ne donnent pas des indications concordantes.

La vitesse beaucoup plus grande que l'on serait conduit à attribuer à la propagation du phénomène sur les enregistreurs magnétiques porte plutôt à croire que les instruments traduisent une modification des éléments magnétiques du globe, ou encore des courants électriques qui seraient provoqués par les déformations locales des couches géologiques.

Dans cet ordre d'idées, les effets doivent être simultanés ou au moins se succéder dans le court intervalle nécessaire à la dissémination des courants dans le sol. On expliquerait ainsi les écarts dans les heures d'observation, si toutefois elles sont déterminées avec une approximation suffisante.

D'autre part, il est naturel qu'une secousse mécanique puisse produire une oscillation pendulaire à un barreau aimanté, mais on conçoit moins aisément qu'elle soit capable d'imprimer un mouvement de rotation au déclinomètre et au bifilaire.

Pour essayer de résoudre cette question, M. Moureaux a installé au Parc Saint-Maur un barreau de cuivre porté par une suspension bifilaire et muni d'un miroir qui inscrit ses mouvements sur l'enregistreur même des variations magnétiques. Dans aucune circonstance, alors que les courbes magnétiques indiquaient la trace très nette des tremblements de terre, la ligne droite correspondant au barreau de cuivre n'a montré la moindre agitation. Il est vrai que ce barreau a une forme symétrique et que son centre de gravité se trouve sur l'axe de rotation, tandis que la même condition n'est pas remplie en toute rigueur pour les aimants, où l'action du champ vertical est compensée par un déplacement du centre de gravité; mais le bras de levier est bien petit (45) et le centre de percussion si rapproché de l'axe qu'une rotation semble difficile à produire. L'expérience serait plus concluante si le barreau de cuivre était dissymétrique, avec des côtés très inégaux, afin que le centre de percussion soit notablement en dehors de l'axe, comme on le fait pour certains appareils séismiques.

Sans pouvoir être affirmatif sur une question qui donne lieu à beaucoup de controverses, il nous semble donc que les troubles indiqués par les appareils magnétiques, à l'époque des tremblements de terre, doivent être attribués à des causes purement magnétiques ou électriques, plutôt qu'à une transmission mécanique des secousses du sol.

Quoi qu'il en soit, nous reproduirons, à titre de document sur cette question, la liste des perturbations relevées par M. Moureaux sur les courbes du Parc Saint-Maur, qui paraissent devoir être attribuées aux tremblements de terre.

DATE.	HEURE.	SIÈGE DU TREMBLEMENT DE TERRE.
25 déc. 1884...	9^h24^m	Andalousie.
23 fév. 1887...	5 45	Région de Nice.
8 août 1888...	23 35	?
1 juillet 1889...	23	Asie centrale.
25 oct. 1889...	23 35	Région de Gallipoli.
15 janv. 1891...	4 15	Cherchell (Algérie).
27 avril 1894...	20 4; 20^h 8^m	Grèce.
10 juillet 1894...	10 50	Constantinople.
14 avril 1895...	22 33	Vénétie, Sud de l'Autriche.
22 janv. 1896...	16 58; 17^h 3^m; 23^h30^m	?
26 août 1896...	23 36; 23 42 ; 23 46	Islande.
6 sept. 1896...	0 20 à 0 30	Islande.
12 juin 1897...	11 37	Calcutta.

La corrélation des deux phénomènes paraît générale, sauf pour les observations du 8 août 1888 et du 22 janvier 1896, qui ne correspondent à aucun tremblement de terre signalé, mais il est possible que des mouvements du sol se produisent dans des régions inhabitées, ou même sous les mers, et qu'ils échappent ainsi complètement aux observations.

Par contre, des secousses notables ont été ressenties en France, le 2 septembre 1896, dans les départements du Pas-de-Calais, de la Somme, du Nord, ainsi qu'en Belgique, sans que les courbes des enregistreurs en portent aucune trace.

CHAPITRE XIV.

MAGNÉTISME DES NAVIRES.

148. **Des compas.** — On donne habituellement le nom de *compas* aux boussoles de déclinaison employées dans la marine. Ces boussoles sont composées d'un ou de plusieurs aimants, en forme d'aiguilles ou quelquefois d'anneaux, attachés à un disque circulaire, appelé *rose*, sur laquelle est tracée une *ligne de foi*, parallèle à l'axe magnétique du système, et des divisions angulaires avec une série de traits plus apparents pour indiquer les principaux rhumbs. La boussole, mobile sur pointe ou flottant sur un liquide, est installée dans une boîte suspendue à la cardan de façon que l'axe de rotation reste vertical malgré les mouvements du navire. La boîte est fermée à la partie supérieure par une lame de verre, sur laquelle on monte un équipage mobile pour rapporter au compas le relèvement de points extérieurs. Des dispositions optiques particulières permettent de voir en même temps l'objet visé et la division correspondante de la rose, mais on se sert le plus souvent d'une simple alidade à pinnules qui donne une approximation suffisante des lectures.

Un hydrographe de Dieppe, Guillaume Denis, avait remarqué, dès 1666, que deux compas, placés en différents points d'un même navire, ne donnaient pas des indications concordantes. Cette observation fut confirmée par divers officiers de marine et l'on signala de nombreuses anomalies surtout sur les navires qui passaient d'un hémisphère à l'autre.

Les premières recherches méthodiques à ce sujet ne remontent guère qu'au capitaine Flinders ([1]), qui mit en évidence le rôle des

([1]) FLINDERS, *Phil. Trans. L. R. S.*, Pt II, p. 186; 1805.

fers que contient le navire dans la production de ces écarts et essaya d'établir des règles empiriques pour les déterminer.

Il faut aller ensuite jusqu'aux expériences de Barlow ([1]) pour trouver un progrès sensible dans l'étude des compas et une méthode de correction, par l'emploi de boules ou de disques en fer montés au voisinage de la boussole et destinés à compenser l'action des fers doux du navire aimantés par le champ terrestre.

C'est à Poisson ([2]) que l'on doit enfin, sur les déviations causées par l'aimantation du navire, une théorie complète qui sert de guide dans les méthodes actuelles de correction. Poisson admet que l'aimantation induite des fers est proportionnelle à la valeur actuelle du champ, c'est-à-dire que les aimantations produites par différentes causes se superposent. Si les fers ne sont pas trop rapprochés du compas, le champ qui en résulte sur les aiguilles est sensiblement uniforme et ses composantes s'expriment par des équations linéaires. Poisson considérait que le navire n'avait pas d'aimantation propre appréciable, mais il a suffi d'introduire ce nouvel élément dans les équations pour les rendre tout à fait générales. C'est un dernier progrès qui a été réalisé par les travaux d'Airy et d'Archibald Smith.

L'importance croissante des masses de fer, fixes ou mobiles, qui se trouvent à bord, le développement des machines et des constructions métalliques et la présence de pièces d'artillerie en acier ne laissent plus sur un navire aucune place où le compas puisse être à l'abri des déviations; il est nécessaire de connaître ces déviations ou de les compenser, et le problème devient de plus en plus difficile.

Le navire se comporte, en effet, comme un aimant de constitution très complexe. Les masses d'acier ou de fer dur ont pris pendant la construction, surtout sous l'influence du martelage, une aimantation *permanente*, à peu près parallèle au méridien magnétique. Toutefois, dans la période qui suit immédiatement la mise à la mer, le magnétisme acquis sur cale ou dans les bassins se dissipe assez rapidement, lorsque le navire évolue ensuite, et prend bientôt un état plus stable. Ce magnétisme s'appelle quel-

---

([1]) P. Barlow, *An Essay on magnetic attraction;* London, 1820.

([2]) Poisson, *Mém. de l'Institut*, t. V, p. 521; 1824.

quefois *sous-permanent,* parce qu'il subit encore des variations sensibles, après les tirs d'artillerie, les échouages, ou lorsque le navire reste longtemps dans la même orientation. Pour chaque état, il produit au voisinage du compas, soit par lui-même, soit par réaction sur les fers doux, un champ dont l'intensité et la direction restent constantes par rapport au navire.

D'autre part, les masses de fer doux prennent, sous l'influence du champ terrestre, une aimantation temporaire, variable avec l'orientation du navire et sa position géographique. Il semble cependant que cette aimantation induite ne soit pas, en toute rigueur, proportionnelle à la valeur actuelle du champ et qu'il se manifeste un peu d'hystérésis magnétique. Gaussin a reconnu, en effet, que, si un navire tourne sur place pour revenir dans un azimut déterminé, la déviation du compas ne reprend pas exactement sa valeur primitive et que l'écart change de signe suivant que la rotation a eu lieu dans un sens ou dans l'autre. L'aimantation induite dépendrait donc, non pas du champ actuel, mais d'une de ses valeurs antérieures. Cet effet est d'ailleurs très faible, 1° au plus, et ne pourrait guère être corrigé dans la pratique.

Nous admettrons aussi que le magnétisme du navire, tant induit que permanent, est indépendant de la température; les variations qu'il pourrait éprouver de ce chef sont négligeables par rapport aux autres causes d'erreur.

Enfin, le compas est supposé se mouvoir dans un champ uniforme, composé d'abord du champ terrestre, puis d'une partie constante due au magnétisme permanent et d'un terme variable correspondant à l'aimantation induite; il suffit alors de calculer les perturbations au centre du compas. On s'attachait autrefois à former les compas avec des aiguilles longues, de grand moment magnétique, afin d'augmenter le couple directeur. Dans ce cas, il n'est plus possible d'admettre l'uniformité du champ et les organes de compensation prennent une importance excessive.

Lord Kelvin a montré que, sous tous les points de vue, il est plus avantageux de réduire les dimensions des aiguilles et leur moment magnétique. Dans les *compas Thomson,* si répandus aujourd'hui, l'aimant est formé par une série de petites aiguilles parallèles, attachées par des fils de soie à une rose très légère en papier ou en mica, de manière que l'ensemble ne pèse pas plus de 30^{gr}. Quoique l'aimantation des aiguilles soit aussi très faible, le moment d'inertie du système est assez petit pour que la position d'équilibre soit rapidement atteinte. Le compas est monté sur une caisse, ou *habitacle*, destinée à renfermer plusieurs aimants qui servent aux corrections.

140. Différentes espèces de déviations. — Supposons d'abord le navire droit. Le *cap* est la direction horizontale du plan de symétrie, ou *plan longitudinal*, comptée vers l'avant; par extension, on désigne par le même nom l'azimut de ce plan avec un autre vertical. Soient

ζ l'azimut du cap Ox (*fig.* 85) avec le méridien magnétique ON, ou le *cap magnétique*, cet angle étant compté vers l'Est;

Fig. 85.

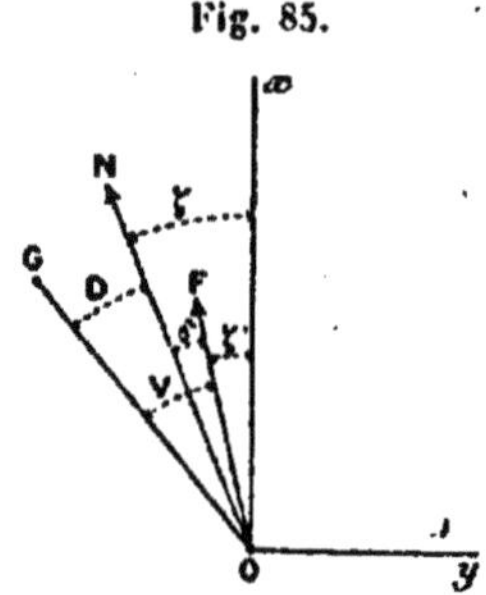

ζ' l'azimut du cap avec la ligne de foi OF du compas, ou le *cap au compas;*

$\delta = \zeta - \zeta'$ la *déviation* du compas.

La *variation* V est l'angle, compté aussi vers l'Est, que fait la ligne de foi avec le méridien géographique OG ou la *déclinaison apparente*. Si D est la déclinaison réelle, on a évidemment

$$V = D + \delta.$$

Rapportons le phénomène à trois axes rectangulaires ayant pour origine le centre du compas, l'axe des x vers le cap, l'axe des y vers tribord, c'est-à-dire à droite du navire, et l'axe des z de haut en bas, vers la quille.

Soient P, Q et R les composantes du champ produit par le magnétisme permanent. La valeur de Q serait nulle si le compas était dans le plan de symétrie, que les masses de fer dur et d'acier fussent également distribuées de part et d'autre de ce plan, et que le navire eût été lui-même parallèle au méridien magnétique pendant la construction; ce sont des conditions exceptionnelles.

Le compas n'est affecté que par les composantes horizontales; le champ secondaire $S=\sqrt{P^2+Q^2}$ fait avec le cap un angle α déterminé par la condition

$$\frac{P}{\cos\alpha}=\frac{Q}{\sin\alpha}=S.$$

La déviation δ, due à cette seule cause, serait

$$\operatorname{tang}\delta=\frac{S\sin(\zeta+\alpha)}{H+S\cos(\zeta+\alpha)}.$$

L'angle δ est nul pour $\zeta=-\alpha$ ou $\zeta=\pi-\alpha$, c'est-à-dire quand le champ S est parallèle au méridien magnétique.

Si le rapport $\frac{S}{H}$ est très petit, ce qui arrive fréquemment, il en est de même pour l'angle δ et l'on peut écrire

$$H\sin\delta=S\sin(\zeta+\alpha)=P\sin\zeta+Q\cos\zeta.$$

La déviation δ change de signe, en conservant la même valeur absolue, lorsque ζ change de π, le navire ayant viré bout pour bout; c'est une déviation *semi-circulaire*. Cette déviation est sensiblement en raison inverse de H, elle a le même signe sur toute la Terre et la même valeur le long d'un parallèle magnétique.

Pour le magnétisme induit, nous désignerons par X, Y, Z les composantes du champ terrestre rapportées aux axes du navire.

L'aimantation due à la composante Z est verticale et indépendante du cap; elle produit sur le compas un champ dont les composantes horizontales sont de la forme $P_1=cZ$, $Q_1=fZ$, la dernière étant nulle dans les conditions de symétrie. Il en résulte encore une déviation semi-circulaire

$$\sin\delta_1=\frac{P_1}{H}\sin\zeta+\frac{Q_1}{H}\cos\zeta=(c\sin\zeta+f\cos\zeta)\operatorname{tang}I.$$

Cette déviation est proportionnelle à la tangente de l'inclinaison; elle a encore la même valeur le long d'un parallèle, mais elle s'annule à l'équateur et change de signe quand on passe d'un hémisphère à l'autre.

Les composantes $X = H\cos\zeta$ et $Y = -H\sin\zeta$ donnent respectivement au navire des aimantations parallèles, dont le champ S' sur le compas a pour composantes $aX + bY$ vers l'avant et $eY + dX$ vers bâbord, les coefficients b et d étant très petits. L'angle α' de ce champ avec le cap est

$$\frac{aX + bY}{\cos\alpha'} = \frac{eY + dX}{\sin\alpha'} = S',$$

et la déviation δ' correspondante

$$\tan g\delta' = \frac{S'\sin(\zeta + \alpha')}{H + S'\cos(\zeta + \alpha')}.$$

Si l'on écrit encore, d'une manière approchée,

$$H\sin\delta' = S'\sin(\zeta + \alpha') = (aX + bY)\sin\zeta + (eY + dX)\cos\zeta,$$

et qu'on remplace X et Y par leurs valeurs, il en résulte

$$2\sin\delta' = d - b + (a - e)\sin 2\zeta + (b + d)\cos 2\zeta.$$

La déviation δ' est indépendante du champ terrestre et conserve la même valeur sur toute la surface du globe; elle comprend aussi deux parties : l'une *constante*, l'autre qui change de signe lorsque ζ change de 90° ou d'un quadrant; cette dernière est une déviation *quadrantale*.

Lorsque les causes perturbatrices restent très faibles, on peut admettre que la déviation totale δ est la somme des déviations qui seraient produites par chacune d'elles séparément et la représenter par l'expression

$$(1) \qquad \sin\delta = (A) + B\sin\zeta + C\cos\zeta + D\sin 2\zeta + (E\cos 2\zeta);$$

les termes mis entre parenthèses sont très petits puisqu'ils tiennent aux défauts de symétrie de la position du compas à bord, ou de la distribution des masses de fer et d'acier.

Comme c'est l'azimut ζ' qui est observé, on peut encore, au même degré d'approximation, remplacer ζ par ζ' et prendre l'expression

$$(2) \qquad \sin\delta = A + B\sin\zeta' + C\cos\zeta' + D\sin 2\zeta' + E\cos 2\zeta',$$

dont les coefficients seront à déterminer par une série d'observations méthodiques.

Le premier terme A du second membre est la valeur moyenne des déviations, les deux suivants correspondent à une déviation semi-circulaire et les derniers à une déviation quadrantale.

Il reste encore à examiner l'influence de l'obliquité du navire, ou l'*erreur de bande*.

Soit i l'inclinaison du navire sur bâbord, ou la bande. Les composantes P et X ne changent pas, mais on devra remplacer Q par $Q\cos i - R\sin i$, Y par $Y\cos i + Z\sin i$ et Z par $Z\cos i - Y\sin i$. Sauf le cas de très grandes inclinaisons, on voit que chacun des coefficients A, C et D renferme un terme sensiblement proportionnel à la bande.

150. Équations générales. — Si l'on tient compte en même temps de toutes les causes de déviation, on admettra que les aimantations induites sont séparément proportionnelles aux champs qui les produisent et que les champs correspondants sur le compas se superposent.

Pour le navire droit, les composants X', Y', Z' du champ résultant sur le compas peuvent être représentés par les expressions

$$(3)\qquad \left\{\begin{aligned} X' &= X + P + aX + (bY) + cZ,\\ Y' &= Y + Q + (dX) + eY + (fZ),\\ Z' &= Z + R + gX + (hY) + kZ, \end{aligned}\right.$$

dans lesquelles les coefficients a, b, c, ..., h, k sont relatifs à l'aimantation induite par la Terre. On voit clairement que les termes mis entre parenthèses doivent être très petits, puisqu'ils s'annulent dans les conditions de symétrie parfaite du navire et du compas à bord.

Au point de vue des déviations, les composantes horizontales X' et Y' sont seules à considérer. Pour séparer les termes de natures différentes, il convient alors d'écrire les deux premières équations sous la forme

$$X' = \left(1 + \frac{a+e}{2}\right)X - \frac{d-b}{2}Y + \frac{a-e}{2}X + \frac{d+b}{2}Y + P + cZ,$$

$$Y' = \left(1 + \frac{a+e}{2}\right)Y + \frac{d-b}{2}X - \frac{a-e}{2}Y + \frac{d+b}{2}X + Q + fZ,$$

ou, en posant

$$\lambda = 1 + \frac{a+e}{2}, \qquad \lambda\mathfrak{D} = \frac{a-e}{2}, \qquad \lambda\mathfrak{B} = \frac{P+cZ}{H},$$

$$\lambda\mathfrak{A} = \frac{d-b}{2}, \qquad \lambda\mathfrak{E} = \frac{d+b}{2}, \qquad \lambda\mathfrak{C} = \frac{Q+fZ}{H},$$

$$(4)\qquad \begin{cases} X' = \lambda(X - \mathfrak{A}Y + \mathfrak{D}X + \mathfrak{E}Y + \mathfrak{B}H), \\ Y' = \lambda(Y + \mathfrak{A}X - \mathfrak{D}Y + \mathfrak{E}X + \mathfrak{C}H). \end{cases}$$

Remplaçant les composants du champ terrestre par leurs valeurs $X = H\cos\zeta$ et $Y = -H\sin\zeta$, on obtient

$$(5)\qquad \begin{cases} X' = \lambda H(+\cos\zeta + \mathfrak{B} + \mathfrak{A}\sin\zeta + \mathfrak{D}\cos\zeta - \mathfrak{E}\sin\zeta), \\ Y' = \lambda H(-\sin\zeta + \mathfrak{C} + \mathfrak{A}\cos\zeta + \mathfrak{D}\sin\zeta + \mathfrak{E}\cos\zeta). \end{cases}$$

Le champ résultant $H' = \sqrt{X'^2 + Y'^2}$ a pour composantes, suivant le Nord et l'Est magnétiques,

$$H'\cos\delta = X'\cos\zeta - Y'\sin\zeta,$$
$$H'\sin\delta = X'\sin\zeta + Y'\cos\zeta.$$

Il en résulte, par les équations (5),

$$(6)\qquad \begin{cases} H'\cos\delta = \lambda H(1 + \mathfrak{B}\cos\zeta - \mathfrak{C}\sin\zeta + \mathfrak{D}\cos 2\zeta - \mathfrak{E}\sin 2\zeta), \\ H'\sin\delta = \lambda H(\mathfrak{A} + \mathfrak{B}\sin\zeta + \mathfrak{C}\cos\zeta + \mathfrak{D}\sin 2\zeta + \mathfrak{E}\cos 2\zeta). \end{cases}$$

Le champ total, dirigé suivant ON' (*fig.* 86), se trouve ainsi ramené à une série de composantes de valeurs constantes :

1° Géographiques .... { λH vers le Nord magnétique ON, $\lambda H\mathfrak{A}$ vers l'Est magnétique OE,

2° Fixes à bord ...... { $\lambda H\mathfrak{B}$ vers le cap Ox, $\lambda H\mathfrak{C}$ vers bâbord Oy,

3° Mobiles .... { $\lambda H\mathfrak{D}$ suivant ON_1, $\lambda H\mathfrak{E}$ suivant OE_1.

Les premières représentent un champ $H_1 = \lambda H\sqrt{1+\mathfrak{A}^2}$ dont l'inclinaison θ_1 sur le champ magnétique est $\tang\theta_1 = \mathfrak{A}$. Les suivantes correspondent à un champ $H_2 = \lambda H\sqrt{\mathfrak{B}^2 + \mathfrak{C}^2}$ dont l'inclinaison θ_2 sur le cap est $\operatorname{tang}\theta_2 = \frac{\mathcal{C}}{\mathcal{B}}$; enfin les dernières au champ $H_3 = \lambda H\sqrt{\mathcal{D}^2 + \mathcal{E}^2}$, qui fait avec la symétrique ON_1 du méridien

Fig. 86.

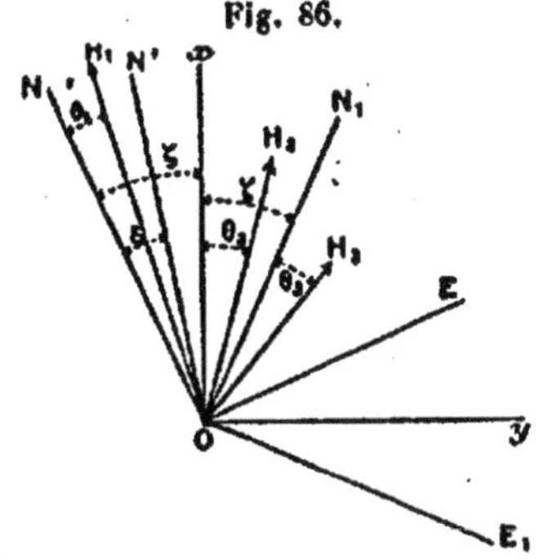

par rapport au cap un angle constant θ_3 donné par la relation $\operatorname{tang}\theta_3 = \frac{\mathcal{E}}{\mathcal{D}}$.

Les constantes $\mathcal{A}$ et $\mathcal{E}$ sont très petites, en général, puisqu'elles s'annulent dans les conditions de symétrie du compas et du navire; il en est de même pour les angles θ_1 et θ_3.

Le champ $\lambda H \mathcal{A}$ produit une déviation constante θ_1; le champ H_2, de direction constante par rapport au navire, produit la déviation semi-circulaire; le troisième H_3 la déviation quadrantale.

Lorsque le navire tourne d'un angle α, la direction apparente de H_1 tourne de $-\alpha$ et celle de H_3 de $+2\alpha$.

On déduit encore des équations (6)

$$\frac{\sin\delta}{\cos\delta} = \frac{\mathcal{A} + \mathcal{B}\sin\zeta + \mathcal{C}\cos\zeta + \mathcal{D}\sin 2\zeta + \mathcal{E}\cos 2\zeta}{1 + \mathcal{B}\cos\zeta - \mathcal{C}\sin\zeta + \mathcal{D}\cos 2\zeta - \mathcal{E}\sin 2\zeta}.$$

Si l'on chasse le dénominateur et qu'on remplace l'angle $\zeta - \delta$ par sa valeur ζ', il vient

$$(7)\quad \left\{ \begin{aligned} \sin\delta = {} & \mathcal{A}\cos\delta + \mathcal{B}\sin\zeta' + \mathcal{C}\cos\zeta' \\ & + \mathcal{D}\sin(2\zeta' + \delta) + \mathcal{E}\cos(2\zeta' + \delta). \end{aligned} \right.$$

C'est une expression analogue à celle (1) que l'on avait obtenue directement. On retrouverait aussi l'équation (2) en négligeant δ dans le second membre.

Si les variations sont faibles, on peut encore remplacer $\cos\delta$

par l'unité, ce qui donne

$$\sin\delta = \frac{\mathfrak{A} + \mathfrak{B}\sin\zeta' + \mathfrak{C}\cos\zeta' + \mathfrak{D}\sin 2\zeta' + \mathfrak{E}\cos 2\zeta'}{1 - \mathfrak{D}\cos 2\zeta' + \mathfrak{E}\sin 2\zeta'}.$$

Dans le cas plus général, on développe la déviation δ en série trigonométrique, sous la forme

$$(8)\quad \left\{ \begin{aligned} \delta = {} & A + B\sin\zeta' + C\cos\zeta' + D\sin 2\zeta' + E\cos 2\zeta' \\ & + F\sin 3\zeta' + G\cos 3\zeta' + H\sin 4\zeta' + K\cos 4\zeta' + \ldots, \end{aligned} \right.$$

dont les coefficients seront déterminés par un ensemble d'observations. Les termes en B et C correspondent à une déviation semi-circulaire, D et E à une déviation quadrantale; les suivants, en F et G, H et K, ... à des déviations *sextantales, octantales*, ... c'est-à-dire à des écarts dont la période est $\frac{1}{6}$, $\frac{1}{8}$, ... de circonférence.

Les coefficients de cette expression sont des fonctions des cinq constantes $\mathfrak{A}$, $\mathfrak{B}$, $\mathfrak{C}$, $\mathfrak{D}$, $\mathfrak{E}$, et réciproquement. Si l'on considère ces constantes comme des quantités petites du premier ordre, les coefficients A, B, C, D, E seront du premier ordre, les quatre suivants du second ordre, etc. Aux termes du second ordre près, les arcs A, B, C, D, E, évalués en parties du rayon, ne sont autre chose que les constantes $\mathfrak{A}$, $\mathfrak{B}$, $\mathfrak{C}$, $\mathfrak{D}$, $\mathfrak{E}$.

Il n'y a de toute façon que cinq quantités à déterminer. Si l'on se borne aux termes du second ordre, les seuls qui interviennent dans la pratique, les équations (7) et (8) donnent

$$(9)\quad \left\{ \begin{aligned} &\mathfrak{A} = \operatorname{tang} A, && F = \tfrac{1}{2}(BD - CE), \\ &\mathfrak{D} = D + E\operatorname{tang} A, && G = \tfrac{1}{2}(CD + BE), \\ &\mathfrak{E} = E - D\operatorname{tang} A, && H = \tfrac{1}{2}(D^2 - E^2), \\ &\mathfrak{B} = \sec A\left[B + \tfrac{1}{2}(BD - CE)\right], && \\ &\mathfrak{C} = \sec A\left[C - \tfrac{1}{2}(CD - BE)\right], && K = DE. \end{aligned} \right.$$

Nous ferons encore une remarque. En posant $\dfrac{R + kZ}{H} = \lambda\mathfrak{J}$, les équations (3) peuvent s'écrire

$$\frac{X' - X}{H} = x = a\cos\zeta - b\sin\zeta + \lambda\mathfrak{B},$$

$$\frac{Y' - Y}{H} = y = d\cos\zeta - e\sin\zeta + \lambda\mathfrak{C},$$

$$\frac{Z' - Z}{H} = z = g\cos\zeta - h\sin\zeta + \lambda\mathfrak{J}.$$

Les seconds membres sont des composantes du champ additionnel, en prenant H pour unité. On en déduit

$$(x-\lambda\mathfrak{B})(dh-ge)+(y-\lambda\mathfrak{C})(gb-ah)+(z-\lambda\mathfrak{J})(ae-db)=0,$$

qui est l'équation d'un plan. Le vecteur qui représente ce champ additionnel décrit donc une courbe plane.

En transportant l'origine des coordonnées au point $\lambda\mathfrak{B}$, $\lambda\mathfrak{C}$ et $\lambda\mathfrak{J}$, les équations deviennent

$$x' = a\cos\zeta - b\sin\zeta,$$
$$y' = d\cos\zeta - e\sin\zeta,$$
$$z' = g\cos\zeta - h\sin\zeta.$$

La projection de la courbe sur le plan horizontal est une ellipse

$$(dx'-ay')^2+(ex'-by')^2=(ae-bd)^2.$$

Il en serait de même pour une autre projection. L'extrémité du vecteur décrit donc une ellipse plane dont le centre a pour coordonnées $\lambda\mathfrak{B}$, $\lambda\mathfrak{C}$ et $\lambda\mathfrak{J}$.

Pour la courbe horizontale qui intervient seule dans les déviations, l'azimut θ du vecteur ρ avec l'avant est

$$\operatorname{tang}\theta = \frac{y'}{x'} = \frac{d-e\operatorname{tang}\zeta}{a-b\operatorname{tang}\zeta}.$$

On a aussi

$$x'dy'-y'dx' = -(ae-bd)d\zeta = \rho^2 d\theta.$$

Cette relation montre qu'à partir de l'azimut initial $\operatorname{tang}\theta_0 = \frac{d}{a}$, l'aire décrite par le rayon vecteur est proportionnelle au cap magnétique ζ. Ce vecteur tourne dans le sens du navire ou en sens contraire, suivant que $bd-ae$ est positif ou négatif.

Dans les conditions de symétrie du compas et du fer à bord, les coefficients b, d, f, h sont nuls et il reste

$$x = a\cos\zeta, \qquad y = -e\sin\zeta, \qquad \frac{x^2}{a^2}+\frac{y^2}{e^2}=1.$$

Les axes de l'ellipse sont alors parallèles à ceux du navire.

151. Déterminations expérimentales. — Le navire étant près de la côte ou pouvant observer le ciel, en un point où la déclinaison est connue, on le fait pivoter sur place en lui donnant une série de directions différentes. On détermine d'abord l'azimut magnétique vrai ρ d'un objet éloigné U (*fig.* 87). Pour chaque position du navire, on observe l'azimut apparent ζ', ou le cap au

Fig. 87.

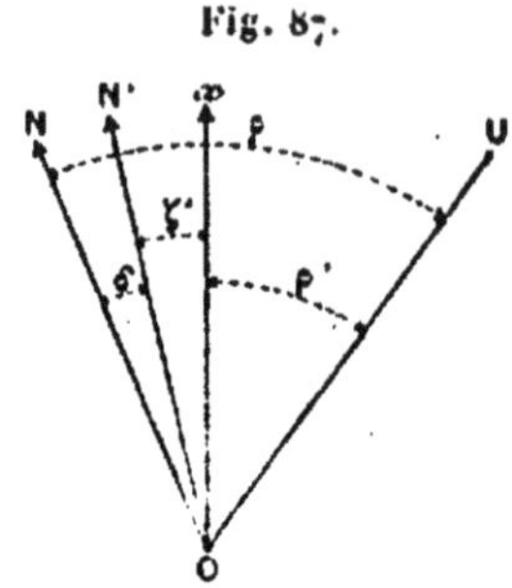

compas, et l'azimut ρ' du repère par rapport au cap; la déviation correspondante du compas est

$$\delta = \rho - \rho' - \zeta'.$$

Une suite d'épreuves semblables fournit autant d'équations qui permettent d'en déduire les coefficients.

Pour rendre les observations plus régulières, on oriente le navire à caps équidistants, en donnant à l'angle ζ' les valeurs successives $0, \frac{2\pi}{n}, 2\frac{2\pi}{n}, \ldots, (n-1)\frac{2\pi}{n}$ pour lesquelles on détermine les déviations $\delta_0, \delta_1, \ldots, \delta_{n-1}$.

Si $n = 4$, les observations étant faites aux caps cardinaux, le terme en $\sin 2\zeta'$ est toujours nul et on obtiendra des valeurs approchées pour les coefficients A, B, C, E.

On aura $n = 8$ en ajoutant aux observations précédentes celles des caps intercardinaux. Dans ce cas, le terme en $\sin 4\zeta'$ reste encore nul et l'on pourra déterminer les 8 autres coefficients.

Enfin l'observation est plus complète quand on observe aux deux quarts, en faisant $n = 16$, ou même à tous les quarts, ce qui correspond à $n = 32$.

Sans s'astreindre aux caps équidistants, on fait souvent une série d'observations dans différents azimuts et l'on construit la courbe des déviations correspondantes. On peut alors en déduire une Table de correction ou déterminer graphiquement les déviations relatives aux caps principaux.

Il suffit, en général, de connaître les termes du premier ordre, relatifs aux déviations semi-circulaire et quadrantale, en faisant intervenir ceux du second ordre dans le calcul, et l'on utilise un nombre d'équations supérieur à celui des inconnues.

Lorsque les déviations observées directement, ou déduites de la courbe, correspondent à des cas équidistants, la méthode des moindres carrés conduit à des calculs très simples. On constitue, en effet, les équations finales en faisant la somme de toutes les équations (92), chacune d'elles étant multipliée par le coefficient d'une inconnue.

Si l'on ne fait intervenir que les termes du second ordre et que l'on pose $\Sigma\delta = nA_1$, on aura ainsi des valeurs approchées A_1, $B_1, \ldots, E_1$ des coefficients par les relations

$$A_1 = A + \frac{1}{n}(B\Sigma\sin\zeta' + C\Sigma\cos\zeta' + \ldots + K\Sigma\cos4\zeta'),$$

$$nB_1 = 2\Sigma\delta\sin\zeta', \qquad nD_1 = 2\Sigma\delta\sin2\zeta',$$

$$nC_1 = 2\Sigma\delta\cos\zeta', \qquad nE_1 = 2\Sigma\delta\cos2\zeta'.$$

Ces valeurs sont d'autant plus exactes que le nombre n de caps est plus grand.

Soit ε l'angle de deux caps successifs, ou $n\varepsilon = 2\pi$. Les sommes de termes s'évalueront à l'aide de relations connues

$$\sin o + \sin p\varepsilon + \ldots + \sin(n-1)p\varepsilon = \frac{\sin n\dfrac{p\varepsilon}{2}}{\sin\dfrac{p\varepsilon}{2}}\sin(n-1)\frac{p\varepsilon}{2},$$

$$\cos o + \cos p\varepsilon + \ldots + \cos(n-1)p\varepsilon = \frac{\sin n\dfrac{p\varepsilon}{2}}{\sin\dfrac{p\varepsilon}{2}}\cos(n-1)\frac{p\varepsilon}{2}.$$

On a toujours $\sin n\frac{p\varepsilon}{2} = \sin p\pi = 0$. Les sommes de sinus et cosinus sont donc toujours nulles, tant que le dénominateur $\sin\frac{p\varepsilon}{2}$ diffère de zéro.

Lorsque $p\varepsilon = 2m\pi = mn\varepsilon$, c'est-à-dire que p est un multiple de n, il en résulte

$$\frac{\sin n\frac{p\varepsilon}{2}}{\sin\frac{p\varepsilon}{2}} = \frac{\sin nm\pi}{\sin m\pi} = n.$$

La somme des sinus est encore nulle, mais la somme des cosinus devient

$$n\cos(n-1)m\pi = (-1)^{(n-1)m}.$$

Or, pour $n = 16$, toutes les sommes analogues qui entrent dans l'expression de A_1 sont nulles. Dans la formation des autres équations, on n'introduira au plus que des produits de sinus et cosinus des angles $2\zeta'$ et $4\zeta'$; on remplacera ces produits par des sinus et cosinus des arcs $6\zeta'$ et $2\zeta'$, et leur somme est nulle, puisque le nombre p est toujours plus petit que n. Les termes suivants disparaîtraient également jusqu'au cinquième ordre. On a donc exactement, et à plus forte raison pour $n = 32$,

$$nA = \Sigma\delta,$$
$$nB = 2\Sigma\delta\sin\zeta', \qquad nD = 2\Sigma\delta\sin 2\zeta',$$
$$nC = 2\Sigma\delta\cos\zeta', \qquad nE = 2\Sigma\delta\cos 2\zeta'.$$

Les termes du second ordre disparaissent encore pour $n = 8$, et les valeurs précédentes sont exactes au troisième ordre près.

Enfin, pour $n = 4$, on aurait, suivant que les observations sont faites aux caps cardinaux ou aux caps intercardinaux,

Caps cardinaux.	Caps intercardinaux.
$A_1 = A + K$,	$A_1 = A - K$,
$B_1 = B - F$,	$B_1 = B + F$,
$C_1 = C + G$,	$C_1 = C - G$,
$D_1 = 0$,	$D_1 = 2D$,
$E_1 = 2E$,	$E_1 = 0$.

Les moyennes de ces différentes valeurs reproduisent naturellement les valeurs exactes qui correspondraient à $n = 8$.

Pour traduire les observations, on calcule par avance les facteurs $\sin\varepsilon$, $\sin 2\varepsilon$, ..., $\sin p\varepsilon$; $\cos\varepsilon$, $\cos 2\varepsilon$, ..., $\cos p\varepsilon$, qui doivent intervenir dans les produits. On fait ensuite un Tableau qui renferme les déviations relatives aux différents caps ζ', les produits correspondants, et on en déduit tous les coefficients.

Nous citerons l'exemple suivant d'une série d'observations à huit caps équidistants, en posant $S_4 = \sin 45° = \cos 45° = 0,71$.

CONTRE-TORPILLEUR *LE FLEURUS*.

Compas du blockhauss.

		δ.	$\sin\zeta'$.	$\delta\sin\zeta'$.	$\cos\zeta'$.	$\delta\cos\zeta'$.	$\sin 2\zeta'$.	$\delta\sin 2\zeta'$.	$\cos 2\zeta'$.	$\delta\cos 2\zeta'$.
N	0	8°,5	0	0°,0	1	+ 8°,5	0	0°,0	1	8°,5
NE	$\frac{\pi}{4}$	28,5	$+S_4$	+20,2	S_4	+20,2	1	+28,5	0	0
E	$\frac{\pi}{2}$	14,5	+1	+14,5	0	0	0	0	−1	−14,5
SE	$3\frac{\pi}{4}$	− 4,5	S_4	− 3,2	$-S_4$	+ 3,2	−1	+ 4,5	0	0
S	π	− 5,5	0	0	−1	+ 5,5	0	0	1	− 5,5
SW	$5\frac{\pi}{4}$	− 2,0	$-S_4$	+ 1,4	$-S_4$	+ 1,4	1	− 2,0	0	0
W	$3\frac{\pi}{2}$	−11,0	−1	+11,0	0	0	0	0	−1	+11,0
NW	$7\frac{\pi}{4}$	−19,0	$-S_4$	+13,4	S_4	−13,4	−1	+19,0	0	0
Somme des +		51,5		+60,5		+38,8		+52,0		+19,5
Somme des −		42,0		− 3,2		−13,4		− 2,0		−20,0

$8A = 9,5 \quad 4B = 57,3 \quad 4C = 25,4 \quad 4D = 50,0 \quad 4E = -0,5;$

$A = 1°,2 \quad B = 14°,3 \quad C = 6°,2 \quad D = 12°,5 \quad E = -0°,1.$

En appliquant la méthode à seize observations sur le même compas, on trouve des valeurs très peu différentes :

$$A = 1°,0 \qquad B = 14°,8 \qquad C = 6°,0 \qquad D = 13°,0 \qquad E = -0°,2.$$

Les angles ainsi obtenus étant exprimés en degrés, on pourra les diviser par $\frac{180}{\pi} = 57,3$ pour les évaluer en parties du rayon et calculer les coefficients $\mathfrak{A}$, $\mathfrak{B}$, $\mathfrak{C}$, $\mathfrak{D}$, $\mathfrak{E}$ par les équations (9).

Comme ces angles sont généralement assez petits, on peut encore les remplacer par leurs sinus, au troisième ordre près, et séc A par l'unité, ce qui donne

$$\mathfrak{A} = \operatorname{tang} A,$$
$$\mathfrak{B} = \sin B + \tfrac{1}{2}(\sin B \sin D + \sin C \sin E), \qquad \mathfrak{D} = \sin D + \sin E \operatorname{tang} A,$$
$$\mathfrak{C} = \sin C - \tfrac{1}{2}(\sin C \sin D - \sin B \sin E), \qquad \mathfrak{E} = \sin E - \sin D \operatorname{tang} A.$$

Avec les valeurs de l'exemple précédent relatives à seize observations, on trouve

$$\mathfrak{A} = 0,017 \quad \mathfrak{B} = 0,282 \quad \mathfrak{C} = 0,092 \quad \mathfrak{D} = 0,225 \quad \mathfrak{E} = -0,007.$$

Il en résulte

$$\begin{aligned} \theta_1 &= +\ 1^\circ,00, & \lambda H \mathfrak{A} &= \lambda H.0,017, \\ \theta_2 &= +18,07, & H_2 &= \lambda H.0,295, \\ \theta_3 &= -\ 0,18, & H_3 &= \lambda H.0,225. \end{aligned}$$

Quant au coefficient λ, on le déterminera à l'aide des équations (6) appliquées à l'une des observations, ce qui donne

$$\begin{aligned} \frac{1}{\lambda}\frac{H'}{H}\cos\delta = 1 &+ \mathfrak{B}\cos(\zeta'+\delta) - \mathfrak{C}\sin(\zeta'+\delta) \\ &+ \mathfrak{D}\cos 2(\zeta'+\delta) - \mathfrak{E}\sin 2(\zeta'+\delta). \end{aligned}$$

Le rapport $\frac{H'}{H}$ s'obtient par le rapport des carrés des nombres d'oscillations du compas dans la position indiquée et à terre. Dans l'exemple cité, on trouve $\lambda = 0,806$.

La somme $a + e$ est négative, puisque le coefficient λ est plus petit que l'unité. Il doit en être ainsi dans la plupart des cas, parce que la majeure partie du fer doux à bord se trouve au-dessous du plan horizontal du compas.

Le champ dû à l'aimantation induite est alors de signe contraire à l'aimantation elle-même et, par suite, opposé aux composantes du champ inducteur, de sorte que les coefficients a et e sont tous deux négatifs.

152. Méthodes de compensation. — L'emploi d'une Table de déviations n'est pas commode en cours de route; elle ne pourrait servir d'ailleurs que sur un même parallèle magnétique, puisque les constantes $\mathfrak{B}$ et $\mathfrak{C}$ varient avec la composante horizontale et l'inclinaison.

Il est donc préférable de *compenser* l'action du navire sur le compas en annulant les déviations, pour tous les azimuts, par des aimants et des pièces de fer doux. C'est surtout Sir G. Airy (¹) qui a traité le problème à ce point de vue.

Les champs de compensation doivent être à peu près uniformes sur le compas, afin que leur influence varie comme celle du navire. Il faut donc que les aimants correcteurs et les masses de fer doux soient à une distance notable par rapport à la longueur des aiguilles.

Avec les compas anciens, on serait ainsi conduit à employer des aimants très puissants et des quantités de fer atteignant plusieurs tonnes. L'avantage des compas Thomson, avec des aiguilles courtes et peu aimantées, est de réduire beaucoup les organes de correction.

On installe dans l'habitacle du compas un aimant transversal, pour compenser la composante Q, et deux aimants longitudinaux qui annulent la composante P. On supprime ainsi la partie la plus importante de la déviation demi-circulaire.

En outre, une barre de fer verticale, dite *barreau de Flinders*, est montée sur le côté de l'habitacle, de manière que son extrémité supérieure soit à peu près à la hauteur du compas. Cette barre, qui s'aimante par le champ terrestre vertical Z, est disposée de manière à produire sur le compas des composantes $-cZ$ vers le cap et $-fZ$ à bâbord. Comme le facteur f est très petit, le barreau doit être à peu près dans le plan de symétrie.

Si les deux opérations sont bien réglées, la déviation semi-circulaire restera définitivement corrigée.

Pour compenser les autres termes, on monte sur l'habitacle, à la hauteur du compas, à droite et à gauche, deux boules de fer doux de 20^{cm} environ de diamètre, pleines ou creuses. Ces boules sont situées à la même distance du compas sur une droite passant par le centre, et que nous supposerons inclinée d'un angle α sur l'axe de y. Elles s'aimantent sous l'influence de la Terre et produisent sur le compas un champ à peu près uniforme.

(¹) G. Airy, *Phil. Trans. L. R. S.*, vol. 140, Pt I, p. 53; 1856.

On ne dispose ainsi que de deux quantités, la grandeur et la direction du champ auxiliaire, de sorte qu'on ne peut pas annuler à la fois les quatre coefficients a, b, c et d qui resteraient dans les formules primitives (3). Toutefois, il est possible de compenser la déviation quadrantale, sauf à modifier l'intensité du champ suivant le méridien, ce qui n'a aucun effet sur la déviation.

Remarquons d'abord que l'aimantation des boules par les composantes verticales est elle-même verticale, ainsi que son champ sur le compas, et n'intervient pas dans les déviations.

Soit ρ le rayon de ces boules et $2r$ la distance de leurs centres. Sous l'influence d'un champ horizontal F (*fig.* 88), elles prennent une aimantation induite de même direction, dont le moment est

Fig. 88.

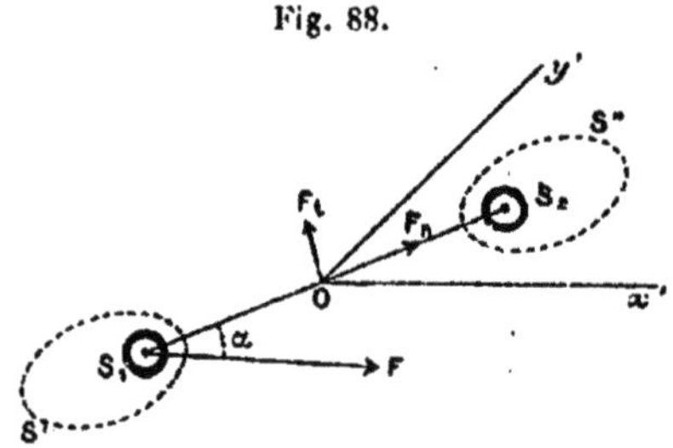

$\rho^3 KF$, le coefficient K étant égal à $\frac{\mu - 1}{\mu + 2}$ pour des sphères pleines (23) et un peu moindre pour des sphères creuses (24). Le champ produit au point O par la boule S_1 peut être remplacé par deux composantes, l'une $\frac{1}{2}\frac{\rho^3}{r^3}KF$ parallèle au champ, suivant Ox', et l'autre $\frac{3}{2}\frac{\rho^3}{r^3}KF$ dans une direction Oy' symétrique de la première par rapport à la ligne des boules (18). La seconde boule S_2 produit les mêmes effets, par raison de symétrie, de sorte que les composantes totales, en posant $\varphi = \frac{\rho^3}{r^3}K$, sont φF suivant Ox' et $3\varphi F$ suivant Oy'.

On arriverait à un résultat analogue pour des masses de fer S' et S'', symétriques par rapport à un même plan vertical, comme les plaques de Barlow. Les aimantations moyennes du corps S' sont l'une $kF\cos\alpha$ vers le point O, l'autre $k'F\sin\alpha$ dans une direction perpendiculaire.

Les composantes normale F_n et tangentielle F_t du champ produit au point O, étant dues respectivement aux aimantations qui leur sont parallèles, peuvent s'écrire

$$F_n = 2\varphi F\cos\alpha \qquad \text{et} \qquad F_t = \varphi' F\sin\alpha.$$

Le rapport des coefficients φ et φ' dépend de la forme du corps et leur valeur de la distance au point O. Les composantes Y′ et X′, suivant Oy' et Ox', donnent

$$(Y' + X')\cos\alpha = 2\varphi F\cos\alpha, \qquad (Y' - X')\sin\alpha = \varphi F'\sin\alpha;$$
$$2Y' = (2\varphi + \varphi')F, \qquad 2X' = (2\varphi - \varphi')F.$$

Les composantes finales du champ produit par les deux corps S′ et S″ sont $(2\varphi + \varphi')F$ suivant Oy' et $(2\varphi - \varphi')F$ suivant Ox'. Le champ résultant est donc formé de deux parties constantes

$$X'_1 = F(1 + 2\varphi - \varphi'), \qquad Y'_1 = F(2\varphi + \varphi'),$$

la première parallèle au champ primitif et la seconde inclinée de l'angle 2α sur le champ.

La plus grande déviation ε_1 que puisse produire le système correspond au cas où la composante Y'_1 est perpendiculaire au champ résultant (50), ce qui donne

$$\sin\varepsilon_1 = \frac{Y'_1}{X'_1} = \frac{2\varphi + \varphi'}{1 + 2\varphi - \varphi'}, \quad \text{ou} \quad \frac{3\varphi}{1 + \varphi} \quad \text{dans le cas des boules.}$$

L'angle ε_1 est appelé la *puissance compensatrice* du système. On pourra le déterminer, pour différentes distances des corps compensateurs, par des expériences à terre ou à bord, en faisant tourner l'ensemble autour du compas.

On vérifierait également qu'à même distance, l'écart ε est lié à l'angle α par la relation

$$\tang\varepsilon = \frac{\sin\varepsilon_1 \sin 2\alpha}{1 + \sin\varepsilon_1 \cos 2\alpha}.$$

Revenons maintenant au problème du compas. Après compensation de la déviation semi-circulaire, le compas n'est plus soumis qu'aux champs $H_1 = \lambda H\sqrt{1+\mathcal{B}^2}$, incliné de l'angle très petit θ_1 sur le méridien magnétique ON (*fig.* 89), et $H_3 = \lambda H\sqrt{\varpi^2+\mathcal{C}^2}$,

Fig. 89.

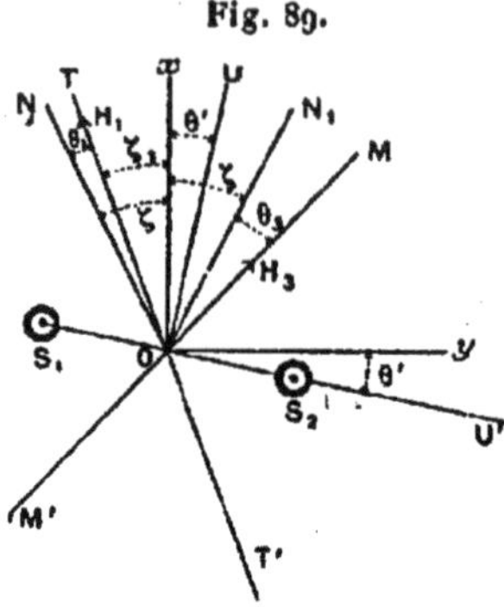

incliné de l'angle θ_3, également très petit, sur la symétrique ON_1. L'angle TOM de ces deux champs est

$$\zeta_1+\zeta+\theta_3 = 2\zeta_1+\theta_1+\theta_3 = 2\left(\zeta_1+\frac{\theta_1+\theta_3}{2}\right),$$

et leur bissectrice OU fait l'angle $\theta' = \dfrac{\theta_1+\theta_3}{2}$ avec le cap.

Comme on veut annuler le champ H_3 en n'introduisant d'autre composante nouvelle que dans la direction OT de H_1, il en résulte que la ligne des corps de compensation doit être placée suivant la bissectrice OU ou la direction perpendiculaire OU', laquelle est bissectrice de l'angle supplémentaire MOT'.

Dans cette dernière position S_1S_2, qui est à peu près transversale au navire, les composantes relatives aux aimantations induites sont : pour le champ H_1, $(2\varphi-\varphi')H_1$ suivant OT et $(2\varphi+\varphi')H_1$ suivant OM'; pour le champ H_3, $(2\varphi-\varphi')H_3$ suivant OM et $(2\varphi+\varphi')H_3$ suivant OT'.

Le champ H_3 sera donc compensé pour la condition

$$H_3+(2\varphi-\varphi')H_3-(2\varphi+\varphi')H_1=0,$$

$$\frac{2\varphi+\varphi'}{1+2\varphi-\varphi'} = \sin\varepsilon_1 = \frac{H_3}{H_1} = \frac{\sqrt{\varpi^2+\mathcal{C}^2}}{\sqrt{1+\mathcal{B}^2}},$$

c'est-à-dire que la puissance compensatrice ε_1 doit être égale à la plus grande déviation que le champ H_3 pourrait produire sur H_1.

Suivant la direction OT, le champ final est devenu

$$\begin{aligned} H'_1 &= H_1 + (2\varphi - \varphi')H_1 - (2\varphi + \varphi')H_3 \\ &= (1 + 2\varphi - \varphi')H_1\left(1 - \frac{H_3}{H_1}\sin\varepsilon_1\right) = (1 + 2\varphi - \varphi')H_1\cos^2\varepsilon_1. \end{aligned}$$

Dans l'exemple cité, on aurait

$$\theta' = 0^\circ,41 \qquad \sin\varepsilon_1 = 0,225 \qquad \varepsilon_1 = 13^\circ,0$$

et, avec des sphères,

$$\varphi = \frac{\sin\varepsilon_1}{3 - \sin\varepsilon_1} = 0,081 \qquad H'_1 = (1 + \varphi)H_1\cos^2\varepsilon_1 = 1,019\lambda H.$$

Il y aurait encore à considérer l'aimantation des masses de compensation par la réaction du compas. Si l'aiguille reste dans la direction OT, son moment magnétique m produit sur les corps S_1 et S_2 un champ dont les composantes sont constantes suivant les directions OT et OM'. L'aimantation correspondante produit donc des effets analogues aux précédents et elle se trouve comprise dans la détermination expérimentale de l'angle ε_1. C'est même à cette réaction qu'était due principalement la compensation pour des aiguilles longues et très aimantées, mais la méthode est défectueuse, parce que le champ produit de ce chef est proportionnel au moment magnétique de l'aiguille, tandis que le champ à compenser est proportionnel au champ terrestre. Avec les aiguilles du compas Thomson, la réaction sur les boules est négligeable.

Il reste enfin une déviation constante $\theta_1 = A$ due au champ $\lambda H \mathfrak{A}$. On peut la déterminer une fois pour toutes et il est facile de la corriger en déplaçant la rose par rapport à l'axe magnétique des aiguilles, de façon que la ligne de foi soit déviée d'une quantité égale en sens contraire.

En résumé, la compensation complète, pour le navire droit, suffisante au moins dans la pratique, exigera deux systèmes d'aimants horizontaux, un barreau de fer doux vertical et le couple de sphères. Les corrections seraient définitives, pour une disposition déterminée du matériel à bord, si le magnétisme dit *permanent* restait invariable, mais il se modifie lentement en cours de route et la compensation peut être rétablie en changeant la distance des aimants au compas.

Pour reconnaître si la boussole n'est plus soumise qu'à un champ constant parallèle au méridien, on peut d'abord vérifier que la durée des oscillations est la même dans tous les caps. Un procédé plus rapide consiste à dévier le compas par un aimant auxiliaire placé sur le couvercle dans une direction déterminée par rapport à la ligne de foi; cette déviation doit être indépendante de l'orientation du navire.

Le *déflecteur* de Lord Kelvin convient particulièrement pour cet usage et permet de déterminer le rapport des champs à différents caps. L'appareil est formé de deux aimants égaux, dont les pôles de noms contraires sont réunis par une charnière, comme les branches d'un compas. Le moment magnétique du système est à peu près nul quand les branches sont rapprochées au contact, et augmente à mesure qu'on les écarte. Une échelle divisée permet de noter cet écartement et de faire une graduation préliminaire. En effet, le sinus de la déviation produite par le déflecteur, quand on le pose sur la boîte de la boussole de manière qu'il soit perpendiculaire à la direction finale de l'aiguille, est proportionnel à son moment magnétique. Une série d'épreuves avec différentes ouvertures du déflecteur déterminera ainsi les valeurs relatives de ce champ auxiliaire.

183. Réglage d'un compas. — Quand on connaît le méridien magnétique, on peut déterminer tous les coefficients de la formule (8) et régler la compensation, mais il importe de faire ces opérations suivant un certain ordre. En effet, après l'introduction des aimants correcteurs et du barreau vertical, le champ n'est pas exactement le même sur le compas et sur les boules de fer doux; de même, la présence de ces boules trouble sensiblement la compensation d'abord établie pour le magnétisme permanent.

La première cause d'erreur étant la plus importante, on commence donc par régler la position des boules de fer pour compenser la déviation quadrantale. Il suffit de remarquer, pour cela, que la déviation semi-circulaire change de signe dans deux azimuts opposés. En mettant le cap aux azimuts intercardinaux opposés, où la déviation quadrantale est à peu près maximum et de même signe, on installe les boules de manière à ne laisser dans ces directions que des déviations égales et de signes contraires.

On annule ensuite les termes

$$P + cZ = \lambda \mathfrak{B} H \quad \text{et} \quad Q + fZ = \lambda \mathfrak{C} H$$

par les aimants et le barreau vertical, de manière que la déviation reste la même aux caps magnétiques; mais alors il est impossible de distinguer la partie qui correspond au magnétisme permanent et celle qui tient à l'induction par la composante verticale du champ terrestre. Le partage des deux causes, étant fait d'une manière approximative pour une station, pourra donc devenir inexact sous une autre latitude, ce qui exigera une rectification ultérieure.

Si l'on a déterminé les coefficients $\mathfrak{B}$ et $\mathfrak{C}$ à deux latitudes très différentes, on pourra évaluer le rapport des termes $\frac{cZ}{P}$ et $\frac{fZ}{Q}$. En posant $\mathfrak{B} H = y$ et $\mathfrak{C} H = u$, par exemple, les équations relatives à deux stations

$$\lambda y = P + cZ, \qquad \lambda y' = P + cZ',$$
$$\lambda u = Q + fZ, \qquad \lambda u' = Q + fZ',$$

donnent

$$\frac{c}{P} = \frac{y' - y}{yZ' - y'Z}, \qquad \frac{f}{Q} = \frac{u' - u}{uZ' - u'Z}.$$

Les fractions $1 - \frac{cZ}{P}$ et $1 - \frac{fZ}{Q}$ de la déviation semi-circulaire seront alors compensées par les aimants et le reste par le barreau de fer doux vertical.

Comme les équations entre les inconnues P, Q, c et f sont linéaires, on peut aussi traiter une série d'observations par les méthodes générales.

On remarquera encore, avec le commandant Perrin, que la relation $\lambda y = P + cZ$ représente une droite, en prenant pour ab-

Fig. 90.

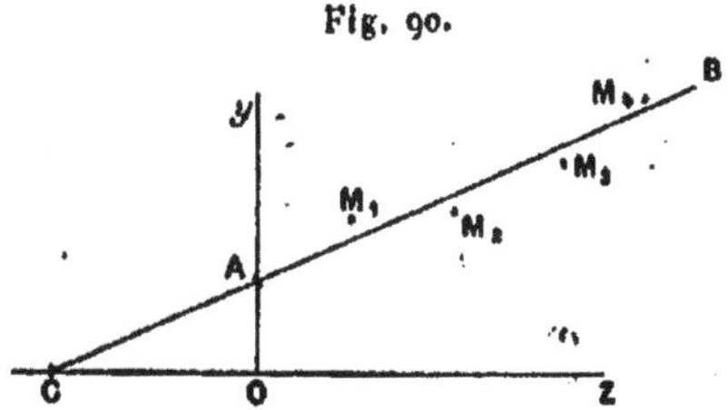

scisses et pour ordonnées les quantités Z et y fournies par l'observation. Si l'on trace graphiquement la droite AB (*fig.* 90) qui passe par la position moyenne des points M_1, M_2, ... ainsi déterminés, les intersections A et C avec les axes donnent

$$P = \lambda O.A, \qquad c = \frac{P}{OC} = \lambda \frac{OA}{OC}.$$

La déviation constante est corrigée par la rose avant ou après les autres opérations.

Ainsi obtenue, la compensation sera définitive, sauf les variations du magnétisme permanent, ou le déplacement du fer à bord, ou les modifications produites par le tir d'artillerie, ou encore les erreurs de magnétisme résiduel, signalées par Gaussin.

154. Erreur de bande. — Dans la navigation à vapeur, les oscillations du roulis se font sensiblement avec les mêmes écarts de part et d'autre de la verticale; la correction du compas pour le navire droit est alors suffisante.

Dans la navigation à voile, au contraire, le navire est appuyé par le vent et sa position moyenne se trouve souvent très inclinée. Comme le compas reste horizontal, les corrections peuvent être sensiblement modifiées.

Soit i l'inclinaison, ou la *bande*, sur tribord. En conservant

Fig. 91.

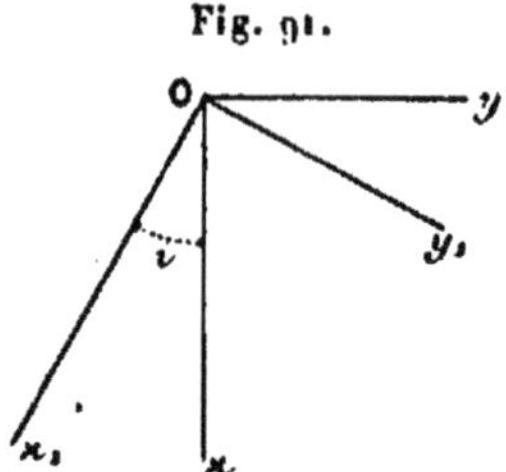

aux quantités X, Y, Z la signification relative au navire droit, les valeurs qui correspondent aux axes du navire penché sont (*fig.* 91)

$$X_1 = X,$$
$$Y_1 = Y \cos i + Z \sin i,$$
$$Z_1 = Z \cos i - Y \sin i,$$

ou, si l'on néglige le carré de l'inclinaison,

$$X_1 = X, \qquad Y_1 = Y + iZ, \qquad Z_1 = Z - iY.$$

Les composantes du champ produit par le navire, suivant les mêmes axes, sont, d'après les équations (3),

$$\xi_1 = aX_1 + bY_1 + cZ_1 + P = aX + (b - ic)Y + (c + ib)Z + P,$$
$$\eta_1 = dX_1 + eY_1 + fZ_1 + Q = dX + (e - if)Y + (f + ie)Z + Q,$$
$$\zeta_1 = gX_1 + hY_1 + kZ_1 + R = gX + (h - ik)Y + (k + ih)Z + R.$$

Enfin, les composantes rapportées aux coordonnées du compas, qui est resté horizontal, sont

$$\xi = \xi_1, \qquad \eta = \eta_1 \cos i - \zeta_1 \sin i, \qquad \zeta = \zeta_1 \cos i + \eta_1 \sin i,$$
$$\xi = aX + (b - ic)Y + (c + ib)Z + P,$$
$$\eta = (d - ig)X + [e - i(f + h)]Y + [f + i(e - k)]Z + Q - iR,$$
$$\zeta = (g + id)X + [h - i(k - e)]Y + [k + i(h + f)]Z + R + iQ.$$

On voit que, par rapport au navire droit, les différents coefficients ont éprouvé les variations suivantes :

$$\Delta a = 0, \qquad \Delta d = -ig, \qquad \Delta g = +id, \qquad \Delta P = 0,$$
$$\Delta b = -ic, \qquad \Delta e = -i(f + k), \qquad \Delta h = +i(e - k), \qquad \Delta Q = -iR,$$
$$\Delta c = +ib, \qquad \Delta f = +i(e - k), \qquad \Delta k = +i(h + f), \qquad \Delta R = +iQ;$$

$$\Delta\lambda = -i\frac{h+f}{2}, \qquad \Delta\lambda\mathfrak{A} = +i\frac{h+f}{2},$$
$$\Delta\lambda\mathfrak{B} = +i\frac{c-g}{2}, \qquad \Delta\lambda\mathfrak{C} = -i\frac{c+g}{2},$$
$$\Delta\lambda\mathfrak{D} = +ib \operatorname{tang} I, \qquad \Delta\lambda\mathfrak{E} = +i\left(e - k - \frac{R}{Z}\right) \operatorname{tang} I.$$

Comme les coefficients b, d, h, f ne dépendent que des défauts de symétrie, ils n'ont ici qu'une importance très faible et les seules variations qui restent à considérer sont

$$\lambda\Delta\mathfrak{B} = +i\frac{c-g}{2}, \qquad \lambda\Delta\mathfrak{C} = -i\frac{c+g}{2},$$
$$\lambda\Delta\mathfrak{E} = +i\left(e - k - \frac{R}{Z}\right) \operatorname{tang} I.$$

La première $\Delta\mathfrak{B}$ modifie la déviation constante d'une quantité négligeable; le changement de la déviation quadrantale produite par $\Delta\mathcal{C}$ est aussi très faible. On doit surtout tenir compte du terme suivant

$$\Delta\mathfrak{D} = i\frac{1}{\lambda}\left(e - k - \frac{R}{Z}\right)\operatorname{tang} I = Ji.$$

Le facteur J, seul important, a été appelé *coefficient principal pour la bande*. On a aussi, par les constantes habituelles (131),

$$\lambda(1 - \mathfrak{D}) = 1 + e, \qquad \frac{e}{\lambda} = 1 - \mathfrak{D} - \frac{1}{\lambda},$$

ce qui donne

$$J = \left[1 - \mathfrak{D} - \frac{1}{\lambda}\left(1 + k + \frac{R}{Z}\right)\right]\operatorname{tang} I.$$

Dans le cas du navire droit, les valeurs moyennes de X et Y relatives à tous les azimuts sont nulles. La valeur moyenne de la composante verticale Z′ pour tous les azimuts, ou simplement pour deux caps opposés, est donc

$$Z'_m = Z + kZ + R = \left(1 + k + \frac{R}{Z}\right)Z = \mu Z;$$

le rapport $\mu = \frac{Z'_m}{Z}$ est analogue à λ, et la valeur de J peut s'écrire

$$J = \left(1 - \mathfrak{D} - \frac{\mu}{\lambda}\right)\operatorname{tang} I.$$

Il est possible de compenser l'erreur de bande d'une manière satisfaisante par un aimant vertical placé dans l'habitacle et dont la composante verticale R′ satisferait à la condition

$$1 - \mathfrak{D} - \frac{\mu}{\lambda} - \frac{R'}{\lambda Z} = 0, \qquad \frac{R'}{Z} = \lambda(1 - \mathfrak{D}) - \mu.$$

On peut déterminer la valeur de μ par les oscillations d'une boussole d'inclinaison, à terre et à bord. Dans le premier cas, le cercle vertical est placé dans un plan perpendiculaire au méridien, de manière que la position d'équilibre soit verticale et qu'elle obéisse seulement à la composante Z. On répète les mêmes observations à bord, pour deux caps opposés, et l'on prend la moyenne des résultats, qui correspond à Z'_m.

La *balance* de Lord Kelvin permet de faire ces opérations plus rapidement. C'est une petite aiguille portée par deux couteaux et munie d'un curseur en papier qui permet de l'équilibrer et de la maintenir horizontale. Si elle a été réglée de manière à être horizontale, sans surcharge, quand elle n'était pas aimantée, la distance du curseur nécessaire pour rétablir l'horizontalité est proportionnelle à la valeur correspondante du champ vertical. Les expériences faites à bord, pour deux caps opposés, et à terre, donneront directement le rapport des deux champs Z'_m et Z.

D'une manière plus générale, si d est la distance du curseur qui établit l'équilibre dans un champ Z_0, $d+x$ et $d+x'$ les distances relatives aux champs Z et Z', on a

$$\frac{x'}{x} = \frac{Z'-Z_0}{Z-Z_0}, \qquad Z' = Z_0 + \frac{x'}{x}(Z - Z_0).$$

Le champ Z étant connu à terre, on aura la valeur de Z' à bord.

Dans l'équation

$$R' = [\lambda(1 - \mathfrak{D}) - \mu] Z = [\lambda(1 - \mathfrak{D}) - \mu] H \operatorname{tang} I,$$

tous les termes de la parenthèse sont ainsi déterminés ; il ne reste plus qu'à connaître la distance à laquelle on doit placer l'aimant correcteur. Si on le dispose horizontalement et qu'on le fasse agir sur une boussole soumise au champ terrestre, on cherche la distance pour laquelle la déviation α, observée par la méthode des sinus, soit

$$\sin\alpha = \frac{R'}{H} = [\lambda(1 - \mathfrak{D}) - \mu] \operatorname{tang} I.$$

Une dernière méthode, quand on peut observer sur le navire penché, consiste à faire la correction par tâtonnements pour différentes inclinaisons.

Remarquons enfin que le rapport μ varie avec la composante verticale Z. La correction du coefficient J, valable pour une même latitude magnétique, ne se maintient donc pas et devra être rectifiée en modifiant la distance de l'aimant.

155. **Dygogrammes.** — On appelle ainsi, par contraction de *dynamo-gonio-gramme,* une construction géométrique qui permet de représenter les déviations et le champ à tous les caps.

Le champ qui agit sur le compas se ramène à trois composantes : $H_1 = \lambda H\sqrt{1+\mathfrak{A}^2}$, $H_2 = \lambda H\sqrt{\mathfrak{B}^2+\mathfrak{C}^2}$, $H_3 = \lambda H\sqrt{\mathfrak{D}^2+\mathfrak{E}^2}$, respectivement inclinées des angles θ_1 sur le méridien magnétique, θ_2 sur le cap et θ_3 sur la symétrique du méridien.

Une première construction, due à Collongue, donne le dygogramme *en colimaçon*.

Supposons d'abord que le cap soit au Nord magnétique, dans la direction OU (*fig.* 92). Menons la droite $OA = \sqrt{1 + \mathfrak{A}^2}$ sous l'angle θ_1 avec OU, puis $AB = \sqrt{\mathfrak{D}^2 + \mathfrak{E}^2}$ sous l'angle θ_3, enfin $BN = \sqrt{\mathfrak{B}^2 + \mathfrak{C}^2}$ sous l'angle θ_2. Il est clair que la droite ON, qui

Fig. 92.

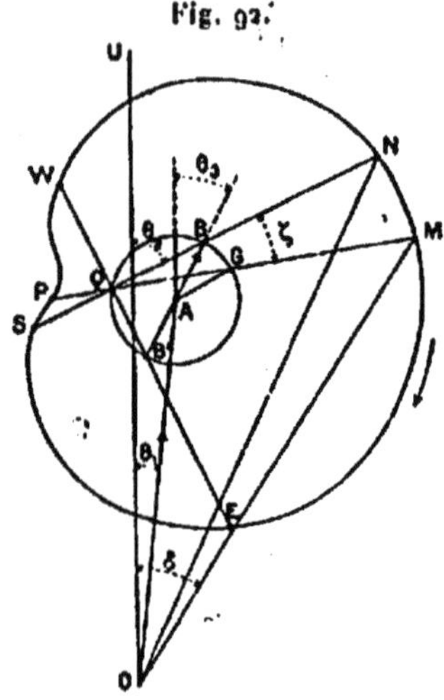

ferme le polygone OABN, représente, pour le cap au Nord, le quotient du champ résultant H′ par λH, et que l'angle NOU est la déviation correspondante.

Traçons la circonférence de rayon AB ayant pour centre le point A; c'est le *cercle générateur*. Le point Q de cette courbe, situé sur le prolongement de NB, est le *pôle* du dygogramme.

Lorsque le navire tourne à l'Est de l'angle ζ, le champ H_2, ou la droite BN qui le représente, tourne aussi de l'angle ζ et le champ H_3, ou AB, de l'angle 2ζ.

Pour trouver le point correspondant du dygogramme, on mène la droite QM dans une direction qui fait l'angle ζ avec QN, et l'on prend GM = BN. L'angle BAG est égal à 2ζ et AG est la nouvelle direction du champ H_3. La droite OM est donc le quotient du champ résultant par λH et MOU la déviation δ. On voit que le dygogramme s'obtient en menant par le pôle Q une série de cordes dans la circonférence et prolongeant chacune d'elles d'une quantité constante; c'est le limaçon de Pascal, symétrique par rapport à la droite QA.

Si le cap vient au Sud magnétique, où $\zeta = \pi$, le point G se retrouve en B, après avoir décrit la circonférence entière, et le champ H_2 a pris une direction opposée, suivant BS. En prenant $BS = BN$, le point S déterminera le champ et la déviation pour le cap au Sud.

Quand le cap se trouve à l'Est, $\zeta = 90°$; le point G vient en B', l'angle BQB' est droit et, en prenant $B'E = BN$, la droite OE représente le champ. De même, avec $B'W = BN$, le champ relatif au cap à l'Ouest est représenté par OW.

Quelques observations suffisent pour construire le dygogramme et en déduire les déviations pour tous les caps, si l'on détermine chaque fois la valeur relative du champ résultant, par les oscillations du compas ou par l'emploi d'un déflecteur.

Supposons qu'on ait fait ainsi des observations aux caps cardinaux. Pour le cap au Nord, on trace une droite ON, de longueur arbitraire, dans la direction indiquée par la déviation. Les valeurs relatives du champ pour les autres caps donnent, par comparaison avec ON, les grandeurs des droites OE, OS et OW, dont les directions sont définies par les déviations correspondantes; on connaît ainsi les quatre points N, E, S, W.

Une première vérification consiste en ce que les droites NS et EW doivent être égales et perpendiculaires entre elles. Leur intersection détermine le pôle Q et les points B et B' sont respectivement les milieux des droites NS et EW. Le centre A du cercle générateur est alors déterminé et on peut achever la construction du dygogramme, qui fera connaître les angles θ_1, θ_2, θ_3, ainsi que les rapports

$$\frac{OA}{\sqrt{1+\mathfrak{A}^2}} = \frac{AB}{\sqrt{\mathfrak{B}^2+\mathfrak{C}^2}} = \frac{BN}{\sqrt{\mathfrak{D}^2+\mathfrak{E}^2}}.$$

On remarquera encore que rien n'oblige à choisir les caps cardinaux. Deux observations à caps opposés déterminent une corde du dygogramme passant par le pôle. Deux autres observations fournissent une seconde corde qui doit être égale à la première et faire avec elle l'angle des deux caps. La courbe est encore définie.

Cette construction donne lieu à une série de cas particuliers et de problèmes sur lesquels nous ne pouvons insister.

On obtiendra un dygogramme *elliptique* par la projection horizontale de la courbe que décrit (131) le vecteur du champ additionnel.

Soient OA (*fig.* 93) la droite $\lambda\sqrt{\mathfrak{B}^2+\mathfrak{C}^2}$, qui représente le rapport de H_2 à H, menée dans l'azimut θ_2, AM_0 le vecteur ρ pour

Fig. 93.

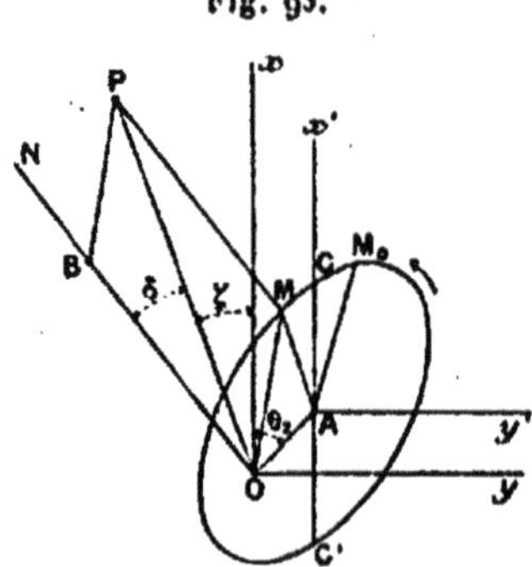

$\zeta = 0$, AM ce vecteur relatif au cap ζ, l'aire M_0AM étant proportionnelle à ζ; le champ secondaire est $H.OM$. En prenant sur le méridien une longueur $OB = 1$ et complétant le parallélogramme, le champ résultant est $H.OP$ et la déviation l'angle POB.

Dans le cas de symétrie, où les coefficients b et d sont nuls, l'ellipse est symétrique par rapport aux axes; l'angle θ_0 est alors nul ou égal à π, c'est-à-dire que le point M_0 se trouve en C ou C', suivant que le coefficient a est positif ou négatif.

Le dygogramme *bicirculaire* a l'avantage de n'employer que des circonférences. Soient Ax et Ay (*fig.* 94) les axes de coordonnées du navire. Menons $OA = \sqrt{\mathfrak{B}^2+\mathfrak{C}^2}$ sous l'angle θ_2, pour H_2, $AB = \sqrt{1+\mathfrak{A}^2}$ sous l'angle θ_1, pour H_1, et $CO = \sqrt{\mathfrak{D}^2+\mathfrak{E}^2}$ sous l'angle θ_3, pour H_3. La droite CB, qui ferme le polygone, représente le champ résultant lorsque le cap du navire est au Nord magnétique et la déviation est l'angle de CB avec Ax.

Lorsque le navire tourne à l'Est de l'angle ζ, la direction apparente du méridien est venue en AN, celle de H_2 est invariable, celle de H_1 a tourné de $-\zeta$ et celle de H_3 de $+2\zeta$. Le point B est venu en P sur la circonférence de centre A, et le point C en Q

Fig. 94.

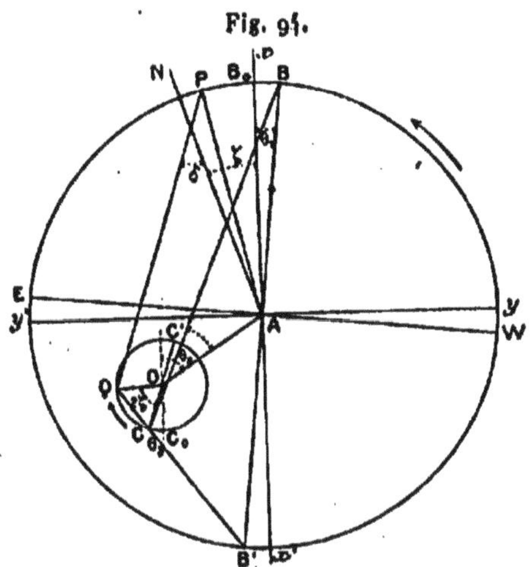

sur la circonférence de centre O; le champ est représenté par QP et la déviation δ est l'angle de QP avec ON. On graduera la première circonférence en sens contraire de la rose et la seconde dans le sens de la rose, mais en angles doubles, c'est-à-dire qu'on y portera seulement 180°.

Le champ est C'E pour le cap à l'Est, CB' pour le cap au Sud et C'W pour le cap à l'Ouest. Les déviations correspondantes sont les angles, pris avec les signes convenables, de ces droites avec les directions Ay', Ax' et Ay du nord magnétique.

Lorsque les constantes $\mathcal{A}$ et $\mathcal{E}$ sont nulles, ce qui est fréquent, les points de départ B et C sont en B_0 et C_0 sur les directions parallèles à l'avant du navire.

Cette construction est rapportée aux axes du navire, au lieu du méridien magnétique, mais elle ne figure pas aussi simplement la grandeur du champ et la déviation pour les divers azimuts.

Les épreuves aux caps cardinaux suffisent encore pour définir le dygogramme.

On prend une longueur arbitraire CB dans une direction indiquée par la déviation pour le cap au Nord ; l'observation opposée donne la direction CB' sur laquelle on porte une longueur proportionnelle au champ; on connaît ainsi le diamètre BB' du grand cercle, son centre A et le diamètre perpendiculaire EW. La droite EC' est donnée, de même, par le champ C'E qui correspond au cap à l'Est, et le centre O du second cercle est au milieu de la droite CC'. Le résultat relatif au cap à l'Ouest doit coïncider avec C'W, ce qui fournit un contrôle de la construction.

156. Réglage en mer. — Les opérations de réglage se feront aussi bien en pleine mer, quand on peut observer le ciel, puisqu'on dispose de repères extérieurs, mais la difficulté est plus grande par ciel couvert ou temps de brume, car on n'a plus que le compas lui-même pour faire les observations rapportées à divers caps apparents.

On examine d'abord, par les oscillations ou par la méthode du déflecteur, si le champ auquel obéit la boussole est variable avec le cap. Lorsque ce champ conserve la même valeur, on est assuré que sa direction est constante et que la compensation est complète pour tous les termes variables.

S'il en est autrement, on peut déterminer les valeurs relatives du champ sous plusieurs caps au compas et construire ainsi une courbe approchée des champs magnétiques.

L'interprétation de ces résultats est assez compliquée dans le cas général, mais on doit supposer que la déviation quadrantale a été compensée au départ au moyen des boules de fer doux et cette compensation reste sensiblement invariable, quelles que soient les modifications survenues dans le magnétisme permanent du navire. Après cette opération préliminaire, le cercle générateur se réduit au point A pour la *fig.* 92, au point O pour la *fig.* 94, et l'ellipse de la *fig.* 93 a son centre en O.

En fonction des champs H_1, H_2 et H_3, les équations (6) donnent

$$H'\cos\delta = H_1\cos\theta_1 + H_2\cos(\zeta + \theta_2) + H_3\cos(2\zeta + \theta_3),$$

$$H'\sin\delta = H_1\sin\theta_1 + H_2\sin(\zeta + \theta_2) + H_3\sin(2\zeta + \theta_3);$$

$$H'^2 = H_1^2 + H_2^2 + H_3^2 + 2H_1H_2\cos(\zeta + \theta_2 - \theta_1) + 2H_1H_3\cos(2\zeta + \theta_3 - \theta_1) + 2H_2H_3\cos(\zeta + \theta_3 - \theta_2).$$

En posant $P = H_1^2 + H_2^2 + H_3^2$ et représentant par Q, Q_1, Q_2, Q_3 les valeurs de H'^2 qui correspondent à quatre caps rectangulaires ζ, $\zeta + \frac{\pi}{2}$, $\zeta + 2\frac{\pi}{2}$, $\zeta + 3\frac{\pi}{2}$, il en résulte

$$\begin{aligned}
Q\ &= P + 2H_1H_2\cos(\zeta+\theta_2-\theta_1) + 2H_1H_3\cos(2\zeta+\theta_3-\theta_1) + 2H_2H_3\cos(\zeta+\theta_3-\theta_2),\\
Q_1 &= P - 2H_1H_2\sin(\zeta+\theta_2-\theta_1) - 2H_1H_3\cos(2\zeta+\theta_3-\theta_1) - 2H_2H_3\sin(\zeta+\theta_3-\theta_2),\\
Q_2 &= P - 2H_1H_2\cos(\zeta+\theta_2-\theta_1) + 2H_1H_3\cos(2\zeta+\theta_3-\theta_1) - 2H_2H_3\cos(\zeta+\theta_3-\theta_2),\\
Q_3 &= P + 2H_1H_2\sin(\zeta+\theta_2-\theta_1) - 2H_1H_3\cos(2\zeta+\theta_3-\theta_1) + 2H_2H_3\sin(\zeta+\theta_3-\theta_2);
\end{aligned}$$

$$\begin{aligned}
\tfrac{1}{4}(Q + Q_1 + Q_2 + Q_3) &= P,\\
\tfrac{1}{2}(Q + Q_2) &= P + 2H_1H_3\cos(2\zeta + \theta_3 - \theta_1),\\
\tfrac{1}{2}(Q_1 + Q_3) &= P - 2H_1H_3\cos(2\zeta + \theta_3 - \theta_1),\\
\tfrac{1}{4}(Q + Q_2 - Q_1 - Q_3) &= 2H_1H_3\cos(2\zeta + \theta_3 - \theta_1).
\end{aligned}$$

On voit par ces expressions que :

1° Le carré moyen P du champ est la moyenne des carrés relatifs aux quatre caps;

2° Le champ H_3, qui produit la déviation quadrantale, est proportionnel à $Q + Q_2 - Q_1 - Q_3$.

Ces propriétés ne conviennent que pour les caps vrais, mais elles restent approchées pour les caps apparents. On peut admettre encore qu'elles s'appliquent aux champs eux-mêmes, au lieu de leurs carrés.

Si la déviation quadrantale est compensée, le champ H_3 est annulé. Dans ce cas, la moyenne des champs pour deux caps opposés est constante. Il suffit alors de déplacer les aimants horizontaux et le barreau de Flinders de manière à rendre égaux entre eux les champs qui correspondent à deux caps opposés, en vérifiant que la propriété persiste pour différents azimuts. La déviation semi-circulaire est ainsi compensée.

Si l'on suppose, d'une manière plus générale, que les boules de fer doux ne sont pas réglées, on les déplacera de manière que les sommes $Q + Q_2$ et $Q_1 + Q_3$ soient égales, ou simplement que les champs moyens relatifs à deux azimuts rectangulaires aient la même valeur; on corrigera ensuite la déviation semi-circulaire.

Il ne reste plus, après ces opérations, que la déviation constante, pour laquelle il est nécessaire de connaître le Nord et la déclinaison du point où se trouve le navire.

157. Correction des observations magnétiques. — Nous avons indiqué précédemment (86) la nature des instruments qu'il convient d'employer pour les observations magnétiques à bord.

On n'obtient alors que des valeurs apparentes et de nouveaux calculs sont nécessaires pour connaître les composantes réelles du champ terrestre.

Les équations (3), résolues par rapport à X, Y, Z, peuvent être mises sous la forme

$$X' - X = a'X' + b'Y' + c'Z' + P',$$
$$Y' - Y = d'X' + e'Y' + f'Z' + Q',$$
$$Z' - Z = g'X' + h'Y' + k'Z' + R'.$$

Les douze coefficients inconnus $a', b', \ldots, k', P', Q', R'$ sont des fonctions des coefficients correspondants des équations (3) et pourraient s'en déduire, mais il n'y a pas lieu de supposer que l'influence du navire a été étudiée pour le point où seront placés les instruments. Diverses méthodes ([1]) permettent de résoudre le problème par le calcul ou par des procédés graphiques.

Supposons, par exemple, le navire étant droit, qu'on détermine les composantes X', Y', Z' pour huit caps équidistants, en un point où le champ terrestre est connu.

Le premier cap faisant l'angle ζ avec le méridien magnétique, un cap quelconque sera $\zeta + n\frac{\pi}{4}$ et les composantes rapportées au navire sont

$$X = H\cos\left(\zeta + n\frac{\pi}{4}\right), \qquad Y = H\sin\left(\zeta + n\frac{\pi}{4}\right).$$

Les huit caps fournissent vingt-quatre équations qui feront connaître tous les coefficients. Si le navire ne se modifie pas en cours de route, on pourra ainsi, par une observation en mer des valeurs apparentes de la déclinaison rapportée au cap, de l'inclinaison et d'une composante, horizontale ou verticale, en déduire

---

([1]) E. Guyou, *Annales hydrographiques*, n° 780, p. 71; 1896.

X', Y', Z' et, par suite, les variations $X' - X = \Delta X$, $Y' - Y = \Delta Y$, $Z' - Z = \Delta Z$, qui donnent

$$X = X' - \Delta X, \qquad Y = Y' - \Delta Y, \qquad Z = Z' - \Delta Z.$$

Les valeurs de X et Y déterminent la composante horizontale $H = \sqrt{X^2 + Y^2}$ et son azimut par rapport au cap du navire, c'est-à-dire la déclinaison ; l'inclinaison résulte des valeurs de H et Z.

L'opération est moins simple quand on suppose que les coefficients ont été modifiés depuis le départ. Les quantités X, Y, Z étant considérées alors comme inconnues, les observations aux huit caps, si le compas du bord est bien réglé, donneront en même temps ces composantes par les vingt-quatre équations et les nouvelles constantes seront utilisées pour la période suivante.

Enfin, lorsque le navire est penché, de nouvelles expériences sont nécessaires pour corriger l'erreur de bande.

En traitant par d'autres procédés, équivalents en théorie, les observations faites par M. le lieutenant Schwerer dans une campagne du *Dubourdieu*, M. Guyou a montré que la méthode de correction permet d'en déduire la déclinaison et l'inclinaison à moins d'un degré, et le champ terrestre avec une approximation relative de 0,005.

FIN.

TABLE DES MATIÈRES.

CHAPITRE IV.

Électromagnétisme.

CHAPITRE V.

Étude des aimants.

CHAPITRE VI.

Direction du champ terrestre.

CHAPITRE VII.

Composante horizontale.

CHAPITRE VIII.

Appareils de variations.

CHAPITRE IX.

Instruments de voyage.

CHAPITRE X.

Des variations.

CONSIDÉRATIONS GÉNÉRALES.

CHAPITRE XI.

Distribution du champ terrestre.

CHAPITRE XII.

État magnétique du globe.

CHAPITRE XIII.

Phénomènes divers.

CHAPITRE XIV.

Magnétisme des navires.

FIN DE LA TABLE DES MATIÈRES.

27374 Paris. — Imprimerie GAUTHIER-VILLARS, quai des Grands-Augustins, 55.

Documents manquants (pages, cahiers...)

NF Z 43-120-13

www.ingramcontent.com/pod-product-compliance
Ingram Content Group UK Ltd.
Pitfield, Milton Keynes, MK11 3LW, UK
UKHW021841190726
13855UKWH00001B/92